A inteligência das aves

F✷SF✷R✷

JENNIFER ACKERMAN

A inteligência das aves

Tradução
REINALDO JOSÉ LOPES *e* TANIA LOPES

INTRODUÇÃO
9   A inteligência das aves

27   1. Do dodô ao corvo: como medir a mente de uma ave
51   2. Do jeito delas: o cérebro das aves revisitado
77   3. Mestres da técnica: a magia das ferramentas
119   4. Twitter: traquejo social
159   5. Quatrocentas línguas: virtuosismo vocal
195   6. A ave artista: aptidão estética
223   7. Mente cartográfica: engenhosidade espacial (e temporal)
271   8. Pardalândia: genialidade adaptativa

304   AGRADECIMENTOS
309   NOTAS
358   ÍNDICE REMISSIVO

Para Karl (1955-2016), com todo o meu amor

INTRODUÇÃO

A inteligência das aves

POR MUITO TEMPO, as aves tiveram fama de burras. Seres com olhinhos minúsculos e cérebro de ervilha. Répteis com asas. Cabeças--ocas. Bobos. Trombam com janelas, bicam o próprio reflexo, enrolam-se em fios elétricos, morrem por estupidez.

Nossa linguagem reflete esse desrespeito. Algo que saiu errado vira "papagaiada". Políticos incompetentes são "patos mancos". "Enganei um bobo na casca do ovo" é outro exemplo. Quem se vangloria sem motivo não para de "cantar de galo". Quando um sujeito é muito distraído, tolo ou burro, é chamado de "jacu". A expressão "cérebro de passarinho" entrou na língua inglesa no começo dos anos 1920 porque as pessoas pensavam nas aves como meros autômatos voadores e "bicadores", com cérebros tão pequenos que não tinham nenhuma capacidade de pensar.

Essa visão bateu asas e voou. Nas últimas duas décadas, os trabalhos de campo e em laboratórios mundo afora têm revelado exemplos de espécies de aves capazes de façanhas mentais comparáveis às dos primatas. Há uma ave que cria designs coloridos com frutinhas, pedaços de vidro e flores para atrair fêmeas, e outra que esconde até 33 mil sementes, espalhadas por dezenas de quilômetros quadrados, e se lembra de onde as colocou meses depois. Há uma espécie que consegue resolver um quebra-cabeças clássico quase no mesmo ritmo que uma criança de cinco anos, e outra que é especialista em arrombar fechaduras. Existem aves que sabem contar e fazer operações matemáticas simples, que criam as próprias ferramentas, movem-se no ritmo de uma música, compreendem princípios básicos de física, recordam o passado e planejam o futuro.

Antes dessas descobertas, outros animais ganharam toda a fama por causa de sua esperteza quase humana. Chimpanzés transformam gravetos em lanças para caçar primatas menores e golfinhos se comunicam usando um sistema complexo de assobios e estalidos. Grandes símios consolam uns aos outros e elefantes lamentam a morte de seus companheiros.

Agora, as aves se juntam à festa. Uma enxurrada de pesquisas causou uma reviravolta nas antigas visões, e as pessoas começaram a aceitar que as aves são muito mais inteligentes do que jamais se imaginou — em certos sentidos, estão mais próximas dos nossos parentes mais imediatos, os primatas, do que dos seus, os répteis.

A partir dos anos 1980,[1] um papagaio-cinzento charmoso e astuto chamado Alex ajudou a cientista Irene Pepperberg a mostrar ao mundo que algumas aves parecem ter capacidades intelectuais que rivalizam com as dos primatas. Antes que Alex morresse subitamente, aos 31 anos (metade da expectativa de vida de sua espécie), ele já tinha dominado um vocabulário de centenas de palavras inglesas para objetos, cores e formas. Entendia as categorias igual e diferente para números, formas e cores. Conseguia olhar para uma bandeja contendo um conjunto de objetos de várias cores e materiais e dizer quantos de determinado tipo havia ali. "Quantas chaves verdes?", perguntava Pepperberg, mostrando várias chaves e rolhas verdes e alaranjadas. Alex acertava oito de cada dez vezes. Conseguia usar números para responder a perguntas sobre adição. Entre seus maiores triunfos, conta Pepperberg, estava o aprendizado de conceitos abstratos, incluindo algo similar à ideia de zero; sua capacidade de captar o significado de um sinal numérico a partir de sua posição em uma sequência; e a habilidade de soletrar palavras, feito uma criança: "N-O-Z". Antes de Alex, achávamos[2] que o uso de palavras era algo só nosso, ou quase. Ele não apenas conseguia compreender palavras como também usá-las para conversar com sentido, inteligência e talvez até sentimento.

Suas últimas palavras para Pepperberg, quando ela o colocou de volta na gaiola na noite anterior à sua morte, foram seu refrão diário: "Seja boazinha, te vejo amanhã. Eu te amo".

Nos anos 1990,[3] começaram a aparecer relatos vindos da Nova Caledônia, uma pequena ilha no Pacífico Sul, a respeito de corvos selvagens que confeccionavam as próprias ferramentas e que pareciam transmitir estilos locais de fabricação de uma geração para outra — uma característica que lembra a cultura humana e que prova que habilidades sofisticadas com ferramentas não dependem de um cérebro primata.

Para testar a capacidade de resolução de problemas desses corvos, os cientistas usaram quebra-cabeças e ficaram atônitos com suas soluções engenhosas. Em 2002, Alex Kacelnik e seus colegas da Universidade de Oxford "perguntaram" a uma fêmea de corvo-da-nova-caledônia criada em cativeiro, chamada Betty: "Você consegue pegar a comida[4] que está fora do seu alcance em um baldinho no fundo deste tubo?". Betty assombrou os autores do experimento ao dobrar espontaneamente um pedaço de arame, transformando-o em um gancho, para puxar o baldinho.

Entre os estudos que pululam nos periódicos científicos, alguns têm títulos de arregalar os olhos: "Será que já nos encontramos? Pombos reconhecem rostos humanos familiares"; "A sintaxe dos gargarejos dos chapins"; "Distinção entre idiomas dos calafates"; "Pintinhos gostam de música consonantal"; "Diferenças de personalidade explicam liderança entre gansos-de-faces-brancas" e "Pombos empatados com primatas na competência numérica".

CÉREBRO DE PASSARINHO: o insulto veio da crença de que esses animais tinham cérebros tão diminutos que só podiam ser dedicados ao comportamento instintivo. O cérebro das aves não tem um córtex como o nosso, em que todo o negócio da "inteligência" acontece. Pensávamos que pássaros tinham miolos mínimos por boas razões: para permitir a vida alada; para desafiar a gravidade; para pairar, traçar arabescos no ar, mergulhar, planar por dias a fio, migrar milhares de quilômetros e manobrar em espaços exíguos. Por sua maestria no ar, parecia que tinham sido cognitivamente penalizados.

Uma observação mais cuidadosa nos ensina o contrário. As aves têm, de fato, cérebros bem diferentes dos nossos — e não admira. Nós e elas estamos evoluindo de modo independente há muito tempo, desde a época do nosso último ancestral comum, mais de 300 milhões de anos atrás. Mas algumas aves, na verdade, têm cérebros relativamente grandes em relação a seu tamanho corporal, assim como nós. E mais relevante, no que diz respeito à potência cerebral: o tamanho parece importar menos do que o número de neurônios, sua localização e como estão conectados. Alguns cérebros de passarinho, agora sabemos, contêm números muito elevados de neurônios nos lugares em que eles mais importam, com densidades semelhantes às encontradas em primatas, e ligações e conexões bem parecidas com as nossas. Isso ajuda muito a explicar por que certas aves têm capacidades cognitivas tão sofisticadas.[5]

Como os nossos, os cérebros das aves são lateralizados; eles têm "lados" que processam tipos diferentes de informação. Eles também têm a capacidade de substituir células velhas por novas no momento em que elas são mais necessárias. E, embora estejam organizados de um jeito inteiramente diferente do nosso, compartilham conosco genes e circuitos neurais similares e são capazes de feitos que exigem uma potência mental bastante extraordinária. Por exemplo: pegas conseguem reconhecer a própria imagem no espelho,[6] uma percepção do "eu" que antes se acreditava estar restrita a humanos, grandes símios, elefantes e golfinhos, e que está ligada a uma compreensão social altamente desenvolvida. Gaios-da-califórnia usam táticas maquiavélicas para esconder seus depósitos de comida de outros gaios[7] — mas só se eles próprios já roubaram comida. Essas aves parecem ter uma capacidade rudimentar de saber o que as outras estão "pensando" e, talvez, de incorporar a perspectiva delas.[8] Também conseguem recordar qual tipo de comida enterraram em um lugar específico — e quando —, de modo a conseguir recuperar a guloseima antes que ela estrague.[9] Essa capacidade de recordar os "o quê", "onde" e "quando" de um evento, conhecida como memória episódica, sugere, para alguns cientistas, a possibilidade de que esses gaios sejam capazes de viajar de volta para o passado dentro de suas próprias mentes — um componente-chave do tipo de viagem no tempo mental que antes era louvada como algo unicamente humano.[10]

Ficamos sabendo que as aves canoras aprendem seus cantos do mesmo jeito que aprendemos línguas e passam essas melodias adiante em ricas tradições culturais que começaram dezenas de milhões de anos atrás,[11] quando nossos ancestrais primatas ainda estavam de quatro, ziguezagueando por aí.

Algumas aves são geômetras euclidianas natas, capazes de usar indicações e pontos de referência geométricos para se orientar no espaço tridimensional, navegar em territórios desconhecidos e localizar tesouros escondidos. Outras fazem a contabilidade desde o berço. Em 2015, pesquisadores descobriram que pintinhos recém-nascidos "mapeiam" espacialmente os números, da esquerda para a direita, tal como os seres humanos (esquerda significa menos; direita, mais).[12] Isso sugere que as aves compartilham conosco um sistema de orientação da esquerda para a direita — uma estratégia cognitiva subjacente à capacidade humana de aprender matemática avançada. Filhotes também conseguem entender proporções e aprender a escolher um alvo no meio de um conjunto de objetos com base em sua posição ordinal (terceiro, oitavo, nono).[13] Podem realizar operações aritméticas simples também, como adição e subtração.[14]

Cérebros de passarinho podem ser pequenos, mas está claro que, para eles, tamanho não é documento.

AS AVES NUNCA ME PARECERAM BURRAS. De fato, poucas criaturas aparentam ser tão alertas, tão vivas em sua fibra e suas faculdades, tão dotadas de uma gana perpétua. Claro, já ouvi aquela história do corvo que tentou quebrar uma bolinha de pingue-pongue supostamente para comer a clara e a gema de dentro. Um amigo meu, de férias na Suíça, observou um pavão que tentou abrir a cauda em leque enquanto soprava o vento gelado mistral. O pobre caiu de ponta-cabeça, voltou a ficar de pé, abriu o leque e mais uma vez desabou, o que se repetiu seis ou sete vezes. Toda primavera, os tordos que têm um ninho na nossa cerejeira atacam o retrovisor do nosso carro como se ele fosse um rival, bicando furiosamente os próprios reflexos e sujando a porta com cocô.

Mas quem nunca levou uma rasteira da própria vaidade ou fez de sua própria imagem um inimigo?

Tenho observado aves durante a maior parte da minha vida e sempre admirei sua perseverança, seu foco e a vitalidade empertigada e célere que quase parece demais para seus corpos minúsculos. Como Louis Halle escreveu certa vez: "Um homem ficaria esgotado em dois tempos com tamanha intensidade de viver".[15] As espécies comuns que encontrava na minha antiga vizinhança davam a impressão de se virar no mundo com curiosidade ligeira e desenvoltura. Os corvos-americanos, andando em volta das nossas latas de lixo com o ar senhorial de príncipes, pareciam ser criaturas altamente competentes. Uma vez, assisti um corvo empilhar dois biscoitos no meio da rua antes de voar para um lugar seguro, levando o butim que devoraria.

Certo ano, uma corujinha-do-mato oriental fez ninho em uma caixa colocada nos galhos de um bordo, a poucos metros da janela da minha cozinha. Durante o dia, a coruja dormia, mostrando apenas a sua cabeça redonda, perfeitamente emoldurada pelo buraco da caixa que dava para a janela. Mas, à noite, a coruja saía da caixa para caçar. Quando a luz da aurora aparecia, lá estavam os sinais de seu enorme sucesso — a asa de uma rola-carpideira ou de um passarinho pendurada no buraco, remexendo-se sem parar, até ser puxada para dentro.

Até os maçaricos-de-papo-vermelho que eu encontrei na baía de Delaware — e que não figuram entre as aves mentalmente mais rápidas — pareciam saber onde (e quando) precisavam estar para se banquetear com os ovos postos pelos caranguejos-ferradura a cada Lua cheia de primavera. Qual calendário celeste trazia essas aves para o Norte e lhes dizia aonde ir?

APRENDI SOBRE AVES com dois homens chamados Bill. O primeiro foi o meu pai, Bill Gorham, que começou a me levar para observá-las perto de nossa casa em Washington quando eu tinha sete ou oito anos. Era a nossa versão do que os suecos chamam de *gökotta* — o ato de levantar-se cedo para apreciar a natureza —, e foi uma das maiores alegrias da minha infância. Logo cedo, nos finais de semana de primavera, saíamos de casa ainda no escuro, rumo às matas ao longo do rio Potomac, para pegar o coro do amanhecer, esse momento misterioso no qual os pássaros cantam com mil vozes "Uma música numerosa como o espaço/ Que se avizinha como o meio-dia", como escreveu Emily Dickinson.

Meu pai aprendeu sobre aves quando era escoteiro, com a ajuda de um homem que era quase cego, chamado Apollo Taleporos. Já idoso, ele usava só os ouvidos para distinguir espécies. Mariquita-de-colar. Mariquita-de-asa-amarela. Pipilo. "Os pássaros estão por aí", gritava ele para os meninos. "Vão achá-los!" Meu pai pegou bem o jeito de identificar pássaros por seus chamados — o canto melodioso, semelhante à flauta, do tordo-dos-bosques, o suave *uíchiti, uíchiti* da mariquita-de-mascarilha ou o chamado claro e assobiado do pardal-de-garganta-branca.

Enquanto meu pai e eu vagávamos pela mata, ainda com a luz das estrelas brilhando, ouvia a canção rouca da corruíra-da-carolina e ficava imaginando o que esses pássaros estavam dizendo (se é que diziam algo), e como aprendiam seus cantos. Certa vez, encontrei um tico-tico-de-coroa-branca que aparentemente estava concentrado em praticar seu canto. Lá estava ele, invisivelmente empoleirado em algum galho baixo de um cedro, gentilmente repassando seus assobios e trinados, errando e depois testando-os de novo, com persistência, até apresentar o encerramento típico de sua espécie. Esse tico-tico, como descobri depois, pega seu canto não do próprio pai, mas de pássaros em seu ambiente natal, aquela mesma vizinhança de matas e rios pelas quais eu e meu pai vagávamos — um lugar com o próprio dialeto, passado de geração em geração.

Quanto ao outro Bill, conheci-o no Sussex Bird Club quando eu morava em Lewes, no estado de Delaware. Bill Frech acordava e saía de casa às cinco da manhã todos os dias para quatro ou cinco horas de observação de aves limícolas e daqueles pássaros pequenos e de plumagem marrom* comuns nas matas e campos em volta de Lewes. Um observador paciente, dedicado e incansável, fazia anotações sobre quais aves via, onde e quando, que acabaram indo parar na Sociedade Ornitológica de Delmarva como parte dos registros oficiais sobre aves do estado. Esse Bill, quase surdo, era um mago na hora de identificar aves visualmente, usando o chamado GISS (sigla inglesa de "impressão geral, tamanho e forma"). Ele me mostrou como reconhecer um pintassilgo voando alto por meio de seu voo de mergulho, ou como distinguir uma ave limícola da outra com base em sua personalidade, seu comportamento e sua gestalt, tal como alguém reconhece os amigos a distância levando em conta seu jeito e sua compleição. Ensinou-me a diferença entre "observar pássaros" casualmente e a "observação de aves" mais intensa e focada, e me estimulou a ir além da identificação das espécies e prestar atenção em suas ações e seu comportamento.

As aves que eu observava nessas excursões e em outras pareciam saber o que estavam fazendo. Como o cuco-de-bico-preto que um amigo viu empoleirado logo acima de um ninho de lagartas de tenda: o cuco esperou que as lagartas saíssem do ninho para subir pela árvore e então começou a pegá-las uma por uma, feito sushi em uma esteira rolante.[16]

Mesmo assim, nunca imaginei que as gralhas e os gaios, os chapins e as garças que eu tanto admirava por suas penas e seu voo, seus cantos e chamados, pudessem ter capacidades mentais que se equivalem — ou até excedem — às de minha tribo primata.

Como criaturas com cérebro do tamanho de uma noz operam feitos mentais tão sofisticados? O que moldou a inteligência delas? Ela é igual à nossa, ou diferente? O que seus cérebros pequenos teriam a ensinar sobre os nossos cérebros grandes?

A INTELIGÊNCIA É UM CONCEITO escorregadio até mesmo em nossa própria espécie, complicado de definir e de medir. Um psicólogo a descreve como "a capacidade de aprender ou de tirar partido de algo

---

* É o apelido em inglês que os observadores de aves deram aos passarinhos pequenos amarronzados difíceis de distinguir, fêmeas em muitos casos.

por meio da experiência".[17] E outro como "a capacidade de adquirir capacidades"[18] — o mesmo tipo de definição circular oferecido pelo psicólogo Edwin Boring, de Harvard: "A inteligência é aquilo que é medido pelos testes de inteligência".[19] Tal como brincou certa vez Robert Sternberg: "Parecem existir quase tantas definições de inteligência quanto... especialistas consultados para defini-las".[20]

Ao julgar a inteligência geral dos animais, os cientistas podem partir do seu nível de sucesso ao sobreviverem e se reproduzirem em muitos ambientes diferentes. Por essa medida, as aves vencem quase todos os vertebrados, incluindo peixes, anfíbios, répteis e mamíferos. Elas são a forma de vida silvestre visível em quase todos os lugares. Vivem em todas as partes do globo, do Equador aos polos, dos desertos mais baixos aos picos mais altos, em praticamente todos os habitats, na terra, no mar e em corpos de água doce. Em termos biológicos, elas têm um nicho ecológico muito grande.

Como classe, as aves estão por aí há mais de 100 milhões de anos.[21] São uma das grandes histórias de sucesso da natureza, inventando novas estratégias de sobrevivência, suas próprias marcas registradas de engenhosidade, as quais, ao menos em alguns aspectos, parecem ultrapassar muito as nossas.

Em algum lugar das brumas do tempo profundo viveu a *uberave*, o ancestral comum de todas as aves, dos beija-flores às cegonhas. Hoje existem cerca de 10 400 espécies diferentes, mais do que o dobro do número de mamíferos: urutaus e quero-queros, kakapos e codornas, maritacas e gaviões, suiriris e saíras. No fim dos anos 1990, quando os cientistas estimaram qual era o número total de aves silvestres no planeta, chegaram a algo entre 200 bilhões e 400 bilhões de indivíduos.[22] Isso dá entre trinta e sessenta aves por pessoa. Dizer que os seres humanos são mais bem-sucedidos ou avançados depende, na verdade, de como você define esses termos. Afinal, a evolução não tem a ver com ser avançado, mas sim com sobrevivência. Tem a ver com a resolução dos problemas do seu ambiente, algo que as aves têm feito incrivelmente bem por muito, muito tempo. E isso, para mim, faz com que seja ainda mais surpreendente que muitos de nós — mesmo aqueles que amamos — tenham achado difícil de engolir a ideia de que as aves podem ser inteligentes de maneiras inimagináveis.

Talvez, por serem tão diferentes dos seres humanos, é difícil para nós dar o devido crédito às suas capacidades mentais. As aves são dinossauros, descendentes das poucas espécies sortudas e flexíveis que sobreviveram ao cataclisma que eliminou seus primos. Nós somos mamíferos, aparentados às criaturas tímidas e semelhantes a musaranhos que só saíram da sombra dos dinossauros depois que a maioria daquelas feras desapareceu. Enquanto nossos parentes mamíferos estavam crescendo, as aves, pelo mesmo processo de seleção natural, estavam encolhendo. Enquanto aprendíamos a ficar eretos e caminhar com dois pés, elas aperfeiçoavam a leveza e o voo. Enquanto nossos neurônios se organizavam em camadas corticais para gerar comportamentos complexos, as aves desenvolviam outra arquitetura neural, diferente da dos mamíferos, mas, pelo menos de algumas maneiras, igualmente sofisticada. Elas, tal como nós, entendiam como o mundo funciona ao mesmo tempo que a evolução produzia uma sintonia fina em seus cérebros, esculpindo-os, dando à mente delas os poderes magníficos que tem hoje.

AVES APRENDEM. Elas resolvem novos problemas e inventam soluções inovadoras para problemas antigos. Criam e usam ferramentas. Sabem contar. Copiam comportamentos umas das outras. Lembram-se de onde colocaram suas coisas.

Mesmo quando seus poderes mentais não correspondem ou espelham o nosso próprio tipo de pensamento complexo, eles frequentemente contêm as sementes de algo parecido — por exemplo, a capacidade de insight, uma das nossas maiores capacidades cognitivas, definida como o aparecimento repentino de uma solução completa sem a necessidade de aprender por tentativa e erro.[23] É algo que, frequentemente, envolve a simulação mental de um problema e uma espécie de "momento ahá!", quando a solução se torna óbvia num estalo. Ainda falta determinar se as aves são capazes de insights verdadeiros, mas certas espécies parecem entender relações de causa e efeito —

um dos componentes básicos dessa habilidade. O mesmo vale para a "teoria da mente", uma compreensão refinada do que outro indivíduo sabe ou pensa. É discutível se as aves possuem a forma completa dessa capacidade, mas indivíduos de certas espécies parecem ser capazes de levar em conta a perspectiva de outra ave ou sentir suas necessidades, ambas características necessárias da teoria da mente. Alguns cientistas chamam de certificado de cognição esses trampolins ou peças-base, e acreditam que eles podem ser os precursores de capacidades cognitivas humanas complexas como o raciocínio e o planejamento, a empatia, os insights e a metacognição (a percepção que alguém tem de seus próprios processos mentais).[24]

É CLARO QUE TUDO ISSO são escalas humanas de inteligência. É muito difícil não mensurar outras mentes levando em conta as nossas. Mas as aves também têm modos de conhecimento que vão além da nossa percepção, e que não podemos desprezar como meramente instintivos ou "pré-instalados".

Que tipo de inteligência permite que uma ave preveja a chegada de uma tempestade distante? Ou que ela ache o caminho até um lugar onde nunca esteve, mesmo que esse lugar fique a milhares de quilômetros de distância? Ou que imite de maneira precisa os cantos complexos de centenas de outras espécies? Ou esconda dezenas de milhares de sementes, espalhadas por centenas de quilômetros quadrados, e lembre onde as colocou seis meses mais tarde? (Eu certamente tiraria zero nesse tipo de teste de inteligência, assim como as aves seriam reprovadas em testes humanos.)

Talvez *gênio** seja uma palavra melhor. O termo vem da mesma raiz da palavra *gene*, derivada do vocábulo latino que designa "espírito acompanhante presente desde o nascimento de alguém, capacidade ou inclinação inata". Mais tarde, *gênio* passou a significar habilidade natural e, finalmente (graças ao ensaio "Gênio", de Joseph Addison, datado de 1711), começou a denotar talento excepcional, natural ou aprendido.

---

*The genius of birds (o gênio das aves) é o título original deste livro.

Mais recentemente, "gênio" passou a ser definido como "nada mais nada menos do que fazer bem o que qualquer um faz mal".[25] Trata-se de uma habilidade mental que é excepcional quando comparada com a de outros, seja os da sua espécie ou os de outra espécie. Os pombos são gênios da navegação espacial em um nível que excede muitíssimo o nosso. A cotovia-do-norte e alguns de seus parentes, entre eles o sabiá-do-campo, conseguem aprender e recordar centenas de cantos a mais do que maioria das outras espécies de aves canoras. Os gaios--da-califórnia e os quebra-nozes têm uma memória para guardar as coisas que faz com que a nossa pareça fraquinha.

✳

NESTE LIVRO, O TERMO *gênio* é definido como o truque de saber o que você está fazendo — de "captar" as suas cercanias, achar o sentido das coisas e descobrir como resolver problemas. Em outras palavras, é um talento para resolver desafios ambientais e sociais com verve e flexibilidade, algo que muitas aves parecem possuir em abundância. Muitas vezes, isso envolve fazer algo inovador — tirar partido de uma nova fonte de alimento, por exemplo, ou aprender a explorá-la. O exemplo clássico disso foi demonstrado anos atrás pelos chapins do Reino Unido.[26] Tanto os chapins-reais quanto os chapins-azuis aprenderam o truque de abrir as tampas de papelão das garrafas de leite que eram entregues na porta dos moradores logo de manhã — tudo isso para comer a nata que se formava no topo do recipiente. (As aves não conseguem digerir os carboidratos do leite, só os lipídios.) Os chapins aprenderam esse truque pela primeira vez em 1921, na cidadezinha de Swaythling; em 1949, o comportamento já tinha sido notado em centenas de localidades na Inglaterra, em Gales e na Irlanda. A técnica aparentemente se espalhara, cada pássaro copiando o outro — uma demonstração impressionante de aprendizado social.

O USO PEJORATIVO DA EXPRESSÃO "cérebro de passarinho" finalmente está sofrendo uma revanche. Uma a uma, as distinções arbitrárias entre as aves e os primatas estão sendo derrubadas — fabricação de ferramentas, cultura, raciocínio, a capacidade de recordar o passado e pensar no futuro, de adotar a perspectiva de outrem, de aprender uns com os outros. Muitas das formas mais valorizadas de intelecto — no todo ou em parte — parecem ter evoluído nas aves de maneira totalmente separada e complexa, lado a lado com as humanas.

Como isso é possível? Como criaturas separadas por um abismo evolutivo de 300 milhões de anos adquiriram estratégias, talentos e habilidades cognitivas similares?

Para começar, compartilhamos mais traços biológicos com as aves do que se pode imaginar. A natureza é mestra na arte da bricolagem, guardando pecinhas biológicas que são úteis e modificando-as para novos propósitos. Muitas das mudanças que nos separam de outras criaturas surgiram não por meio da evolução de novos genes ou novas células, mas por meio de alterações sutis na maneira que eram usados os que já existiam. Essa biologia compartilhada é o que torna possível usar outros organismos como sistemas-modelo, de modo a entender nossos próprios cérebros e comportamentos: ou seja, estudando o aprendizado na lesma-do-mar gigante *Aplysia*, a ansiedade nos peixes-bandeirinha e o distúrbio obsessivo-compulsivo em cães border collie.

Também compartilhamos com as aves maneiras parecidas de enfrentar os desafios da natureza, que descobrimos seguindo caminhos evolutivos muito diferentes. É o que chamamos de evolução convergente, algo bem comum no mundo natural. A forma convergente das asas das aves, dos morcegos e dos répteis conhecidos como pterossauros resulta dos problemas impostos pelo voo. Para enfrentar os desafios de se alimentar como filtradores, criaturas tão distantes quanto as baleias e os flamingos têm paralelos impressionantes no comportamento, na anatomia (grandes línguas e tecidos peludos conhecidos como lamelas) e até mesmo na orientação do corpo durante a alimentação.[27] Como aponta o biólogo evolutivo John Endler, "repetidas vezes, em grupos sem nenhum parentesco entre si, encontramos muitos exemplos de convergência de forma, aparência, anatomia, comportamento e outros aspectos. Então por que não também na cognição?".[28]

O fato de que tanto os humanos quanto certas espécies de aves desenvolveram cérebros proporcionalmente grandes em relação ao tamanho corporal quase certamente é um caso de evolução convergente.[29] Isso, ainda, vale para a evolução dos mesmos padrões de atividade cerebral durante o sono. E também para a evolução de circuitos cerebrais e processos análogos de aprendizado do canto e da fala. Darwin classificava o canto das aves como "a analogia mais próxima da linguagem".[30] Ele estava certo. Os paralelos são impressionantes. Especialmente quando se considera a distância evolutiva entre seres humanos e aves. Um grupo de duzentos cientistas de oitenta laboratórios diferentes abriu recentemente uma janela para esses paralelos quando sequenciou os genomas de quarenta e oito aves.[31] Os resultados desse trabalho, publicados em 2014, revelaram que a ativação de genes no cérebro de pessoas aprendendo a falar e de aves aprendendo a cantar é incrivelmente parecida, sugerindo que pode existir uma espécie de padrão comum de expressão gênica ligada ao aprendizado tanto em aves quanto em seres humanos, ao qual ambos chegaram por meio da evolução convergente.

Por todas essas razões, as aves estão se revelando maravilhosos modelos animais para entender como os nossos cérebros aprendem e se lembram das coisas,[32] como criamos a linguagem, quais processos mentais podem estar por trás da nossa capacidade de resolver problemas e como achamos o nosso lugar no espaço e em grupos sociais. Pelo que vimos, os circuitos do cérebro das aves que controlam o comportamento social são bem parecidos com os dos nossos próprios cérebros — são controlados por genes e moléculas similares. Ao investigar a neuroquímica da natureza social de uma ave, conseguimos aprender algo sobre nós mesmos. Do mesmo modo, se pudermos compreender o que está acontecendo no cérebro de um pássaro quando ele domina uma melodia, será possível ter uma noção mais clara sobre como os nossos próprios cérebros aprendem a linguagem, por qual razão é mais difícil dominar um novo idioma com a idade e, talvez, até mesmo como a fala evoluiu. Se conseguirmos entender por que dois animais com parentesco tão distante entre si acabaram chegando ao mesmo padrão convergente de atividade cerebral durante o sono, talvez possamos desvendar um dos grandes mistérios da natureza — o propósito do sono.

ESTE LIVRO BUSCOU ENTENDER os diferentes tipos de genialidade que fizeram das aves animais tão bem-sucedidos — e como eles surgiram. De certo modo, é uma grande jornada, com incursões em lugares tão distantes quanto Barbados e Bornéu, bem como lugares tão próximos quanto o meu quintal. (Você não precisa viajar para locais exóticos ou ver espécies raras para testemunhar a inteligência das aves. Ela está por toda parte, ao seu redor, nos seus bebedouros de passarinhos, em parques, ruas de grandes cidades e no céu do interior.) O livro também é uma viagem para dentro do cérebro dessas espécies, chegando até mesmo a células e moléculas que turbinam o pensamento delas e, às vezes, o nosso.

Cada capítulo conta a história de aves com habilidades extraordinárias — técnicas, sociais, musicais, artísticas, espaciais, inventivas e adaptativas. Algumas espécies são exóticas; outras, mais comuns. Você verá membros das famílias extremamente inteligentes dos corvídeos e dos papagaios aparecerem e reapareceram ao longo destas páginas, mas também verá o pardal e o tentilhão, o pombo e o chapim. Estou interessada tanto nos sujeitos comuns quanto nos Einsteins do mundo das aves. Poderia ter escolhido outras espécies para serem minhas estrelas, mas selecionei estas por uma razão simples: têm grandes histórias para contar, histórias que elucidam o que poderia estar acontecendo na mente de uma ave conforme ela resolve os problemas à sua volta — e também, talvez, ofereçam a nós algumas perspectivas sobre o que está acontecendo nas nossas próprias mentes. Todas essas aves ampliam nossas ideias sobre o que significa ser inteligente.

O capítulo final se concentra no brilhantismo adaptativo de certas espécies. São relativamente poucas. Mudanças no meio ambiente — especialmente as induzidas por seres humanos — bagunçam a vida de muitas aves e interferem em sua capacidade de compreender o mundo. Um relatório recente da Sociedade Nacional Audubon, dedicada à proteção desses animais, afirma que metade das espécies de aves da

América do Norte — do bacurau-norte-americano ao gavião-peneira, da mobelha-grande ao pato-trombeteiro, da batuíra-melodiosa ao tetraz-azul — provavelmente vai se extinguir no próximo meio século, mais ou menos, por uma única razão: não conseguir se adaptar ao passo acelerado das mudanças induzidas por seres humanos no nosso planeta.[33] Quais aves vão sobreviver, e por quê? De quais maneiras nós somos uma força evolutiva, selecionando certos tipos de aves e de inteligência?

OS CIENTISTAS ANALISAM esses enigmas por vários ângulos diferentes. Alguns erguem o capô do cérebro das aves, usando técnicas modernas para ver o que acontece dentro dos circuitos neurais dos bichos quando eles reconhecem um rosto humano, ou para entender células cerebrais uma a uma, conforme um pássaro aprende a cantar, ou para comparar as moléculas neurais presentes em aves muito sociáveis com as daquelas de índole solitária. Alguns estão sequenciando e comparando genomas para identificar os genes envolvidos em comportamentos complexos, como o aprendizado. Outros amarram mochilas geolocalizadoras minúsculas nas costas de aves migratórias para acompanhar suas jornadas e suas mentes cartográficas. Eles observam, marcam, medem e conduzem observações incansáveis, preparando cuidadosamente experimentos por horas a fio, alguns dos quais acabam fracassando e precisam ser reconfigurados porque seus "voluntários" são desconfiados ou geniosos demais. Em suma, tais cientistas estão examinando os cérebros e o comportamento das aves de maneiras extraordinárias, difíceis — e até mesmo heroicas.

Mas, neste livro, as aves são as verdadeiras heroínas. Minha esperança é que, quando você terminar de ler estas páginas, o chapim e o corvo, a cotovia-do-norte e o pardal estejam um pouco diferentes aos seus olhos. Mais parecidos com os brilhantes companheiros de viagem que realmente são — sujeitos aventureiros, inventivos, matreiros, brincalhões, argutos, que cantam uns para os outros com "sotaques", tomam decisões de navegação complexas sem pedir ajuda, recordam onde colocaram as coisas usando pontos de referência e geometria, roubam dinheiro, roubam comida e entendem os estados mentais de outros indivíduos.

Claramente, há mais de um jeito de fazer a fiação de um cérebro inteligente.

1. Do dodô ao corvo: como medir a mente de uma ave

A MATA É FRIA, ESCURA E SILENCIOSA, exceto pelo ocasional canto de ave vindo de algum lugar da cobertura fechada, uma colcha de retalhos com tons de esmeralda, líquen, abacate e um verde-escuro acobreado, quase iridescente. É uma típica floresta montanhosa na ilha da Nova Caledônia, um pedaço remoto de terra tropical no Sudoeste do Pacífico, entre Austrália e Fiji. O Parc des Grandes Fougères (Parque das Grandes Samambaias) deve seu nome às formas gigantes dessas plantas, que aqui crescem até ficar com sete andares de altura e dão a esse lugar um ar primitivo. A trilha que estou seguindo sobe por um tempo, depois desce em direção a um riacho, onde os cantos e chamados das aves estão mais altos.

Vim a esta ilha para ver aquela que talvez seja a ave mais inteligente do mundo, o corvo-da-nova-caledônia (*Corvus moneduloides*), membro de uma família comum, mas incomumente inteligente: a dos corvídeos. Essa espécie ficou famosa por causa de Betty, uma fêmea de corvo que, há alguns anos, pareceu ter dobrado espontaneamente um pedaço de arame para fazer um gancho, com o qual conseguiu pegar um baldinho com comida. E, mais recentemente, por causa de um mago das aves apelidado de "007", que se tornou uma estrela em 2014, quando sua solução rápida para um quebra-cabeça desafiador de oito etapas foi filmada pela BBC.[1]

O quebra-cabeça foi criado por Alex Taylor, professor sênior da Universidade de Auckland, na Nova Zelândia.[2] Consistia em oito estágios separados, cada um feito de várias câmaras especiais e "caixas de ferramentas" contendo pauzinhos e pedras, todos dispostos sobre uma mesa. O 007 emplumado tinha visto as diferentes partes do quebra-cabeça, mas nunca nessa configuração particular. Para ganhar o cubo de carne na última câmara, a da comida especial, ele teve de resolver as etapas do quebra-cabeça na ordem correta.

No vídeo, um macho bonito (o apelido de 007 não é à toa), preto, aparece voando, pousa em um poleiro e leva algum tempo para avaliar a situação. Em seguida, dá um voo curto até um galho de onde pende um graveto, pendurado por uma corda — a primeira parte do quebra-cabeça. O corvo iça o graveto, puxando a corda aos poucos, até conseguir agarrá-lo com o bico. Então, desce do poleiro até o tampo da mesa, vai aos pulinhos até a câmara de alimentos e usa o pedaço de pau para cutucar o buraco horizontal do compartimento, tentando pegar a guloseima. Mas a vara é muito curta, de modo que a ave a usa para retirar três pedras de três caixas separadas. O corvo as joga, uma de cada vez, dentro de um buraco no topo de uma câmara, que contém uma vara mais longa equilibrada em uma gangorra. O peso das três pedras inclina a gangorra dentro da caixa, liberando a vara longa, que o pássaro leva de volta à câmara de comida para retirar sua carne.

É um processo impressionante, e 007 leva dois minutos e meio para concluí-lo. A parte realmente inteligente é esta: o desafio de oito estágios requer a compreensão de que um objeto pode ser usado não apenas para pegar comida diretamente, mas para obter outro objeto que ajudará no acesso à comida. Utilizar espontaneamente uma ferramenta para mexer em um objeto que não é comida, mas que é útil para obter outra ferramenta — ação conhecida como uso de metaferramenta —, é algo que foi visto apenas entre humanos e grandes macacos.[3] "Isso sugere que os corvos têm uma compreensão abstrata do que uma ferramenta faz", diz Taylor.[4] A tarefa também demanda memória de trabalho, a capacidade de reter na cabeça fatos ou pensamentos e manipulá-los por um período curto — alguns segundos ou mais — enquanto um problema é resolvido. A memória de trabalho é o que nos permite recordar o que estamos procurando quando examinamos uma estante de livros em busca de um título específico ou não esquecer um número de telefone enquanto pegamos um pedaço de papel para anotá-lo. É um dos componentes vitais da inteligência, que esse corvo parece ter de sobra.

✳

EM ALGUM LUGAR AO LONGO DO RIACHO, capto o *uác-uác* de um corvo-da-nova-caledônia, talvez dois chamando um ao outro, não muito diferente do crocitar de um corvo-americano, apenas reproduzido ao contrário. É muito comum encontrar as aves assim, na forma de vozes desencarnadas. O *uu, uu, uu* suave e queixoso que se ouve a distância, feito uma pequena buzina, talvez venha de uma pomba emplumada (*Drepanoptila holosericea*) — uma ave que parece um arlequim exótico, com faixas brancas e verde-escuras em suas asas e rabo. Mas a cobertura da mata aqui é tão espessa que não consigo distinguir nenhuma ave.

O Sol se esconde em uma nuvem e a floresta escurece. De repente, no sub-bosque, ouço um silvo sibilante estranho. Dou uma olhada na clareira. O assobio se aproxima. Então, saindo da escuridão verde, vejo uma grande ave pálida correndo na minha direção como um espírito que se desprendeu do chão, um híbrido de animal e fantasma. É semelhante a uma garça, bate na altura do meu joelho, com um topete de cacatua, mas cinza-esfumaçada: é o cagu (*Rhynochetos jubatus*), espécie não voadora, única representante de sua família e uma das cem aves mais raras da Terra.

Eu estava à procura de uma ave extremamente inteligente, comum nesse local. E dei de cara com uma ave muitíssimo incomum, que parecia... bem... não parecia ter todos os parafusos no lugar. O cagu está perto da extinção; sua população não passa de algumas centenas. E não é de se admirar, pensei. Uma ave que corre *em direção* a um possível predador?

De certa forma, o cagu parece ser o oposto do corvo, um representante da extremidade tapada do espectro da inteligência. Como essa criatura poderia estar na mesma classe filogenética dos astutos corvos? Ambos ocupam a mesma ilha remota. Será que os corvos-da-nova-caledônia são anomalias evolutivas, aberrações superinteligentes que avançaram muito além de seus pares? Ou será que simplesmente estão no extremo mais elevado da variabilidade da inteligência das aves? Levando tudo isso em conta, será que o cagu é realmente um dodô?

É evidente que nem todas as aves são igualmente brilhantes ou capazes em todos os aspectos — ao menos pelo que sabemos hoje. As pombas, por exemplo, não se saem bem em tarefas que exigem que elas compreendam uma regra geral para resolver um conjunto de problemas semelhantes, uma habilidade que os corvos aprendem facilmente. Mas a modesta pomba é brilhante em outros aspectos: consegue se lembrar de centenas de objetos diferentes por longos períodos, distinguir diversos estilos de pintura e saber para onde está indo, mesmo quando levada dos locais que conhece e deixada a centenas de quilômetros de distância. Aves limícolas como os maçaricos, os pilritos e as narcejas não mostram nenhum indício de "aprendizagem por insight", aquela compreensão de relações que permite que aves como o corvo-da-nova-caledônia usem ferramentas ou operem dispositivos artificiais para ganhar recompensas (comida). Mas uma espécie limícola, a batuíra-melodiosa, é mestre na simulação, sendo capaz de desviar predadores de seus ninhos rasos e desprotegidos fingindo estar com a asa ferida.

O que faz com que uma ave seja mais inteligente do que outra? Como se mede a inteligência desses animais, afinal de contas?

PARA EXPLORAR ESSAS QUESTÕES, viajei para um lugar a meio mundo da Nova Caledônia: a ilha caribenha de Barbados, onde, há mais de uma década, Louis Lefebvre inventou a primeira escala de inteligência para aves.[5]

Biólogo e psicólogo comparativo da Universidade McGill, no Canadá, Lefebvre passou sua carreira investigando a natureza da mente das aves e as maneiras de medir seu potencial. Certo inverno, não faz muito tempo, fui visitar Louis e suas aves onde ele conduz suas pesquisas, o Instituto de Pesquisa Bellairs, um conjunto de quatro predinhos perto de Holetown, na costa Oeste de Barbados. A pequena propriedade foi deixada para a McGill, em 1954, pelo comandante Carlyon Bellairs, oficial naval e político britânico, para uso como estação de pesquisa marinha. Atualmente, poucos pesquisadores trabalham no local além de Lefebvre e sua equipe. Era fevereiro, o meio da estação seca em Barbados, mas chuvas semelhantes às das monções caíam com frequência, encharcando o pátio do instituto e formando poças de água nos declives e depressões do terraço em Seabourne, o edifício residencial do lado do mar do Caribe, onde Lefebvre fica enquanto conduz seus estudos.

Com sessenta e poucos anos, dono de um sorriso fácil e uma cabeleira encaracolada negro-acinzentada, Lefebvre foi orientado pelo biólogo evolucionista Richard Dawkins. Primeiro, estudou o *grooming*, ato de catar piolhos ou cuidar dos pelos ou penas uns dos outros, um comportamento inato e "programado" em muitos animais; hoje seu objetivo é compreender o comportamento mais complexo das aves — como elas pensam, aprendem e inovam —, usando as espécies comuns de seu próprio quintal barbadense.

Diferentemente da Nova Caledônia, Barbados não é um dos "101 habitats de aves que você precisa visitar antes de morrer". Comparada com a exuberante diversidade encontrada na maior parte dos trópicos, a ilha decepciona. É marcada por uma "avifauna empobrecida", como dizem os especialistas, lar de apenas trinta espécies nativas que ainda se reproduzem ali e sete espécies introduzidas.[6] Isso se deve em parte às suas particularidades físicas.[7] Uma pilha minúscula e baixa de calcário jovem formado por corais, a leste da cadeia principal das Pequenas Antilhas, Barbados é muito plana para a Floresta Tropical e porosa demais para que se formem riachos e pântanos no terreno. Além disso, nos últimos séculos, os campos naturais, as florestas e a vegetação rasteira da ilha foram substituídos por cana-de-açúcar. Hoje em dia, Barbados é repleta de pequenas cidades e complexos turísticos. Das janelas abertas dos ônibus pintados, indo e vindo entre hotéis e praias, ouve-se calipso. Aqui se dão bem as poucas espécies de aves que conseguem avançar, em vez de retroceder, diante dessa expansão humana. Para um observador de aves à procura de espécies raras como o cagu, Barbados é terra arrasada. Mas, se você gosta de vê-las fazendo coisas inteligentes e cativantes, é um paraíso.

"Aqui, a mansidão das aves faz com que seja mais fácil realizar experimentos", diz Lefebvre. O amplo terraço de pedra bem na frente de seu apartamento, por exemplo, é uma espécie de laboratório informal, onde rolas-caribenhas — as pombas de Barbados — e iraúnas-do-norte ficam enrolando, esperando que algo interessante aconteça. As iraúnas-do-norte (com o apropriado nome científico *Quiscalus lugubris*) são pretas e lustrosas, com olhos amarelos brilhantes, menores do que suas primas americanas com cauda em forma de barco e mais compactas. Elas sabem que Lefebvre, como ele mesmo diz, é o "cara da ração e da água", e estão andando pelo terraço feito padres impacientes, esperando a entrega. O pesquisador esvazia uma panela de água no terraço, criando um laguinho, e joga algumas bolinhas duras de comida de cachorro na parte seca do lugar. Cada iraúna pega uma em seu bico e se pavoneia até a poça, mergulha a comida na água de modo cerimonioso e delicado e depois sai voando para comer a ração amolecida.

Mais de 25 espécies de aves molham os alimentos por uma razão ou outra — para lavar comida suja ou tóxica, para amolecer bocados duros ou secos ou para amaciar os pelos ou penas de presas difíceis de engolir (como o corvo-australiano, que já foi flagrado mergulhando um pardal morto na água). "É um uso de 'protoferramenta', uma espécie de processamento da comida", explica Lefebvre. A imersão faz com que a ração fique mais fácil de comer. "Uma vez, eu mesmo molhei as bolinhas antes, e elas pararam de mergulhá-las na água. As aves foram até a poça, mas não chegaram a colocar a ração. Portanto, sabem o que estão fazendo."

No caso das iraúnas-do-norte, mergulhar a comida é um comportamento relativamente raro, porque é arriscado.[8] "Nossos estudos mostram que de 80% a 90% dessas aves são capazes desse comportamento, mas elas só fazem se as circunstâncias permitem", diz Lefebvre, "a qualidade do alimento, as condições sociais, quem está por perto para competir com elas ou surrupiar a comida". A demora na manipulação do alimento aumenta o risco de roubo por outras iraúnas. "O roubo é o principal custo ligado ao ato de mergulhar a comida na poça", explica ele. Até 15% do que comem é arrebatado pelos concorrentes. "Existe uma relação custo-benefício, e as aves são espertas o suficiente para determinar se fazer aquilo vale a pena."[9] Qualquer que seja a métrica usada, parece ser um comportamento inteligente.

OS ZOÓLOGOS TENDEM A EVITAR o termo *inteligência* por causa das conotações humanas que ele carrega, segundo Lefebvre. Em sua *História dos animais*, Aristóteles escreveu que os animais carregam elementos de nossas "qualidades e atitudes humanas", como "ferocidade, brandura ou irritabilidade, coragem ou timidez, medo ou confiança, bom humor ou astúcia degradada e, no que diz respeito à inteligência, algo semelhante à sagacidade". Hoje em dia, no entanto, basta sugerir que uma ave tem algo parecido com a inteligência, a consciência ou os sentimentos subjetivos humanos para que as pessoas comecem a acusar você de antropomorfizar, de interpretar o comportamento de uma ave como se ela fosse um ser humano vestido de penas. É um impulso natural projetar nossa própria experiência na natureza de outras criaturas, mas isso pode nos levar ao erro — e, de fato, leva. As aves, tal como os seres humanos, pertencem ao reino *Animalia*; ao filo *Chordata*; e ao subfilo *Vertebrata*. Aí termina a ascendência comum. Elas são da classe *Aves*; nós somos da classe *Mammalia*. E essa ramificação contém uma montanha de diferenças biológicas.

Mas não seria um erro supor que, como as aves e seus cérebros são fundamentalmente diferentes de nós, não há nada em comum sobre as nossas habilidades mentais e as delas? Chamamos nossa espécie de *Homo sapiens*, o sapiente, para nos distinguir do resto da vida. No entanto, em seu livro *The descent of man* [A descendência do homem], Darwin argumentou que os animais e os seres humanos diferem em seus poderes mentais apenas em grau, e não em natureza.[10] Para Darwin, mesmo as minhocas "mostram algum grau de inteligência" com seu costume de arrastar agulhas de pinheiro e matéria vegetal para tampar suas tocas, uma proteção contra os "pássaros madrugadores",[11] como diz a expressão em inglês,* que gostam de comê-las. Por mais tentador que seja interpretar o comportamento de outros animais por meio de analogias com processos mentais humanos, talvez seja ainda mais tentador rejeitar a possibilidade de parentesco. É o que o primatólogo Frans de Waal chama de antroponegação, a cegueira diante das características humanas em outras espécies. "Aqueles que estão em antroponegação tentam construir uma parede de tijolos para separar os seres humanos do resto do Reino Animal", afirma ele.[12]

EM TODO CASO, DIZ LEFEBVRE, "você tem de tomar cuidado com seu vocabulário". Ele destaca um estudo publicado recentemente sobre empatia em camundongos, e outro sobre viagem mental no tempo em aves, que levantaram tanto sobrancelhas quanto dúvidas. "Não estou questionando os experimentos — eles são sólidos e não antropomorfizam os bichos. Mas talvez estejamos indo longe demais nas palavras que usamos para descrever o que parece estar acontecendo", diz ele.

Como Lefebvre, a maioria dos cientistas que estuda aves prefere o termo *cognição* a *inteligência*. A cognição animal é geralmente definida como qualquer mecanismo pelo qual o animal adquire, processa, armazena e usa informações.[13] Geralmente, são os mecanismos envolvidos na aprendizagem, na memória, na percepção e na tomada de decisão. Existem as formas superiores e inferiores de cognição. Por exemplo, insight, raciocínio e planejamento são considerados habilidades cognitivas de nível superior. As habilidades cognitivas de nível inferior incluem atenção e motivação.

Há menos consenso sobre a forma que a cognição assume na mente de uma ave. Alguns cientistas sugerem que as aves possuem tipos distintos de cognição — espacial, social, técnica e vocal — que não necessariamente aparecem juntos. Uma ave pode ser inteligente espacialmente sem ser talentosa na resolução de problemas sociais. Segundo essa visão, o cérebro é visto como um conjunto de diferentes processadores especializados, ou "módulos", zonas distintas

---

* *Early bird* é uma expressão usada em inglês para designar quem acorda bem cedo. (N.E.)

adaptadas e dedicadas a um propósito específico — como o circuito usado para aprender o canto ou para se orientar no espaço.[14] As informações em cada módulo estão, essencialmente, "indisponíveis" para outros módulos. Lefebvre, por outro lado, defende algo como uma cognição geral — um processador multifuncional, distribuído de maneira bagunçada, para a resolução de problemas em diferentes domínios —, apontando que, se uma ave tem uma classificação alta em uma medida cognitiva, ela tende a obtê-la em outras também.[15] "Quando um animal está resolvendo problemas", diz ele, "diferentes zonas do cérebro estão provavelmente envolvidas, em uma rede de interações".

De acordo com Lefebvre, alguns cientistas do campo modular estão começando a se aproximar de sua visão, conforme os estudos revelam evidências de que algumas aves podem estar usando mecanismos cognitivos gerais para resolver diferentes tipos de problemas. Por exemplo, a inteligência social em algumas aves parece andar de mãos dadas com a memória espacial ou com a memória episódica — ou seja, a capacidade de recordar o que aconteceu, onde e quando.

Há uma discussão paralela em relação à inteligência humana. A maioria dos psicólogos e neurocientistas concorda que existem diferentes tipos de inteligência — emocional, analítica, espacial, criativa, prática, entre outras. Mas eles ainda debatem se esses tipos são independentes ou correlacionados. Em sua teoria das "inteligências múltiplas", Howard Gardner, psicólogo da Universidade Harvard, identifica oito variedades diferentes e sugere que elas são independentes umas das outras.[16] Sua lista inclui as inteligências corporal, linguística, musical, matemática ou lógica, naturalista (sensibilidade ao mundo natural), espacial (saber onde você está em relação a um local fixo), interpessoal (sentir e estar em sintonia com os outros) e intrapessoal (compreender e controlar as próprias emoções e pensamentos) — uma lista que tem paralelos intrigantes no mundo das aves: pense no uso acrobático que um beija-flor faz do próprio corpo, ou no impressionante talento de um cucarachero coliliso para duetos musicais, ou no dom da pomba de saber aonde precisa ir.

Outros cientistas defendem que existe algo como uma inteligência geral em seres humanos, a capacidade de ser sagaz em todos os aspectos, um fator g, como é conhecido. Um grupo de 52 pesquisadores que se reuniu para tratar do assunto há alguns anos concordou: "A inteligência é uma capacidade muito geral que, entre outras coisas, envolve a habilidade de raciocinar, planejar, resolver problemas, pensar abstratamente, compreender ideias complexas, aprender rapidamente e aprender com a experiência".[17]

SE DEFINIR INTELIGÊNCIA EM AVES é problemático, medi-la talvez seja ainda mais difícil. "A verdade é que o desenvolvimento de uma bateria de testes para medir a cognição das aves está só começando", diz Lefebvre. Não há teste de QI para aves. Por isso, os cientistas tentam criar quebra-cabeças que revelem suas habilidades cognitivas, comparando o desempenho entre espécies e também entre indivíduos da mesma espécie.

Um discreto passarinho marrom de Barbados desempenha um papel fundamental nas investigações recentes de Lefebvre. Enquanto estou sentada, reescrevendo minhas anotações na varanda dos fundos do apartamento do pesquisador, com vista para um mar azul-turquesa, esses passarinhos voam ao redor dos galhos das casuarinas australianas e dos mognos. Em seguida, vêm para as grades do terraço. Fico olhando para um deles, empoleirado ao alcance do meu braço. O pássaro se vira, inclina a cabeça e me encara.

Por que tanto interesse?, ele parece perguntar.

Porque você é famoso por aqui, por seus modos espertos de larápio — e por descobrir uma nova fonte de alimento.

Loxigilla barbadensis: esses tentilhões são os pardais de Barbados, diz Lefebvre. Antes que houvesse telas instaladas no prédio para proteção contra o mosquito da dengue, os tentilhões voavam pelas janelas ou portas de seu apartamento, abertas para a brisa do mar, para bicar bananas na bancada da cozinha ou fugir com pedaços de pão ou bolo. Mas sua notoriedade vem da descoberta de uma nova fonte de alimento nos restaurantes ao ar livre que margeiam o mar do Caribe. Mais tarde,

Lefebvre me mostra o truque gastronômico do pássaro. Em uma viela estreita entre dois clubes à beira-mar, em Holetown, há uma parede de pedra que delimita uma mansão em estilo palladiano. Lefebvre coloca um pacotinho de açúcar em uma pedra e alinha mais quatro ao longo da parede. Um tentilhão leva apenas alguns segundos para encontrar o tesouro. Pousa na pedra e examina o pequeno quadrado de papel branco, vira-o, aparentemente procurando buracos, e depois o carrega até um galho de árvore próximo. Em trinta segundos, fura o papel e começa a se alimentar de açúcar, cristais brancos cobrindo seu biquinho, como leite em volta da boca de uma criança. É um talento único, não dominado pelo punhado de outras espécies invasoras que fazem desta ilha seu lar. Esse tentilhão sabe o que está fazendo. É ousado, descarado e ligeiro para explorar novas fontes de alimentos.

Foi aqui, na terra do tentilhão, que Lefebvre elaborou uma escala de inteligência baseada na ideia de que as aves espertas inovam. Como o tentilhão e aqueles chapins que tiram a nata do leite, elas fazem coisas novas. Aves com cérebros menores têm hábitos fixos e raramente inventam, exploram ou mergulham na novidade.

Acontece que o tentilhão de Barbados tem um sósia menos inteligente na ilha, o seu parente próximo conhecido como tentilhão-de-cara-preta (*Tiaris bicolor*), o que permite que se faça uma comparação intrigante entre os dois pássaros. Ambos são semelhantes em quase todos os aspectos, exceto um. No espectro da inteligência, o tentilhão é o primeiro aluno da classe; em comparação, sua espécie-irmã é lenta e enrolada. O contraste entre esses dois passarinhos de quintal deu a Lefebvre uma janela para a natureza da mente das aves.

"Eles são praticamente gêmeos genéticos, com o mesmo ancestral, tendo divergido, provavelmente, apenas alguns milhões de anos atrás", explica. "Ambos vivem no mesmo ambiente. Ambos são territoriais e compartilham o mesmo sistema social." A única diferença é que o tentilhão de Barbados é esperto, destemido e oportunista, enquanto o tentilhão-de-cara-preta é arisco, profundamente conservador e tem medo de quase tudo.

A história evolutiva do tentilhão de Barbados talvez seja reveladora. Quando chegou à ilha, a espécie divergiu do colorido tentilhão das

Antilhas. Nessa espécie, machos e fêmeas apresentam cores dimórficas, com fêmeas castanhas e machos exibindo uma bela plumagem preta com garganta em vermelho-vivo, combinação que resulta da seleção sexual. Aqui em Barbados, os tentilhões são monomórficos, machos e fêmeas são castanhos.

"Uma explicação para essa mudança evolutiva é que Barbados não tinha alimentos à base de carotenoides, que permitiam que os pássaros produzissem pigmentos vermelhos e amarelos para a plumagem", diz Lefebvre.[18] "Mas, ao que parece, a plumagem vermelha do pássaro não requer carotenoides. É possível que as fêmeas estejam selecionando algo diferente da plumagem. Talvez elas estejam optando por machos que buscam fontes inovadoras de alimentos, como pacotes de açúcar." Em outras palavras, pode ser que as fêmeas de Barbados gostem de machos mais espertos.

"Não conheço nenhum outro par de espécies tão próximas que sejam tão semelhantes e, ainda assim, tão diferentes em seu oportunismo e estratégias de forrageamento", conta Lefebvre. Em uma pequena área de bosques e campos no parque Marinho Folkestone, o biólogo me apresenta um experimento informal para demonstrar esse argumento. Observamos vários tentilhões-de-cara-preta ciscando a grama a trinta metros de distância, alimentando-se de sementes. Alguns outros pássaros estão nas árvores a alguma distância. Lefebvre joga um punhado de alpiste e se agacha na grama. As iraúnas-do-norte são as primeiras a notar a comida. Em meio minuto, reúnem-se em um bando barulhento. Seus gritos atraem pombas, mais iraúnas e esquadrões de tentilhões de Barbados. Mas os tentilhões-de-cara-preta não se mexem. Simplesmente continuam de cabeça baixa, prestando atenção em seus pequenos pedaços de grama. Lefebvre começa a sussurrar e diz, imitando o sotaque britânico: "Um resultado perfeito, como se fosse encenado, com David Attenborough escondido nos bastidores". E, em uma imitação quase perfeita do famoso naturalista inglês, brinca: "Esse pássaro faz coisas *incríveis*...".

Levanta-se abruptamente e aponta para a grama. "Oportunismo zero ali", diz ele. "Eles não são atraídos nem pelas sementes nem pelos pássaros que se alimentam delas. Simplesmente não estão à procura de fontes alternativas de alimento."

Por quinze anos, Lefebvre ignorou os tentilhões-de-cara-preta porque eles pareciam *chatos*. Mas eles permitem uma comparação experimental perfeita com o tentilhão de Barbados por causa de sua proximidade genética.

"Por que o tentilhão-de-cara-preta é assim?", pergunta Lefebvre. "Ele tem o mesmo genótipo ancestral do tentilhão de Barbados, vive no mesmo ambiente. O que o faz lidar com os alimentos de um jeito tão diferente?" Por que um pássaro é muito mais ousado, mais inteligente e oportunista do que o outro?

"Alguns estudos mostram que as espécies que diferem na ecologia alimentar também diferem na capacidade de aprendizagem — na estrutura do cérebro subjacente à aprendizagem", diz Lefebvre. Sendo assim, o primeiro experimento a ser feito apresenta tarefas a ambas as aves para medir suas habilidades cognitivas básicas. É parte da tentativa de ligar o comportamento natural que os cientistas veem em trabalho de campo com as diferenças que eles podem medir em laboratório.

Não é uma tarefa fácil. Pegar tentilhões-de-cara-preta, por si só, já é um desafio. Lefebvre usa arapucas para capturar a espécie mais esperta, mas, em 25 anos de trabalho, nunca conseguiu pegar um tentilhão-de-cara-preta com elas; os pássaros são muito cautelosos. A equipe usa redes de neblina para capturá-los.

"Depois disso, o truque é encontrar algo que eles topem fazer", diz Lefebvre. "São tão ariscos que, se o aparato experimental for meio estranho, eles simplesmente não participam." No trabalho de campo, uma das alunas de pós-graduação de Lefebvre, Lima Kayello, mediu a velocidade com que as duas espécies se alimentam de sementes colocadas em uma xícara sem tampa. Os tentilhões de Barbados encontram a nova fonte de alimento em cerca de cinco segundos, diz ela. Os de cara preta demoram cinco dias. "Uma tampa de iogurte cheia de sementes é esquisitice demais para eles", diz Kayello.

Para os experimentos cognitivos, Kayello apresenta a cada espécie algo que elas nunca viram: um pequeno cilindro transparente de comida com uma tampa removível. Ela mede quanto tempo os pássaros levam para se aproximar do objeto, tocá-lo e abrir a tampa e se alimentar da semente. O desempenho é variado, mesmo entre os tentilhões de Barbados. Um deles voa pelo aviário por vários minutos, depois fica pendurado como um morcego no poleiro mais baixo por mais alguns minutos, antes de, finalmente, se aventurar em direção ao aparato e abri-lo. Ele leva um total de oito minutos para resolver a tarefa. Um segundo pássaro vai direto para a nova engenhoca e a abre quase imediatamente. "Bom menino!", diz Kayello. Tempo gasto no teste: sete segundos.

Dos trinta tentilhões de Barbados que Kayello observou, 24 completaram rapidamente a tarefa. Nenhum dos quinze tentilhões-de-cara-preta sequer chegou perto do cilindro.[19]

Alguns tentilhões de Barbados, como aquele segundo pássaro, parecem capazes de descobrir como resolver o problema rapidamente, em pouquíssimas tentativas. Esse é um exemplo de insight? Lefebvre acha que não. Em um estudo parecido, sua aluna de pós-graduação Sarah Overington examinou cada bicada dada por uma iraúna.[20] Depois de observar minuciosamente centenas de horas de vídeos, Overington identificou dois tipos de bicada. O primeiro era uma tentativa de chegar diretamente na comida; o segundo era para o lado, o que fazia a tampa se mexer, dando ao pássaro uma pista para continuar com as bicadas. Mesmo um pequeno feedback visual ou tátil pode direcionar o pássaro. "Se fosse um insight", diz Lefebvre, "você esperaria uma solução repentina para o problema, uma espécie de 'eureca!'" Portanto, é algo mais parecido com o aprendizado por tentativa e erro, uma capacidade cognitiva "menor".

O PONTO É QUE COMPORTAMENTOS que parecem extraordinários ou inteligentes podem surgir de processos simples ou reflexivos.

Um exemplo notável são as revoadas e os bandos de pássaros ou de outras criaturas se movimentando em aparente uníssono, às vezes em grande número. Certa vez, fui atraída para o meu quintal por uma cacofonia de estorninhos enfeitando nosso almaceiro, como se fossem flores negras piando. De repente, a sombra de um falcão os atingiu e os estorninhos explodiram para cima e rodopiaram para longe. Observei o lençol cintilante formado por todos eles escurecer parte do céu, girando, retorcendo-se, difundindo-se em movimentos intrincados com a coesão de um único organismo — uma estratégia eficaz para dissuadir um predador como o falcão ou o gavião. O grande naturalista Edmund Selous, que amava os pássaros de maneira apaixonada e os observava com fervor científico, atribuía esse fenômeno da aglomeração à transferência telepática de pensamento de uma ave para a outra. "O bando voa; ora denso como uma cobertura de telhas, ora disseminado como a trama de uma rede gigante que varre todo o céu, ora escurecendo, ora emitindo um milhão de raios de luz... uma loucura no céu", escreveu ele.[21] "Eles devem pensar coletivamente, todos ao mesmo tempo, ou pelo menos em pedaços ou faixas — algo como um metro quadrado de uma ideia, um lampejo saído de uma multidão de cérebros."[22]

Desde então, descobrimos que o comportamento coletivo espetacular dos pássaros em revoada (e dos peixes em cardumes, mamíferos em manadas, insetos em enxames e multidões humanas) é auto-organizado, emergindo de regras simples de interação entre os indivíduos.[23] Os pássaros não estão "transfundindo pensamentos", comunicando-se telepaticamente com os membros de seu bando para agir em uníssono, como Selous supôs. Em vez disso, cada pássaro está interagindo com até sete vizinhos próximos, tomando decisões individuais de movimento para manter a velocidade e a distância dos companheiros, de modo que um grupo de, digamos, quatrocentos pássaros possa se virar para outra direção em pouco mais de meio segundo.[24] O que emerge disso são ondulações quase instantâneas de movimento no que parece ser uma cortina viva de aves.

É COMUM SUPOR que um comportamento aparentemente complexo tenha de surgir de processos complexos de pensamento. Mas as habilidades rápidas de resolução de problemas dos estorninhos e iraúnas nesses testes básicos de cognição provavelmente têm mais a ver com prestar atenção ao feedback visual e com autocorreção ao longo do caminho do que com "sacar" instantaneamente uma solução.

Em outro teste de cognição, Kayello tenta fazer com que os pássaros desaprendam o que aprenderam e "reaprendam" algo novo. Ela apresenta a cada pássaro dois copos (um amarelo e um verde) cheios de sementes comestíveis e deixa que o animal escolha um para comer. Assim ela descobre as preferências em relação a cores. Ela então substitui a semente comestível naquele copo colorido por sementes não comestíveis, que são colocadas no fundo do copo. Mede quanto tempo leva para que cada pássaro mude do copo com sua cor preferida (mas agora contendo sementes não comestíveis) para outro de cor não preferida (com sementes comestíveis). Quando isso acontece, ela troca novamente as cores que identificam as sementes comestíveis e não comestíveis.

Essa técnica, chamada de aprendizado reverso, é usada com frequência como uma medida-base da rapidez com que um pássaro muda seu jeito de pensar e aprende um novo padrão. "É um indicador de pensamento flexível", explica Lefebvre. "Tanto para seres humanos quanto para pássaros. Pessoas com déficits mentais ou doença de Alzheimer são frequentemente testadas com tarefas de aprendizagem reversa para avaliar sua flexibilidade de pensamento."

Não há dúvida de que os tentilhões de Barbados são alunos espertos. A maioria pega o jeito da alternância depois de apenas algumas tentativas. Os tentilhões-de-cara-preta, por outro lado, não têm pressa. São lentos, cautelosos. Mas acabam dominando o jogo e fazendo menos escolhas de cores erradas que a outra espécie.

"Surpreendente", diz Lefebvre, "mas, de certa forma, reconfortante: pelo menos achamos um teste no qual o de cara preta se sai bem. Se uma espécie que você está usando em seu experimento fracassa em todos os testes, o problema pode ser você, o pesquisador, não o animal. Você pode não ter entendido o que é relevante para a maneira como um pássaro vê o mundo".

ESSE É UM DOS MODOS pelos quais os cientistas tentam medir a inteligência de uma ave: testando sua velocidade e seu sucesso na resolução de problemas em laboratório. Eles tentam projetar desafios semelhantes ao que um indivíduo poderia encontrar em seu ambiente natural — a capacidade de remover obstáculos ou contornar barreiras para encontrar alimentos escondidos, por exemplo. Tentam induzi-los a abrir recipientes de comida empurrando alavancas, puxando cordas, tirando tampas. Medem quanto tempo os animais levam para cada tarefa, e com que rapidez as aves mudam de tática na tentativa de resolver o problema. ("Se x não funcionar, tente y.") Eles investigam se uma espécie é capaz de ter insights tentando determinar se a descoberta de uma solução é um lampejo de compreensão (eureca!) ou algo gradual e mais reflexivo (tentativa e erro).

Ainda assim, é complicado. Nesses testes de laboratório, todos os tipos de variáveis podem afetar o fracasso ou o sucesso de um bicho. A ousadia ou o medo de uma ave individual pode afetar seu desempenho na resolução de problemas. As aves que são mais rápidas na resolução de tarefas podem não ser as mais espertas; pode ser que apenas hesitem menos diante de um novo desafio. Portanto, um teste projetado para medir a capacidade cognitiva pode, na verdade, estar só aferindo o destemor. Será que o tentilhão-de-cara-preta é apenas mais tímido que seu primo?

"Infelizmente, é muito difícil obter uma medida 'pura' de desempenho cognitivo que não seja afetada por uma miríade de outros fatores", explica Neeltje Boogert, ex-aluna de Lefebvre, agora especialista em cognição de aves na Universidade de St. Andrews, na Escócia.[25] "Essas espécies, assim como os seres humanos, diferem no que diz respeito à motivação para resolver um teste cognitivo, no estresse com a situação do experimento, na distração causada pelo ambiente e na experiência que tiveram com testes semelhantes. Um debate acirrado está em andamento no campo da ecologia comportamental sobre como devemos proceder para testar a cognição animal; até agora, nenhuma solução clara apareceu."

ALGUNS ANOS ATRÁS, LEFEBVRE teve um estalo quanto à possibilidade de outro tipo de medida que aferisse a capacidade cognitiva de uma ave, não no laboratório, mas na natureza. A ideia surgiu por acaso, durante uma caminhada na praia em Barbados. "Foi logo depois de uma tempestade violenta", diz ele. "Eu estava cruzando a praia perto de Hole, a lagoa em Holetown que transborda para o mar após chuvas fortes, e percebi que centenas de lebistes ficaram presos em pequenas piscinas, em um banco de areia." Enquanto os peixes presos saltavam de uma poça para a outra, Lefebvre viu suiris-cinzentos pousando para apanhar os peixes, levando-os de volta para uma árvore e martelando-os contra um galho antes de comê-los.

Os suiris-cinzentos são uma espécie de papa-moscas comum nas Índias Ocidentais. São bem conhecidos por pegar insetos voadores — mas não peixes. Essa foi a primeira observação conhecida desses pássaros aplicando suas habilidades de caça habituais a uma presa totalmente incomum.

Lefebvre se perguntou: "Por que o suiri-cinzento foi a única espécie que aproveitou essa nova e esplêndida fonte de alimento?". Seria uma ave particularmente inteligente ou inovadora, como os chapins, que decifraram o código das tampas das garrafas de leite para chegar à nata?

Talvez uma boa maneira de medir a cognição das aves, pensou Lefebvre, fosse observar ocorrências desse tipo — pássaros fazendo coisas novas e incomuns na natureza. Essa noção foi proposta há três décadas por Jane Goodall e seu colega Hans Kummer.[26] A dupla defendeu que a inteligência dos animais selvagens fosse medida a partir da observação de sua capacidade de encontrar soluções para problemas em seu ambiente natural. É preciso adotar uma métrica ecológica da inteligência, em vez de uma medição de laboratório, sugeriram eles. O caminho é identificar as capacidades de inovação de um animal em seu próprio ambiente "com o objetivo de encontrar uma solução para um novo problema ou uma nova solução para um desafio antigo".

Lefebvre publicou sua observação sobre os suiris-cinzentos na seção de notas do *The Wilson Bulletin*, que divulga relatórios sobre o comportamento incomum de aves feitos por observadores amadores e profissionais.[27] Ocorreu-lhe que coletar esse tipo de observação anedótica em periódicos ornitológicos poderia fornecer exatamente o tipo de evidência ecológica que Kummer e Goodall defendiam. Quais tipos de aves são as mais inovadoras da natureza?

"Estudos experimentais e observacionais sobre cognição são importantes", diz Lefebvre, "mas uma contagem taxonômica como essa seria uma oportunidade única e evitaria algumas das armadilhas dos estudos de inteligência animal" — por exemplo, o uso de objetos experimentais muito diferentes do que um animal encontra em seu ambiente natural.

Lefebvre vasculhou 75 anos de publicações sobre aves em busca de relatórios com palavras-chave como "incomum", "inovador" ou "primeiro caso relatado", e encontrou mais de 2 300 exemplos de centenas de espécies diferentes. Alguns eram sobre a ousadia de descobrir alimentos novos e estranhos: um papa-léguas sentado em um telhado perto de um bebedouro de beija-flores para poder capturá-los; um grande mandrião, na Antártida, enfiando-se no meio de filhotes recém-nascidos de foca para beber o leite da mãe; garças devorando um coelho ou um rato-almiscarado; um pelicano, em Londres, engolindo um pombo; uma gaivota ingerindo um gaio-azul; ou um mohoua, da Nova Zelândia, normalmente insetívoro, visto pela primeira vez comendo frutas de clívia.

Outros exemplos envolviam maneiras engenhosas de obter comida. Um chupim, na África do Sul, usou um galho para catar esterco de vaca. Vários observadores notaram casos de garças-verdes usando insetos como isca, colocando-os delicadamente na superfície da água para atrair peixes. Uma gaivota-arenosa adaptou sua técnica normal de derrubar conchas para quebrá-las para atingir um coelho. Entre os casos mais inventivos: águias americanas pescando no gelo, no norte do Arizona. As aves descobriram um amontoado de peixinhos do gênero *Pimephales* mortos, congelados sob a superfície de um lago coberto. Foram vistas abrindo buracos no gelo e, em seguida, pulando na superfície, usando o peso do corpo para empurrar os peixinhos para cima através dos buracos.[28] Um dos favoritos de Lefebvre é o registro de abutres, no Zimbábue, que se empoleiraram em cercas de arame farpado perto de campos minados durante a guerra de libertação, esperando que gazelas e outros herbívoros detonassem os explosivos. Isso resultava em uma refeição pronta já pulverizada. No entanto, "ocasionalmente, um abutre era vítima de seu próprio jogo e acabava explodindo", diz Lefebvre.

Assim que os relatos foram reunidos, Lefebvre os agrupou por família de aves e calculou as taxas de inovação para cada uma delas.[29] Também corrigiu suas análises para levar em conta possíveis variáveis capazes de confundir os dados, especialmente o esforço de pesquisa — algumas espécies são simplesmente observadas com mais frequência, então é mais provável que sejam vistas fazendo coisas novas.

"Honestamente, a princípio não pensei que funcionaria", diz ele. Esses registros são considerados pouco científicos; no jargão, são "dados fracos". "Se um registro não é científico, como dois mil podem se tornar ciência? Mas aceitei as informações da maneira como estavam descritas. Se parte do banco de dados teria de ser jogada fora, isso provavelmente estava distribuído de modo aleatório entre os grupos taxonômicos e, portanto, não afetaria os resultados. Fico esperando que algo apareça para invalidar o sistema, mas até agora nada."

Quais são as aves mais espertas, de acordo com a escala de Lefebvre?[30]

Corvídeos, sem surpresa alguma — com corvos e gralhas bem na frente dos outros —, junto com papagaios e afins. Depois vem iraúnas, aves de rapina (especialmente falcões e gaviões), pica-paus, calaus, gaivotas, martim-pescadores, papa-léguas e garças. (As corujas foram excluídas da pesquisa porque são noturnas e suas inovações raramente são observadas diretamente, sendo inferidas a partir de indícios fecais.) Também nas partes altas do pódio estão os pássaros das famílias dos pardais e chapins. Entre as menos espertas encontram-se codornizes, avestruzes, abetardas, perus e bacuraus.

Depois, Lefebvre deu o passo seguinte: as famílias de aves com muitos comportamentos inovadores na natureza tinham cérebros maiores? Na maioria dos casos, há uma correlação.[31] Considere dois pássaros pesando 320 gramas: o corvo-americano, com uma contagem de índice de inovação de dezesseis, tem um cérebro de sete gramas; enquanto uma perdiz, com uma única inovação, tem um cérebro de 1,9 gramas. Ou duas aves pesando 85 gramas: o pica-pau-malhado, com índice de inovação de nove, tem cérebro de 2,7 gramas; e a codorna, com uma só inovação, apenas 0,73 grama de tecido cerebral.

Quando Lefebvre apresentou suas descobertas na reunião anual da Associação Americana para o Avanço da Ciência em 2005, a imprensa adorou o estudo, chamando-o de "o primeiro índice abrangente de QI aviário do mundo". Lefebvre achou a ideia do QI "um tanto besta". "Mas por que não?"

O conceito pegou e Lefebvre acabou sendo questionado de perto por jornalistas interessados no índice. Quando alguém lhe pediu para nomear a ave mais burra do mundo, ele respondeu: "Seria o emu". As manchetes do dia seguinte diziam "Pesquisador canadense chama ave nacional da Austrália de 'A mais burra do mundo'". (O emu e o canguru foram escolhidos como emblemas não oficiais da Austrália para simbolizar o movimento de avanço de uma nação, refletindo a crença comum — e errônea — de que nenhum desses animais consegue andar para trás com facilidade.) Isso fez de Lefebvre um sujeito nada popular na Austrália. Mas sua posição foi reforçada quando ele apareceu em um programa de rádio local e uma pessoa, por telefone, contou a história de sua visita aos aborígines no interior, que lhe disseram que, se ela se deitasse de costas e levantasse o pé, os emus viriam investigar, pensando que era um deles.

LEFEBVRE RECONHECE que o tamanho do cérebro de uma ave, ou mesmo o tamanho de partes-chave dele, é uma medida relativamente grosseira. "Afinal, o pilrito-pequeno (um tipo de maçarico) tem um cérebro relativamente grande para o tamanho de seu corpo", diz ele, "e tudo o que faz é correr para a frente e para trás com as ondas ('não posso molhar meus joelhos, não posso molhar meus joelhos') e pegar invertebrados com o bico".[32]

Sabemos há muito tempo que um cérebro grande não é necessariamente um indicativo de inteligência. Uma vaca tem um cérebro cem vezes maior que um camundongo, mas não é mais inteligente. E animais com cérebros diminutos têm habilidades mentais surpreendentes. As abelhas, com um cérebro que pesa 1 miligrama, podem se deslocar pelas paisagens como os mamíferos, e as drosófilas aprendem pelo contato social com outras drosófilas.[33] A razão entre tamanho do cérebro e tamanho do corpo, chamada de encefalização, parece ser importante também, embora a correlação entre encefalização e inteligência ainda esteja em debate.[34] "Não se trata apenas de tamanho — pelo menos não em todos os animais", diz Lefebvre. "Quando estamos medindo o volume do cérebro, mensuramos a capacidade de processamento de informações?", pergunta Lefebvre. "Provavelmente não."

A CAPACIDADE DE INOVAÇÃO de uma ave agora é aceita como uma medida de cognição por muitos cientistas. Mas, se o tamanho do cérebro não controla a tendência de uma ave a inovar, o que o faz? O que distingue os inovadores dos não inovadores? Existe alguma diferença entre os cérebros de mesmo tamanho carregados pelo brilhante tentilhão de Barbados e pelo seu primo de cara preta, aparentemente mais bobo?

"O problema é entrar na cabeça de um animal", diz Lefebvre. "Até agora, o foco tem sido sempre o volume do cérebro, completo ou partes específicas. Mas não é exatamente isso que faz diferença. O que está controlando a inovação e a capacidade cognitiva não é o tamanho, mas o que acontece no nível dos neurônios."

Isso lembra o conselho que o neurocientista Eric Kandel, ganhador do Prêmio Nobel por seu trabalho sobre a base fisiológica do armazenamento de memórias em neurônios, recebeu de seu mentor, Harry Grundfest. Quando Kandel era jovem, Grundfest disse a ele: "Olha, se você quer entender o cérebro, terá de adotar uma abordagem reducionista, uma célula de cada vez".[35] "Ele estava certíssimo", diz Kandel.

Como muitos outros estudiosos da cognição das aves, Lefebvre agora está "virando um cara neural", na esperança de mostrar como o aprendizado e a solução de problemas em aves se refletem na atividade cerebral, nos neurônios e nas ligações entre eles, conhecidas como sinapses. Um neurônio se comunica com outro nessas conexões entre as duas células. "Acredito que um animal apresentar ou não um comportamento flexível e inovador depende dos eventos que ocorrem ali, nas sinapses", diz Lefebvre.

O que faz com que uma ave seja inteligente e inventiva como um tentilhão de Barbados ou um corvo-da-nova-caledônia? Será que os tentilhões-de-cara-preta e os cagus são realmente tolos?

"Estamos tentando abordar essas questões de ângulos diferentes", diz Lefebvre. "É preciso começar no campo, com as botas no chão, e olhar muito de perto a espécie em questão. Para entender as aves, é preciso saber como elas se comportam na natureza", afirma. "Depois, você tenta entrar na cabeça delas. Portanto, estamos fazendo observações de campo sobre esses comportamentos, comparando inovações por espécie, conduzindo experimentos com aves em cativeiro e, agora, procurando uma maneira de conectar o que vemos lá fora com o que estamos aprendendo sobre genes e células no laboratório."

Esse é o tipo de ciência ambiciosa que acontece em todo lugar na pesquisa sobre a inteligência das aves. É uma combinação notável de observações sobre ecologia e comportamento, estudos cognitivos em laboratório e sondagem profunda dos próprios cérebros avianos, com o objetivo de resolver os mistérios que suas mentes representam.

2. Do jeito delas: o cérebro das aves revisitado

CERTA VEZ, QUANDO ESTAVA ESQUIANDO nas montanhas Adirondack, parei para almoçar em uma pequena clareira. A neve estava alta no chão e o frio era de gelar os ossos. No instante em que tirei meu sanduíche de manteiga de amendoim do papel-alumínio, percebi um movimento com o canto do olho e ouvi um *tiiiii* familiar. Um chapim-de-bico-preto (*Poecile atricapillus*), parente daquele outro chapim que tira a nata do leite, apareceu em um galho na beira da clareira. Depois outro, e mais outro. Não demorou para que houvesse um pequeno bando de pássaros aos meus pés. Quando segurei com o dedo uma migalha, um deles passou voando e a pegou. Momentos depois, aquela coisinha atrevida se empoleirou no meu braço e comeu diretamente da minha mão.

Talvez você não perceba o chapim como a cabeça mais brilhante da passarinholândia. Ele é conhecido principalmente por sua fofura. Redondo, corpinho macio em um belo casaco cinza e um elegante boné preto. Bico curto. Cabeça grande como o ET. Não tem nada parecido com o ar esbelto e lustroso das mariquitas ou juruviaras, ou com a astúcia arrogante do corvo. É famoso pela gula com que ataca os alimentadores e por suas acrobacias surpreendentes. Como o ornitólogo Edward Howe Forbush observou uma vez: "Já vi um chapim se jogar de costas de um galho em busca de um inseto, pegá-lo e, depois de dar uma cambalhota quase completa no ar, endireitar-se de novo no tronco inclinado da árvore".[1]

Mas o chapim é mais do que apenas um pássaro cheio de verve e agilidade. Também é acrobático em suas aptidões, curioso, inteligente e oportunista, com uma memória notável: "Uma obra-prima entre os pássaros, para o qual nenhum louvor é demais", nas palavras de Forbush.[2] Na escala de QI de Louis Lefebvre, a família dos chapins empata com a dos pica-paus.

Ultimamente, os assobios agudos e finos e os gargarejos complexos dos chapins — os *fii-biis*, *ziiis*, *tiii-tititis* e *bisss* sibilantes — têm sido analisados por cientistas, sendo considerados um dos mais sofisticados e precisos sistemas de comunicação entre os animais terrestres.[3] Chris Templeton e seus colegas descobriram que os chapins usam seus chamados como linguagem, incluindo uma sintaxe que pode gerar um enorme número de vocalizações únicas.[4] Tais chamados servem para que uma ave avise a outra sobre sua localização ou para "tuitar" notícias sobre alimentos que encontraram; também podem alertar sobre predadores — detalhando tanto o tipo de animal quanto a magnitude da ameaça. Um suave *tiii* agudo ou um *tititi* cortante sinalizam ameaças aladas, como picanços ou gaviões-miúdos. O *tiii-tititi*, chamado característico da espécie, sinaliza a presença de um predador parado, uma ave de rapina empoleirada na copa das árvores ou uma coruja-guincho oriental de tocaia em um galho acima do chapim. O número desses *tis*, feito notas repetidas, indica o tamanho do predador e, portanto, o grau de ameaça. Mais *tis* correspondem a um predador menor e mais perigoso. Isso pode parecer contraintuitivo, mas os caçadores pequenos e ágeis, que conseguem fazer manobras facilmente, são uma ameaça maior do que os predadores maiores e mais pesados. Assim, um mocho-pigmeu pode acabar correspondendo a quatro *tis*, enquanto um corujão-orelhudo chega a apenas dois. Os sons funcionam como um pedido de reforços, sendo usados para recrutar outros pássaros, os quais ajudam a ave sob risco a acossar ou intimidar o predador, em uma defesa de grupo calibrada de acordo com a magnitude do perigo. As vocalizações do chapim são tão confiáveis que até outras espécies prestam atenção aos seus avisos.

Saber disso muda a maneira como ouço esses *tiis* enquanto caminho pela floresta. Talvez eu esteja sendo examinada ao passar, avaliada e julgada como mais ou menos perigosa.

Ou talvez não. Talvez eu seja sumariamente ignorada por agir como uma paspalha desajeitada — grande, mas inofensiva —, e minha presença mal chegue a ser mencionada na conversa deles.

Os chapins geralmente não se incomodam com as pessoas. Atirados e curiosos como os tentilhões, eles têm "uma autoconfiança profundamente enraizada" e costumam investigar tudo dentro de seu território, incluindo o *Homo sapiens*.[5] Ficam perambulando pelas cabanas dos caçadores durante a temporada de caça para bicar a gordura das carcaças jogadas nas caçambas dos veículos. Muitas vezes são os primeiros a visitar os comedouros de pássaros e até pegam comida direto da mão, conforme descobri. Como os tentilhões, eles se destacam pela capacidade de encontrar e explorar novas fontes de alimento. Uma vez, Chris Templeton observou um chapim se alimentando do néctar de um bebedouro de beija-flor.[6] No inverno, comem abelhas, morcegos empoleirados, seiva de árvore e peixes mortos.

Quando as vespas-das-galhas foram introduzidas no Oeste americano, na década de 1970, para ajudar a controlar a disseminação da centáurea-maior, uma planta invasora, os chapins aproveitaram a nova oportunidade. Templeton descobriu que os pássaros aprenderam rapidamente a identificar as umbelas* de centáurea que abrigavam as maiores densidades de larvas de vespas-das-galhas — um alimento excepcionalmente nutritivo.[7] Seja lá que indícios eles tenham usado para rastrear a comida, claramente foram coisas sutis, captadas durante o voo, com pouco ou quase nenhum tempo gasto pairando acima das plantas. E, no entanto, quase invariavelmente, achavam as umbelas mais carregadas. Costumavam pegá-las voando e as carregavam de volta a uma árvore para arrancar as larvas.

Templeton ficou assombrado. "É notável que os chapins sejam capazes de tomar decisões tão certeiras com tão pouco tempo para

---

* Em botânica, umbela é o nome do conjunto de flores, como o dente-de-leão, que partem de um eixo central comum e formam um "guarda-chuva".

avaliar as umbelas", observa. Igualmente impressionante é a rapidez com que os pássaros aprenderam a explorar uma fonte de alimento completamente nova, um inseto exótico, vivendo em uma planta introduzida que estava presente em seu habitat havia pouco tempo.

Os chapins também têm uma memória prodigiosa. Colocam sementes e outros alimentos em milhares de esconderijos diferentes para devorá-los depois e conseguem lembrar os locais por até seis meses.[8]

E tudo isso com um cérebro com mais ou menos o dobro do tamanho de uma ervilha.

NÃO FAZ MUITO TEMPO, encontrei o crânio de um chapim em uma área de pinheiros desgrenhados perto da minha casa. Ele se aninhava perfeitamente na minha mão, branco como giz e inacreditavelmente leve, como a mais fina das cascas de ovo. Parecia pouco mais do que um estojo ocular bulboso, ligado a um minúsculo bico afiado feito uma agulha. Na parte de trás havia duas cúpulas gêmeas, bolhas de osso translúcido, onde antes ficava o cérebro. Um chapim pesa onze ou doze gramas; seu cérebro, apenas 0,6 ou 0,7.[9] Como um cérebro tão diminuto é capaz de façanhas mentais tão complexas?

Claramente, no que diz respeito ao cérebro, tamanho não é tudo. Mas a verdade é que as aves, faz tempo, têm uma reputação ruim nesse quesito. Ao contrário do que diz o clichê, o cérebro de muitos pássaros é, na verdade, consideravelmente maior do que o esperado para o tamanho de seus corpos. Trata-se do resultado de um processo extraordinário que também deu origem aos nossos cérebros tamanho família — ainda que por um caminho evolutivo completamente separado do que seguimos.

O tamanho do cérebro das aves varia de 0,13 grama, no caso do colibri-esmeralda-cubano, a 46,19 gramas, no caso do pinguim-imperador.[10] De fato, são órgãos minúsculos perto do cérebro de 7 800 gramas de um cachalote — mas, quando comparados com os cérebros de animais mais ou menos do mesmo tamanho, não fazem feio. O cérebro das pequenas galinhas bantans pesa cerca de dez vezes mais que o de um lagarto de tamanho semelhante. Examine o cérebro de uma ave levando em conta o seu peso corporal e ele fica mais parecido com o de um mamífero.

Nosso cérebro pesa 1 360 gramas, ou 1,36 quilo, para uma massa corporal média de setenta quilos. Lobos e ovelhas têm quase o mesmo peso que nós, mas seus cérebros só alcançam cerca de um sétimo do peso do nosso. Os corvos-da-nova-caledônia são como nós, extravagantes violadores de regras. Têm um cérebro que pesa 7,5 gramas em um corpo com pouco mais de meio quilo. É o mesmo tamanho do cérebro de um macaco pequeno, como um sagui ou um mico-leão, e 50% maior que o de um gálago* — todos animais com tamanho corporal próximo do corvo.[11]

E o cérebro de um chapim? Alcança o dobro do tamanho do cérebro de aves na mesma faixa de peso corporal, como papa-moscas ou andorinhas.[12]

Quando encaramos as coisas dessa maneira, muitas espécies de aves têm cérebros surpreendentemente grandes para o tamanho de seus corpos. São o que os cientistas chamam de hiperinflados, tal como nossos cérebros.

POR SÉCULOS, PENSAMOS que os cérebros das aves tinham encolhido por um bom motivo: para que o tartaranhão-azulado pudesse flutuar em círculos largos, para que o andorinhão-migrante pudesse passar a vida inteira voando, para que o chapim conseguisse mudar de curso em menos de trinta milissegundos.[13]

O tecido cerebral é pesado e metabolicamente caro, perdendo apenas para o coração. Os neurônios podem ser pequenos, mas são custosos de produzir e manter, consumindo cerca de dez vezes mais energia em relação ao seu tamanho do que outras células.[14] Não espanta que a natureza tenha aparado a massa cinzenta das aves, imaginávamos. "Ironicamente, a capacidade de voar, que consideramos a mais magnífica conquista das aves, também foi a adaptação evolutiva que

* Membro de um subgrupo mais antigo dos primatas. (N.T.)

as deixou muito atrás dos mamíferos em inteligência", escreveu Peter Matthiessen certa vez.[15] Presumíamos que as aves resolviam problemas voando para longe deles, não usando sua esperteza.

Voar realmente é uma coisa que "bebe" energia. Em uma ave do tamanho de um pombo, trata-se de uma atividade cerca de dez vezes mais custosa do que o repouso. Para um pássaro pequeno como o tentilhão, voos curtos que envolvem muitas batidas de asas gastam quase trinta vezes mais energia do que ficar parado.[16] (Em comparação, nadar, para uma ave aquática como um pato, consome cerca de três ou quatro vezes a energia despendida no descanso.)[17] Para atender às restrições do voo, a natureza aliviou consideravelmente a carga das aves com um esqueleto que combina força e leveza.[18] Alguns ossos foram fundidos ou eliminados. Um bico leve, feito, em grande parte, de queratina, substituiu a mandíbula mais pesada e cheia de dentes. Outros ossos, como os das asas, são pneumáticos, quase ocos, mas reforçados com trabéculas semelhantes a esteios para evitar que se dobrem. Os ossos das aves são densos apenas em locais necessários — ainda mais densos do que os ossos dos mamíferos de mesmo tamanho —, nas pernas e no esterno profundo e sólido que ancora as asas.[19] (O movimento da asa quando desce é tão poderoso que chega a produzir força suficiente para levantar duas vezes o peso do animal no ar.[20]) Quando os biólogos examinaram os genes envolvidos na formação do esqueleto das aves, descobriram que elas têm mais do que o dobro de genes ligados à remodelação e à reabsorção óssea que os mamíferos.[21] A maioria dos ossos desses animais é oca e de paredes finas, mas surpreendentemente rígida e forte. Às vezes, o resultado paradoxal disso é de deixar qualquer um atordoado: uma fragata, com envergadura de 2,10 metros, tem um esqueleto que pesa menos do que suas penas.[22]

A evolução achou outras maneiras de simplificar ou eliminar totalmente as partes desnecessárias do corpo de uma ave. As bexigas deixaram de existir.[23] O fígado diminuiu para apenas meio grama. Os músculos poderosos do coração das aves formam quatro cavidades, com dois átrios e dois ventrículos como o nosso, mas ele é minúsculo, com uma batida muito mais rápida (entre 500 e mil vezes por minuto no caso dos chapins-de-bico-preto; 78 no dos seres humanos).[24] O sistema respiratório é extraordinário, proporcionalmente maior que nos mamíferos (um quinto do seu volume corporal, em comparação com um vigésimo nos mamíferos), e muito mais eficiente. Os pulmões com fluxo unidirecional, envoltos em um tronco rígido, mantêm um volume constante (ao contrário dos pulmões dos mamíferos, que se expandem e se contraem de maneira flexível) e estão conectados a uma intrincada rede de sacos semelhantes a balões, que armazenam ar fora dos pulmões. Diferentemente da maioria de seus parentes reptilianos, as aves têm apenas um ovário funcional, no lado esquerdo; o direito foi perdido ao longo do tempo evolutivo. Somente na época de reprodução elas carregam o fardo dos pesados órgãos sexuais; na maior parte do ano, os testículos, ovários e ovidutos quase somem, de tão pequenos.

Os genomas condensados das aves também podem ser uma adaptação ao voo. Elas têm os menores genomas entre os amniotas, o grupo de vertebrados, incluindo répteis e mamíferos, que se reproduzem em terra firme.[25] Os mamíferos, em geral, têm genomas que variam de um bilhão a oito bilhões de pares de bases, enquanto nas aves o número oscila em torno de um bilhão, o que é resultado de menos elementos repetidos e um grande número dos chamados eventos de deleção, nos quais o DNA foi eliminado ao longo do tempo evolutivo.[26] Um genoma mais comprimido pode permitir que as aves regulem seus genes mais rapidamente para atender aos requisitos de voo.

TODA ESSA FRUGALIDADE peso-pena está relacionada a um notável processo evolutivo iniciado nos ancestrais das aves, os dinossauros.

Thomas Huxley foi um dos primeiros a perceber que uma trilha evolutiva ligava os dinossauros às aves modernas — uma observação que, aliás, nada fez para aumentar a consideração do público pela inteligência das aves. Huxley, o buldogue de Darwin, o "velho de rosto amarelado e queixo quadrado, com olhinhos castanhos brilhantes",[27] como seu aluno H. G. Wells o descreveu, tinha à sua disposição poucas descobertas de fósseis de dinossauros, mas viu neles traços de aves, e traços semelhantes aos de dinossauros no então recém-descoberto fóssil de ave de 150 milhões de anos, o *Archaeopteryx*.[28] De fato,

Huxley escreveu: "Se toda a parte traseira, do ílio aos dedos dos pés, de um pintinho ainda dentro do ovo pudesse ser, de repente, aumentada, ossificada e fossilizada do jeito que está, ela nos forneceria a última etapa da transição entre aves e répteis; pois não haveria nada em suas características que nos impedisse de atribuí-la aos Dinosauria". [29]

Huxley estava certo, é claro. As aves evoluíram a partir de uma linhagem dos dinossauros durante o período Jurássico, entre 160 milhões e 150 milhões de anos atrás. Na verdade, diz o paleontólogo Stephen Brusatte, da Universidade de Edimburgo, "descobrimos que não há uma distinção clara entre 'dinossauro' e 'ave'. Um dinossauro não se transformou em uma ave em um único dia; em vez disso, o desenho corporal das aves começou a se desenvolver cedo e foi reunido gradualmente, peça por peça, ao longo de 100 milhões de anos de evolução constante". [30]

É fácil perceber o réptil que existe nas aves. Em seus olhinhos que parecem contas e em seus movimentos rápidos e cortantes; nas asas semelhantes às de pterodátilos de um calau-rinoceronte; em um tordo erguendo a cabeça em estado de alerta, congelado para captar um som, sua face sem expressão lembrando a de um lagarto; ou em uma garça-azul-grande — o bater lento e pesado das asas, a sutileza serpenteante do pescoço, os guinchos roucos, tudo isso é como voltar às lagoas dos dinossauros. Mas desafia a imaginação pensar que o minúsculo e esvoaçante chapim poderia descender das grandes feras de eras extintas.

EM UM CANTO REMOTO do Nordeste da China, existe uma grande fatia de terra que conta a história dessa transição notável. Durante o início do Cretáceo, cinzas vulcânicas cobriram a região, criando os leitos repletos de fósseis de Jehol, em Liaoning, Hebei e na Mongólia Interior. [31]

Quando eu fui a um sítio paleontológico perto da pequena aldeia de Sihetun, na província de Liaoning, quase duas décadas atrás, fazia pouco tempo que essas formações semelhantes às camadas de um bolo tinham sido escavadas pelos aldeões, e em todos os lugares havia fósseis de antigos peixes, crustáceos de água doce e larvas de efeméridas, cujas impressões marcavam as folhas finas e quebradiças de siltito.[32] Eu tinha ido até lá para escrever sobre uma descoberta feita um ano antes por um fazendeiro e colecionador de fósseis amador nas camadas de um penhasco. Embutido ali estava o fóssil de uma criatura pequena naquela postura clássica da morte, cabeça jogada para trás e cauda rígida apontando para cima. Parecia um lagarto grande, com cerca de trinta centímetros de altura e bípede. Descendo por suas costas, no entanto, havia algo extraordinário: uma crina penugenta de filamentos simples, semelhantes a cabelos.

A criatura era um dinossauro terópode chamado *Sinosauropteryx*, "pena de dragão chinês", um elo-chave entre aves e dinossauros.[33] (Os Theropoda, nome que significa "com pés de fera", foram um grupo diversificado de dinossauros bípedes cujo tamanho vai desde o monstruosamente grande *Tyrannosaurus rex*, passando pelo *Deinonychus*, até os troodontídeos de trinta centímetros de altura.) Fiquei observando um fotógrafo trabalhar nesse pequeno fóssil de terópode durante dez horas por dia para destacar a delicada impressão das protopenas presas na pedra. Foi espantoso ver as estrias filamentosas escuras emergirem da cauda do dinossauro: uma plumagem primitiva.

As penas eram um daqueles traços típicos considerados domínio exclusivo das aves modernas. Os antigos leitos fossilíferos de Jehol mudaram tudo isso. Nas últimas duas décadas, eles revelaram uma enxurrada de espécimes fósseis de dinossauros com idade entre 130 milhões e 120 milhões de anos, com penas de todos os tipos, desde penugens e cerdas rudimentares até penas de voo completas. Um grupo de dinossauros penosos comuns na época, os Paraves (que incluíam os *Velociraptors*, famosos graças a *Jurassic Park*) estavam testando métodos de voo, planando, saltando de paraquedas, pulando de árvore em árvore; alguns saltaram para o voo propriamente dito e assim nasceram as aves.[34]

Os dinossauros deram origem a chapins e garças, em parte, por meio de um processo de encolhimento implacável, um fenômeno do tipo *Alice no País das Maravilhas*, conhecido como miniaturização sustentada.[35] Mais de 200 milhões de anos atrás, os dinossauros começaram a se diversificar rapidamente em termos de tamanho para preencher novos nichos ecológicos.[36] No entanto, apenas a linhagem evolutiva que desembocou nas aves manteve essas taxas muito altas de mudança. Durante um período de 50 milhões de anos, os ancestrais terópodes das aves diminuíram continuamente de tamanho, de 163 quilos para menos de um.[37] Quase tudo ficou pequeno. Pequenos e leves, esses ancestrais das aves podiam explorar novos nichos alimentares e escapar de predadores subindo em árvores, planando e voando. Eles desenvolveram novas adaptações significativamente mais rápido do que outros dinossauros.[38] O tamanho pequeno, a flexibilidade evolutiva e certas adaptações novas (isolamento térmico eficiente proporcionado por penas altamente desenvolvidas e capacidade de voar e forragear a longas distâncias) devem ter ajudado as aves a sobreviver aos eventos catastróficos que mataram muitos de seus primos dinossauros — tornando-as um dos grupos de vertebrados terrestres mais bem-sucedidos do planeta.

Os cérebros também encolheram?

Não muito. Os dinossauros que deram origem às aves tinham cérebros ditos hiperinflados antes mesmo da evolução do voo. Os centros visuais já haviam se expandido para controlar os olhos aumentados e a visão superior que usavam para evitar colisões ao saltar de árvore em árvore, assim como as regiões usadas para processar sons e coordenar o movimento. O cérebro das aves evoluiu para lidar com o nível sofisticado de coordenação neurológica e muscular necessário para explorar novos nichos e escapar de predadores. Em outras palavras, o cérebro das aves veio antes das aves, assim como as penas.

Como uma criatura mantém um cérebro grande enquanto o resto do corpo encolhe? As aves operaram esse truque da mesma maneira que nós: fazendo com que a cabeça e a face continuassem com traços de bebê. É um processo evolutivo denominado pedomorfose (literalmente, "formação infantil"), pelo qual uma criatura evolui de maneira a reter traços juvenis mesmo depois de amadurecer.

Recentemente, quando um grupo internacional de cientistas comparou os crânios de aves, terópodes e crocodilianos, descobriu que, na maioria dos dinossauros e crocodilianos, o formato do crânio do animal mudou ao longo da vida.[39] "Durante o crescimento, entre a fase juvenil e a adulta em dinossauros não avianos, seus focinhos e faces com dentes se expandiram, mas seus cérebros, em termos proporcionais, aumentaram significativamente menos", explica Arkhat Abzhanov, da Universidade Harvard, que trabalhou no estudo.[40] "Bons exemplos disso são os saurópodes e os estegossauros, com cérebros minúsculos em relação aos seus grandes corpos." Tanto nas protoaves quanto nas aves modernas, por outro lado, o crânio manteve sua forma jovem enquanto elas cresciam, deixando bastante espaço para olhos enormes e cérebros aumentados. "Quando olhamos para as aves", diz Abzhanov, "estamos vendo dinossauros juvenis".

Nós, seres humanos, talvez tenhamos dado exatamente esse mesmo passo de Peter Pan. Quando adultos, compartilhamos a cabeça grande, a face achatada, os maxilares pequenos e os pelos corporais ralos dos bebês primatas. A pedomorfose pode ter permitido que desenvolvêssemos cérebros maiores, assim como as aves.

NEM TODAS ELAS TÊM CÉREBROS GRANDES para o tamanho de seu corpo. Como acontece com qualquer grupo de animais, as aves têm os seus cabeções e os seus cabeças de alfinete. Lembre-se da comparação entre animais de tamanho semelhante, como um corvo (com cérebro de sete a dez gramas) e uma perdiz (apenas 1,9 grama). Ou duas aves menores, o pica-pau-malhado-grande (com cérebro de 2,7 gramas) e a codorna (0,73 grama).

As estratégias reprodutivas influenciam o tamanho do cérebro. Os 20% das espécies de aves que são precoces — nascidas com os olhos abertos e capazes de deixar o ninho em um ou dois dias — têm cérebros maiores, quando saem do ovo, do que as aves altriciais.* Essas últimas nascem nuas, cegas, indefesas e permanecem no ninho até ficarem do tamanho de seus pais, e só então conseguem se virar. As

---

* Em biologia do desenvolvimento, altricial refere-se a organismos que nascem indefesos, incapazes de se mover ou de se alimentar sozinhos, logo após a eclosão ou nascimento. (N.E.)

aves precoces, como as limícolas, geralmente passam a cuidar da própria vida de imediato. Embora seu cérebro seja relativamente grande quando elas saem do ovo — permitindo que capturem e comam um inseto ou corram distâncias curtas com apenas alguns dias de vida —, ele não cresce muito depois do nascimento, então acaba ficando menor do que o cérebro das aves altriciais.

O mesmo vale para os parasitas de ninhada, como cucos, marrecas-de-cabeça-preta e pássaros indicadores, todas aves que põem seus ovos nos ninhos de outras espécies, poupando-se dos custos de criar os próprios filhotes. Suas crias, depois de expulsarem os filhotes do hospedeiro (caso dos cucos) ou matá-los (tática dos indicadores), também deixam o ninho mais cedo, com um cérebro que é grande o suficiente para permitir que se defendam sozinhos, mas sem muito crescimento posterior.

Por que os parasitas de ninhada têm cérebros tão pequenos?[41] Louis Lefebvre, que estudou o tamanho do cérebro nos indicadores, sugere duas possibilidades. Pode ser que essas aves precisaram ultrapassar o cronograma de desenvolvimento de suas espécies hospedeiras e, como resultado, desenvolveram cérebros menores. Ou, talvez, um parasita de ninhada liberte o cérebro da responsabilidade por todas as coisas ligadas à criação de seus próprios filhotes. "Nós, humanos, sabemos quanta energia é necessária para criar um filho", diz Lefebvre. "Se simplesmente jogássemos nossos bebês no colo de chimpanzés, nos pouparíamos de muito processamento de informações."

Os 80% das espécies de aves altriciais, como chapins, gralhas, corvos e gaios, entre outros, podem nascer indefesos e com cérebro pequeno, mas seu sistema nervoso — como o nosso — desenvolve-se um bocado após o nascimento, em parte graças aos cuidados parentais.

Em outras palavras, quem cuida do ninho acaba com cérebro maior do que quem larga o ninho.

O TAMANHO DO CÉREBRO também está relacionado ao tempo que uma ave permanece no ninho para aprender com seus pais depois da emplumação; quanto mais longo o período juvenil, maior será o cérebro, talvez para que a ave possa armazenar tudo o que aprende.[42] A maioria das espécies de animais inteligentes tem uma infância longa.

Em certo verão, observei a criação vagarosa de cinco filhotes de garças-azuis-grandes em um ninho construído em um carvalho morto. A árvore ficava à beira de um lago com quatro hectares de área em Sapsucker Woods — tudo cortesia de uma webcam instalada pelo Laboratório de Ornitologia de Cornell. No passado, tive vislumbres rápidos e esporádicos da vida em ninhos de tordos, pássaros-azuis e garrinchas. Mas essa nova tecnologia abriu janelas, oferecendo uma visão quase constrangedoramente íntima e detalhada da esquisita primeira infância da garça-azul-grande.

Sempre adorei essas garças, de asas largas, maravilhosas em seu voo lento. Mas nunca imaginei a alegria e a maravilha de vê-las crescer de perto. Assim como meio milhão de outros voyeurs de 166 países, tornei-me uma viciada em garças.

Nossa sala de bate-papo era uma comunidade virtual muito unida sob a supervisão cuidadosa de um "monitor" de aves. Salas de aula de crianças sintonizadas todas as manhãs. Uma pessoa com algum tipo não especificado de dor crônica tuitou que observar as garças a ajudava a não enlouquecer.

Juntos, vimos os filhotes saírem do ovo no fim de abril; depois, com sono e desamparados, eles se aconchegavam sob os pais para enfrentar tempestades e ataques de coruja, devoravam peixes regurgitados e ficavam sonolentos depois de comer. Bicavam tudo, gravetos, câmera, insetos, os bicos dos pais, uns aos outros — tudo um treinamento necessário para a tarefa de transpassar peixes usando o bico com precisão e força. Houve uma consternação considerável na nossa comunidade virtual com a eclosão do quinto e último filhote, menor que os outros e menos agressivo:

- "#5 não está comendo nada. Preocupante."
- "#5 piando mais, muito irritado. Com medo de que ele não esteja comendo o suficiente."
- Por fim, o monitor: "Por que as pessoas sempre querem inventar histórias que projetam destinos trágicos para o #5 quando ele está indo bem?".

Onde não há drama, as pessoas inventam. Não conseguimos evitar isso.

- "#5 me lembra o menino do vizinho em *A morte de um caixeiro viajante.** No primeiro ato ele é esse nerd bobinho e no segundo vira um advogado bem-sucedido atuando na Suprema Corte."

À NOITE, OBSERVEI AS GARÇAS DORMINDO. Algumas aves podem ficar sem dormir por longos períodos. Os maçaricos-de-colete, por exemplo, perdem o sono por semanas para manter uma atividade constante sob a luz perpétua do verão ártico.[43] Mas a maioria das espécies, incluindo as garças, parece compartilhar nossa necessidade de um sono regular. E o sono delas, como o nosso, parece essencial para seu cérebro em desenvolvimento.

As aves experimentam os mesmos ciclos de sono de ondas lentas e de movimento rápido dos olhos (REM) que os humanos — padrões de atividade cerebral que, para os cientistas, desempenham um papel crucial no desenvolvimento de cérebros grandes, tanto nas aves quanto nos humanos.[44] Elas raramente têm episódios de sono REM com duração de mais de dez segundos, que acontecem centenas de vezes por período de sono, enquanto os humanos têm vários momentos de sono REM por noite, cada um com duração de dez minutos a uma hora. Mas, tanto para mamíferos quanto para aves, o sono REM parece ser especialmente importante no desenvolvimento inicial do cérebro. Mamíferos recém-nascidos, como gatinhos, têm muito mais sono REM do que gatos adultos. Bebês humanos podem passar metade do sono no estágio REM, enquanto os adultos passam 20% do tempo. Da mesma forma, alguns estudos mostram que as corujinhas jovens têm mais sono REM do que as corujinhas mais velhas.[45]

Talvez aqueles filhotes de garça também.

Como nós, as aves têm períodos de sono profundo e de ondas lentas diretamente proporcionais ao tempo que passaram acordadas. Além

---

* Peça de Arthur Miller escrita em 1949. (N.E.)

disso, tanto em aves quanto em humanos, as regiões do cérebro usadas mais amplamente nas horas de vigília dormem mais profundamente durante o sono subsequente — outra semelhança nascida da evolução convergente. Uma equipe internacional de pesquisadores liderada por Niels Rattenborg, do Instituto Max Planck de Ornitologia, descobriu recentemente essa convergência em um estudo bem planejado que aproveitou a capacidade das aves de fazer algo que nós não conseguimos: modular o sono profundo abrindo um olho, limitando o sono de ondas lentas a apenas uma metade do cérebro, enquanto a outra metade segue alerta, talvez para não se perderem enquanto dormem voando, e certamente para evitar predadores (uma habilidade que veio a calhar para as garças adormecidas, atacadas por um corujão-orelhudo na escuridão antes do amanhecer de uma manhã de abril).[46] A equipe montou uma espécie de cineminha para vários pombos, tapou um dos olhos de cada um deles e projetou a série de documentários *A vida das aves*, de David Attenborough. Depois de assistir ao filme por oito horas com um único olho, os pombos foram autorizados a dormir. Estudos de sua atividade cerebral mostraram um sono mais profundo de ondas lentas na região de processamento visual do cérebro conectada ao olho que havia sido estimulado.

O fato de humanos e aves mostrarem esse tipo de efeito cerebral localizado sugere que o sono de ondas lentas pode desempenhar um papel importante na manutenção de um funcionamento cerebral ideal, diz Rattenborg.[47] "No geral, os paralelos entre o sono dos mamíferos e o das aves indicam a possibilidade intrigante de que a sua evolução independente possa estar relacionada à função desempenhada por esse padrão de sono: a evolução de cérebros grandes e complexos em aves e mamíferos."

Adoro a ideia de que a natureza sonhou com o mesmo tipo de sono em seres humanos e aves, promovendo o crescimento de cérebros grandes em criaturas tão distantes entre si na árvore da vida.

Assistir todas as manhãs ao canal das garças recém despertas era como ler o próximo capítulo de um grande romance de formação. Na fase inicial de maio e junho, os filhotes davam voltas desajeitadas pelo ninho, enquanto a mãe e o pai se apressavam para alimentar seus corpos em rápido crescimento, que saltaram de setenta gramas no nascimento para 2,25 quilos em apenas sete semanas. Como um bebê em uma mochila canguru, as jovens aves monitoravam tudo o que se movia: aviões, gansos, abelhas, seus pais espreitando o lago e calculando o ângulo de ataque. Em seguida, veio a plumagem completa, o primeiro salto/voo, o primeiro pulo da borda do ninho (o que causou uma onda de empolgação na sala de bate-papo: "O filhote #4 parece uma criança em um trampolim alto criando coragem para saltar", "Estou completamente vidrada"). Mais tarde, as primeiras tentativas de pescar nas águas rasas, muitas vezes sem sucesso, a persistência obstinada apesar disso, o retorno ao ninho ao anoitecer. Tudo sob o olhar atento dos pais, que os acolhiam de volta ao ninho e ofereciam rãs e peixes como suplemento alimentar.

Compare esse estilo de vida com o da precoce tarambola, que depois de sair do ovo está em pé e correndo — literalmente — logo que suas penas secam. É um cálculo de custo-benefício: funcionalidade total no nascimento versus maior capacidade cerebral posteriormente.

A MIGRAÇÃO ENVOLVE OUTRO CÁLCULO de custo-benefício: as aves que migram têm cérebros menores do que seus parentes sedentários. Faz sentido, um cérebro que consome muita energia e se desenvolve lentamente seria muito caro para aves que viajam muito. Além disso, de acordo com Daniel Sol, do Centro de Pesquisa em Ecologia e Aplicações Florestais da Espanha, o comportamento inato e enraizado pode ser mais útil para espécies migratórias, que se movimentam entre habitats muito diferentes, do que o comportamento inovador aprendido. Pode não valer a pena gastar muitos recursos mentais reunindo informações sobre um lugar quando elas podem não ser úteis em outro.[48]

Eis uma surpresa: mesmo dentro da mesma espécie, o tamanho do cérebro pode variar — ou pelo menos o tamanho de certas partes do cérebro. Vladimir Pravosudov e sua equipe da Universidade de Nevada compararam dez populações diferentes de chapins-de-bico--preto e descobriram que aqueles que vivem nos climas mais severos do Alasca, de Minnesota e do Maine têm um hipocampo (a região do cérebro vital para o aprendizado e a memória espacial) maior, com mais neurônios, do que suas contrapartes de Iowa ou do Kansas.[49] O mesmo vale para os chapins-da-montanha, os primos pequenos e durões dos de bico preto, que frequentam as regiões elevadas do Oeste americano. Os chapins-da-montanha, que vivem em condições mais frias e cheias de neve das altitudes mais elevadas, têm hipocampos maiores que seus pares das altitudes mais baixas.[50] Os que vivem nos picos mais altos de Serra Nevada, por exemplo, têm quase duas vezes o número de neurônios no hipocampo que seus pares que vivem apenas 650 metros abaixo deles. (E também se saem melhor na resolução de problemas.[51]) Parece fazer sentido. Em altitudes mais elevadas, onde o frio dura mais tempo, os pássaros precisam armazenar mais sementes e lembrar-se de onde as colocaram. Recuperar comida escondida não é tão crucial em climas mais amenos e em locais em que há alimento disponível o ano todo.[52]

Seja qual for o tamanho, algo notável acontece o tempo todo no hipocampo desses pássaros que armazenam comida em locais espalhados. Novos neurônios nascem, somando-se aos antigos ou substituindo-os. A razão dessa neurogênese é um mistério.[53] Pode ser que ela ajude o cérebro a recrutar neurônios quando for necessário aprender novas informações ou evite que uma nova memória interfira na antiga.[54] Como Pravosudov aponta, os chapins "armazenam comida, recuperam a comida armazenada e voltam a guardar comida nos mesmos lugares, especialmente no inverno, então precisam manter o controle dos esconderijos de comida novos e antigos". Essa ideia que envolve "evitar interferências" sugere que as aves talvez tenham a necessidade de separar os eventos usando neurônios diferentes para memórias distintas.[55] Pravosudov mostrou que os chapins cujas populações estão sofrendo com condições climáticas difíceis — e que, portanto, são forçados a armazenar mais comida — têm taxas maiores de neurogênese.[56]

De qualquer modo, essa troca de neurônios mudou para sempre a maneira como pensamos sobre os cérebros dos vertebrados, inclusive o nosso. Não nascemos com todas as células cerebrais que algum dia teremos, como os cientistas acreditaram por muito tempo. No hipo-campo dos seres humanos também nascem novas células cerebrais, e outras morrem. Agora entendemos que essa capacidade de mudar e renovar neurônios e as conexões entre eles "fornece ao cérebro o potencial de se modificar — de aprender — em escalas de tempo que variam de milissegundos até minutos e semanas", diz Pravosudov. Em aves que armazenam alimentos, essa plasticidade pode permitir que elas atendam às exigências mentais de um mundo complexo com um espaço cerebral relativamente limitado.

A IDEIA CONVENCIONAL de que um cérebro maior é sempre melhor e mais poderoso em vertebrados como aves e mamíferos foi finalmente posta de lado a partir do surgimento de uma nova maneira, simples mas engenhosa, de medir a capacidade cerebral: a contagem de neurônios.[57] Em 2014, a neurocientista brasileira Suzana Herculano-Houzel e seus colegas determinaram o número de neurônios e outras células no cérebro de onze espécies de papagaios e catorze espécies de aves canoras.[58] Os cérebros das aves podem ser pequenos, diz Herculano-Houzel, mas eles "acumulam um número surpreendentemente elevado de neurônios, *bem* elevado, com densidades no mínimo próximas das que encontramos nos primatas. E, em corvídeos e papagaios, os números são ainda mais elevados".[59]

Tudo depende de onde os neurônios estão. Herculano-Houzel mostrou que os cérebros dos elefantes têm três vezes o número de neurônios encontrados no cérebro humano (257 bilhões contra nossa média de 86 bilhões).[60] Mas 98% dessas células estão no cerebelo dos elefantes, diz ela, onde podem estar envolvidas no controle da tromba, um apêndice de noventa quilos com capacidades sensoriais e motoras delicadas. O córtex cerebral de um elefante, por outro lado, que é duas vezes maior que o nosso, tem apenas um terço do número de neurônios encontrados no córtex humano. Para Herculano-Houzel, isso sugere que o que determina as habilidades cognitivas não é o número de neurônios em todo o cérebro, mas no córtex — ou em seu equivalente nas aves. Nas araras, por exemplo, Herculano-Houzel e sua equipe descobriram que quase 80% dos neurônios do cérebro estão na parte semelhante ao córtex, enquanto apenas 20% ficam no cerebelo. É o oposto da proporção encontrada na maioria dos mamíferos.

Em suma, a presença de um grande número de neurônios nas estruturas semelhantes ao córtex de papagaios e aves canoras, e, especialmente, de corvídeos, sugere uma "grande capacidade computacional", dizem os cientistas — o que deve explicar a complexidade comportamental e cognitiva identificada nessas famílias de aves.

O TAMANHO NÃO É A ÚNICA RAZÃO pela qual os cérebros das aves têm uma reputação ruim há muito tempo; há também a anatomia. O pequeno cérebro aviano era considerado primitivo, pouco mais sofisticado que o de um réptil. "As aves eram vistas como autômatos adoráveis, capazes apenas de atividades estereotipadas", diz Harvey Karten, neurocientista da Universidade da Califórnia em San Diego que tem estudado o cérebro desses animais há meio século.[61]

Essa calúnia anatômica surgiu nos últimos anos do século 19, com as observações de Ludwig Edinger, um neurobiologista alemão conhecido como o pai da anatomia comparada.[62] Edinger acreditava que a evolução era linear e progressiva. Como Aristóteles, ele classificou as criaturas em uma *scala naturae* semelhante a uma escada, de peixes e répteis inferiores e menos evoluídos a animais superiores e mais avançados — com os humanos, é claro, coroando o topo. Cada espécie que subia os degraus da escada era uma elaboração de uma espécie mais antiga. Na visão dele, os cérebros evoluíram da mesma forma, passando de um cérebro primitivo para um cérebro mais complexo quando novas partes eram acrescentadas sobre as velhas. As regiões cerebrais novas e mais inteligentes dos animais superiores foram colocadas em camadas sobre as áreas antigas e menos inteligentes dos animais inferiores, tal como estratos geológicos, progredindo em tamanho e complexidade desde os peixes e anfíbios, com os cérebros mais primitivos, até os píncaros da evolução, o cérebro humano.

O cérebro antigo, ou de baixo, tinha neurônios organizados em grupos e era a sede de comportamentos instintivos, como alimentação, sexo, criação de filhotes e coordenação motora. O cérebro novo, ou de cima, consistia em seis camadas planas de células envolvendo o cérebro antigo. E era a sede da inteligência superior. Nos seres humanos, havia se tornado tão vasto que precisava se dobrar e se enrolar para caber dentro de nosso crânio.

O novo cérebro em camadas "do andar de cima" era a sede do pensamento superior. Na opinião de Edinger, as aves simplesmente não tinham o hardware necessário para comportamentos complexos. Em vez de um cérebro "do andar de cima" em camadas e dobrado, elas carregavam a estrutura essencialmente lisa do cérebro "do andar de baixo", composta quase inteiramente por aqueles velhos grupos de neurônios reptilianos simplórios.[63] Eram, consequentemente e acima de tudo, criaturas instintivas — de comportamento reflexivo e pré-programado — e incapazes de habilidades intelectuais de alto nível.

Os nomes que Edinger deu a certas estruturas refletiam suas crenças equivocadas. Ele usou os prefixos *paleo-* (mais antigo) e *arqui-* (arcaico) para rotular estruturas no cérebro das aves e *neo-* (ou novo) para partes do cérebro de mamíferos. O cérebro "velho" das aves era chamado de paleoencéfalo (hoje, são os gânglios basais). O cérebro "novo" dos mamíferos era o neoencéfalo (hoje, neocórtex). Essa terminologia, que sugeria que o cérebro das aves era mais primitivo que o dos mamíferos, subestimou severamente as habilidades mentais delas. As palavras costumam ter esse efeito. Somos uma espécie que dá nomes às coisas, e a maneira como designamos os objetos influencia o modo como pensamos a respeito deles e os experimentos que achamos que vale a pena realizar. Nomear regiões do cérebro das aves de "paleostriatum primitivum" reforçou o rótulo de burrice primordial e sufocou o interesse por estudos sobre o aprendizado e a capacidade cerebral das aves.

Portanto, o silogismo era este:

- O neocórtex é a sede primordial da inteligência.
- As aves não têm neocórtex.
- Portanto, as aves têm pouca ou nenhuma inteligência.

A visão de Edinger prevaleceu por mais de um século, até a década de 1990. Mas, a partir do fim da década de 1960, cientistas como Harvey Karten começaram a analisar mais profundamente os cérebros das aves e dos mamíferos.[64] Karten e seus colegas examinaram de perto as células, os circuitos celulares, as moléculas e os genes de cérebros de animais diferentes e os compararam. Também acompanharam o desenvolvimento embrionário para ver quais regiões do cérebro davam origem a outras. E rastrearam o entrelaçamento dos neurônios para entender como as diferentes regiões do cérebro se ligavam.

O que eles descobriram virou de cabeça para baixo as velhas ideias de Edinger.[65] O cérebro das aves não é a versão primitiva e não desenvolvida do cérebro dos mamíferos. Os dois grupos têm evoluído separadamente há mais de trezentos milhões de anos, então não surpreende que seus cérebros pareçam bem diferentes. Mas, na verdade, elas têm o próprio sistema neural elaborado, semelhante ao córtex, dedicado a comportamentos complexos. Em linguagem ornitológica, ele é chamado de crista ventricular dorsal, ou DVR, sigla para *dorsal ventricular ridge*. A crista surge da mesma região do cérebro embrionário que o córtex de um mamífero durante o desenvolvimento — o chamado "pallium" ou pálio (latim para "capa") — e depois amadurece, adquirindo uma estrutura arquitetônica radicalmente diferente.

Ao mesmo tempo, experimentos de laboratório começaram a mostrar evidências de comportamentos complexos em aves: a habilidade excepcional de uma pomba de distinguir imagens que mostravam humanos daquelas que não os mostravam, por exemplo (com as pessoas nuas ou não); o talento do papagaio-cinzento para somar números e categorizar objetos; e a precisão de certos corvídeos na hora de lembrar a localização dos esconderijos de comida de outras aves.[66]

MAS, APESAR DE TODAS ESSAS DESCOBERTAS, o preconceito persistiu, em parte por culpa da rotulagem mal concebida de Edinger.

Finalmente, em 2004 e 2005 surgiu um manifesto resgatando a reputação anatômica do cérebro das aves. Um grupo internacional de 29 especialistas em neuroanatomia, liderado por dois neurobiologistas, Erich Jarvis, da Universidade Duke, e Anton Reiner, da Universidade do Tennessee, publicou uma série de artigos revisando a visão equivocada de Edinger e a antiquada sopa de letrinhas da nomenclatura errônea do cérebro.[67] (Não foi uma tarefa fácil. Um participante descreveu o desafio de buscar consenso entre os especialistas como uma tentativa de pastorear gatos.) Os membros do Consórcio da Nomenclatura do Cérebro Aviano não apenas renomearam as partes do órgão à luz da compreensão moderna, como também traçaram paralelos entre elas e estruturas semelhantes no cérebro de mamíferos, de modo que biólogos especializados em aves pudessem conversar com os especialistas em mamíferos sobre o que, de fato, eram regiões cerebrais muito semelhantes em seus respectivos objetos de estudo.

"Cerca de 75% da porção frontal do nosso cérebro é formada pelo córtex", diz Jarvis, "e o mesmo é verdadeiro para as aves, particularmente nas espécies de pássaros canoros e nos papagaios. Eles têm tanto 'córtex', relativamente falando, quanto nós. A questão é que essa região não está organizada como a nossa".[68] Enquanto as células nervosas no neocórtex de um mamífero são empilhadas em seis camadas distintas, como um compensado de madeira, aquelas da estrutura semelhante ao córtex nas aves se aglomeram como os dentes de uma cabeça de alho. Mas as células em si são basicamente as mesmas, capazes de disparos rápidos e repetitivos, e a maneira como funcionam é igualmente sofisticada, flexível e inventiva. Além disso, elas usam os mesmos neurotransmissores químicos para enviar sinais entre si. E talvez o mais importante: o cérebro de aves e mamíferos compartilham semelhanças entre circuitos nervosos, ou vias entre regiões cerebrais — o que acaba sendo vital para comportamentos complexos. São as conexões, as ligações entre as células cerebrais, que importam no quesito inteligência. E, nesse ponto, os cérebros das aves não são tão diferentes dos nossos.

Irene Pepperberg usa uma analogia com os computadores.[69] Os cérebros dos mamíferos são como PCs, diz ela, enquanto os cérebros das aves são como computadores da Apple. O processamento é diferente, mas o resultado é semelhante.

A questão, diz Erich Jarvis, é que há mais de uma maneira de gerar comportamentos complexos: "Existe o jeito dos mamíferos. E existe o jeito das aves".

Considere como funciona a memória de trabalho — uma das habilidades cognitivas que 007, o corvo-da-nova-caledônia, revelou naquele quebra-cabeças de oito estágios envolvendo paus, pedras e caixas. A memória de trabalho, também chamada de memória de rascunho, é a capacidade de recordar fatos por um curto período ao abordar um problema. É o que nos permite lembrar de um número de telefone enquanto o discamos. E é o que permitiu a 007 ter em mente seu objetivo enquanto concluía as muitas etapas necessárias para alcançá-lo.

Tanto as aves quanto os humanos parecem usar a memória de trabalho de maneira semelhante. Em nosso cérebro, o processo surge no córtex cerebral em camadas. Mas as aves não têm córtex em camadas, então como a informação no cérebro do corvo é armazenada de momento a momento?

Para descobrir isso, Andreas Nieder e uma equipe de pesquisadores do Instituto de Neurobiologia da Universidade de Tübingen ensinaram quatro gralhas-pretas a jogar memória, um jogo em que é preciso manter uma imagem na cabeça enquanto se procura o par dela.[70] As aves tinham de se lembrar dessa imagem por um segundo antes de escolher o par correto a partir de quatro opções, tocando a imagem lembrada com o bico. As respostas certas eram recompensadas com uma larva-da-farinha ou uma bolinha de alpiste. Enquanto as gralhas realizavam a tarefa, os cientistas observavam a atividade elétrica em seu cérebro.

Elas jogaram feito profissionais, realizando a tarefa de correspondência com facilidade e eficiência. O que estava acontecendo dentro de seu cérebro? Na região chamada de nidopálio caudolateral, uma área análoga ao córtex pré-frontal de um primata, um aglomerado de até duzentas células, ativadas quando as gralhas viam a imagem original, permaneceu ativo enquanto elas procuravam uma correspondência. Esse é o mesmo mecanismo que permite a nós ter em mente informações relevantes enquanto realizamos uma tarefa.

É claro que a memória de trabalho pode existir sem um córtex cerebral em camadas. Em humanos e aves, essa memória "difere apenas no que diz respeito à presença de um componente de linguagem no caso dos humanos", diz Onur Güntürkün, neurocientista da Universidade do Ruhr em Bochum, na Alemanha.[71] "Os processos neurais que geram a memória de trabalho parecem ser idênticos em ambos."

AS AVES FINALMENTE estão sendo vistas com respeito. Podem ter cérebros relativamente pequenos, mas certamente não têm mentes pequenas.

Então, talvez a pergunta agora não seja: "As aves são inteligentes?". Mas: "*Por que* elas são inteligentes?". Especialmente considerando as restrições de tamanho do cérebro provocadas pelo voo. Quais forças evolutivas estiveram em jogo na formação da inteligência das aves?

Há muitas teorias a esse respeito, mas duas predominam. Uma delas afirma que os problemas ecológicos, especialmente os relacionados à busca de alimentos, ajudaram a impulsionar a expansão do cérebro das aves e aumentaram suas habilidades cognitivas: como faço para encontrar comida suficiente ao longo do ano com o desafio das estações desfavoráveis? Como me lembro de onde escondi minhas sementes? Como faço para obter alimentos difíceis de achar? Em geral, acredita-se que animais que enfrentam ambientes implacáveis ou imprevisíveis têm habilidades cognitivas aprimoradas, incluindo melhores habilidades na resolução de problemas e uma abertura para explorar coisas novas.

Uma outra teoria sugere que as pressões sociais impulsionaram a evolução de mentes flexíveis e inteligentes: ter boas relações, reivindicar e defender territórios, lidar com larápios, encontrar um par, cuidar da prole, dividir responsabilidades. (Até a maneira como o íbis consegue trocar de lugar na dianteira da formação de voo durante a migração sugere a presença de um tipo de cognição social adaptativa, uma compreensão do que é a reciprocidade — uma mão lava a outra e isso serve ao bem de todos.)[72]

Outra ideia, proposta pela primeira vez por Darwin, sugere que as habilidades cognitivas de um animal são tanto um produto da seleção sexual quanto da seleção natural. Será que fêmeas exigentes na escolha de parceiros moldam a inteligência de sua espécie?

As respostas ainda não estão completas, mas corvos e gaios, cotovias-do-norte e tentilhões, pombas e pardais, dão algumas pistas intrigantes.

3. Mestres da técnica: a magia das ferramentas

UM PÁSSARO CHAMADO BLUE tem um problema para resolver. Ao lado dele, em uma mesa no aviário, há um tubo de plástico com um pedaço de carne dentro, fora do alcance de seu bico. Tal como 007, Blue é um corvo-da-nova-caledônia, uma espécie conhecida por sua habilidade magistral para criar ferramentas e pelo talento afiado na resolução de problemas.[1]

Blue analisa a situação: pula ao redor do tubo, olha dentro dele, movimenta a cabeça com precisão milimétrica. Depois, voa até o chão do aviário e bica vários objetos aleatórios espalhados ali — folhas, pequenos galhos, um ou dois pedaços de plástico —, mas, aparentemente, não encontra o que está procurando. Voa até um feixe de galhos finos enfiados em um pote na mesa e, empoleirado, inclina a cabeça para a direita e depois para a esquerda, examinando suas opções. Blue escolhe um ramo e o arranca do galho. Em seguida, arranca metodicamente todos os raminhos laterais. Agora ele tem uma varinha boa, longa e reta. A ferramenta certa para aquele serviço. Insere ela no tubo, espeta a carne e depois a retira delicadamente.

É maravilhoso observar Blue dando forma a uma ferramentazinha perfeita a partir dos galhos imperfeitos. Na natureza, esses corvos fazem instrumentos elaborados com paus, bordas de folhas e outros materiais, que usam para arrancar larvas e insetos de tocas na madeira caída, de trás de cascas ou folhas, e do fundo de fendas, buracos e cavidades de todos os tipos.[2] Os corvos carregam suas ferramentas quando se deslocam, o que sugere que as valorizam; reconhecem um bom instrumento quando o veem e o guardam para reutilizá-lo.[3]

Há algo quase improvável nesse comportamento. Aves fazendo uma ferramenta tão boa que querem reutilizá-la? Muitos animais usam instrumentos. Mas poucos produzem versões tão elaboradas. Na verdade, até onde sabemos, apenas quatro grupos de animais criam suas próprias ferramentas complexas: seres humanos, chimpanzés, orangotangos e corvos-da-nova-caledônia. E menos espécies ainda criam ferramentas que guardam e reutilizam.

ESSA CENA COM BLUE é uma pequena janela para uma grande ideia. As aves são espertas porque têm de resolver problemas em seu habitat — mais especificamente, o problema de conseguir comida em lugares em que é difícil obtê-la. Essa ideia é chamada de hipótese da inteligência técnica. Os desafios ecológicos forneceram um estímulo evolutivo para a inteligência das aves.

Nos quadrinhos e desenhos animados da Disney, o Professor Pardal é um inventor prolífico, capaz de criar todo tipo de solução tecnológica para as complicações do cotidiano. O corvo-da-nova-caledônia certamente seria capaz de levar o Professor Pardal no bico. Seu uso de ferramentas é incomparável no mundo das aves. E sua capacidade de criar os próprios objetos está no mesmo nível da habilidade de primatas superinteligentes, como chimpanzés e orangotangos.

Por que isso é importante? Para que tanto escarcéu em relação às ferramentas?

Antigamente, considerávamos que a capacidade de fabricar e usar instrumentos era um sinal de alta inteligência ou cognição complexa, algo exclusivamente humano, como a linguagem ou a consciência. Achávamos que o uso desses objetos exigia algum entendimento distintamente humano que incluía o raciocínio causal, a compreensão de causa e efeito. Era algo que nos distinguia como seres especiais e teria desempenhado um papel fundamental em nossa evolução e nosso desenvolvimento como espécie. Benjamin Franklin chamava o ser humano de *Homo faber*, "homem, o fabricante de ferramentas". Uma lista das ferramentas que inventamos "é uma representação reveladora de toda a história de nossa espécie", de acordo com Alex Taylor e Russel Gray, da Universidade de Auckland: "Machados de pedra, fogo, roupas, cerâmica, a roda, papel, concreto, pólvora, a imprensa, o automóvel, a bomba nuclear, a internet: a fabricação desses artefatos criou revoluções nas sociedades em que foram inventadas, pois cada uma delas redefiniu como os seres humanos interagem com o ambiente ou uns com os outros".[4]

A ideia de que o uso de ferramentas era exclusivamente humano foi posta de lado quando Jane Goodall descobriu que os chimpanzés do Parque Nacional de Gombe também usam ferramentas.[5] O mesmo acontece com orangotangos, macacos, elefantes e até mesmo com alguns insetos. A vespa-cavadora fêmea segura uma pedra nas mandíbulas e a usa para martelar o solo e as pedras que selam sua toca.[6] As formigas-tecelãs aproveitam suas próprias larvas como ferramentas na construção e reparo de seus resistentes ninhos. As operárias dessa espécie pegam as larvas que secretam seda e as movimentam para a frente e para trás, de modo que os fios unem as folhas em seus ninhos. Ainda assim, o uso de ferramentas é extremamente raro no mundo animal, documentado em menos de 1% das espécies.[7]

Por muito tempo, os primatas foram considerados os principais usuários de ferramentas. Porém, há mais ou menos uma década, os corvos-da-nova-caledônia surgiram como candidatos a esse título. Não se trata de uma conquista pequena. Especialmente quando você olha para o catálogo de ferramentas de orangotango, por exemplo, que varia de palitos e limpadores de dentes a utensílios autoeróticos e petardos direcionados a predadores, de guardanapos de folhas e esponjas de musgo a leques e conchas de ramos de folhas, cinzéis, ganchos, limpadores de unhas e cobertura contra abelhas — galhos ou folhas usados como chapéus para se defender das picadas de abelhas.[8] Ou as criações engenhosas dos chimpanzés: um "ancinho" que combina até três galhos secos ou varas de bambu feito para alcançar uma recompensa, ou uma espécie de prato montado com folhas e depois reorganizado para formar um copo.[9]

Mesmo ao lado desse grupo de animais astutos, os corvos-da-nova-caledônia se destacam. Embora não produzam e usem a mesma variedade de ferramentas que os chimpanzés e orangotangos, eles fabricam seus objetos com precisão a partir de uma ampla gama de materiais.[10] Fazem seus instrumentos com o comprimento e o diâmetro adequados para qualquer tarefa específica.[11] E os modificam para resolver novos problemas. Inovam. Usam ferramentas em sequência, como 007 fez no vídeo daquele quebra-cabeça de oito estágios, empregando uma varinha curta para obter outra, mais longa, essa sim usada para alcançar a comida.[12] E, talvez, o mais impressionante: fabricam e usam ferramentas com ganchos — a única espécie além do ser humano a fazer isso.

✳

A PRIMEIRA VEZ QUE VI UM CORVO dessa espécie usar uma ferramenta na natureza foi em uma estrada que faz o trajeto íngreme entre Focalo e Farino, no Sul da Nova Caledônia. Em um mirante beirando a via, o governo ergueu há alguns anos um elaborado guarda-corpo de madeira. O local atrai turistas que deixam a rodovia para admirar a vista deslumbrante com montanhas de florestas e as águas azuis da baía de Moindou. Mas, naquela manhã de abril, eram os visitantes alados que estavam aproveitando.

Alex Taylor me levou lá na esperança de flagrar os corvos quebrando castanhas para a refeição matinal.[13] As aves têm um ritmo diário bastante rigoroso, não muito diferente do nosso próprio dia de trabalho de oito horas: são ativas desde o amanhecer até o fim da manhã, dependendo do calor; depois, fazem sua versão de sesta até o início da tarde, quando ficam ativas novamente até o crepúsculo.

"No momento, eles estão em modo profissional de coleta de alimentos", diz Taylor. "É uma pequena janela no dia em que estão dispostos a correr riscos."

E, de fato, quatro ou cinco famílias de corvos se agitavam pelos arbustos abaixo da estrada, voando de galho em galho e fazendo *wak-wak*, baixinho, no chão. Alguém jogou um monte de lixo na beira da estrada, e as aves estavam escolhendo o que queriam.

Os corvos-da-nova-caledônia, assim como os ratos e os humanos, são eurifágicos, apreciadores de uma grande variedade de alimentos vegetais e animais. Costumam consumir insetos e suas larvas, caracóis, lagartos, carniça, frutas, nozes e restos de comida da nossa espécie que tenham sido descartados. Conseguir comida ali estava fácil e parecia improvável que os corvos se dariam ao trabalho de quebrar nozes. As castanhas de que se alimentam são produzidas pela noz-da-índia — a mesma árvore que abriga as suculentas larvas de besouro que os corvos extraem com suas ferramentas —, e não são fáceis de abrir. Mas, de repente, ouvimos um estalo agudo na calçada atrás de nós. Quando nos viramos, notamos vários corvos nas árvores acima da estrada. Um deles, empoleirado em um galho bifurcado pendendo sobre o pavimento, soltou uma noz — que se quebrou com um baque — e em seguida desceu para coletar o conteúdo da castanha.

Não são só as nozes que os corvos quebram assim. Aqueles de paladar mais apurado também são conhecidos por rachar escargots com o mesmo método: jogando o raro caracol endêmico *Placostylus fibratus* nos leitos rochosos de riachos secos da floresta tropical, o que lhes permite acesso ao saboroso recheio.[14]

Muitas aves conseguem quebrar nozes, conchas e ovos de modo semelhante. O tentilhão-vampiro, das ilhas Galápagos, quebra o ovo grande do atobá ao apoiar seu bico no chão e chutá-lo com ambos os pés para rachá-lo contra pedras ou rolá-lo de um penhasco.[15] O urubu-de-peito-preto, da Austrália, solta pedras em ninhos de emu, e o abutre-do-egito as joga sobre ovos de avestruz.[16] Gralhas-pretas se aproveitam de carros que passam para esmagar castanhas muito duras, como nozes, que não quebram simplesmente caindo no asfalto.[17] Um vídeo desses corvos em uma cidade no Japão que agora é famoso mostra um deles pousado acima de uma faixa de pedestres. Quando o semáforo fica vermelho, ele posiciona sua noz no cruzamento, depois voa de volta para o poleiro e espera a luz ficar verde e o tráfego passar; quando a luz fica vermelha de novo, desce para coletar com segurança a noz quebrada. Se nenhum carro esmagou a noz, o corvo a reposiciona.

Deixar a comida cair em superfícies duras não é exatamente usar uma ferramenta. Mas os corvos-da-nova-caledônia acrescentaram um toque especial à prática. Na nossa estrada, um corvo pousou naquele guarda-corpo de madeira recém-construído. Então, ele colocou uma noz em um grande buraco redondo na madeira que abrigava um avantajado parafuso de metal. Ajeitou a noz ali e depois usou o parafuso como uma bigorna para segurá-la firmemente enquanto abria com o bico o fruto já rachado. Engenhoso.

OUTRAS AVES USAM FERRAMENTAS que acham por aí. Quem passear pelas páginas dos periódicos ornitológicos e pelo fascinante compêndio *Animal tool behavior* [Comportamento animal com ferramentas], organizado por Robert Shumaker,[18] encontrará relatos deliciosos e surpreendentes sobre aves usando objetos como instrumentos — para carregar água, ou coçar as costas, ou se enxugar, ou atrair presas: por exemplo, uma cegonha-branca traz água para seus filhotes em um tufo de musgo úmido e depois torce-o para encher seus bicos;[19] papagaios-cinzentos tiram água de um prato com um cachimbo ou uma tampa de garrafa;[20] um corvo-americano transporta água em um *frisbee* para umedecer sua comida ressecada;[21] outro corvo prende um Slinky (o cachorro-mola de plástico da série *Toy Story*) em seu poleiro e usa a extremidade livre do brinquedo para coçar a cabeça; um pica-pau-gila faz uma concha de madeira com casca de árvore para levar mel até seus filhotes;[22] um gaio-azul usa o próprio corpo como guardanapo para tirar das formigas sua cobertura tóxica de ácido fórmico, de modo que possa comê-las.[23]

Algumas aves usam objetos como armas. Um corvo-americano de Stillwater, Oklahoma, arremessou três pinhas na cabeça de um cientista que subia até seu ninho.[24] Um casal de corvos do Oregon, defendendo seus filhotes de dois pesquisadores enxeridos, usou uma tática semelhante, mas armamento mais pesado.[25] "Uma pedra do tamanho de uma bola de golfe passou pelo meu rosto e aterrissou perto dos meus pés", escreveu um dos cientistas. Os pesquisadores acharam que um corvo empoleirado no penhasco acima do ninho havia chutado a pedra acidentalmente. Mas em seguida viram o animal com a pedra no bico. Com um rápido movimento de cabeça, o corvo jogou a pedra na direção deles. Depois, mais seis, uma depois da outra. Uma delas, que atingiu um dos pesquisadores na perna tinha marcas que indicavam que o corvo a arrancara do chão, onde estava parcialmente enterrada.

Vários tipos de aves usam objetos como isca para atrair peixes. Socós-mirins são pescadores especialistas nessa técnica, conhecidos por atrair suas presas com pão, pipoca, sementes, flores, insetos vivos, aranhas, penas e até bolinhas de comida de peixe. O estrume é a isca escolhida pela coruja-buraqueira. Ela espalha aglomerados de fezes de animais perto da entrada da câmara de seu ninho e, imóvel como um assaltante, espera que besouros rola-bosta desavisados corram em direção à armadilha.

As trepadeiras, grupo de passarinhos do hemisfério Norte, seguram lascas de casca de árvore em seus bicos, que usam como alavanca para arrancar das árvores pedaços da casca, expondo os insetos que estão embaixo. Um chapim-de-costas-castanhas foi visto usando um espinho para tirar sementes de um comedouro. Outros usos notáveis para ramos, gravetos e galhos:[26] como baquetas por cacatuas-das-palmeiras, que as usam com frequência na natureza para batucar em um tronco oco de árvore como marcação territorial ou como meio de chamar a atenção de uma fêmea para um possível ninho;[27] como coçadores de costas (ou de cabeça, pescoço e garganta) no caso de cacatuas-de-crista-amarela e papagaios-cinzentos; como tacape de uma águia-de-cabeça-branca, que foi vista espancando uma tartaruga com um pedaço de pau preso pelo bico; e, talvez o mais incomum, uma espécie de baioneta em uma disputa por sementes envolvendo um corvo e um gaio.

Esse último exemplo é o primeiro caso documentado de uma ave usando um objeto como arma contra outra ave, então vale a pena fazer um aparte para explicar a história. Em uma manhã de abril, não muito tempo atrás, o ornitólogo Russell Balda estava observando um corvo-americano se alimentar tranquilamente em uma plataforma em Flagstaff, no Arizona, abastecida diariamente com boa variedade de sementes.[28] Os gaios-de-steller visitavam o local com frequência para aproveitar a comida fácil, voando com as sementes para armazená-las nas proximidades. Um gaio, aparentemente irritado com a falta de pressa do corvo na hora de comer, tentou tirar a ave maior dali reclamando e dando voos rasantes perto dela, sem sucesso. O gaio, então, voou para uma árvore próxima e trabalhou vigorosamente com o bico para arrancar um ramo de um galho morto. Conseguiu e, com a ponta rombuda do ramo no bico e a ponta afiada apontando para fora, voou de volta para a plataforma. Brandindo o pedaço de pau como se fosse uma lança ou azagaia, investiu contra o corvo; passou raspando pelo adversário. Quando o corvo saltou para trás, o gaio deixou cair a arma. O corvo a tomou, apontou-a na direção do rival e tentou espetá-lo. O gaio saiu voando com o corvo em seu encalço, galho ainda no bico.

ESSES SÃO, EM SUA MAIORIA, exemplos de uso esporádico de instrumentos. Os tentilhões-pica-pau (*Cactospiza pallida*) das ilhas Galápagos estão entre o punhado de espécies além dos corvos-da-nova-caledônia que têm o hábito regular de usar ferramentas.[29]

Um dos muitos tentilhões que Darwin encontrou em Galápagos, cada espécie com um formato de bico otimizado para a fonte de alimento mais abundante nas ilhas que ocupa, o tentilhão-pica-pau, pequeno e de peito estufado, tem um bico poderoso que usa para arrancar cascas e madeira velha em busca de larvas e besouros. Lascas voam enquanto o tentilhão está trabalhando, e ele as usa para sondar buracos em árvores ou fendas além do alcance de seu bico. Também usa galhos, pecíolos de folhas e espinhos de cactos para arrancar artrópodes de cantos e fendas que, de outra maneira, seriam inacessíveis. Sabine Tebbich, bióloga comportamental da Universidade de Viena que estudou esses passarinhos por mais de quinze anos, descobriu que apenas os tentilhões que vivem em habitats secos e imprevisíveis, nos quais a comida é escassa e de difícil acesso, usam ferramentas — e costumam gastar metade das horas de forrageamento com elas.[30] Os membros da mesma espécie que vivem em áreas mais úmidas, onde a comida é mais abundante e fácil de obter, raramente usam ferramentas.

No primeiro estudo experimental sobre como as aves adquirem o uso de ferramentas, Tebbich descobriu que os tentilhões-pica-pau nascem com essa capacidade e não precisam de um tutor adulto para refinar suas habilidades: isso acontece com o tempo, por meio de um processo de tentativa e erro.[31]

Um pássaro que Tebbich capturou para seu estudo permitiu uma visão detalhada de domínio gradual das habilidades com ferramentas. Tebbich encontrou Whish em um ninho abobadado de musgos e gramíneas construído nos galhos de uma árvore gigante do gênero *Scalesia*, na ilha de Santa Cruz. O filhote tinha apenas alguns dias de vida e estava cheio de larvas de mosca que o devoravam. Nos meses seguintes, um pequeno exército de cientistas da Estação de Pesquisa Charles Darwin cuidou dele; dois deles documentaram seu progresso em um relato encantador.[32]

No início, o tentilhão mostrou pouco interesse em objetos. Mas, quando tinha quase dois meses, começou a brincar com caules de flores e pequenos ramos, girando-os no bico, segurando-os em ângulos retos. Logo estava investigando tudo ao seu redor com grande curiosidade, girando botões, mordiscando lápis, puxando cabelo através de pequenos orifícios de ventilação de um chapéu de abas moles, separando os dedos dos pés com o bico e as ferramentas que usava, inspecionando orelhas e brincos. Aos três meses, já era um usuário talentoso e ampliara sua caixa de ferramentas: sondava rachaduras com galhos, uma pena, fragmentos de vidro desgastado pela água, lascas de madeira, pedaços de concha e a perna traseira de um grande gafanhoto verde. Também enfiou um galho entre uma meia e uma bota.

"Para Whish, parecia que valia a pena tentar abrir qualquer rachadura possível", escreveram os cientistas. "Nem o rosto de uma pessoa estava a salvo. Costumava voar até o rosto e se empoleirar no dorso do nariz. Depois, ele se pendurava de cabeça para baixo e examinava as narinas. Se o rosto tivesse barba, às vezes pousava nos pelos, como se fosse um tronco coberto de musgo. Nessa posição, enfiava o bico entre os lábios e os separava. Se a boca se abrisse, punha-se a examinar os dentes com a ponta do bico."

Recentemente, Tebbich e seus colegas observaram dois tentilhões-pica-pau na natureza, um adulto e um jovem, fazendo algo diferente: os pássaros encontraram um novo tipo de ferramenta e a modificaram para obter um efeito melhor.[33] O pássaro adulto arrancou vários galhos farpados de arbustos de amora-preta e removeu as folhas e ramos laterais. Ajeitou a ferramenta de maneira que as farpas estivessem voltadas para a direção certa, de modo a puxar com eficácia sua presa — artrópodes — do interior da casca de uma *Scalesia*. O filhote observou o adulto utilizando o apetrecho e depois o usou da mesma maneira.

A sensação é de que outras aves por aí podem ser Professores Pardais mais habilidosos do que imaginamos; só que ainda não conseguimos pegá-los no flagra. Considere as cacatuas-de-goffin (*Cacatua goffini*), pequenas e brancas, com uma crista de "mitra de bispo", conhecidas por serem curiosas e brincalhonas e, em cativeiro, extremamente hábeis em abrir fechaduras.[34] Ninguém observou essas aves usando ferramentas em seu habitat natural de floresta tropical seca no arquipélago de Tanimbar, na Indonésia. Mas Alice Auersperg e sua equipe, da Universidade de Viena, observaram uma em cativeiro, chamada Figaro, arrancar espontaneamente longas lascas da estrutura de madeira de sua gaiola com o bico; a cacatua, então, usou uma lasca para puxar para perto uma castanha que ela não conseguia alcançar.[35] Em experimentos posteriores, Figaro criou uma ferramenta do tipo bastão para cada noz colocada fora de seu alcance, fabricando-as e modificando-as "de maneira exitosa, confiável e replicável", usando diferentes materiais e técnicas.

AINDA ASSIM, ATÉ ONDE SABEMOS, em termos de engenhosidade na fabricação e no uso de instrumentos na natureza, nenhuma ave se compara ao corvo-da-nova-caledônia.

Há alguns anos, Christian Rutz e sua equipe da Universidade de St. Andrews usaram câmeras de vídeo acionadas por movimento para captar imagens detalhadas dos corvos usando ferramentas na natureza em sete lugares.[36] Durante um período de cerca de quatro meses, registraram mais de trezentas visitas e 150 casos de corvos usando ferramentas para extrair larvas da madeira. A destreza dos corvos é surpreendente. A maneira como a ave pesca larvas lembra muito a pesca de cupins que Jane Goodall observou nos chimpanzés de Gombe. Os corvos cutucam repetidamente as larvas com a ferramenta até que a criatura morda a ponta com suas mandíbulas poderosas.[37] Balançando o instrumento com cuidado, mexendo-o suavemente para a direita e para a esquerda, girando-o levemente, a ave traz uma larva para a superfície e retira cuidadosamente a ferramenta sem perder a presa. Pode parecer fácil, mas não é, mesmo para nós, seres humanos, com nossos dedos ágeis. Rutz e seus colegas testaram com as próprias mãos e descobriram que é preciso "níveis notáveis de controle sensório-motor" e que essa arte é "surpreendentemente difícil de dominar".[38]

No que diz respeito aos elementos básicos da fabricação de ferramentas, apenas chimpanzés e orangotangos se equivalem à ou excedem a sofisticação do corvo-da-nova-caledônia. E nem mesmo esses primatas campeões conseguem produzir ferramentas de gancho.[39] Como se isso não bastasse, os corvos fazem não um, mas *dois* tipos de ganchos — um com ramos frescos e outro com as pontas farpadas das folhas dos pandanos.

Se acham, esses corvos.

Para fabricar o gancho a partir dos ramos, é preciso cortar um lado de um galho bifurcado e quebrar o outro logo abaixo da base da bifurcação, removendo então todos os galhos laterais. No toco curto que resta, o corvo esculpe um pequeno anzol, afiando a ponta até que esteja perfeitamente adequada para pescar pequenas presas.

As ferramentas de pandano são feitas com as folhas espinhosas em forma de tiras que coroam essa planta.[40] Elas têm três designs diferentes: largo, estreito e escalonado. A versão escalonada é a mais sofisticada, conta Alex Taylor. É larga e robusta no topo, fácil de segurar, e termina em uma ponta de sondagem fina e flexível. São necessários muitos movimentos complexos, conduzidos de maneira bastante precisa, para completar o objeto — cortando em um ponto e rasgando ao longo dessa borda, depois cortando em outro ponto e rasgando a partir dali, várias vezes seguidas.[41] A versão final se parece muito com uma miniatura de serra, mas é usada como uma sonda para atrair gafanhotos, grilos, baratas, lesmas, aranhas e outros invertebrados e assim tirá-los de cantos e fendas inacessíveis.

Uma característica notável desses implementos: ao contrário das ferramentas feitas por outros animais, como as com ponta de pincel dos chimpanzés, criadas em etapas sequenciais, a forma e o design completos de uma ferramenta escalonada de pandano são determinados antes que ela seja produzida.[42] A ave executa o objeto todo enquanto ele ainda está preso à folha. Ele funciona como uma ferramenta somente depois que ela faz um corte final para separá-lo da planta. Isso sugere, para alguns cientistas, que o corvo pode estar trabalhando a partir de algum tipo de desenho mental.

Outra coisa incrível: uma vez que a ferramenta é separada da folha de pandano, uma impressão negativa exata de sua forma permanece na planta, um "molde". Em uma pesquisa feita em toda a ilha, Gavin Hunt e Russell Gray, da Universidade de Auckland, estudaram as formas de mais de cinco mil moldes em dezenas de locais da Nova Caledônia.[43] Descobriram que os estilos de fabricação de ferramentas variam de um lugar para outro, e esses estilos parecem ter persistido por décadas. Em algumas partes da ilha, os corvos fabricam principalmente ferramentas largas. Em outras, ferramentas mais estreitas. O design da ferramenta escalonada é o mais difundido. Na ilha de Maré, adjacente à Nova Caledônia, conta Hunt, os corvos fabricam apenas ferramentas largas. Em outras palavras, parece que podem existir estilos ou tradições locais de fabricação de ferramentas que são transmitidos de geração em geração.

Transmissão fiel de designs de ferramentas locais: se for verdade, isso define bastante bem o termo *cultura*.[44]

Além disso, na opinião de Hunt, há evidências de que os corvos fizeram melhorias incrementais em seus projetos de ferramentas ao longo do tempo — o que faria deles a única espécie conhecida até agora (com exceção dos primatas) a demonstrar "mudança tecnológica cumulativa".[45] Na maioria dos locais na Nova Caledônia, os corvos fazem apenas o design escalonado, que é o mais complexo dos três tipos de ferramentas de folha de pandano. "Acho altamente improvável que um corvo destreinado, sem qualquer experiência com a técnica, pudesse ter inventado uma ferramenta de várias etapas sem antes fazer um instrumento mais simples", diz Hunt. No entanto, não há nenhum sinal dos designs mais básicos em folhas de pandano nesses locais. "As aves não parecem fazer designs anteriores e mais simples", diz Hunt; "simplesmente parecem ir direto para o design mais complexo — assim como os humanos vão direto para o modelo mais recente e não recapitulam todos os estágios tecnológicos que lhes permitiram chegar ao design atual." Essas evidências são circunstanciais, com certeza, mas "frequentemente aceitamos explicações parcimoniosas na ausência de provas definitivas", diz Hunt. Em sua opinião, as evidências apontam para uma melhoria cumulativa na tecnologia de ferramentas de pandano.

Christian Rutz argumenta que ainda não há evidências suficientes para justificar essas afirmações; mais estudos são necessários.[46] No entanto, os corvos parecem entender como funcionam suas ferramentas de gancho feitas com ramos, o que indica como a melhoria cumulativa pode ter acontecido. Em um conjunto de experimentos com corvos-da-nova-caledônia capturados na natureza, Rutz e seu colega James J. H. St Clair descobriram que as aves prestavam muita atenção em qual extremidade de uma ferramenta estava o gancho e a direcionavam corretamente.[47] Esse reconhecimento, escrevem eles, "tem implicações nas escalas de tempo em que as ferramentas podem ser aproveitadas de maneira vantajosa". Ou seja, as aves podem reutilizar um instrumento mesmo que não se lembrem da posição em que o colocaram no chão, e também podem usar ferramentas descartadas por outras aves — o que, dizem os cientistas, "é potencialmente um mecanismo-chave para o aprendizado e a difusão social de informações relacionadas a ferramentas em populações de corvos". Além disso, a dupla argumenta que a capacidade dos corvos de distinguir as características funcionais das ferramentas e modificá-las — melhorá-las um pouco — pode contribuir para a evolução da complexidade dos instrumentos.

POR QUE, ENTRE AS CERCA de 117 espécies de corvídeos, o corvo-da--nova-caledônia se tornou um mago das engenhocas?[48] Quais foram as forças que empurraram a espécie para que ele desenvolvesse essa faculdade notável? Outros corvos também são espertos. Vários outros também vivem em regiões tropicais. Existe algo especial nesse lugar? Nessa ave?

A Nova Caledônia é, sob todos os aspectos, um local maravilhoso. Uma tripinha remota de terra, com 350 km de comprimento, entre a Nova Zelândia e a Papua-Nova Guiné, a ilha, vista do ar, parece ter nascido das mesmas forças ígneas que geraram outras ilhas do Pacífico, como Havaí, Bali ou a vizinha Vanuatu: grandes montanhas verdes, praias brancas, lagoas azuis.[49] Mas, ao contrário da maioria das ilhas que pontuam esses mares quentes, a Nova Caledônia não é jovem e vulcânica. Ela é um rebento geológico do antigo supercontinente Gondwana, o extremo norte de um continente quase completamente submerso, a Zelândia, que se afastou da Austrália há 66 milhões de anos. Ficou debaixo da água até sua emersão mais recente, 37 milhões de anos atrás.

A ilha é um dos lugares mais silenciosos que já visitei. Tem aproximadamente a mesma área de Nova Jersey, mas menos de 3% da população desse estado americano, de modo que, em muitos lugares, o lugar parece quase desabitado.[50] Os kanak, povo nativo da ilha, constituem mais de dois quintos da população, enquanto os chamados caldoches, ou europeus (principalmente franceses), correspondem a cerca de um terço dela; o restante é uma mistura de povos das ilhas vizinhas. As estradas vazias são frequentadas por grandes frangos-d'água conhecidos como pukekos, com bicos vermelho-brilhantes e peitos violeta. Altos e esguios pinheiros-de-cook, batizados em homenagem ao famoso explorador James Cook, sustentam o céu. Quando Cook se aproximou da ilha (foi um dos primeiros europeus a visitar o lugar), em 1774, ele e sua tripulação viram "um vasto aglomerado... de objetos elevados" e fizeram uma aposta: árvores ou pilares de pedra. Os pinheiros pertencem a uma família de árvores frequentemente chamada de fósseis vivos, porque se parecem com as árvores perenes ancestrais que ocupavam o planeta na época dos dinossauros.* O centro da ilha é atravessado por uma espinha dorsal de montanhas, cujas encostas orientais têm manchas de floresta tropical úmida. Na escuridão abaixo do dossel da floresta vive aquele cagu fantasmagórico que já encontramos, ave que pode ser uma espécie-relíquia da época de Gondwana.[51]

A floresta úmida que antes cobria a Nova Caledônia foi reduzida a bolsões. Mas a ilha continua sendo um hotspot de biodiversidade, com a estimativa de mais de vinte mil espécies, incluindo mais de setenta espécies nativas de borboletas e mais de trezentas de mariposas.[52] Existem cerca de 3 200 espécies de plantas na ilha, três quartos delas endêmicas, não sendo encontradas em nenhum outro lugar.[53] Por esse motivo, a Nova Caledônia é frequentemente considerada um sub-reino florístico à parte.

É também uma arca de criaturas colossais.[54] Há a lagartixa gigante, conhecida como o "diabo das árvores", por exemplo, que mede 34 centímetros, e lagartos que chegam a robustos 58 centímetros. Um gigantesco caracol terrestre que respira ar, o *Placostylus fibratus*, chega a atingir doze centímetros. A pomba-imperial-gigante, conhecida localmente como notou, é a maior pomba arbórea do mundo, pesando aproximadamente um quilo — quase o dobro do peso de uma pomba comum. Já extintos, viveram lá o frango-d'água *Porphyrio kukwiedei*, ave do tamanho de um peru, e o enorme *Sylviornis neocaledoniae*, incapaz de voar, de 1,5 metro de comprimento e trinta quilos.

Coisas estranhas costumam acontecer em ilhas. O gigantismo não é incomum. O mesmo vale para o nanismo, ou para experimentos espalhafatosos ou anomalias de todo tipo. Na ilha de Bornéu, avistei um papa-moscas-do-paraíso-asiático, pássaro do tamanho de um tordo, mas que balançava um par de penas centrais da cauda estranhamente alongada, flâmulas opalescentes de trinta centímetros que ondulavam pelo verde vivo da floresta tropical como a rabiola de uma pipa.

---

* Essa espécie é extremamente alta, e, nesse quesito, se parece com a araucária brasileira. (N.T.)

As ilhas são castelos de experimentos cercados por fossos. A competição é menos feroz e os predadores menos abundantes do que nos continentes, de modo que a experimentação evolutiva não é punida de maneira tão rápida ou implacável. Isso inclui a experimentação comportamental, como ficar brincando com ferramentas. (Talvez não surpreenda que o único outro pássaro do planeta a fazer isso regularmente seja o tentilhão-pica-pau de Galápagos.)

De acordo com Christian Rutz e seus colegas, os corvos provavelmente chegaram à Nova Caledônia algum tempo depois de a ilha emergir, 37 milhões de anos atrás.[55] Alguns crânios fossilizados e ossos de corvo foram escavados na caverna Mé Auré, na região de Moindou. Mas esses restos mortais têm apenas alguns milhares de anos; portanto, não ajudam muito na compreensão da história evolutiva mais profunda da ave.

A família dos corvos se dividiu em linhagens diferentes há dezenas de milhões de anos, mas a linhagem ancestral da Nova Caledônia provavelmente não é tão antiga. É possível que os antepassados desses corvos tenham voado grandes distâncias sobre o mar aberto para chegar à ilha, sugere Rutz, vindos provavelmente do Sudeste da Ásia ou da Australásia. Os corvos modernos são péssimos na hora de voar; geralmente fazem voos curtos, de poleiro em poleiro, e quando precisam percorrer distâncias maiores, deslocam-se de modo lento e sofrido. Mas Rutz suspeita que eles descendem de aves que ou voavam muito, ou tiveram sorte na hora de colonizar a ilha. E, muito provavelmente, foi só depois da colonização que eles desenvolveram sua extraordinária habilidade de fazer e usar ferramentas — em algum momento nos últimos milhões de anos.

PARA ANIMAIS ESPERTOS O SUFICIENTE, a Nova Caledônia oferece um tesouro escondido de presas saborosas e suculentas: larvas de besouro serra-pau e outros invertebrados que se enterram bem fundo na madeira.[56] As larvas são ricas em energia com alto teor de proteínas e lipídios.[57] De acordo com Rutz, um corvo pode satisfazer todas as suas necessidades diárias com apenas algumas larvas. Não há muita competição por esses energéticos naturais. Nada de pica-paus, nem macacos, grandes símios, aye-ayes, petauros ou outros especialistas em extração que conseguem tirar comida de buracos.

Também não há uma grande quantidade de inimigos capazes de ameaçar os corvos, na terra ou no céu. A ilha tem alguns predadores aéreos — o milhafre-assoviador, o falcão-peregrino, o açor-de-barriga-branca —, mas geralmente não são considerados ameaças aos corvos. A Nova Caledônia não tem cobras dignas de nota (exceto a cobra-cega, que vive em tocas, e apenas nas ilhas menores adjacentes à ilha principal) nem mamíferos predadores nativos. Os únicos mamíferos nativos da ilha são nove espécies de morcegos, que desempenham um papel importante na dispersão das sementes de muitas espécies de árvores da floresta tropical. Quando Cook chegou à ilha (batizando-a de Nova Caledônia em homenagem à sua amada Escócia), trouxe dois cachorros de presente para o povo kanak. Péssima ideia. Agora os cães ferais estão por toda parte, junto com outras espécies introduzidas, como gatos e ratos. Os cães dizimaram a população de cagus, mas representam pouco perigo para os corvos.

Uma consequência dessa ameaça modesta vinda de concorrentes e predadores é que os corvos estão livres do fardo da vigilância — em outras palavras, têm tempo e tranquilidade para mexer em gravetos e folhas farpadas, para cutucar e sondar, para bicar e rasgar e depois sondar novamente com o bico, sem ficar olhando para cima.[58] A falta de perigos também pode ter permitido a evolução de uma infância mais tranquila, na qual jovens corvos, sob a supervisão de seus pais, podiam se envolver com segurança na fabricação de ferramentas, refinando suas habilidades por um longo período sem passar fome no processo.

OS FILHOTES DE CORVOS não saltam do ninho já capazes de fazer ferramentas perfeitas. Algumas evidências sugerem que eles são geneticamente predispostos a usá-las, assim como os tentilhões-pica-pau. Um experimento mostrou que jovens corvos em cativeiro aprendem a fazer e usar utensílios básicos como varetas por conta própria, sem exposição a adultos.[59] Mas, quando se trata de produzir instrumentos mais complexos, as aves jovens claramente se beneficiam da tutoria e dos modelos dos adultos.

Eles só conseguem fazer ferramentas de pandano completas, por exemplo, depois de passar algum tempo com adultos. O processo de aprendizagem tende a ser um bocado difícil, mas é amenizado pela presença de pais amorosos. Quando era aluna de doutorado de Russell Gray e Gavin Hunt na Universidade de Auckland, Jenny Holzhaider passou dois anos nas florestas tropicais da Nova Caledônia observando como os jovens corvos aprendem a fazer e usar ferramentas de pandano na natureza.[60] Assistir aos vídeos que ela e Gray fizeram de uma ave chamada Yellow-Yellow (devido às faixas amarelas duplas que usaram para marcá-lo) é um pouco como assistir a uma criança aprendendo a comer com uma colher sem derrubar a comida. É um processo lento, cheio de contratempos e oportunidades perdidas.

Em sua palestra sobre a evolução da cognição, Gray descreve o progresso da jovem ave.[61] No início, Yellow-Yellow não tem ideia do que está fazendo. Com a idade de dois ou três meses, está prestando muita atenção às ações de sua mãe, Pandora. Ele a vê pescar insetos com sua ferramenta. Em seguida, pega o instrumento emprestado e tenta enfiá-lo em um buraco lateralmente. Parece entender para que serve a ferramenta, mas não sabe como usá-la. Ao usar as traquitanas da mãe e segui-la, Yellow-Yellow está aprendendo quais tipos de plantas e gravetos são bons instrumentos e para que servem.

Quando começa a tentar fazer as próprias ferramentas, não imita os movimentos da mãe. Em vez disso, emula as ferramentas que ela faz, tentando criar cópias aproximadas. Isso pode ajudar a explicar a existência de estilos "regionais" de fabricação de ferramentas.[62] Ao observar e usar objetos feitos por seus pais, os jovens corvos "podem formar uma espécie de modelo mental do design de ferramentas produzido localmente e usar isso como base para sua própria fabricação", explica Gray.[63] "Sabemos que, no canto das aves, há uma forma de combinação de modelos em que, por meio do aprendizado por tentativa e erro, os filhotes ajustam seu canto ao dos adultos. Talvez os mesmos tipos de circuitos neurais estejam sendo cooptados para a correspondência de modelos na fabricação de ferramentas."

O resto do processo parece ser, principalmente, uma questão de experimentação. Ao longo dos meses seguintes, a jovem ave põe a mão (ou melhor, o bico) na massa, rasgando as folhas de pandano de tudo quanto é jeito. Os pedaços que rasga parecem aleatórios, mas pelo menos ela está pegando o jeito da técnica de rasgar.

Aos cinco meses, é capaz de fazer algo que parece uma ferramenta. Mas costuma usar a parte errada da folha do pandano, a parte sem farpas, de maneira que o objeto é inútil. Ela a vira e tenta usá-la dessa forma, mas não adianta. Poucos meses depois, já captou a sequência de "fabricação" e está executando todos os movimentos corretos — cortando as folhas de pandano na área adequada, rasgando pedaços passo a passo, tudo com muito cuidado. Mas, como começou no ponto errado, a ferramenta está de cabeça para baixo, com as farpas voltadas para a direção errada.

Metade das ferramentas que Yellow-Yellow fabrica não vai lhe ser útil para obter comida. Quase um ano e meio se passa antes que ele comece a fazer ferramentas de pandano semelhantes às dos adultos, que permitem que se alimente de maneira eficaz. Trata-se de um longo período de escolaridade. É algo que só funciona porque seus pais apoiam sua educação, deixando que ele os acompanhe e use suas ferramentas; e, quando ele não consegue se alimentar, colocam uma ou duas larvas em seu bico para ajudá-lo. A ilha faz a sua parte, permitindo que ele invista longas horas de sua jovem vida aprimorando habilidades, passando gradualmente de aprendiz desajeitado a faz-tudo amador e, por fim, virando um fabricante de ferramentas experiente, sem ser interrompido pela morte.

Nesse sentido, os corvos-da-nova-caledônia podem oferecer pistas para a compreensão de nossas estratégias de vida. Nós nos destacamos em nossa tribo de primatas pelo longo período de dependência juvenil que desfrutamos e por estratégias de sobrevivência que envolvem aprendizado intensivo. De acordo com a equipe de Auckland, a ligação entre um alto nível de habilidade tecnológica em forrageamento e um longo período juvenil no qual os pais fornecem comida, tanto no caso dos seres humanos quanto no dos corvos, sugere que as duas características podem ter uma relação causal entre si.[64] É a chamada hipótese da aprendizagem precoce. Talvez ser hábil com ferramentas que exigem aprendizado intensivo desempenhe um papel no prolongamento do período juvenil. Dessa forma, os corvos-da-nova-caledônia podem fornecer um bom modelo para investigar o efeito evolutivo do uso de ferramentas nas trajetórias de desenvolvimento, não apenas no caso das aves, mas também no caso dos seres humanos.

UM TESOURO ESCONDIDO DE COMIDA NUTRITIVA, competição reduzida e escassez de predadores podem ter criado condições favoráveis à fabricação de ferramentas, mas, como aponta Christian Rutz, esses fatores, por si sós, não são suficientes para produzi-la.[65] Muitos corvos na região do Pacífico, com estilos de vida semelhantes e acesso a folhas de pandano, não produzem instrumentos. No Nordeste da Austrália habita o corvo-australiano, um primo do corvo-da-nova-caledônia. Ele vive entre as larvas do besouro serra-pau e não tem competição para explorar essa fonte supernutritiva de alimento, mas não descobriu como fazê-lo com ferramentas. Tampouco o corvo-de-bico-branco, das ilhas Salomão, talvez o parente mais próximo do corvo-da-nova-caledônia.

Existe algo especial na constituição física ou mental do corvo-da-nova-caledônia? Algo em seu corpo ou cérebro que o separe de outros corvídeos?

ENCONTREI A ESPÉCIE pela primeira vez certa manhã, quando saía de minha cabana em La Foa, no centro da ilha.

Lá está ele, alguns metros à minha frente, nos galhos baixos de uma árvore raquítica. De certa forma, estou feliz por perceber que o bicho não difere muito dos corvos-americanos que rondam minha vizinhança. Bico, patas e penas de ébano. As penas superiores são brilhantes, de um roxo, azul profundo ou verde iridescente, dependendo da luz. Corpo do tamanho de um corvo pequeno, embora um pouco mais compacto do que o de nossos corvos-americanos e mais robusto do que a média dos gaios ou gralhas-comuns.

A ave inclina a cabeça na minha direção. Seus olhos são grandes e proeminentes, castanho-escuros, redondos, inteligentes, posiciona-dos mais perto da parte frontal da cabeça, capazes de girar e se orien-tar para a frente durante o uso das ferramentas, de maneira a criar uma espécie de "sobreposição" binocular extraordinária, maior que a de qualquer outra ave.[66] Esse amplo campo visual binocular permite que o corvo posicione o bico com precisão ao sondar algum objeto.

Uma nova pesquisa de Alex Kacelnik e seus colegas da Universi-dade de Oxford sugere que há outro detalhe importante na visão da espécie.[67] Nos corvos, tal como nos seres humanos, um olho é mais dominante do que o outro. Eles seguram suas ferramentas de um lado ou de outro do bico para que possam ver a ponta do instrumento e seu alvo com o olho predominante. Como explica Kacelnik: "Se você esti-vesse segurando um pincel na boca e um de seus olhos [fosse] melhor do que o outro na [medição] do comprimento do pincel, você segura-ria o pincel de maneira que sua ponta ficasse no campo de visão do olho melhor. É isso que os corvos fazem".[68]

O bico, por sua vez, é reto, cônico e eficiente, livre de ganchos ou curvas extravagantes que marcam outros bicos de corvídeos — para que eles consigam agarrar com mais firmeza uma vareta e colocar sua ponta ao alcance daquele poderoso campo de visão binocular.[69]

O único apêndice que as aves têm para investigar o que há de co-mestível no mundo é o bico. Em geral, a forma limita bastante o que um pássaro consegue comer. Falcões e águias têm bicos em forma de gancho para atacar coelhos. Garças têm bico fino para pegar peixes escorregadios. Os pica-paus têm bicos afiados como picaretas para lascar a madeira. Alguns corvos têm ganchos; outros têm pinças; ou-tros têm lanças.

Por si só, o bico do corvo-da-nova-caledônia não consegue fazer muita coisa. Mas a espécie descobriu como expandir seu alcance por meio do milagre das ferramentas.

Não está claro o que veio primeiro: a fabricação de ferramentas ou as adaptações físicas incomuns, tão perfeitamente adequadas às necessidades.[70] O formato do bico dos corvos e a visão especializada os predispuseram à confecção e uso de ferramentas? Ou será que seu comportamento nesse domínio, em resposta às oportunidades ecológicas incomuns — aquelas deliciosas larvas escondidas —, gradualmente moldou o sistema visual e os bicos? Esse é o tipo de relação causal misteriosa que os biólogos amam e odeiam ao mesmo tempo.

Em todo caso, dizem os cientistas, esses dois recursos (sistema visual especializado e bico reto e cônico) permitem que exista um nível de controle de ferramentas impossível para outros corvídeos, e são semelhantes aos recursos que possibilitaram nosso próprio manuseio habilidoso de ferramentas, incluindo a visão binocular e a flexibilidade de pulsos e polegares opositores, que nos permitem agarrar e beliscar as coisas com precisão.[71]

Como Gavin Hunt aponta, vários outros aspectos do estilo de vida de fabricação de ferramentas do corvo-da-nova-caledônia também se parecem com o nosso.[72] Existe o período juvenil estendido, extraordinariamente longo e com cuidado parental, que sustenta o aprendizado de fabricação e uso de instrumentos. Além disso, diz Hunt, "tanto em humanos quanto em corvos, o uso de ferramentas é geneticamente herdado e flexível e, portanto, difundido, senão universal. A ocorrência do uso de ferramentas parece ser variável em ambas as espécies. Assim, o processo de transmissão, mesmo que envolva menos aprendizagem social no caso dos corvos do que entre humanos, chega a um resultado muito semelhante".

O CORVO ME ENCARA TAMBÉM, intenso, interrogativo, como se estivesse perguntando o que estou vendo de tão surpreendente. Pergunto-me se o cérebro dentro daquela calota craniana preta é diferente do de outros corvídeos. Pesquisas sugerem que pode haver pequenas diferenças, sim.[73] Um estudo mostrou que o cérebro do corvo-da-nova-caledônia é maior, pelo menos em comparação com o cérebro das gralhas-pretas e das pegas e dos gaios europeus.[74] (No entanto, como sabemos, o tamanho geral do cérebro pode ser uma medida enganosa.) Há algum aumento em áreas do prosencéfalo que se pensa estarem envolvidas no controle motor fino e no aprendizado associativo. Isso pode melhorar a destreza do corvo e aumentar sua capacidade de prestar atenção no que está fazendo, uma grande vantagem em qualquer desafio mental.[75] Além disso, como aponta Russell Gray, os cérebros da espécie têm um número ligeiramente maior de células gliais, que em humanos parecem estar envolvidas no mecanismo de aprendizagem e memória conhecido como plasticidade sináptica.[76] Em suma, pode ser que os cérebros desses corvos não possuam "nenhuma estrutura extra que seja nova e milagrosa", observa Gray, "mas apenas pequenos ajustes incrementais".[77]

Mas será que os corvos são capazes de pensamento de alto nível? Conseguem compreender princípios físicos como causa e efeito? Será que raciocinam, planejam e são capazes de saltos de insight?

Ao longo de uma década, a equipe da Universidade de Auckland e seus colegas têm sondado a mente desses animais, vasculhando seus cantos e fendas para ver que tipo de compreensão especial, se houver, essas aves podem ter. Eles estão menos interessados em alardear a inteligência geral do corvo do que em explorar o que chamam de "assinatura" dos mecanismos cognitivos que entram em ação quando a ave resolve problemas.[78] Esses podem ser os tijolos básicos ou os alicerces de habilidades cognitivas humanas sofisticadas, como insight e raciocínio, imaginação e planejamento. A categoria inclui habilidades como a capacidade de perceber as consequências das próprias ações, de compreender causa e efeito e de avaliar as características físicas dos materiais.

"Quando essas aves estão resolvendo problemas, podem estar usando formas de cognição intermediárias entre o aprendizado simples e o pensamento humano", explica Taylor. As assinaturas de cognição evidentes no comportamento dos corvos podem representar as etapas intermediárias no caminho que leva às nossas próprias habilidades cognitivas complexas, como imaginar cenários ou raciocinar sobre causa e efeito.[79] "É por isso que estamos realmente interessados nesses corvos como espécie-modelo", diz Taylor. "Identificar os mecanismos cognitivos que eles usam pode oferecer insights sobre a evolução do pensamento humano e da inteligência em geral."

Considere o que 007 fez naquele vídeo do quebra-cabeça metaferramenta de oito estágios. A impressão é que um corvo esperto resolveu o problema por meio de um insight. Ele parecia estudar o conjunto do desafio ("Há comida naquela caixa que não consigo alcançar com meu bico") e, então, ao representar um cenário mental complexo em sua cabeça, resolvia o problema graças a um estalo de compreensão, planejando a sequência de movimentos, executando-os um de cada vez, mantendo seu objetivo final sempre em mente.

De acordo com Russell Gray,[80] que conduziu os experimentos originais de metaferramenta com Taylor, o que 007 fez foi provavelmente menos sensacional do que isso, embora ainda seja algo intrigante. O pássaro realmente avaliou o problema, diz Gray. Mas provavelmente não estava usando sua imaginação ou construindo cenários da maneira que fazemos, ou resolvendo o dilema em um lampejo de percepção. Em vez disso, estava manipulando objetos fisicamente presentes e que lhe eram familiares. Sabia como eles funcionavam. Prestou muita atenção em como suas ferramentas interagiam com os outros objetos. Com base em sua experiência anterior com os objetos, seguiu uma sequência apropriada de ações que o levaram ao seu objetivo. Se estava usando a construção de cenários mentais, sugere Gray, tratava-se de um tipo altamente limitado de imaginação, dependente do contexto e da experiência.[81]

As ações de 007 podem ser mais sofisticadas do que isso ou até mais simples, observa Alex Taylor: "Um tipo de tomada de decisão momento a momento, sem nenhuma simulação mental".[82] "Nós simplesmente não sabemos. São hipóteses concorrentes que precisamos testar."

O AVIÁRIO EM QUE A UNIVERSIDADE DE AUCKLAND conduz seus experimentos de sondagem mental fica em um campo cheio de arbustos atrás de uma pequena estação de pesquisa em Focalo. No período chuvoso, um riacho serpenteia pela propriedade, sujeito a enchentes extremas durante as tempestades; seu leito está seco agora, sombreado por melaleucas desordenadas e um ou outro pandano. Exceto pelo barulho baixo e rouco dos sete corvos que atualmente ocupam os recintos fechados, o cenário é silencioso. Cavalos vagam pelo campo, de vez em quando provocando chamados estridentes de alarme dos corvos quando se aproximam demais.

Uma sequência de corvos bem estudados fluiu por este aviário, entre eles 007 e agora Blue, batizado com o nome da faixa azul que ele usa na pata esquerda. A equipe de Auckland mantém os pássaros no aviário por alguns meses antes de soltá-los na natureza (007, por exemplo, foi libertado em sua floresta natal no monte Koghi). As faixas coloridas ajudam os pesquisadores a saber quem é quem e funcionam como nome quebra-galho até que a imaginação deles produza algo mais inventivo. Depois de batizar mais de 150 pássaros (Icarus, Maya, Lazlo, Luigi, Gypsy, Colin, Caspar, Lucy, Ruby, Joker, Brat, entre outros), Alex Taylor diz que esgotou seu estoque e pede sugestões.[83] Assim, as filhas de Blue, Red e Green, agora têm o nome das minhas filhas, Zoë e Nell.

Os cientistas capturam os corvos usando uma armadilha de elástico e tentam reuni-los em grupos familiares. Em locais com alta densidade populacional de aves (digamos, dez corvos por quilômetro quadrado), isso é bastante simples. Mas, em muitos pontos da ilha, especialmente em florestas de altitudes elevadas, eles estão distribuídos de maneira mais esparsa (um ou dois por quilômetro quadrado) e podem ser particularmente difíceis de capturar. O colega de Taylor, Gavin Hunt, recentemente teve um trabalho danado para pegar pássaros na área do monte Panié. Era a temporada oficial de caça dos notou entre os kanak. Às vezes, os corvos-da-nova-caledônia acabam ficando na linha de fogo das pombas, de modo que os bichos ficam mais nervosos do que o normal durante essa temporada. Hunt saiu de mãos vazias. Mesmo sem os tiros, o processo exige paciência.

Quando os corvos capturados são levados para o aviário, rapidamente se adaptam às novas tocas. E como não se adaptar? Taylor e sua colega Elsa Loissel alimentam os animais com tomates maduros, cubos de carne, mamão, coco e ovos. ("As pessoas têm a impressão equivocada de que a ciência se resume a pensar e experimentar", Loissel brinca, "quando, na verdade, gasta-se muito tempo fatiando tomates ou cortando carne em cubinhos.") Em pouco tempo, os pássaros se acomodam e vêm zunindo até a mesa para o trabalho. "O truque é mantê-los entretidos", diz Taylor, "manter o ritmo com tarefas difíceis o suficiente para que continuem interessados e atentos."

"O que realmente queremos entender é como esses corvos pensam", diz Taylor. Como eles resolvem problemas complexos? Por meio de insight ou raciocínio ou por meio de algo mais banal?

Pense na tarefa de puxar a corda que era parte do desafio de oito etapas de 007. A notável capacidade do corvo de puxar espontaneamente um pedaço de pau preso a um barbante pendurado em um poleiro foi vista por alguns cientistas como prova de insight. A ave cria uma simulação mental do problema (imaginando o efeito que puxar o barbante terá sobre a posição da comida) e, em seguida, executa instantaneamente um plano para resolvê-lo.

Para confirmar se era isso mesmo,[84] Taylor e seus colegas montaram uma variação do experimento usando um barbante com um pedaço de carne preso a ele como recompensa. Nessa versão, os corvos não podiam ver a carne se movendo em direção a eles quando puxavam a corda. Isso frustrou as aves. Sem o reforço visual da carne chegando cada vez mais perto, motivando-os a manter a atividade, apenas um entre onze corvos puxou espontaneamente o barbante um número suficiente de vezes para pegar a carne. O desempenho caiu até se equiparar à falta de noção dos cães. (É importante mencionar que os humanos também se embananam nesse quesito: os cientistas testaram a tarefa de conectividade de cordas com cinquenta alunos de graduação, diz Taylor, e nove deles falharam.) Quando os pássaros receberam um espelho para observar seu progresso, mais uma vez se destacaram na resolução do problema. Se esse fosse um exemplo de insight, de uma compreensão repentina e instantânea de causa e efeito — puxe a corda e a carne vai chegar mais perto —, as aves não precisariam do feedback visual para direcionar continuamente suas ações.[85]

Ainda não é possível saber se os corvos-da-nova-caledônia têm momentos de insight, mas tais experimentos sugerem que essas aves têm uma habilidade extraordinária de perceber as consequências de suas próprias ações e de prestar atenção à maneira como os objetos interagem, diz Taylor. São características mentais poderosas e úteis quando se trata de fazer e usar ferramentas materiais.

A EQUIPE DE AUCKLAND TAMBÉM tenta descobrir se os corvos entendem os princípios físicos básicos.[86] Um "paradigma apropriado para corvos", como diz Taylor, é uma versão experimental de "O corvo e a jarra", antiga fábula de Esopo.

Nessa história, um corvo sedento se depara com uma jarra de água pela metade. Incapaz de alcançar a água, o corvo joga pedrinhas dentro da jarra até que o nível do líquido suba o suficiente para que ele consiga beber.

Acontece que esse não é só um conto popular.[87] Os corvos-da-nova-caledônia fazem exatamente isso: jogam pedras em um tubo cheio de água para elevar o nível do líquido. E, como Sarah Jelbert descobriu enquanto trabalhava com a equipe de Auckland, se puderem escolher entre objetos pesados e leves, sólidos e ocos, os corvos preferem espontaneamente os objetos que afundam, não os que flutuam. Sabem como diferenciar os materiais e fazem a escolha certa 90% das vezes. Isso sugere que entendem como funciona o deslocamento da água, um conceito físico bastante sofisticado, algo equivalente ao nível de compreensão de uma criança de cinco a sete anos de idade. Também é sinal de que são capazes de compreender as propriedades físicas básicas dos objetos e fazer inferências sobre eles.

Recentemente, Taylor, Gray e seus colegas têm tentado descobrir se as aves entendem a relação entre causa e efeito, especialmente o efeito de forças que não conseguem enxergar.[88] Essa capacidade, conhecida como raciocínio causal, é uma de nossas habilidades mentais mais poderosas. O raciocínio causal está na raiz do nosso entendimento de que os objetos no mundo se comportam de maneiras previsíveis e que mecanismos ou forças que não podemos ver podem ser responsáveis por certos eventos. "Estamos constantemente fazendo inferências sobre coisas que não conseguimos enxergar", diz Gray.[89] Se estamos dentro de casa e um frisbee entra voando pela janela, entendemos que alguém deve tê-lo jogado. A capacidade humana de raciocinar sobre os agentes causais se desenvolve muito cedo na vida. Um bebê entre os sete e os dez meses de idade fica surpreso se um saquinho de feijão é jogado de trás de um anteparo e, quando o anteparo é levantado, o que aparece é um brinquedo, em vez do agente causal humano que seria esperado, como uma mão.[90] Como Gray aponta, essa habilidade é a base de nossa compreensão de trovões e resfriados, ímãs e marés, gravidade e deuses.[91] Também nos ajuda a entender o comportamento das pessoas ao nosso redor e nos permite fazer e usar ferramentas e adaptá-las a novas situações. É mais uma daquelas potentes capacidades antes consideradas exclusivas dos humanos.

Os corvos podem fazer inferências semelhantes sobre forças que eles não conseguem ver, chamadas de agentes causais ocultos? A ideia de um experimento para testar essa concepção foi sugerida a Alex Taylor por um corvo.

OS CIENTISTAS QUE ESTUDAM o comportamento das aves levam vidas mais influenciadas pelo acaso do que muitos de seus colegas, correndo o risco de ser trapaceados pelas criaturas que estão estudando ou, com alguma sorte, de ser instruídos por elas. Os pássaros são capazes de desfazer os dispositivos mais inteligentes, desconcertando um cientista tão rápido quanto possível. Mas em outros momentos — caso o pesquisador esteja prestando atenção — podem oferecer grandes recompensas. Nesse caso, o comportamento surpreendente de uma fêmea de corvo chamada Laura inspirou Taylor.

Foi durante a fase inicial do ensaio experimental de Esopo. Taylor anexou uma isca a uma rolha flutuante, depois jogou a rolha em um tubo de água. Ele sempre executava essa tarefa de costas para os corvos. O cenário típico que se seguia era este: uma vez que os pássaros resolviam o quebra-cabeça, elevando o nível da água para chegar ao petisco, imediatamente voavam até um poleiro na parte de trás da gaiola, arrancavam a carne da rolha para comê-la e, em seguida, deixavam a rolha cair. Para iscar a rolha novamente, Taylor precisava retirá-la do fundo da gaiola. "O que é o.k. para um único teste", diz ele, "mas, depois de cem tentativas, você fica bem cansado." A tarefa fica ainda mais difícil porque o aviário é configurado para se adequar aos corvos, "uma mesa ampla, muitos poleiros", diz Taylor. "Então aquilo vira uma espécie de selva, fica impossível para um ser humano se movimentar ali. Você acaba rastejando muito, apoiado nas mãos e nos joelhos."

Laura fazia as coisas de maneira diferente. Como os outros pássaros, ela fugia com a rolha, mas, depois de comer a carne, voltava voando para a mesa para deixá-la ali, bem perto de Taylor. "Eu ficava tipo: 'Oh, muito obrigado. Isso é tão incrível!'" Ele não só estava grato por não ter que rastejar debaixo da mesa como também porque podia acelerar o ritmo do experimento.

Isso fez Taylor pensar. Talvez Laura tivesse entendido o papel dele como o agente causal responsável pela oferta de comida — embora nunca tenha visto ele colocar a isca na rolha. "Pensei o seguinte: talvez ela entenda que, se me devolver a rolha, receberá a comida mais rapidamente. Ela é muito boa nessa tarefa; eu sou o fator limitante. Então, se ela conseguir me acelerar, ganha as recompensas mais rápido."

O comportamento de Laura fez Taylor se perguntar se os corvos-da-nova-caledônia poderiam ter uma compreensão mais sofisticada do raciocínio causal do que imaginávamos. Será que entendem que os humanos podem funcionar como agentes causais mesmo quando suas ações estão ocultas? Conseguem raciocinar sobre mecanismos causais não observáveis?

Para descobrir, Taylor e seus colegas desenvolveram um experimento bem criativo. A ideia era descobrir se os corvos eram capazes de inferir que o movimento de um pedaço de pau saindo de um esconderijo e entrando de novo era causado por uma pessoa que eles viram entrar nesse esconderijo. Em um aviário aberto, a equipe se escondeu atrás de uma lona. Em uma mesa ao lado ficava uma caixinha contendo comida que podia ser retirada por um corvo com uma ferramenta simples. Para pegar a comida, os corvos tinham de virar as costas para o esconderijo de lona. Havia um buraco na lona. Quando um pedaço de pau era enfiado no buraco, ele ia parar diretamente no espaço onde a cabeça do corvo estaria ao procurar comida na caixa, representando uma clara ameaça para a ave.

No experimento, oito corvos assistiram a dois cenários diferentes em que o pauzinho saía do buraco, explica Taylor. O primeiro cenário era a situação do agente causal oculto: uma pessoa entrou no esconderijo, o bastão se mexeu para fora e para dentro do buraco várias vezes e, por fim, a pessoa deixou o esconderijo. No segundo cenário, nenhum humano entrou no esconderijo ou saiu dele, mas a vara ainda apareceu saindo e entrando.

Depois de observar as duas situações, os corvos tiveram a chance de procurar comida na caixa. O comportamento deles sugeria que eram capazes de ligar os pontos e inferir que o humano escondido estava causando o movimento do bastão. Quando os pássaros observaram o movimento da vara e viram a pessoa deixar o esconderijo, eles pareceram tranquilos o suficiente para voar até a mesa e virar as costas para o esconderijo para que pudessem procurar comida. No entanto, quando viram a vara se mover sem causa aparente, eles se comportaram de maneira mais desconfiada, voando para a mesa, mas inspecionando o esconderijo nervosamente e, às vezes, abandonando a sondagem, como se suspeitassem que seja lá qual força desconhecida que tinha movido a vara pudesse mexer nela de novo. (Isso não é diferente da surpresa que um bebê mostra quando um saquinho de feijão parece ter sido jogado sem a ajuda de uma mão humana.) A diferença no comportamento dos corvos, dizem os cientistas, sugere que eles podem ser capazes de uma forma bastante sofisticada de raciocínio causal.[92]

Em outro experimento, sobre "intervenção causal", os corvos não se saíram tão bem. A intervenção causal vai um passo além da compreensão causal. Envolve observar algo acontecer no mundo e então agir para criar o mesmo efeito. Digamos, por exemplo, que você nunca tenha sacudido uma árvore frutífera para fazer com que o fruto se desprenda do galho. Porém, certo dia, você vê o vento soprando um galho, fazendo com que a fruta caia. E, a partir dessa observação, você infere que, se sacudir o galho, pode agir como o vento e fazer a fruta cair.

Um dispositivo chamado *blicket box* oferece exatamente esse tipo de desafio. É uma caixinha que toca música quando você coloca um objeto em cima dela. Faça uma rápida demonstração de como o aparelho funciona para uma criança de dois anos, depois dê a ela a caixa e o objeto e pergunte: "Você consegue fazer isso?". Ela não terá problemas para recriar o efeito. Mas os corvos fracassam nessa tarefa.[93] "Tudo o que eles precisam fazer é pegar o objeto e colocá-lo em cima da caixa", diz Taylor. "Parece tão simples para mentes humanas. É tipo, dããã, qual é a dificuldade, certo? Mas os corvos não entendem."

Taylor acha esses fracassos tão intrigantes quanto os sucessos. Se você está interessado na evolução dos mecanismos cognitivos, é igualmente interessante ver em quais pontos os pássaros falham, explica ele. "Estamos tentando entender quais partes do entendimento causal podem ter evoluído juntas e quais não", diz ele. "Eu não estou aqui para torcer pelos corvos. Só quero saber como funciona sua mente. Se eles acabam sendo 'burros' em algumas áreas e inteligentes em outras; se não conseguem fazer algumas coisas, mas se viram bem com outras — isso é muito interessante. O legal deles é o comportamento na natureza e o uso de ferramentas. Isso é o que os define."

TAYLOR CONFESSA TER INTERESSE em outra linha de investigação. Menos acadêmica, talvez, mas não menos intrigante: o que os corvos-da-nova-caledônia fazem para se divertir?

"Minha impressão é que eles são meio workaholics", diz ele. "Estão muito focados em conseguir comida, mas, uma vez que conseguem, simplesmente relaxam, sentam e alisam um pouco as penas, voam um pouco, emitem alguns chamados. Mas não ficam constantemente brincando com coisas novas, como os papagaios-da-nova-zelândia fazem. Acho isso fascinante, porque todos sempre dizem que curiosidade e brincadeira estão ligadas à inteligência."

Os pássaros brincam? Fazem coisas apenas para se divertir?

Nathan Emery, professor sênior de inteligência animal na Universidade Queen Mary de Londres, e Nicola Clayton, da Universidade de Cambridge, sugerem que espécies de aves com cérebros maiores e ciclo de vida altricial (como muitos mamíferos) brincam, embora isso "pareça ser relativamente incomum nesse grupo", escrevem eles, "sendo algo registrado em apenas 1% das aproximadamente dez mil espécies e, em grande medida, restrito às que têm um período de desenvolvimento estendido, como corvos e papagaios."[94]

Brincar não é necessariamente só preparar uma ave para a vida adulta, dizem Emery e Clayton. Pode reduzir o estresse, estreitar os laços sociais ou apenas gerar prazer. "As aves, como nós, também podem brincar porque é divertido", explicam; "é algo que produz uma experiência agradável, liberando opioides endógenos." Ou seja, a brincadeira pode ser uma ação que tem em si mesma objetivo e recompensa.[95]

De acordo com o zoólogo Millicent Ficken, apenas aves inteligentes são capazes de atividades lúdicas complexas.[96] E, por meio da brincadeira, fazem descobertas e experimentam a relação entre suas próprias ações e o mundo externo. Em outras palavras, brincar nutre e requer inteligência.

Os membros da família dos papagaios tendem a ser irreprimivelmente brincalhões. Quando meus pais compraram um periquito de estimação para nossa família, há muitas décadas, também compraram uma coleção de brinquedos para equipar sua gaiola: escadas, espelhos, sinos, todos feitos de plástico barato de cores vivas, bem como várias guloseimas com formatos estranhos. Era o procedimento-padrão na época. Gre-Gre, como o chamávamos, brincava com todos os novos dispositivos até que quebrassem por uso excessivo. Hoje em dia, as lojas de animais têm linhas exclusivas de brinquedos especiais para papagaios. Os papagaios-cinzentos preferem brinquedos como rolos de papel higiênico, envelopes de mala direta, palitos de picolé, copos de papel e tampas de caneta de plástico, qualquer coisa feita de papel, papelão, madeira e couro cru que eles possam rasgar, mastigar ou destruir de alguma outra forma. Às vezes, ficam tão perdidos em sua diversão que caem do poleiro.

De acordo com o testemunho de especialistas, os reis da brincadeira são os papagaios-da-nova-zelândia. Esses bichos, do tamanho de corvos, vivem nos Alpes do Sul desse país insular. São apelidados de "macacos da montanha" por causa de sua natureza atrevida e inteligência semelhante à dos primatas. Sobre a origem de seu nome em latim, *Nestor notabilis*, um livro oferece o seguinte relato: "Nestor foi um lendário herói grego conhecido por sua longa vida e sabedoria, e o nome é frequentemente usado para designar um sábio conselheiro, um líder".[97] Em seguida, o comentário desmancha-prazeres: Lineu deu o nome a essa família de papagaios provavelmente "sem pensar em qualquer significado especial".

Talvez sim, talvez não.

Judy Diamond e Alan Bond, dois cientistas que estudaram essa espécie durante muitos anos, consideram que ela possivelmente seja a ave mais inteligente e agitada do mundo.[98]

"As brincadeiras dos papagaios-da-nova-zelândia são menos um conjunto de comportamentos ritualizados e mais uma disposição geral em relação ao mundo", escrevem eles. Quando se trata de brincar com as coisas, os keas, como também são chamados, superam muito seus primos corvídeos. São "ousados, curiosos e engenhosamente destrutivos", diz Diamond, sendo considerados (dependendo de para quem você pergunta) humoristas brincalhões — "palhaços das montanhas" — ou arruaceiros destrutivos que andam em gangues juvenis estragando as coisas, arrancando limpadores de para-brisa e o acabamento de vinil dos carros, assim como barracas e mochilas de campistas, calhas e móveis de jardim. O instinto brincalhão da espécie com relação aos objetos pode ajudar as aves a desenvolver um "kit de ferramentas" comportamental para lidar com novas situações ou problemas inesperados de forrageamento.[99]

Os papagaios-da-nova-zelândia também adoram "brincadeira de mão" (no caso, de bico ou de asa). Um jeito comum de convidar outra ave para brincar envolve inclinar a cabeça para o lado e ir se esgueirando, com as pernas rígidas, até um parceiro de brincadeira em potencial. Os dois se defendem e duelam com os bicos, esquivando-se, empurrando, esquivando-se novamente. Eles lutam, travam bicos, mordem, empurram, rolam de costas enquanto gritam e agitam os pés, e ficam de pé um na barriga do outro. Não há vencedores ou perdedores. (Todos ganham um troféu.)

Às vezes, os keas bancam o diabinho ou o pregador de peças. De acordo com Diamond e Bond, eles são conhecidos por roubarem antenas de televisão de casas e esvaziar pneus de automóveis. Um papagaio foi observado enrolando um capacho e empurrando-o escada abaixo. Há alguns anos, o *Sunday Morning Herald*, da Nova Zelândia, informou que um papagaio roubou 1100 dólares de um turista escocês desavisado.[100] Em uma área de descanso perto do local mais alto dos Alpes do Sul, Peter Leach baixou as janelas da van para tirar fotos de um estranho pássaro verde no chão perto de seu veículo. Antes que ele percebesse, a ave voou para dentro da van. Pegou uma pequena bolsa de pano do painel e disparou com ela. "Todo o dinheiro que eu tinha estava lá", disse Leach, desgostoso. "Os bichos agora estão forrando seus ninhos com notas de cinquenta libras."

Os keas podem ser os titãs da tolice, mas os corvídeos também sabem brincar. Corvos gostam de jogar gravetos para o alto e pegá-los. Dois jovens corvos-das-montanhas foram vistos brincando de "rei do castelo", um deles postado em cima de um montinho brandindo um pedaço de esterco enquanto o outro avançava e tentava agarrar o objeto.[101]

Em uma manhã clara e ensolarada de fevereiro, nas montanhas centrais de Hokkaido, no Japão, o naturalista Mark Brazil notou dois corvos em uma encosta íngreme com neve fresca e soltinha.[102] Um dos corvos se deitou de bruços e deslizou encosta abaixo; seu parceiro saiu rolando, patas para cima, asas batendo. "A dupla continuou nesse 'trenó' e rolou morro abaixo por mais de dez metros antes de voar de volta para o alto da encosta", escreveu Brazil; depois, repetiram a bagunça. Também há relatos sobre gralhas que deslizam em encostas, aparentemente para se divertir. Algumas gralhas-pretas foram filmadas brincando em um escorregador infantil no Japão. Não muito tempo atrás, viralizou um vídeo russo de uma gralha fazendo snowboard com uma tampa no telhado de uma casa.

Recentemente, Alice Auersperg e uma equipe internacional de cientistas examinaram de perto como várias espécies de corvos e papagaios usam brinquedos, para ver se a natureza de suas brincadeiras pode lançar luz sobre a natureza cognitiva dos brincalhões, bem como sobre a relação entre brincadeiras e uso de ferramentas.[103] Brincar com objetos geralmente é algo que precede o uso deles como ferramentas, tanto entre primatas quanto no caso de aves. Uma pesquisa com 74 espécies de primatas descobriu que apenas os usuários de ferramentas, como macacos-prego e grandes símios, combinam objetos quando brincam. As crianças começam a bater objetos uns nos outros quando têm oito meses. Aos dez meses, conseguem inserir brinquedos em cavidades ou empilhar anéis em um pino. Mas é só depois dos dois anos de idade que elas começam a usar objetos como ferramentas para atingir um objetivo desejado.

Os pesquisadores deram a nove espécies de papagaios e três espécies de corvos conjuntos iguais de brinquedos infantis de madeira com várias formas (varas, anéis, cubos e bolas) e cores (vermelho, amarelo e azul). Também deram a eles "pratos de atividades", uma espécie de playground de tubos e orifícios nos quais podiam inserir os objetos ou empilhar os anéis.

A maioria das aves interagia com os brinquedos, mas algumas eram brincadoras campeãs. Corvos-da-nova-caledônia, cacatuas e papagaios-da-nova-zelândia eram as mais propensas a combinar dois brinquedos separados e usá-los no "playground". A brincadeira mais complexa com objetos, dizem os pesquisadores, ocorreu em espécies com o maior desempenho em inovação técnica e uso de ferramentas — cacatuas-de-goffin e corvos-da-nova-caledônia. Os brinquedos amarelos eram os favoritos das cacatuas (o que pode ter algo a ver com o fato de que essa ave tem listras amarelas sob suas asas, uma área frequentemente usada para exibição social);[104] os corvos-da-nova-caledônia, sem motivo aparente, preferiam as bolas a todos os outros objetos, mas gostavam de enfiar gravetos nas cavidades do playground. Apenas cacatuas e jovens corvos-da-nova-caledônia combinaram três objetos separados, e apenas os papagaios empilharam anéis em tubos e pinos, com a cacatua-de-goffin superando todas as outras espécies, coordenando perfeitamente seu bico com uma pata para realizar a tarefa. Essas aves indonésias são conhecidas por suas excelentes habilidades para resolver problemas e por usar ferramentas de maneira criativa em cativeiro.

"Nossos estudos mostram uma ligação entre a brincadeira com objetos e o comportamento funcional nessas aves de cérebro grande", diz Auersperg. "Mas o papel direto que o brincar desempenha em suas habilidades de resolução de problemas ainda não está claro. É algo que pode servir como prática geral de habilidades motoras ou aprendizado sobre as possibilidades do objeto" — a relação entre o objeto e a ave ou o objeto e seu ambiente, que oferece ao animal a oportunidade de realizar uma ação. "Ou poderia ser apenas um produto secundário de seu modo de exploração do ambiente", diz ela.

É interessante notar o seguinte: todas as aves pareciam felizes em compartilhar os objetos enquanto brincavam. Nenhuma delas monopolizou mais de um prato de atividades ou mais de dois ou três brinquedos ao mesmo tempo. "Não houve casos evidentes de agressão, e a monopolização de objetos não foi pronunciada", afirmam os pesquisadores.

Taylor observa que os corvos-da-nova-caledônia em seus aviários não parecem brincar por diversão. "Eles gostam de segurar coisas em seus bicos, pedaços disso e daquilo", diz ele. "Se você colocar ferramentas na gaiola, passarão muito tempo guardando o graveto, pegando-o, investigando coisas com ele. Mas é difícil chamar isso de brincadeira, porque, na natureza, é assim que eles ganham a vida."

Recentemente, Taylor estava interessado em descobrir se os corvos-da-nova-caledônia poderiam ser motivados por um pouco de diversão espontânea e autorrecompensadora em vez de comida. Sua isca: um par de skates minúsculos, para ver se esses corvos, como seus primos japoneses e russos, gostam de deslizar. Infelizmente, o experimento não deu certo. "Eles realmente não curtiram a ideia", diz Taylor, "então meio que desistimos."

UMA QUESTÃO SÉRIA que a equipe de Auckland e outros cientistas gostariam de responder com a ajuda da mente do corvo é esta: o que veio primeiro, o uso de ferramentas ou essas habilidades cognitivas impressionantes?[105] O uso de ferramentas fez com que essas aves ficassem mais espertas? Ou elas já eram superinteligentes desde o começo e suas habilidades cognitivas forneceram uma espécie de "plataforma" ou kit de ferramentas mentais para descobrir como usar as ferramentas?

É possível que a vida na ilha tenha estimulado a inteligência dessas aves, como pode ter acontecido com os tentilhões-pica-pau de Galápagos.[106] Um ambiente relativamente imprevisível pode ter criado pressões evolutivas para desenvolver habilidades cognitivas sofisticadas que lhes permitissem lidar com esses desafios. Tais adaptações, por sua vez, podem ter fornecido uma base para a evolução do uso de ferramentas.

Por outro lado, o próprio uso de instrumentos pode ter impulsionado a evolução de habilidades cognitivas sofisticadas. Talvez os corvos tenham usado um pedaço de pau para extrair comida. Isso os expôs a novos tipos de desafios mentais que estimularam sua capacidade de resolver problemas físicos. Os usuários de ferramentas tinham uma vantagem seletiva porque podiam obter aquelas larvas fabulosamente nutritivas. (As larvas são uma fonte de alimento tão rica que o kaká, uma outra espécie de papagaio da Nova Zelândia, chega a despender mais de oitenta minutos extraindo um único bigato com seu bico longo.)[107] Quando a técnica se espalhou, a seleção natural pode ter favorecido a evolução de características como visão binocular extrema, o que melhorou sua eficiência.

De acordo com Alex Taylor, essa questão do tipo ovo e galinha é uma espécie de Santo Graal para os especialistas em corvos-da-nova-caledônia: "Se ferramentas sofisticadas afetam a inteligência, então as populações que têm um histórico de fazer ferramentas mais sofisticadas seriam mais inteligentes. E isso forneceria evidências em favor da hipótese da inteligência técnica".

Claro, como Gavin Hunt aponta, as aves já precisavam ter alguma sofisticação mental para juntar dois mais dois e chegar à ideia de usar uma ferramenta.[108] "Ainda assim, não tenho certeza se os corvos-da-nova-caledônia inicialmente seriam mais espertos que outras espécies de corvos", diz Hunt. "Mas, uma vez que começaram o uso de ferramentas, isso levou ao aprimoramento de suas habilidades cognitivas no nível que vemos hoje, o que é bastante impressionante."

Portanto, talvez o uso de ferramentas não seja diferente das brincadeiras: tanto requer inteligência quanto a nutre.

A AVE APELIDADA DE 007 veio das florestas do monte Koghi, onde os corvos fazem sofisticadas ferramentas de gancho. Ele era excepcional de alguma forma? "Em sua ousadia e vontade de perseverar, sim", diz Taylor. "Ele era uma ave jovem de uma família com três indivíduos — todos muito interessados, de olho em tudo." Um pesquisador que trabalhou com 007 simplesmente apontava para ele, e a ave interpretava isso como um sinal de que devia descer para uma sessão de trabalho. Às vezes, Taylor encontrava 007 à espera na porta do aviário, ansioso para começar a trabalhar. "Eu tinha de dizer a ele: 'Sinto muito, você precisa esperar; estou testando os pássaros burros aqui do lado'."

Mas o pesquisador acha a variação individual entre corvos menos interessante do que as diferenças entre populações de corvos de diversas partes da ilha, como eles diferem no uso de ferramentas e nas habilidades cognitivas.

O próximo passo para os pesquisadores da Universidade de Auckland é unir-se a um ambicioso esforço internacional para explorar a base genética da inteligência do corvo-da-nova-caledônia como um todo e as diferenças entre populações. Uma das abordagens envolve comparar o genoma da espécie com o de seus parentes próximos. O plano é identificar genes que podem ter sido selecionados na linhagem deles, mas não em espécies estreitamente relacionadas — e, então, ver como esses genes podem estar ligados a diferenças nas habilidades cognitivas. Outra abordagem, já em andamento no aviário de Auckland, procura variações nas habilidades cognitivas e nos genes na população de corvos-da-nova-

-caledônia. Uma ave como 007, por exemplo, que vem da população de corvos do monte Koghi, produtora de ferramentas de anzol, pode carregar variantes de genes que diferem das de Blue, que vem da população de La Foa, fabricante de ferramentas básicas de bastão, no centro da Nova Caledônia. Corvos de diferentes partes da ilha, com diversos tipos de fabricação, diferem em suas habilidades cognitivas? E esses instrumentos distintos se correlacionam com variações genéticas?

NO MEU ÚLTIMO DIA NA NOVA CALEDÔNIA, dirijo por uma estrada estreita em zigue-zague até o topo do monte Koghi, local de nascimento de 007. A floresta tropical primeva que cobre as encostas é conhecida como o lar dos Golias, a lagartixa gigante e a imponente koghi kauri, uma árvore de circunferência maciça, com quase 2,5 metros de largura, que perfura o dossel da floresta a uma altura de cerca de vinte metros.

De acordo com Taylor, 007 provavelmente tem sua própria família agora. Tenho esperança de observar um pouco os corvos do monte, mas o dia está acabando. Estou acostumada com o brilho lento e avermelhado do crepúsculo. Aqui, no Equador, o dia se encerra de maneira repentina, especialmente no breu da floresta tropical. De repente, a mata fica assustadora.

Cada floresta tem sua própria personalidade, seus próprios ruídos sussurrados e cheiros. As florestas montanhosas primevas da Nova Caledônia guardam ecos de plantas e aves primitivas.[109] No sub-bosque úmido e sombreado cresce o arbusto perene *Amborella*, o parente mais próximo das primeiras plantas com flores do mundo. Enormes samambaias arbóreas primitivas da família Cyatheaceae, como as que cresciam no período Permiano, há 275 milhões de anos, atingem alturas de vinte metros, com frondes de até três metros de comprimento, entre as maiores folhas do reino vegetal. Nas línguas kanak, o nome da árvore significa "o início do país dos homens". As histórias da criação contam como o primeiro ancestral dos seres humanos saiu de um tronco oco de samambaia arbórea.

O tempo parece transcorrer em uma dimensão diferente aqui. A pressa se esvai pelos verdes radiantes. A mente se acalma com a admiração.

Caminhando, olhando para a copa espessa, meus binóculos apontados para os galhos mais baixos, tropeço em uma raiz e esbarro em uma enorme teia de aranha. É quando noto a abundância nada aconchegante de aranhas, fabricantes de teias orbiculares, acho, construtoras de estruturas radiais complexas, que brilham douradas em raios da luz do Sol. Aqui, com a iluminação fraca, mal posso vê-las, mas parece que cada espaço entre as árvores tem uma treliça de teias, e, no centro de cada teia, espreita uma aranha de tamanho considerável, imóvel e vigilante. O que passa pela minha cabeça é aquele cartum do *The Far Side* mostrando duas aranhas empoleiradas em uma teia gigante enquanto um garoto gordinho caminha na direção dela. Uma aranha diz para a outra: "Se pegarmos esse, comeremos como rainhas".

Vou seguindo meu caminho com mais hesitação, avançando cada vez mais fundo nas profundezas verdes.

Então, no alto de uma árvore à minha direita, ouço o suave *craaa*, *craaa*, um chamado suplicante que os jovens corvos-da-nova-caledônia usam com seus pais. Tudo o que consigo distinguir é um movimento nas folhas. Quem sabe, pode ser que 007 esteja lá em cima, alimentando seus filhotes com larvas que capturou com um gancho. O DNA que ele passou para sua prole explica por que sua espécie, entre todas as aves do planeta, faz ferramentas tão elaboradas? Seus genes de criador de instrumentos de gancho serão diferentes dos de Blue?

O dossiê dos corvos-da-nova-caledônia ainda está repleto de perguntas sem respostas. O que veio primeiro: o uso notável de ferramentas ou a inteligência excepcional? A fabricação de ferramentas ou o formato do bico e a visão perfeitamente adaptados aos seus requisitos? O DNA para resolução de problemas ou os desafios ambientais complicados que moldam os genes?

É esse o tipo de pergunta biológica misteriosa que acho estimulante — bagunçado, não resolvido, ainda em processo. Conforme a noite cai, é agradável contemplar o mistério. De alguma forma, o tempo, em seu caldeirão, misturou ilha e ave e, lentamente, de maneira gradual, por meio do longo desenrolar da evolução, acabou inventando esse fabricante de ferramentas tão único.

Por falar em gênio.

4. Twitter: traquejo social

Nós "estimulamos e polimos nosso cérebro pelo contato com o cérebro de outras pessoas".
Michel de Montaigne[1]

MUITAS ESPÉCIES DE AVES são altamente sociais. Elas se reproduzem em colônias, banham-se em grupos, empoleiram-se em congregações, alimentam-se em bandos. Bisbilhotam, discutem, trapaceiam, enganam, manipulam, sequestram e se divorciam. Exibem um forte senso de justiça, dão presentes, brincam de bobinho e de cabo de guerra com gravetos, fios de barba-de-velho, pedaços de gaze. Surrupiam coisas de seus vizinhos, alertam seus filhos para não confiarem em estranhos. Provocam, compartilham, cultivam redes sociais. Competem por status e usam carícias para consolar umas às outras. Educam seus filhotes, chantageiam seus pais, convocam outras aves para testemunhar a morte de um semelhante. Podem até ficar de luto.

Não faz muito tempo, achava-se que esse tipo de savoir-faire social estava além do alcance das aves. A ideia de que pudessem pensar sobre o que outras aves estariam pensando era considerada absurda. Ultimamente, essa visão mudou, com a ciência sugerindo que algumas espécies têm vida social quase tão complexas quanto a nossa, o que requer algumas habilidades mentais muito sofisticadas.

Os milhares de espécies de aves do mundo exibem uma impressionante variedade de organizações sociais. Algumas, como o martim-pescador-com-cinto e o papa-moscas-de-cauda-em-tesoura (também conhecido como pássaro-do-paraíso-do-texas), são solitárias e ferozmente territoriais, vivendo apenas em pares acasalados. Outras nasceram para a vida em grupo: as gralhas, por exemplo, membros altamente sociais da família dos corvos no Velho Mundo, que fazem ninhos em colônias lotadas do Reino Unido ao Japão;[2] ou êiders-reais, grandes patos das águas costeiras do Ártico que adoram se misturar e se reunir em prodigiosos bandos de até dez mil indivíduos.

Os chapins-reais (*Parus major*), pequenos pássaros vistosos de peito amarelo espalhados pela Eurásia, têm uma organização social intrigante que dá um novo significado ao velho ditado: "Uma andorinha só não faz verão".[3] Recentemente, pesquisadores da Universidade de Oxford construíram uma espécie de Facebook dos chapins, uma "matriz de associação" revelando o padrão de ligações entre os indivíduos em uma população de mil chapins-reais em Wytham Woods, um trecho de bosques antigos bem estudados a Oeste de Oxford. O estudo revelou quem se associa a quem e quais passarinhos se alimentam regularmente no mesmo lugar. Ao que parece, os chapins têm uma rede social complicada em que os indivíduos se reúnem em bandos forrageiros pouco coesos com base em suas personalidades.

Até as galinhas formam relações sociais complexas.[4] Depois de alguns dias de socialização, estabelecem um grupo social estável com uma hierarquia clara. Na verdade, devemos a expressão *pecking order*,* "hierarquia de bicadas", aos estudos das relações sociais entre galinhas feitos pelo zoólogo norueguês Thorleif Schjelderup-Ebbe, que descobriu que as sequências hierárquicas têm forma de escada, com o degrau superior conferindo grande privilégio na alimentação e em segurança, e o degrau inferior repleto de vulnerabilidade e risco.

SERÁ QUE TODA ESSA VIDA lado a lado com companheiros, família, amigos e colegas tornou as aves inteligentes? Será que as provações e as tribulações de viver em grupo estão relacionadas a mentes ágeis e flexíveis, e não apenas aos difíceis desafios físicos de seu ambiente, mas também aos sociais? Essa ideia é chamada de hipótese da inteli-

---

* Em inglês, *pecking order* define uma dinâmica social informal de hierarquia, em que algumas pessoas sabem que são mais ou menos importantes do que outras. (N.E.)

gência social e, entre os cientistas, conquistou um número considerável de seguidores recentemente.

A ideia de que uma vida social exigente pode impulsionar a evolução da potência cerebral foi desenvolvida por Nicholas Humphrey, psicólogo da Escola de Economia de Londres, em 1976.[5]

Humphrey estava pensando nos macacos alojados em grupos de oito ou nove em seu laboratório. Viviam em austeras gaiolas de tela de arame, e a preocupação dele era que o ambiente empobrecido afetaria o funcionamento cognitivo dos macacos mais jovens. Não havia objetos, brinquedos, estímulos ambientais de qualquer tipo, e não havia necessidade de evitar predadores ou procurar por comida (os macacos eram alimentados regularmente). Portanto, Humphrey achava que os animais não precisavam resolver problemas. Diante disso, ele ficou intrigado com o intelecto aguçado dos macacos e sua capacidade de realizar façanhas cognitivas impressionantes, apesar de ficarem todos os dias em um ambiente estéril e embrutecedor. Eles só tinham uns aos outros.

"Então, um dia, observei de novo", escreve Humphrey, "e vi um filhote meio desmamado importunando sua mãe, dois adolescentes em uma batalha simulada, um macho idoso cuidando dos pelos de uma fêmea enquanto outra fêmea tentava se aproximar dele, e de repente vi essa cena com novos olhos: esqueça a ausência de objetos, esses macacos tinham uns aos outros para manipular e explorar. Não poderia haver risco de morte intelectual quando o ambiente social oferecia uma oportunidade tão óbvia para participar de um debate dialético contínuo."

O rico meio social "chegava perto de se assemelhar a uma Escola de Atenas para símios", escreveu Humphrey, e exigia habilidades cognitivas e cálculos sociais únicos. Os macacos tinham de avaliar as consequências de seu próprio comportamento dentro do grupo. Eles tinham de analisar uns aos outros. Precisavam tentar adivinhar o provável comportamento de seus pares, rastrear as relações sociais dos outros — dominância, posição e capacidade competitiva — e pesar vantagens e perdas em suas interações. Todos esses cálculos eram "efêmeros, ambíguos e sujeitos a mudanças", exigindo reavaliação constante. Era um jogo de tramas e contratramas sociais que promovia faculdades intelectuais da mais alta ordem, argumentou Humphrey. Para interagir de maneira eficaz, os animais sociais tinham de se transformar em "psicólogos naturais".

*

HOJE, OS CIENTISTAS ACREDITAM que muitas espécies de aves não diferem muito desses primatas. Aquelas que vivem em grupos têm de organizar seus contatos sociais, acariciar penas eriçadas e evitar disputas. Precisam monitorar o comportamento das outras para tomar decisões sobre cooperar ou competir, com quem se comunicar, com quem aprender. Têm de reconhecer vários indivíduos, acompanhá-los, lembrar o que este ou aquele aliado fez da última vez e prever o que fará agora. Como muitas espécies de aves compartilham os mesmos tipos de desafios sociais que podem ter alimentado a inteligência dos primatas, seus cérebros, como os nossos, podem ter sido "projetados" para gerenciar relacionamentos.[6]

Uma grande variedade de espécies de aves mostra uma inteligência social impressionante. As pegas reconhecem sua própria imagem em espelhos, uma forma de autoconsciência que outrora acreditávamos estar restrita aos humanos e a um pequeno punhado de mamíferos sociais sofisticados.[7] Quando os pesquisadores colocaram um ponto vermelho na garganta de seis pegas, duas tentaram arrancar o objeto do próprio corpo com as patas, em vez de agir como se a imagem no espelho fosse outro indivíduo.

Os papagaios-cinzentos são notáveis pela capacidade de colaboração. Na natureza, essas aves se empoleiram em bandos de milhares, alimentam-se em grupos de trinta ou mais e formam laços para toda a vida com um parceiro.[8] Raramente ficam sozinhas — a menos que estejam em cativeiro.[9] No laboratório, costumam se reunir para resolver quebra-cabeças físicos, puxando uma corda juntos para abrir uma caixa de comida. Também entendem os benefícios da reciprocidade e do compartilhamento e tendem a optar por uma recompensa alimentar que será compartilhada com um humano, em vez de ser desfrutada sozinha, desde que saibam que o amigo primata também retribuirá o favor.[10]

A reciprocidade no ato de dar presentes é outro tipo de comportamento social incomum em não humanos, mas bastante presente entre certas aves, incluindo corvos. Duas décadas atrás, quando uma amiga da família relatou pela primeira vez ter recebido presentes dos corvos que ela alimentava regularmente — uma bola de gude, uma bolinha de madeira, uma tampa de garrafa, frutas vermelhas, tudo deixado à sua porta —, reagi com ceticismo. Mas, nos últimos anos, brotaram em todo o país histórias de corvos oferecendo joias, ferragens, cacos de vidro, uma estatueta do Papai Noel, um dardo de espuma de uma arma de brinquedo, um porta-jujubas do Pato Donald e até mesmo um doce em formato de coração com a palavra "amor" gravada, entregue logo após o Dia dos Namorados.[11] Em 2015, em Seattle, revelou-se a história de uma menina de oito anos chamada Gabi Mann, que começou a alimentar corvos em seu trajeto para o ponto de ônibus, quando tinha apenas quatro anos.[12] Mais tarde, começou a oferecer amendoim aos corvos numa bandeja em seu quintal como parte de um ritual diário e, de vez em quando, após o amendoim ser consumido, badulaques apareciam na bandeja: um brinco, parafusos e roscas, dobradiças, botões, um tubinho de plástico branco, uma garra de caranguejo podre, um pequeno pedaço de metal impresso com a palavra "best", e o favorito de Gabi, um coração branco com tons furta-cor. Gabi coletou os objetos menos "nojentos" em sacos plásticos etiquetados com as datas em que foram recebidos.

No livro *Gifts of the crow,** o biólogo John Marzluff e seu coautor Tony Angell escrevem: "Deixar presentes sugere que os corvos entendem o benefício de retribuir atos passados que os beneficiaram e também que antecipam recompensas futuras.[13] É uma atividade planejada; o corvo tem de planejar a ação de trazer o presente e a de deixá-lo ali".

Gralhas e corvos costumam se negar a executar tarefas caso recebam uma recompensa menor do que a oferecida a um colega.[14] Acreditava-se que essa sensibilidade à desigualdade era algo que existia ape-

---

* *Gifts of the crow: how perception, emotion, and thought allow smart birds to behave like humans* [Presentes dos corvos: como percepção, emoção e pensamento possibilitam que aves espertas se comportem como humanos]. Atria Books, 2012.

nas em primatas e cães, e ela é considerada uma ferramenta cognitiva crucial na evolução da cooperação humana.

Corvídeos e cacatuas são capazes de adiar a gratificação se acharem que vale a pena esperar — uma forma de inteligência emocional que envolve autocontrole, persistência e capacidade de se motivar.[15] Crianças pequenas que conseguem evitar comer um marshmallow agora para poder comer dois mais tarde não têm do que se gabar perto dessas maravilhas aladas da força de vontade. Alice Auersperg e sua equipe, da Universidade de Viena, descobriram que, quando se oferecia uma noz-pecã para cacatuas-de-goffin, elas esperavam até oitenta segundos por outra guloseima mais gostosa, uma castanha-de-caju.[16] "As cacatuas seguraram a recompensa no bico, em contato direto com seus órgãos gustativos, durante todo o tempo de espera", diz Auersperg. Isso requer um autocontrole impressionante. (Imagine uma criança segurando uma uva-passa na língua enquanto espera um pedaço de chocolate.) Os corvos costumam esperar vários minutos por uma guloseima melhor. No entanto, se o atraso for superior a alguns segundos, eles tiram a primeira recompensa de seu campo de visão enquanto esperam.

"Eles fazem isso porque são caçadores de alimentos e isso é uma parte importante de sua ecologia", explica Auersperg. Decidir adiar a gratificação requer não apenas autocontrole, mas também a capacidade de avaliar um ganho respectivo na qualidade de uma recompensa em relação ao custo de esperar por ela — sem mencionar a confiabilidade do indivíduo que distribui as recompensas. Esses tipos de habilidades, considerados os precursores da tomada de decisão econômica, são raros em não humanos.

Os corvos têm uma capacidade notável de lembrar de relacionamentos. Os jovens corvos pertencem às chamadas sociedades de fissão-fusão.[17] Antes de estabelecerem uma vida territorial em pares, eles convivem em grupos sociais e formam alianças valiosas com amigos e familiares. Escolhem indivíduos específicos para compartilhar comida, sentar-se perto (ao alcance do bico do outro), para cuidar das penas e brincar.[18] Mas, ao contrário dos bandos estáveis das galinhas, os agrupamentos sociais dos corvos mudam, separam-

-se e voltam a se reunir com o passar das temporadas e dos anos. Portanto, as aves enfrentam o desafio de acompanhar os indivíduos que estão indo e vindo. Será que se lembram das parcerias após longos períodos de separação?

Thomas Bugnyar, biólogo cognitivo da Universidade de Viena, recentemente procurou responder a essa pergunta em um estudo sobre um grupo social de dezesseis jovens corvos nos Alpes austríacos.[19] Até onde os cientistas sabiam, a memória social de longo prazo de uma ave se limitava a recordar os vizinhos entre uma estação de reprodução e a seguinte. Mas Bugnyar descobriu que os corvos se lembram dos amigos que mais valorizam, mesmo depois de uma separação de até três anos.

É importante notar que os corvídeos reconhecem e recordam não apenas outros corvídeos, mas também os seres humanos. Conseguem distinguir rostos familiares em uma multidão, particularmente aqueles que representam uma ameaça — e se lembram deles por longos períodos. Basta perguntar a Bernd Heinrich, que tentou esconder sua identidade dos corvos com os quais trabalha trocando de roupa, usando quimonos, perucas e óculos de sol e pulando ou mancando para mudar seu jeito de andar.[20] (Não conseguiu enganar as aves.) Ou falar com John Marzluff, que descreve como caminhava pelo campus da Universidade de Washington quando foi identificado, no meio de milhares de outras pessoas, por corvos-americanos que sabem que ele é um sujeito perigoso, que já os prendeu e amarrou.[21] Os corvos descontentes ainda se lembram dele anos depois, perseguindo-o e tentando intimidá-lo sempre que o avistam.[22] Em um estudo de imageamento cerebral com os corvos, Marzluff descobriu recentemente que as aves reconhecem rostos humanos usando as mesmas vias visuais e neurais que nós.[23]

Os gaios pinyon usam um raciocínio social impressionante para descobrir onde se encaixam na escala social de seu bando.[24] Animais avidamente sociáveis da família dos corvos, esses gaios vivem em grandes grupos permanentes com hierarquias sociais sólidas, como as galinhas. Eles dependem da dinâmica entre seus pares para descobrir como se comportar em relação a um gaio desconhecido, seja ele agressivo ou submisso. Considere as coisas desta forma: um gaio forasteiro (vamos chamá-lo de Sylvester) entra em seu bando. Está claro que seu companheiro de bando Pete domina Sylvester. E você sabe que Henry domina Pete. Quem é mais dominante, Henry ou Sylvester? Os gaios dessa espécie conseguem inferir o status social de um estranho pela maneira como ele se comporta com outras aves, evitando assim conflitos desnecessários — e possíveis ferimentos. Essa capacidade de avaliar relacionamentos com base em evidências indiretas é chamada de inferência transitiva e é considerada uma habilidade social avançada.

ADORO OS GAIOS, tão impetuosos, briguentos, zombeteiros. Os bandos de gaios-azuis (*Cyanocitta cristata*) em minha região são conhecidos por seus laços familiares estreitos e sistemas sociais complicados, bem como por sua inteligência apurada e gosto por bolotas de carvalho. Eles têm o costume de fazer grandes escândalos, gritando uns com os outros, zombando, implicando, reprehendendo, latindo "feito terriers azuis", como disse Emily Dickinson. Os gaios-azuis conseguem selecionar bolotas férteis com 88% de precisão. Também conseguem contar até pelo menos cinco e imitar perfeitamente o grito agudo de um falcão-de-ombros-vermelhos, *quiáa, quiáa* — o que fazem com frequência, talvez para levar outras aves a acreditar que há uma ave de rapina nas proximidades, deixando mais nozes para os gaios. Não é à toa que Gaio-azul é o nome do herói trapaceiro dos chinook e de outras tribos da costa noroeste dos Estados Unidos.

Uma espécie de gaio do Velho Mundo exibe uma perspicácia social especialmente cativante. Um membro vistoso da inteligente família dos corvos, o gaio-comum macho parece intuir o estado de espírito de sua companheira — ou pelo menos do seu apetite — e responde dando-lhe o que ela mais deseja.

O nome latino do gaio, *Garrulus glandarius*, parece explicar tudo (afinal, "gárrulo" é um termo do latim para "falador"). Os gaios-comuns são tagarelas. Mas não são tão gregários quanto seus primos mais comunais, as gralhas-calvas e gralhas-de-nuca-cinzenta, que fazem seus ninhos em colônias lotadas. O negócio deles é a vida a dois.

Como muitos outros corvídeos, os gaios-comuns compartilham comida, mas fazem isso apenas para ganhar os favores de seus parceiros. Um macho corteja uma companheira selecionando presentes saborosos para ela. Ljerka Ostojić e seus colegas da Universidade de Cambridge recentemente usaram essa forma especializada de dar presentes para sondar se essas aves podem ser capazes de entender que outras (nesse caso, suas companheiras) têm suas próprias necessidades e desejos, uma sofisticada habilidade social chamada atribuição de estado.[25]

Em um elegante experimento, gaios machos podiam assistir a suas companheiras, através de uma tela, enquanto elas comiam uma das duas iguarias especiais, traças-da-cera ou larvas-da-farinha. (Elas podem não parecer saborosas para você, mas as traças-da-cera são o chocolate meio amargo do mundo dos gaios.) Os machos podiam escolher qual dos dois insetos ofereceriam como presente larval.

As aves, assim como as pessoas, preferem variedade e podem ficar fartas de uma comida boa. Esse efeito é conhecido como saciedade sensorial específica. (Você conhece a sensação. Depois de se empanturrar de queijo, sem conseguir comer mais nenhum pedaço, você passa para as frutas.) As inclinações de uma fêmea de gaio mudam com a experiência. Cabe ao macho rastrear essas preferências variadas, pois dar à companheira a comida que ela mais deseja fortalece o vínculo do casal. Conforme o esperado, quando um gaio macho via a escolha gastronômica de sua dama nesse teste, ele oferecia à fêmea a iguaria que ela não tinha comido.

Mas e se o pássaro estivesse apenas considerando o que poderia ter um gosto bom para ele mesmo? Se observá-la comer traças-da-cera diminui o apetite do próprio macho por aquela iguaria, isso pode influenciar sua escolha do que oferecer em seguida. Acontece que observá-la se alimentar de um prato ou de outro não tem efeito sobre o que ele mesmo escolhe para comer. Quando não há oportunidade de alimentar a parceira, ele escolhe entre os dois alimentos de acordo com suas preferências. Quando pode compartilhar comida com ela, ele se desconecta de seus próprios desejos e antecipa os dela, como se estivesse ciente de sua saciedade específica. Oferece a ela o alimento de sua escolha com a mesma cortesia cuidadosa de um cavalheiro ao servir à sua dama uma fatia do bolo de chocolate favorito dela.

Isso pode não ser exatamente idêntico à atribuição de estado típica dos seres humanos — a capacidade de inferir que outros possuem uma vida interna semelhante à nossa, mas diferente dela. Ainda assim, parece muito próximo. O gaio-comum demonstra que pode entender o desejo específico de sua parceira. (Ela quer isso, não aquilo.) Consegue compreender que ele difere do seu. (Posso ter acabado de comer um verme de cera, mas ela não.) E ele consegue (e vai!) ajustar com flexibilidade seu comportamento de compartilhar comida para atender aos desejos particulares dela.

"Esses experimentos[26] fornecem dados empolgantes que batem com a ideia de que o macho está atribuindo um desejo à sua parceira", diz Ostojić.[27] "No entanto, precisamos realizar mais estudos para descobrir exatamente quais sinais os machos estão usando para responder à saciedade específica da fêmea. Precisamos entender se o macho está respondendo somente às características observáveis do comportamento da parceira ou se ele consegue usar essas características para inferir os desejos dela."

A possibilidade de que um gaio macho seja capaz de intuir os apetites de sua companheira enquanto a observa sugere que as aves talvez tenham um componente-chave da faculdade conhecida como teoria da mente, a compreensão de que os outros têm crenças, desejos e perspectivas que são diferentes dos seus.

"Atribuir desejos aos outros é cognitivamente menos exigente do que atribuir crenças", diz Ostojić. "Para os seres humanos, esse é um passo inicial em direção ao desenvolvimento de uma teoria da mente completa. Se o gaio macho realmente entende o que a fêmea quer, isso forneceria evidências de que um animal não humano é capaz desse aspecto importante da teoria da mente."

Pergunte a uma dúzia de especialistas no campo da cognição animal se os não humanos têm teoria da mente e você obterá uma dúzia de respostas diferentes. Geralmente, há dois partidos: primeiro, os que se autodenominam desmancha-prazeres, que negam que as espécies não humanas tenham algo remotamente parecido com esse tipo de cognição avançada; depois, aqueles que ecoam a alegação de Darwin de que os humanos diferem mentalmente de outras espécies apenas em grau, mas não qualitativamente. Dois cientistas da Universidade da Pensilvânia, Robert Seyfarth e Dorothy Cheney, inserem-se nesse último.[28] Eles argumentam que mesmo as formas humanas mais complexas de teoria da mente têm suas raízes no que chamam de apreciação subconsciente das intenções e perspectivas dos outros. No mínimo, os gaios-comuns parecem possuir essas peças da teoria da mente.

HÁ GRANDES RECOMPENSAS em ser social: mais olhos para detectar predadores e comida, e muitas oportunidades de aprender com os outros. Isso significa que você não precisa perder tempo tentando descobrir como abrir uma noz ou arriscar comer uma fruta venenosa. Você pode imitar boas ideias e seguir os membros do grupo até as fontes de alimento mais ricas e seguras. Gralhas e corvos, por exemplo, dependem de outros membros para encontrar locais de forrageamento fartos em recursos, e os grupos aglomeram-se em torno dos especialmente abundantes.[29]

De acordo com Lucy Aplin, os chapins usam suas conexões sociais para localizar alimentos e copiar estratégias para obtê-los, transferindo informações de bando para bando e até mesmo entre espécies. Pesquisadora da Universidade de Oxford, Aplin estuda a natureza social dos chapins-reais em Wytham Woods. Para investigar as redes sociais e associações das aves (o Facebook delas), Aplin e seus colegas equiparam os chapins com pequenas etiquetas eletrônicas que rastreavam suas visitas a um conjunto de estações de alimentação. Ao mesmo tempo, a equipe avaliou a personalidade de cada ave individualmente com um teste que mediu sua ousadia e seu comportamento exploratório.

É importante notar que as aves têm personalidades distintas. Alguns cientistas fogem da palavra personalidade, com suas conotações antropocêntricas, preferindo termos como temperamento, estilo de resolução de problemas, síndrome comportamental. Mas, independentemente do nome, o fato é que as aves, enquanto indivíduos, comportam-se de maneiras estáveis e consistentes ao longo do tempo e em diferentes circunstâncias, assim como nós. Existem os ousados e os mansos, os curiosos e os cautelosos, os calmos e os nervosos, os que aprendem rápido e os lerdos. "Acredita-se que a variação na personalidade reflita a diferença entre os indivíduos em sua resposta ao risco", explica Aplin.

Recentemente, os cientistas identificaram essas diferenças de personalidade nos chapins, o que ajuda a explicar os diversos comportamentos em torno do alimentador de aves recém-abastecido da minha casa — o indivíduo pequeno, aparentemente tirânico, que é tão desenvolto na hora de monopolizar todas as sementes, e o outro que se esgueira timidamente na beirada da cena. Alguns chapins são exploradores ousados, "rápidos", descuidados e imprudentes, enquanto outros são "lentos", cautelosos e meticulosos.[30] Aceitamos a gama de diferenças de personalidade em nossa própria espécie. Por que essa variedade não existiria em outras?

O estudo da equipe de Aplin não revelou apenas ligações entre aves com personalidades semelhantes. O trabalho também descobriu que aves mais ousadas ficam trocando de grupo, expandindo o tamanho de suas redes sociais e melhorando seu acesso a informações sobre fontes de alimento.[31] "Isso é especialmente importante no inverno, quando encontrar um novo local que seja bom para a alimentação pode significar a diferença entre vida e morte", diz Aplin.[32] "No entanto, esse comportamento também pode ser uma estratégia socialmente 'arriscada', aumentando a exposição das aves à predação e às doenças", o que pode ajudar a explicar por que uma característica como a timidez persiste nessas aves. A equipe também descobriu que diferentes espécies de chapins — chapins-reais, chapins-azuis e chapins-palustres — compartilham notícias sobre comida umas com as outras.[33] "Os chapins-palustres são os melhores transmissores de informação", observa Aplin. "Agem como um tipo de espécie 'chave' em seu ambiente quando o assunto é difusão de informações."

Na Suécia e na Finlândia, pesquisas revelaram que uma espécie pode aprender com outra não apenas sobre alimentos, mas sobre o que constitui um bom imóvel.[34] Os pesquisadores marcaram as caixas de nidificação com círculos ou triângulos brancos em uma área em que os chapins e os papa-moscas migrantes fazem ninhos. Os papa-moscas fêmeas que chegam no fim da temporada de nidificação parecem reduzir seus riscos ao escolher fazer ninhos apenas em caixas com os mesmos símbolos que decoram as já sacramentadas como locais de nidificação escolhidos por chapins.

Em outras palavras, as aves sociais podem tirar partido de informações transmitidas por outras aves. Isso inclui pais, companheiros de bando e até mesmo outras espécies. Os cientistas acreditam que a pressão para explorar essas fontes sociais de informação não só deu a algumas aves uma vantagem na luta pela sobrevivência e reprodução como também pode ter ajudado a impulsionar a evolução de seus cérebros relativamente grandes.

DE FATO, AS AVES SÃO MUITO BOAS na arte de aprender com suas companheiras.

É só lembrar dos famosos chapins britânicos que aprenderam a abrir garrafas de leite no início do século 20, truque que um pássaro foi aprendendo com o outro até que, na década de 1950, as garrafas de leite de toda a Inglaterra estavam sob ameaça. Para observar como esse aprendizado social pode se dar, Aplin e seus colegas desenvolveram recentemente um experimento engenhoso: plantaram novos comportamentos nas populações de chapins em Wytham Woods e observaram como eles se espalharam.[35]

A equipe trouxe algumas aves para o cativeiro e as treinou para resolver um desafio simples na coleta de alimentos. As aves tinham de empurrar uma porta deslizante para a esquerda ou para a direita para ter acesso a um comedouro escondido atrás da porta. Algumas aves foram treinadas para empurrar a porta para a direita; outras, para a esquerda. Em seguida, todos os animais foram soltos em suas matas, nas quais foram colocadas versões desses quebra-cabeças de coleta de alimentos. Os aparelhos foram equipados com antenas especialmente projetadas para detectar as minúsculas etiquetas eletrônicas usadas pelos chapins, de modo que registrassem informações sobre as visitas de cada ave.

Os resultados foram notáveis. Os bichos treinados permaneceram fiéis ao lado com o qual foram acostumados e, em poucos dias, os pesquisadores viram o mesmo comportamento adotado por aves locais em cada área, com uma rápida disseminação, por meio de laços de redes sociais, para a maioria da população local. Mesmo que uma ave descobrisse que poderia empurrar pelo outro lado para obter a mesma recompensa, ela seguia a tradição local. E os animais que se mudaram para uma nova parte da floresta, vindos de uma área com um viés diferente, mudaram sua técnica para combinar com a maneira local de fazer as coisas. As aves, como os humanos, parecem ser conformistas. Um ano depois, elas se lembraram de sua técnica preferida, diz Aplin,[36] "e o viés ainda se manteve, mesmo quando o comportamento se espalhou para uma nova geração de aves".

Esse tipo de aprendizagem social (copiar o comportamento dos semelhantes em determinado ambiente), segundo os pesquisadores, pode ser uma maneira rápida e barata de adquirir novos comportamentos bem-sucedidos sem empreender um aprendizado de tentativa e erro potencialmente arriscado. "É também", diz Neeltje Boogert, "a primeira evidência experimental de variação cultural persistente em novas técnicas de alimentação, que antes se pensava que existia apenas entre primatas".[37]

O APRENDIZADO SOCIAL desempenha um papel importante na vida das aves, e não apenas quando se trata de alimentação. Mandarins fêmeas aprendem sobre escolha de parceiros com outras fêmeas.[38] Imagine que uma fêmea virgem veja uma companheira acasalando com um macho que usa uma pulseira branca na perna. Mais tarde, quando for apresentada a dois machos com pulseiras, mas desconhecidos, um usando uma pulseira branca e o outro, laranja, ela escolherá o de branco.

Além disso, é preciso aprender a reconhecer predadores ou ameaças. Seria de imaginar que reagir a um predador — como uma ave de rapina ou uma cobra — é algo instintivo para as aves. De fato, algumas reações são inatas. Mas, ao detectar novos perigos, copiar seus colegas é útil. Um experimento mostrou que os melros-europeus aprendem a atacar uma espécie de ave geralmente considerada inócua, o melífago-australiano, depois de observar que outros melros o atacaram.[39]

As aves aprendem sobre parasitas de ninhada de maneira semelhante. Jovens *Malurus cyaneus*, por exemplo, inicialmente não se interessam pela presença de um cuco-de-bronze.[40] Mas, depois de assistirem a outros *Malurus* agredindo os cucos, mudam de atitude quando veem um: emitem chiados e gritos de alarme que servem para instigar ataques e partem para cima deles.

Uma brilhante sequência de estudos dos últimos cinco anos, conduzida por John Marzluff e seus colegas da Universidade de Washington, revelou as habilidades extraordinárias dos corvos-americanos não apenas para reconhecer humanos individuais por seus rostos, mas para passar adiante a outros corvos informações sobre quem eles consideram perigosos.[41] Em um experimento, equipes de pesquisadores vagaram por vários bairros de Seattle, incluindo o campus da Universidade de Washington, usando diferentes tipos de máscaras. Um tipo de máscara em cada grupo representava os "perigosos" (no campus, era uma máscara de homem das cavernas). As pessoas usando esse disfarce capturaram vários corvos selvagens. As outras, usando máscaras "neutras" ou nenhuma máscara, apenas vagavam inofensivamente.

Nove anos depois, os cientistas mascarados voltaram à cena do crime. Os corvos nesses bairros — incluindo aqueles que nem tinham nascido no momento da captura — reagiram às pessoas com máscaras perigosas como se fossem uma ameaça, mergulhando na direção delas, emitindo sons agressivos e atacando-as. Aparentemente, as aves que testemunharam a captura original e aquelas que participaram de ataques posteriores aos humanos se lembraram de quais máscaras representavam perigo — e mostraram isso a outros corvos, incluindo seus filhotes. Essa tendência de atacar a máscara perigosa se espalhou para corvos a cerca de oitocentos metros da vizinhança original onde ocorreram as capturas, talvez por meio de "redes de informação" corvídeas.

APRENDER POR OBSERVAÇÃO ou imitação é uma coisa. Aprender sob a tutela de um professor é outra completamente diferente. Mais de duzentos anos atrás, Immanuel Kant argumentou que "o homem é o único ser que precisa de educação". Essa visão de que o ensino é uma forma exclusivamente humana de aprendizagem social continua sendo defendida de maneira obstinada. Hoje, os céticos ainda questionam se o ato de ensinar existe em algum membro do reino animal além do *Homo*. A verdadeira capacidade de ensinar, diz essa linha de pensamento, requer diversos tipos de habilidades cognitivas que outros animais simplesmente não possuem, como previsão e intencionalidade, bem como a compreensão de que o outro animal ainda é ignorante e outros aspectos da teoria da mente.

Mas evidências crescentes sugerem que alguns animais não humanos de fato apresentam formas de ensino.[42] Os suricatos, por exemplo, parecem instruir seus filhotes a lidarem com presas difíceis, como cobras ou escorpiões (capazes de inocular neurotoxinas potentes o suficiente para matar um humano).[43] Suricatos adultos oferecem aos filhotes mais jovens e inexperientes presas mortas ou incapazes de lhes fazer mal (por exemplo, um escorpião abatido com uma mordida rápida na cabeça ou abdômen). Mas, à medida que os filhotes crescem, seus instrutores trazem presas vivas cada vez mais desafiadoras. Dar a um filhote pouco escolado um escorpião que se contorce ou uma serpente que pode rastejar para longe significa que tanto o professor quanto o aluno podem perder uma refeição. Mas o esforço, por fim, resulta em um filhote capaz de desenvolver a caça e o manejo habilidosos de presas difíceis. Aparentemente, até as formigas ensinam. Cientistas observaram formigas experientes que correm em parceria com outras, modificando suas viagens quando são seguidas por uma formiga aprendiz, parando no caminho para permitir que a discípula que as segue explore pontos de referência e retomando a jornada apenas quando a acompanhante as toca com a antena.[44]

Ainda assim, exemplos convincentes de ensino animal são raros — um dos motivos pelos quais a aparente pedagogia do zaragateiro é tão intrigante.

O ZARAGATEIRO (*Turdoides bicolor*) é uma ave branca impressionante, com penas de voo e da cauda em um tom de chocolate escuro, cujo ambiente são os matagais e as savanas do Sul da África. Esses pássaros vivem em pequenos grupos familiares muito unidos, formados por algo entre cinco e quinze indivíduos, e são altamente sociais e tagarelas (não muito diferentes dos suricatos, modelos da sociabilidade dos mamíferos).[45] Muito barulhentos, são conhecidos em africâner como os "risada-de-gato-branco", por causa da tagarelice constante dos coros que produzem sons como *tchuc-tchuc* ou *tchau-tchau-tchau*. Nunca se afastam muito uns dos outros. Procuram alimentos, cuidam das penas, brincam de lutar e se amontoam sempre juntos. Quando um zaragateiro voa, os outros também decolam.

Amanda Ridley, a principal investigadora do Projeto de Pesquisa Zaragateiro, estuda os bichos no Sul do deserto de Kalahari, na África do Sul. Os zaragateiros são criadores cooperativos. Os grupos familiares são dominados por um único casal reprodutor, junto com vários outros adultos que não conseguem procriar, mas que ajudam a alimentar e cuidar dos filhotes. O par dominante é monogâmico não apenas socialmente, mas também sexualmente — coisa rara no mundo das aves.[46] Independentemente do grupo, 95% dos filhotes foram gerados por esse par.[47] Ainda assim, todos os adultos do grupo paparicam os bebês, ajudando a criá-los, alimentá-los e a cuidar deles.[48] Se o casal reprodutor não produz descendentes, sabe-se que os zaragateiros sequestram algum filhote de outro grupo e o criam como se fosse seu.[49]

Os zaragateiros passam cerca de 95% do tempo em que estão acordados procurando besouros, cupins, larvas de insetos e lagartixas na serrapilheira. Forragear sem prestar atenção em ameaças é uma coisa arriscada para esses animais. Acima deles na cadeia alimentar e à espreita de aves que procuram insetos estão o gato-selvagem-africano e o mangusto-de-cauda-preta, a cobra-do-cabo e a biúta, o bufo-malhado e o açor-cantor-pálido. É tão perigoso para um zaragateiro abaixar a cabeça que eles se revezam agindo como sentinelas, renunciando à sua própria busca de alimentos para ficar de olho, em nome do grupo, nos perigos que chegam por terra ou pelo céu. A sentinela se empoleira num local aberto acima das forrageadoras e procura ativamente por predadores, enviando gritos de alarme cortantes e repetitivos sempre que necessário e trazendo ao grupo notícias contínuas sobre seu monitoramento na forma de uma "canção de vigia".[50]

Outras espécies de aves tiram vantagem inteligente do elaborado sistema de sentinela do zaragateiro. Passarinhos solitários chamados bicos-de-cimitarra são conhecidos por espionar os vigias dos zaragateiros.[51] Esses pequenos "parasitas de informação pública" rondam os zaragateiros quando eles procuram alimentos, ouvindo seus chamados de alarme. Isso permite que os bicos-de-cimitarra, solitários, sejam menos vigilantes, passando mais tempo forrageando em mais lugares, com mais sucesso, e até mesmo se aventurando em locais abertos sem se preocupar com predadores.[52] Os drongos-de-cauda-bifurcada são mais rudes em suas brincadeiras. Imitadores altamente inteligentes e talentosos, eles emitem falsos alarmes de zaragateiros e outras espécies, o que leva os zaragateiros a largarem as larvas-da-farinha que estão comendo e saírem correndo para se proteger.[53] Os drongos, então, pegam furtivamente a comida que caiu no chão, mesmo que tenha sido abandonada por apenas um instante, bem do lado da vítima distraída. Ridley e sua equipe descobriram recentemente que os drongos enganam os zaragateiros variando o tipo de chamado de alarme, o que dificulta a detecção do engodo.[54]

Ser um zaragateiro sentinela é uma tarefa difícil: eles são apanhados com muito mais frequência do que as aves forrageadoras, especialmente por falcões e corujas. Mas a vida pode ser arriscada para todos os membros da espécie. É aqui que entra o ensino.

Ridley e sua colega Nichola Raihani descobriram que, alguns dias antes de os jovens zaragateiros emplumarem, os adultos começam a emitir um suave "ronronar" quando trazem comida para o ninho, acompanhado por um leve bater de asas.[55] Esse é o período de treinamento: o "ronronado" significa comida. Os adultos começam a usar o chamado apenas quando os filhotes se aproximam da idade de emplumar. "Conforme os bebês passam a associar o chamado com a comida, o adulto pode 'oferecer uma isca' para eles emitindo o som enquanto segura a comida, mas não os alimenta até que tenham respondido com sucesso a essa vocalização", diz Ridley. "Os jovens tentam alcançar o alimento, mas o adulto se afasta do ninho, forçando os filhotes a segui-lo. Essa tática de 'isca' parece ser uma forma de os pais 'forçarem' os filhotes a amadurecer" — uma medida urgente, pois a chance de predação no ninho aumenta à medida que os filhotes ficam mais velhos.

Depois que o filhote empluma, os adultos usam o chamado especial para tirá-lo de perto do perigo e levá-lo até boas fontes de alimento. Isso é mais complicado do que parece. Os adultos não estão ensinando a seus filhotes um fato simples, como a localização específica de um local com comida. Isso seria um tanto inútil, já que a maioria desses locais, no caso dessa espécie, é efêmera. Em vez disso, estão instruindo calouros na habilidade de determinar as características de um bom local de forrageamento — repleto de presas, distante de predadores. Também estão ensinando os jovens a responderem apropriadamente a uma ameaça, levando-os para longe de áreas inseguras quando um predador está por perto, diz Ridley. "Portanto, o chamado atende a dois propósitos pós-emplumação: aprender a identificar bons pontos de forrageamento e a escapar de predadores com eficácia."

Os calouros, por sua vez, não são alunos passivos. Os estudos de Ridley e seus colegas sugerem que as aves jovens usam pelo menos duas estratégias sociais inteligentes para aumentar a quantidade de alimento que recebem. Primeiro, são exigentes com relação a quem seguem, optando por acompanhar os adultos especialmente habilidosos na captura de presas.[56] Em segundo lugar, quando estão com fome, "chantageiam" os adultos para alimentá-las em maior quantidade ao se aventurarem em locais abertos mais arriscados.[57] Quando estão saciadas, ficam em relativa segurança, protegidas pelas árvores.

Ainda é uma questão em aberto se o ensino praticado pelos zaragateiros requer habilidades cognitivas sofisticadas.[58] Ele talvez seja governado por processos simples, como as respostas mais reflexivas que parecem fazer parte do ensino dos suricatos. Tais mamíferos podem ensinar seus filhotes respondendo instintivamente às mudanças nos pedidos emitidos pelos filhotes conforme eles crescem: o chamado de um bebê significa trazer uma presa morta; o de um filhote mais velho, trazer uma presa viva. Mas, como Ridley aponta, "ensinar zaragateiros e ensinar suricatos é diferente. Os suricatos tendem a um ensino baseado em oportunidades (no qual o professor coloca o aluno em uma situação propícia ao aprendizado de uma nova habilidade), enquanto os zaragateiros tendem ao treinamento (no qual o instrutor altera diretamente o comportamento do aluno)", explica ela.[59] "Não podemos descartar totalmente a possibilidade de que o ensino que vemos nos zaragateiros é o resultado de respostas reflexivas — precisamos de mais pesquisas —, mas certamente parece que algumas habilidades cognitivas são necessárias para que haja esse tipo de ensino."

Ridley suspeita que o treinamento pode ocorrer em outras espécies de aves com filhotes móveis que acompanham os adultos forrageiros e usam suas dicas para encontrar comida, tais como zaragateiros-árabes, gralhas-de-asas-brancas, gaios-da-flórida e melros-de-sobrancelhas-brancas. "Vários dos meus colegas notaram esse comportamento nas espécies que estudam", diz ela, "então esse tipo de ensino pode ser mais difundido do que nos damos conta hoje."

OS CIENTISTAS ENCONTRARAM esse tipo de engenhosidade social surpreendente na vida de muitas espécies de aves. O que eles não encontraram é algo que estavam esperando: uma correlação entre o tamanho do grupo social de uma ave e o tamanho do seu cérebro.[60]

A hipótese da inteligência social prevê que os animais que vivem em grandes grupos terão cérebros maiores que o esperado devido a complicadas pressões sociais. De fato, quando o antropólogo e psicólogo evolucionista Robin Dunbar, de Oxford, comparou os tamanhos do cérebro em diferentes espécies de primatas, descobriu que aqueles que viviam em grupos sociais maiores tinham cérebros maiores.[61] Em macacos e grandes símios, o tamanho do cérebro de uma espécie aumentou em sincronia com o tamanho do grupo em que ela vivia. Em primatas, o tamanho do bando é considerado um indício de complexidade social, o que pode levar a uma cognição mais avançada.

Recentemente, uma engenhosa simulação de computador ofereceu algumas evidências virtuais em favor dessa linha de pensamento.[62] Cientistas do Trinity College, em Dublin, criaram um modelo de computador com redes neurais artificiais que funcionam como "minicérebros". Esses órgãos virtuais conseguem se reproduzir. Também podem evoluir, com mutações aleatórias introduzindo novos detalhes e novas peças em suas pequenas redes. Se essas novas peças beneficiam a rede, ela ganha em inteligência e pode se reproduzir novamente, passando adiante um pouquinho mais de potência cerebral. Quando os cientistas programaram os minicérebros para conduzir as tarefas desafiadoras que exigem cooperação, eles "aprenderam" a trabalhar juntos. À medida que os minicérebros ficaram "mais inteligentes", a cooperação começou a acelerar, junto com a pressão evolutiva por cérebros maiores. Os resultados reforçam a ideia de que interações sociais complexas como a cooperação forneceram as pressões de seleção necessárias para a evolução de cérebros maiores e habilidades cognitivas avançadas em nossos ancestrais primatas.

No entanto, quando Dunbar e seus colegas analisaram aves e outros animais, o padrão "maior grupo social = maior cérebro" não se confirmou.[63] As aves com os maiores cérebros não viviam em grandes bandos. Pelo contrário, elas preferiam pequenos grupos coesos e viviam principalmente em casais vitalícios.

Para as aves, ao que parece, não é a quantidade, mas a qualidade dos relacionamentos que exige mais inteligência.[64] O desafio mental não é se lembrar das características de centenas de indivíduos em grandes revoadas ou ninhários, nem administrar múltiplos relacionamentos casuais. A tarefa realmente exigente — ao menos do ponto de vista psicológico e cognitivo — é formar alianças estreitas, e principalmente forjar laços com um parceiro e fornecer cuidados parentais de longo prazo aos filhotes.[65]

TODOS NÓS CONHECEMOS os desafios: deliberar, consultar, coordenar, firmar um compromisso, levar em consideração as necessidades de uma companheira ou companheiro no planejamento do dia.

A coisa é parecida no caso de muitas aves.

Cerca de 80% das espécies de aves vivem em pares socialmente monogâmicos, ou seja, permanecem com o mesmo parceiro por uma única estação de reprodução ou mais tempo.[66] (Totalmente diferente das cerca de 3% das espécies de mamíferos que exibem esse tipo de monogamia social.) Isso acontece principalmente porque esse negócio de alimentar filhotes é muito desgastante, exigindo cuidado biparental. As aves com crias altriciais, em especial, trabalham exaustivamente para alimentar os bebês. Sem as contribuições de machos e fêmeas, poucos filhotes altriciais chegariam ao estágio emplumado. Faz sentido compartilhar o fardo. Mas fazer isso — incubar ovos em dupla, alimentar e proteger os filhotes em conjunto — requer coordenação cuidadosa e sincronização de atividades. E isso significa estar em sintonia com as pequenas peculiaridades, desejos e necessidades de um cônjuge e com as mudanças de comportamento no dia a dia.

De acordo com o biólogo cognitivo Nathan Emery, estar ligado a um parceiro dessa maneira requer uma forma especial de cognição.[67] Chamada inteligência de relacionamento, é a capacidade de ler os sinais sociais sutis de uma parceira ou um parceiro, reagir adequadamente e usar essas informações para prever o comportamento que virá a seguir. E isso requer uma agudeza mental considerável.

Algumas aves reforçam seus laços por meio de movimentos corporais ou vocalizações coordenados e diferenciados. Os casais de grathas, por exemplo, unem-se em uma exibição perfeitamente sincronizada de arquear e abanar a cauda.[68] As carriças-de-cauda-lisa, passarinhos tímidos e monótonos que vivem nas profundezas das florestas nubladas dos Andes, cantam sílabas alternadas rapidamente, com uma coordenação tão perfeita que soam como um único pássaro cantando sozinho.[69] Seus duetos são uma espécie de tango auditivo sofisticado, demonstrando um nível verdadeiramente surpreendente de comportamento cooperativo. Aves que formam casais podem cantar sozinhas, mas, quando o fazem, deixam intervalos mais longos entre as sílabas da música, nos quais o parceiro normalmente interpõe uma nota breve. Isso sugere que cada membro de um par conhece seu pedaço na música, mas também depende de dicas auditivas para determinar quando e como cantar. É muito parecido com a capacidade de revezar as falas numa conversa. Realizar duetos com uma coordenação tão alta requer estar intimamente "sintonizado" com seu par — e, portanto, pode demonstrar a força do vínculo do casal e o nível de compromisso um com o outro.

O periquito-australiano (*Melopsittacus undulatus*) do sexo masculino mostra compromisso com sua companheira fazendo uma perfeita imitação de seu chamado de "contato", o som especial que ela usa para manter a comunicação com seu parceiro enquanto voa, alimenta-se e passa o dia.[70] Esses pequenos psitacídeos da Austrália são monogâmicos, mas também muito gregários; gostam de ficar em grandes bandos. Depois de apenas alguns dias juntos, os casais podem convergir para o mesmo chamado de contato, com o macho fazendo uma imitação perfeita do som da fêmea.[71] O chamado dela passa a ser o dele. A fêmea usa a precisão da imitação para avaliar o compromisso em cortejá-la e a adequação do macho como companheiro. Nancy Burley e seus colegas da Universidade da Califórnia em Irvine, que estudam a espécie, suspeitam que essa pode ser a razão evolutiva para a capacidade de papaguear dos papagaios — ou seja, a habilidade de aprender e imitar novos sons rapidamente: "Isso também pode explicar por que os entusiastas dos papagaios sugerem que os 'melhores falantes' entre os periquitos de estimação normalmente são machos, comprados quando muito jovens e isolados de outros periquitos", escrevem os cientistas.[72] "Periquitos criados nessas condições provavelmente criam uma fixação pelos humanos e podem passar a cortejá-los."

O QUE REALMENTE ACONTECE no cérebro de uma ave quando ela está sendo sociável? Por que algumas aves formam casais muito unidos e outras não? E por que alguns tipos de aves são solitários e outros são do tipo arroz de festa?

James Goodson examinou profundamente os cérebros das aves para tentar responder a essas perguntas. Biólogo da Universidade de

Indiana até sua morte prematura de câncer em 2014, Goodson estudou os circuitos neurais que controlam os agrupamentos sociais em aves. Ele estava interessado em entender os mecanismos cerebrais que determinam como as aves tomam decisões sociais sobre com quem ficar e que tamanho de bando formar.

De acordo com Goodson, os circuitos nos cérebros das aves que controlam o comportamento social são muito parecidos com os de nossos próprios cérebros.[73] É uma circuitaria antiga — tão antiga que está presente em todos os vertebrados, remontando a cerca de 450 milhões de anos, ou seja, ao ancestral comum de aves, mamíferos e tubarões.[74] Os neurônios que formam tais circuitos reagem a um grupo de moléculas evolutivamente antigas chamadas de nonapeptídeos. O papel original dessas substâncias era regular a postura de ovos em nossos ancestrais com simetria bilateral (criaturas conhecidas como bilatérios), mas outras funções sociais evoluíram a partir disso. Em aves, Goodson descobriu que as diferenças no comportamento social estão enraizadas em variações sutis na expressão dos genes para essas moléculas.[75] Provavelmente o mesmo também é verdadeiro para os seres humanos.

Em nosso cérebro, os nonapeptídeos são conhecidos como oxitocina e vasopressina. A oxitocina, que é produzida no hipotálamo, foi apelidada hormônio do amor, do abraço ou da confiança e até mesmo molécula moral. Em mamíferos, a substância desempenha um papel fundamental no parto, na lactação e no vínculo materno. No início da década de 1990, a neuroendocrinologista Sue Carter acrescentou a formação de casais ao currículo da oxitocina.[76] Ela e outros cientistas descobriram que os arganazes-do-campo, que formam pares para toda a vida, têm níveis mais altos dessa molécula em comparação com outras espécies de arganazes que são promíscuas.

Pesquisas recentes mostram que a partilha de alimentos entre chimpanzés aumenta os níveis de oxitocina mais do que o ato de catar piolhos do companheiro.[77] Isso talvez seja uma evidência em favor da expressão "conquistar alguém pelo estômago" (e pode ajudar a entender a atenção dedicada do gaio-comum aos apetites de sua companheira).

Em humanos, a oxitocina demonstrou reduzir a ansiedade e promover confiança, empatia e sensibilidade.[78] Estudos recentes sugerem, por exemplo, que uma dose de oxitocina administrada pelo nariz aumenta a cooperação dos membros de uma equipe esportiva e torna as pessoas mais generosas e confiantes em jogos de RPG.[79] Também pode contribuir para a força dos laços românticos no caso dos homens, aumentando a reação de recompensa de seus cérebros à atratividade de uma parceira em comparação com outras mulheres.[80]

As aves têm suas próprias versões desses neuro-hormônios, chamados de mesotocina e vasotocina. Nos últimos anos, Goodson, sua colega Marcy Kingsbury e outros membros da equipe têm estudado a ação desses peptídeos em várias espécies de aves que diferem em seu tamanho de grupo.

Considere o mandarim, um pequeno pássaro canoro gregário que normalmente fica bem próximo de seu parceiro e forma bandos com centenas de indivíduos. Os biólogos descobriram que, quando bloqueavam a ação da mesotocina no cérebro dos bichos, os pássaros passavam menos tempo com seus parceiros e companheiros de gaiola familiares e evitavam grandes grupos.[81] Por outro lado, as aves que receberam mesotocina em vez do bloqueador tornaram-se mais sociáveis e buscaram um contato mais próximo com seus parceiros e companheiros de gaiola e com grupos maiores.[82]

Goodson decidiu mapear os receptores desses peptídeos no cérebro de espécies de aves com diferentes preferências de tamanho de grupo (grande versus pequeno). Talvez a densidade e a distribuição dos receptores fossem a chave para explicar por que algumas espécies de aves são mais sociáveis do que outras. Ele se concentrou nos estrildídeos, uma grande família formada por 132 espécies de tentilhões, bicos-de-lacre e manons. Todas essas aves têm ecologia e comportamentos de acasalamento semelhantes. São animais monogâmicos, companheiros para a vida toda, e cuidam de seus filhotes juntos. No entanto, variam amplamente nos tamanhos de grupo. Goodson foi até a África do Sul para coletar três espécies de estrildídeos: duas que eram reclusas, saindo apenas aos pares (o maracachão-de-asa-verde e a granatina); e uma que era "moderadamente" social, o peito-celeste.

Para completar a mistura, ele acrescentou dois pássaros altamente gregários que se reproduzem em grandes colônias: o mandarim e o capuchinho-do-peito-escamado, um belo pássaro castanho da Ásia tropical que prefere ficar em companhia de milhares de aves (é chamado de "hippie" ou "pacifista" dos tentilhões em um laboratório, porque nunca foi visto tendo comportamentos agressivos de qualquer tipo).[83]

Quando Goodson mapeou os receptores de hormônios semelhantes à oxitocina no cérebro dessas aves, encontrou diferenças surpreendentes, como previsto.[84] Os mandarins e os capuchinhos-do-peito-escamado, altamente sociáveis, tinham muito mais receptores de mesotocina no septo lateral dorsal (uma parte fundamental do cérebro para o comportamento social) que seus parentes mais solitários.

Curioso para saber se os peptídeos semelhantes à oxitocina também desempenhavam um papel importante na formação de casais, Goodson e seu colega James Klatt mais uma vez examinaram os mandarins.[85]

É possível dizer que um casal de mandarins engatou um relacionamento quando os dois pássaros se "amontoam, ou seja, empoleiram-se lado a lado, seguem um ao outro, alisam mutuamente as penas e se sentam juntos no ninho. Quando os cientistas bloquearam a ação dos peptídeos no cérebro dos mandarins, descobriram que os pássaros não exibiam esse comportamento. Aparentemente, é só com os peptídeos ativos em seus cérebros que os pássaros formam uma parceria adequada.

Algumas pesquisas sugerem que a oxitocina pode desempenhar um papel semelhante em humanos. Em um desses estudos, a psicóloga Ruth Feldman, da Universidade Bar-Ilan, em Israel, descobriu que os níveis do hormônio em pessoas estão correlacionados com a longevidade dos relacionamentos — casais com mais oxitocina têm uniões mais duradouras.[86]

No entanto, como Marcy Kingsbury aponta, a visão da oxitocina em humanos e seu equivalente em aves como uma simples "molécula do carinho" está evoluindo.[87] Estudos recentes em tentilhões sugerem que os chamados hormônios do amor "podem, na verdade, mediar a agressão e até mesmo prejudicar a união do casal", dependendo da situação. Ainda falta determinar se isso se aplica a humanos também, mas, na visão de Kingsbury e seus colegas, é algo que parece provável, dadas as semelhanças na anatomia e função desses hormônios nas diversas classes de vertebrados. De fato, alguns estudos com casais humanos mostram o oposto do que alguém poderia esperar: correlações entre a oxitocina e as emoções negativas, como ansiedade e desconfiança.[88]

Kingsbury e outros cientistas argumentam que não existem substâncias neuroquímicas que tenham efeitos exclusivamente "bons" ou pró-sociais no cérebro e no corpo. Quando se trata dos efeitos desses hormônios, parece que o contexto e as diferenças individuais são importantes tanto para as aves quanto para os seres humanos.

EM TODO CASO, ATÉ AVES "CASADAS", com seus hormônios de carinho ativos e funcionando, não são modelos de fidelidade. De acordo com Rhiannon West, bióloga da Universidade do Novo México, esse pode ser outro motivo pelo qual algumas espécies de aves são inteligentes.[89] West propõe que não são apenas os desafios de manter os casais que aumentam sua capacidade intelectual. Em vez disso, diz ela, é "a complexidade de alcançar um vínculo de casal bem-sucedido *e* cópulas avulsas que, simultaneamente, está impulsionando esse aumento". É o que ela chama de "corrida armamentista intersexual".

Algumas décadas atrás, a ciência considerava as aves modelos de monogamia sexual. Em *A difícil arte de amar*, filme com roteiro escrito por Nora Ephron, a protagonista lamenta que o marido é mulherengo, e seu pai responde: "Você quer monogamia? Case-se com um cisne". Mas, graças a anos de observações de campo e ao advento da "impressão digital" molecular, agora sabemos que os cisnes não são sexualmente fiéis, e o mesmo vale para a maioria das outras aves". A análise de DNA revelou que cópulas fora do casal ocorrem em cerca de 90% das espécies.[90] Em cada ninho, em média, até 70% dos filhotes não são gerados pelo macho que cuida deles. Aves que formam casais podem ser socialmente monogâmicas, mas raramente o são do ponto de vista sexual (e, portanto, genético). Se West estiver certa, isso também pode ser uma força motriz na evolução da capacidade cerebral aprimorada.

Considere a calhandra (*Alauda arvensis*), uma cotovia do Velho Mundo que vive em pastagens abertas, pântanos e charnecas por toda a Europa e Ásia e é conhecida por suas canções extraordinariamente longas e complexas de até setecentas sílabas diferentes.[91] Em geral, as calhandras são socialmente monogâmicas. Embora o macho não ajude a construir o ninho ou a incubar os ovos, contribui com até metade da comida dos filhotes pequenos e até ultrapassa essa marca depois que ganham plumagem definitiva. No entanto, os cientistas descobriram que 20% da prole de calhandra não tinha ligação genética com o macho que cuidava do ninho.[92]

É fácil ver como os machos se beneficiariam com a promiscuidade. Mais ligações significam mais descendentes. Mas e quanto às fêmeas? Se a parcela de paternidade de um macho ficar muito baixa, ele pode deixar de lado os cuidados parentais. Por que as fêmeas arriscariam essa possibilidade?

Teorias não faltam. A corrente atual diz que uma fêmea copula com outros machos para aumentar a diversidade genética da ninhada (o que provavelmente aumentaria as chances de sobrevivência dos filhotes, desde que o macho que presta serviços de paternidade não descubra), ou, talvez, para obter genes melhores do que aqueles fornecidos por seu parceiro.

A ecologista comportamental Judy Stamps apresentou outra hipótese para explicar por que as fêmeas procuram ligações com machos de outros ninhos.[93] Sua "hipótese do repareamento", uma espécie de cenário de divórcio e recasamento, sugere que as fêmeas que pulam a cerca podem estar verificando o território de origem e as habilidades parentais de outros machos. Se um macho de boa qualidade perde ou abandona sua parceira e procura substituí-la, ele pode muito bem recorrer a essa fêmea promissora, agora familiar. Ao namorar o macho, a fêmea não apenas garante uma posição de primeira da fila com ele como também coleta informações sobre seu potencial eventualmente superior como pai ou companheiro e sobre a qualidade de seus "imóveis".

Uma nova teoria, proposta por dois biólogos da Universidade da Noruega, sugere que as fêmeas namoradeiras estão incentivando uma melhor cooperação em toda a vizinhança.[94] "Elas se beneficiam porque a paternidade externa incentiva os machos a mudarem o foco de uma única ninhada para toda a vizinhança, já que é provável que tenham filhos espalhados por ela." Isso pode ter vários efeitos positivos, sugerem os pesquisadores, incluindo menos agressão territorial e melhor proteção do grupo contra predadores. (Essas descobertas ecoam estudos anteriores sobre pássaros-pretos-da-asa-vermelha, sugerindo que as fêmeas sofreram menos predação de seus ninhos quando eles continham filhotes extraconjugais, provavelmente porque os pais genéticos participaram da defesa dos ninhos. Também havia menos fome entre os filhotes.)[95] Em essência, ao não colocar todos os ovos na mesma cesta, por assim dizer, as fêmeas estão contribuindo para o bem comum, encorajando a formação de vizinhanças mais seguras e produtivas. "Em locais em que a certeza da maternidade faz com que as fêmeas cuidem dos filhotes em casa, a incerteza da paternidade e o potencial de gerar filhotes em várias ninhadas fazem os machos investirem em benefícios comunitários e no bem comum", dizem os cientistas noruegueses. Em outras palavras, papagaio come milho, periquito leva a fama, mas todo mundo fica de barriga cheia.

A bióloga evolucionista Nancy Burley aponta que é improvável que exista uma explicação única para a paternidade extraconjugal. "A razão pela qual as fêmeas se envolvem em cópulas extra provavelmente varia muito entre as espécies", diz ela. "E, dentro de uma espécie, a decisão deve refletir as circunstâncias individuais."[96]

EM TODO CASO, está claro que tanto machos quanto fêmeas pulam a cerca. Mas ambos também trabalham duro para manter um vínculo com seu parceiro social e criar seus filhotes. Na visão de Rhiannon West, essa vida dupla pode ser a chave para o tamanho do cérebro de aves socialmente monogâmicas. A obtenção regular de cópulas avulsas, mantendo, ao mesmo tempo, a parceria do casal, acaba criando uma vida social complexa — e, na opinião de West, uma corrida armamentista cognitiva entre os sexos.

Considere a situação. Um macho enfrenta as demandas neurológicas de sair de fininho para copular com outras fêmeas enquanto protege ativamente sua parceira para minimizar possíveis infidelidades. Para reduzir as chances de que um intruso arraste a asa para sua escolhida, por exemplo, um macho de calhandra precisa vigiar o ninho de perto antes que sua parceira bote ovos. No entanto, ele também tem outra tarefa vital — proteger seu território. Assim, mesmo quando está vigiando a companheira, ele continua a executar os surpreendentes voos musicais que funcionam como uma bandeira territorialista, sinalizando: "Este lugar é meu".[97] Essas exibições aéreas, batendo asas, planando, girando e mergulhando, podem durar vários minutos e normalmente ocorrem em altitudes de mais de duzentos metros. É preciso realizar manobras bastante elaboradas para proteger tanto a companheira quanto o território — e talvez ainda ter tempo e oportunidade de armar seu próprio encontro clandestino.

A fêmea, por sua vez, precisa de seu próprio conjunto de capacidades cognitivas, não apenas para sair de fininho quando é hora de seus encontros, mas também para avaliar parceiros em potencial quando o assunto são genes ou imóveis — para não falar da memória espacial necessária para encontrar de novo o parceiro "oficial". De fato, em espécies com mais paternidade externa, as fêmeas têm cérebros relativamente maiores do que os dos machos; o inverso é verdadeiro em espécies em que isso é menos frequente.[98]

Qual é o resultado de toda essa pulação de cerca quando ela é combinada com a predileção por relacionamentos de longo prazo? Um aumento do tamanho cerebral em ambos os sexos.

TALVEZ HAJA OUTRA CORRIDA armamentista social impulsionando o aumento da inteligência. Nesse caso, porém, ela envolve o roubo de comida, e não o sexo.

E são os gaios outra vez. Nesse caso, o gaio-da-califórnia, *Aphelocoma californica*. Fiel ao seu nome popular em inglês, *scrub jay*, ou seja, "gaio da vegetação rasteira", essa ave atrevida é uma presença marcante nas áreas de vegetação arbustiva e aberta do Oeste dos Estados Unidos. Ele vasculha seu território em saltos ágeis e investidas ousadas, balançando a cauda e olhando em volta com rápidas viradas de cabeça. Poucas coisas lhe escapam. Da mesma cor de seus primos gaios-azuis (embora sem a crista estilosa deles), é igualmente cara de pau, sendo conhecido como ladrão, malandro e chacal. De acordo com um ornitólogo, um dos truques favoritos do gaio é roubar a comida de um gato, dando uma bicada vigorosa no rabo do felino e, "quando o gato se vira para retaliar, o gaio pega o bocado e foge soltando gritos triunfais".[99]

O gaio-da-califórnia forma casais monogâmicos ao longo do ano, muitas vezes dentro de bandos. Mas, durante a época de reprodução, cada macho age como se fosse o dono do lugar, defendendo firmemente seu território dos rivais com voos rápidos e gritos estridentes. "O chamado de alerta que o gaio emite normalmente é um rompante vocal surpreendente, *zuípe*, *zuípe*, que faz até os arbustos ficarem arrepiados", escreve um naturalista.[100] "É de gelar o sangue, e não por acaso."

Os gaios-da-califórnia costumam armazenar comida. Durante todo o outono, correm pela vegetação rasteira coletando bolotas e castanhas aos milhares, além de insetos e minhocas. Acumulam tudo para consumo futuro em milhares de esconderijos espalhados pelo seu território.

Tudo isso parece muito honesto e laborioso, exceto por um detalhe. Essas aves vivem uma espécie de vida dupla, armazenando seu próprio alimento enquanto atacam os estoques de outros pássaros. Sim, são coletores, mas também ladrões que se aproveitam do butim duramente conquistado por seus vizinhos.

Um gaio-da-califórnia pode perder até 30% de seu estoque de comida armazenada por dia — o que não é pouco para quem precisa guardar comida suficiente para aguentar invernos longos e rigorosos.[101] O roubo e a perda de alimentos armazenados é um grande problema, claramente uma das desvantagens da vida social.

Mas há uma reviravolta interessante nessa história. A interação entre armazenadores e ladrões de comida parece ter levado à evolução de comportamentos surpreendentemente inteligentes — a enganação tática, por parte do armazenador de alimentos (para proteger seus esconderijos) e do potencial ladrão (para tapear o dono dos esconderijos e os gatunos que competem com ele para achá-los).

Em uma série de estudos bem bolados, Nicola Clayton e seus colegas descobriram que os gaios-da-califórnia fazem de tudo para evitar que as informações sobre a localização de seus esconderijos cheguem aos ladrões.[102] Normalmente, os gaios optam por esconder comida atrás de uma barreira, ou em alguma sombra, em vez de um lugar mais óbvio e bem iluminado ao ar livre apenas se outro pássaro estiver observando o ato. (Quando a visão do pássaro observador está bloqueada, o gaio não vai se dar ao trabalho de esconder a comida em um lugar mais reservado.) Se o observador consegue ouvi-lo, mas não vê-lo, ele tende a guardar comida em um substrato menos barulhento — em solo uniforme, em vez de em chão formado por seixos.[103] Além disso, se outro pássaro o viu esconder sua comida num determinado lugar, ele pode retornar a esse local e levar — ou fingir levar — o conteúdo desse esconderijo para outro local, em uma espécie de jogo de prestidigitação que confunde o potencial gatuno. Eles chegam até a fingir que estão escondendo em um novo lugar depois que a comida já foi colocada em outro buraco, confundindo o ladrão para que ele não consiga rastrear onde a reserva foi parar. Existe exemplo mais claro de estratagema ladino?

Não é qualquer observador que estimula o gaio a adotar essas táticas complicadas. Se seu companheiro está observando, é provável que ele se comporte de modo perfeitamente aberto. E um pássaro rival só será visto como ameaça se tiver visto o outro guardar comida em determinados lugares. De alguma forma, os gaios-da-califórnia conseguem registrar quem os está observando, onde e quando. Eles se lembram se foram vistos ou não, e por quem, durante o momento específico em que estavam ocultando alimentos, e procuram outro esconderijo apenas se isso for absolutamente necessário.

Mas eis o que é realmente impressionante. Um gaio-da-califórnia só vai pensar em recorrer a essas táticas espertas de proteção de esconderijo se ele mesmo já atuou como pirata. Pássaros que nunca roubaram quase nunca trocam a comida de esconderijo. Em outras palavras, dizem os pesquisadores, "só um ladrão é capaz de reconhecer outro".[104]

Os gatunos, por sua vez, tentam se manter discretos, escondendo-se enquanto observam de bico calado um pássaro armazenar comida, o que reduz as chances de que a vítima use um de seus esquemas de proteção de esconderijo.

O resultado é uma espécie de "guerra de informação", com gaios furtivos que armam estratégias para descobrir esconderijos sem serem observados, e armazenadores que se tornam cada vez mais habilidosos no desenvolvimento de táticas maquiavélicas para driblá-los, ocultando informações ou fornecendo informações falsas.

Para Clayton e muitos outros que estudam os gaios-da-califórnia, os comportamentos enganosos e manipuladores sugerem a presença de processos de pensamento altamente sofisticados: a memória de quem estava por perto, quando e onde (conhecida como memória episódica), bem como a capacidade de usar a experiência individual de ser ladrão para prever as ações esperadas de outro ladrão e talvez até mesmo a capacidade de assumir uma perspectiva — imaginando o ponto de vista do outro pássaro (o que ele sabe e o que não sabe) e adaptando as próprias reações de acordo com isso.[105] A capacidade de assumir a perspectiva do outro — de entender o que pode estar acontecendo na cabeça de outra criatura — é uma das marcas da teoria da mente.

Não está claro se o armazenamento em esconderijos e o furto impulsionaram a evolução dessas habilidades cerebrais.[106] Também pode ser que as habilidades já existissem nesses gaios (talvez como resultado do relacionamento com um companheiro), e eles apenas as aplicaram no forrageamento. É a proverbial situação "o que veio primeiro, o ovo ou a galinha", tal como o corvo e suas ferramentas.

SERÁ QUE AVES SÃO CAPAZES de experimentar faculdades sociais ou emocionais valorizadas pelos seres humanos, como a empatia ou a tristeza? Essa ainda é uma questão em aberto. Como Clayton e seu colega Nathan Emery alertam: "No caso das aves, especialmente aquelas conhecidas por serem espertas, como corvos e papagaios, é muito fácil cair na armadilha antropomórfica e atribuir a elas emoções humanas sem boas evidências".[107]

Mas considere o caso do ganso-bravo (*Anser anser*). Ave europeia de inteligência modesta, a espécie ficou famosa graças a Konrad Lorenz, ganhador do Nobel, que demonstrou que os filhotes de ganso são capazes de desenvolver um *imprinting* ou estampagem comportamental por qualquer coisa que se mova, passando a tratar o objeto como uma mãe ou um parceiro. Por exemplo: os filhotes dos quais Lorenz cuidava pessoalmente desde o nascimento passaram a seguir as galochas que ele usava — e depois tentaram se acasalar com elas. Os gansos-bravos vivem em grupos cujo tamanho vai de pequenas famílias a bandos com milhares de indivíduos, e têm uma vida social comparável a aves mais inteligentes, como corvos e papagaios. Mostram seus laços sociais com parceiros e familiares mantendo-se próximos uns dos outros e atuando juntos na "cerimônia de triunfo", uma série de movimentos ritualizados e exibições vocais.[108] Um estudo recente na Estação de Pesquisa Konrad Lorenz, na Áustria, mediu a frequência cardíaca desses gansos — uma medida concreta de seu estado de agitação — em resposta a vários eventos: trovões, veículos passando, partida ou aterrissagem de bandos e, finalmente, conflitos sociais.[109] O maior aumento na frequência cardíaca, segundo os dados, não ocorreu em resposta a algo surpreendente ou assustador, como um trovão ou o barulho do tráfego, mas em reação a um conflito social envolvendo um parceiro ou membro da família. Para os cientistas, isso indica envolvimento emocional, possivelmente até empatia.

Temos ainda o beijo de gralhas. Esses membros extremamente sociais da família do corvo se aninham em colônias lotadas, o que cria muitas oportunidades para brigas.[110] Um estudo revelou que, depois de observar um parceiro em um conflito, as gralhas costumam confortar a ave que ficou agitada, alguns minutos depois da briga, enroscando seus bicos no dela. Isso foi celebrado pelos pesquisadores — ainda que usando uma terminologia meio chata — como um triunfo da "afiliação pós-conflito com terceiros", o que significa que, depois de uma disputa, um espectador não envolvido com a história (o tal terceiro) ofereceu esse terno conforto à vítima da agressão, geralmente um companheiro.[111]

Sabe-se que apenas algumas espécies de animais tranquilizam companheiros aflitos, entre elas os grandes macacos e os cães. Elefantes-asiáticos foram acrescentados recentemente à lista, com um estudo mostrando que eles podem consolar, com suas trombas, um indivíduo que está sofrendo, tocando suavemente sua face ou colocando a tromba na boca dele — algo equivalente a um abraço.[112]

Não faz muito tempo, Thomas Bugnyar e seu colega Orlaith Fraser resolveram conferir se os corvos oferecem esse tipo de conforto para companheiros ou amigos angustiados que são vítimas de um conflito.[113] Os corvos sentem compaixão pelas vítimas após um confronto agressivo? Chegam a consolá-las?

O consolo é um tema especialmente interessante, dizem os pesquisadores, "porque implica um grau de empatia cognitivamente exigente, conhecido em humanos como 'preocupação solidária'". Consolar uma vítima significa, primeiro, reconhecer o sofrimento e, em seguida, reagir de uma forma que o alivie. Isso requer sensibilidade para as necessidades emocionais dos outros — uma característica antes considerada exclusiva dos seres humanos e de seus parentes mais próximos, chimpanzés e bonobos.

Os cientistas estudaram um grupo de treze corvos jovens. Antes que os filhotes formem casais e se tornem territoriais, eles andam em grandes bandos e cultivam aliados e parcerias. Em qualquer grupo social, podem surgir conflitos, e a grosseria dos corvos jovens não é muito diferente da de seus equivalentes humanos. As brigas, especialmente dentro de uma mesma família, geralmente são pequenas disputas envolvendo bicadas aqui e ali. Já as disputas entre estranhos ou membros de outras famílias por causa de ninhos, companheiros, comida ou território podem ser prolongadas e mortais.

Ao longo de um período de dois anos, os pesquisadores observaram cuidadosamente 152 lutas entre os corvos jovens, registrando as identidades do agressor, da vítima e dos espectadores — membros próximos o suficiente do bando para testemunhar o conflito. Eles classificaram as lutas como leves (na maioria, ameaças barulhentas) ou intensas (perseguir ou pular em outro pássaro ou acertá-lo com força usando o bico). Então, por dez minutos após cada luta, anotavam quaisquer atos de agressão ou seu oposto, afiliação, envolvendo as vítimas.[114] Para sua surpresa, os pesquisadores descobriram que, dois minutos após uma luta intensa, os membros do bando agiam de maneira a consolar a vítima. Os gestos, que partiam, com mais frequência, de um parceiro ou aliado, incluíam sentar-se ao lado da vítima, alisar suas penas, enroscar o bico no dela ou tocar seu corpo suavemente com o bico enquanto eram emitidos sons suaves e baixos de "conforto". A explicação estraga-prazeres: as aves podem simplesmente estar tentando reduzir os sinais externos de estresse em seu parceiro ou aliado. Mas, para os autores do estudo, o comportamento reconfortante dos corvos parece surgir do conhecimento dos sentimentos alheios. Essas descobertas, escrevem, são "um passo importante para entender como os corvos gerenciam suas relações sociais e equilibram os custos da vida em grupo. Além disso, sugerem que os corvos podem ser sensíveis às necessidades emocionais dos outros".[115]

QUANTO À TRISTEZA: quando saiu a notícia de que os cientistas haviam testemunhado o "funeral" de um gaio-da-califórnia, minha mente viajou diretamente para um incidente que testemunhei anos atrás em uma campina não muito longe da minha casa. Um bando de gaios-azuis tinha se reunido em torno de um falcão-de-cauda-vermelha que acabara de capturar um dos seus companheiros. A vítima estava se debatendo nas garras do falcão. Os gaios ao redor berravam e cercavam o assassino, que parecia imperturbável diante daquela comoção. Fiquei ali por um tempo, até que o falcão finalmente saiu voando com sua presa, então já imóvel.

Mas o "funeral" a que me refiro foi diferente. A situação foi arquitetada por Teresa Iglesias e seus colegas da Universidade da Califórnia em Davis, que estavam interessados em como os gaios poderiam reagir à presença de outro gaio morto.[116] A equipe colocou o corpo do pássaro numa área de um bairro residencial em que as aves normalmente se alimentam e depois registrou o que aconteceu. O primeiro gaio a encontrar o cadáver reagiu chamando outros gaios com um grito de alarme de gelar o sangue. As aves ali perto pararam de forragear e voaram para o local, juntando-se numa reunião barulhenta e cacofônica, que ficou maior e mais barulhenta com o passar do tempo.

Será que estavam de luto por um membro da tribo? Urrando de indignação? Trocando ideias sobre o que o matara ou sobre como tirá-lo daquele lugar? Os pássaros ficaram reunidos ao redor do corpo durante meia hora antes de sair voando; por um ou dois dias depois disso, evitaram se alimentar na área.

As reações ao estudo rapidamente passaram do espanto (aves em luto!) para um acalorado debate e crítica ao uso inadequado da "palavra com *f*", como disse um dos que comentaram a pesquisa.[117] Alguns críticos sentiram cheiro de antropomorfismo puro. Aquele dificilmente foi um funeral no sentido humano.

Não, não foi, mas os pesquisadores não estavam sugerindo isso. Estavam apenas demonstrando como as aves reagem a um membro morto de sua própria espécie: aparentemente, contando ruidosamente a outras aves sobre a morte e talvez alertando o grupo sobre o perigo, um comportamento que os cientistas chamaram de "agregação cacofônica".

Nesse sentido, talvez a reunião dos gaios tenha se parecido mais com o velório irlandês lembrado pela naturalista Laura Erickson quando ela ouviu falar dessa pesquisa.[118] O velório era do pai de Erickson, um bombeiro de Chicago que morreu de um ataque cardíaco repentino imediatamente após um incêndio. Erickson descreve como os colegas bombeiros de seu pai correram para vê-lo uma última vez e "falaram sobre como ele parecia estar com uma aparência boa, exceto por estar morto" ou "como eles deveriam passar mais tempo na academia ou fazer algum tipo de dieta — o que estava subentendido é que eles queriam evitar o mesmo destino".

No estudo seguinte, Iglesias e seus colegas descobriram que os gaios-da-califórnia respondem com cacofonia de grupo quando veem pássaros mortos de espécies diferentes que têm aproximadamente o mesmo tamanho que eles — pombos, por exemplo, ou tordos-americanos e cotovias-do-norte.[119] (Na pesquisa, a equipe usou pombos

e duas espécies que os gaios não conhecem, o abelharuco-de-cauda-
-azul e a pomba-das-frutas-de-testa-negra.) Os gaios reagem de modo
débil ou não reagem às mortes de espécies menores, como tentilhões.
Isso sugere que as reuniões são usadas para avaliar o risco, e não para
o luto, diz Iglesias.[120] Aves de tamanhos semelhantes tendem a ter os
mesmos predadores. "No entanto", diz ela, "isso não exclui a possibilidade de que os gaios-da-califórnia experimentem dor emocional
durante algumas das reuniões cacofônicas, ainda que não todas."

NÃO SEI BEM COMO INTERPRETAR o caso do gaio-da-califórnia. Uma
das definições de empatia é "transformar o infortúnio de outra pessoa no seu próprio sentimento de angústia".[121] Aquelas aves do experimento na Califórnia estavam simplesmente emitindo um aviso?
Ou estavam sentindo algo por causa de seu camarada? Indignação?
Medo? Tristeza? As aves podem não expressar emoções por meio da
musculatura facial, como os primatas, mas são capazes de fazê-lo
usando suas cabeças e corpos ou por meio de vocalizações, gestos e
exibições.[122] Konrad Lorenz observou certa vez que um ganso-bravo
que perdeu seu parceiro apresentava sintomas de tristeza semelhantes aos de crianças pequenas que sofreram perdas, "os olhos afundam
nas órbitas... o indivíduo tem uma experiência geral de declínio, literalmente deixando a cabeça pender".[123]

Ainda não está claro se as aves pranteiam os membros de sua espécie. Mas cada vez mais cientistas parecem dispostos a admitir essa
possibilidade.

Marc Bekoff, professor emérito da Universidade do Colorado, re-
lata uma história contada por Vincent Hagel, ex-presidente da Whid-
bey Audubon Society.[124] Ao visitar a casa de um amigo, Hagel olhou
pela janela da cozinha e viu um corvo morto a poucos metros de distância. "Doze outros corvos estavam pulando em um círculo ao redor do corpo", disse Hagel. "Depois de um ou dois minutos, um corvo
voou por alguns segundos e voltou com um pequeno galho ou pedaço
de grama seca. Ele deixou o galho cair em cima do corpo e voou para
longe. Então, um por um, os outros corvos saíam dali rapidamente e

voltavam para jogar grama ou um galho em cima do corpo, e depois saíam dali voando até que todos tivessem partido, deixando o corpo sozinho com ramos estendidos por cima dele. A situação toda provavelmente durou quatro ou cinco minutos."

Já ouvi outras histórias como essa, sobre centenas de corvos enchendo as árvores ao redor de um campo de golfe depois que um colega de espécie foi morto por uma bola; sobre um vórtice de corvos se reunindo em minutos no local em que dois companheiros, pousados em um transformador de energia, tinham sido eletrocutados. Em *Gifts of the crow*, John Marzluff e Tony Angell sugerem que gralhas e corvos se reúnem "rotineiramente" ao redor de seus próprios mortos.[125] Essa reação pode ser mais social do que emocional, sugerem eles, enquanto os pássaros descobrem o que o vazio significa para sua hierarquia de grupo, para questões sobre companheiros e território, e, também, como sugere Iglesias, como eles podem evitar ter o mesmo destino que o seu camarada. Marzluff mostrou que, quando os corvos veem uma pessoa segurando um corvo morto, o hipocampo em seu cérebro é ativado, indicando que eles estão aprendendo sobre o perigo.[126] "Estamos convencidos de que corvos e gralhas se reúnem ao redor de seus mortos porque é importante para sua própria sobrevivência que aprendam as causas e as consequências da morte de outro corvo", escrevem Marzluff e Angell. "Também suspeitamos que parceiros sexuais e parentes lamentam sua perda."

Também suspeito. Certamente o luto não é uma invenção humana mais do que o amor, ou o fingimento, ou imaginar o que seu parceiro gostaria de comer no jantar.

5. Quatrocentas línguas: virtuosismo vocal

SE POR ACASO VOCÊ FOSSE parar no primeiro degrau das escadas da Casa Branca, em uma tarde qualquer por volta de 1804 ou 1805, talvez tivesse notado um pássaro animado, cor cinza-pérola, subindo os degraus atrás de Thomas Jefferson, aos pulinhos, enquanto o presidente se retirava para tirar uma sesta em seus aposentos.

Era o Dick.

Embora o presidente não tenha enobrecido sua cotovia de estimação com um dos nomes celtas ou franceses chiques que deu a seus cavalos e sheepdogs — Cucullin, Fingal, Bergère —, ainda assim Dick era um de seus bichos de estimação favoritos.[1] "Eu o parabenizo sinceramente pela chegada da cotovia", escreveu Jefferson para o seu genro, que o havia informado sobre a presença do primeiro pássaro da espécie na casa.[2] "Ensine todas as crianças a venerá-lo como um ser superior na forma de ave."

Dick pode muito bem ter sido uma das duas cotovias que Jefferson comprou em 1803. Esses pássaros eram mais caros do que a maioria das aves de estimação (dez ou quinze dólares daquela época, cerca de 125 dólares hoje) porque suas serenatas incluíam não apenas interpretações de todas as aves das matas locais como também canções populares americanas, escocesas e francesas.

Nem todo mundo escolheria esse pássaro como amigo. O poeta William Wordsworth o chamou de "a alegre cotovia". Impertinente, sim. Atrevido e animado. Mas alegre? Seu chamado mais comum é um *tchéc!* contundente — uma espécie de palavrão desagradável que um naturalista descreveu como um cruzamento entre uma bufada de nojo e uma puxada de catarro.[3] Jefferson adorava Dick por sua inteligência incomum, sua musicalidade e sua notável capacidade de imitar. Como escreveu a amiga do presidente, Margaret Bayard Smith: "Sempre que estava sozinho, ele abria a gaiola e deixava o pássaro voar pela sala. Depois de passar um tempo voando de um objeto para outro, Dick pousava em sua mesa e o regalava com suas notas mais doces, ou pousava em seu ombro e pegava a comida de seus lábios". Quando o presidente cochilava, a cotovia se sentava em seu sofá e fazia uma serenata para ele com melodias de aves e humanos.

Jefferson sabia que Dick era inteligente. Sabia que o bicho era capaz de imitar outros pássaros da vizinhança, canções populares da época, até mesmo o rangido da madeira do navio em uma travessia para Paris.[4] Mas o que Jefferson nunca poderia imaginar era como a ciência chegaria a ver a natureza da habilidade de Dick, como ela é rara e arriscada, a capacidade cerebral que ela requer e como oferece uma janela para uma forma muitíssimo misteriosa e complexa de aprendizagem: a imitação, fonte de grande parte da linguagem e da cultura humanas.

DENTRO DO AUDITÓRIO LOHRFINK, da Universidade de Georgetown, em um dia do começo de outono, um grupo de 180 especialistas se reuniu para debater novas pesquisas e ideias acerca da habilidade de Dick e de seus paralelos com o aprendizado da linguagem humana.[5] Trata-se da habilidade de imitar sons, coletar informações acústicas e usá-las para a própria produção vocal — um pré-requisito vital para a linguagem. O nome disso é aprendizado vocal, algo raro entre os animais, até agora encontrado apenas em papagaios, beija-flores, pássaros canoros, arapongas, alguns mamíferos marinhos (como golfinhos e baleias), morcegos e um primata — o ser humano.[6]

Os especialistas estão discutindo a cognição complexa envolvida no aprendizado do canto das aves. Se cognição são os mecanismos pelos quais uma ave adquire, processa, armazena e usa informações, então o aprendizado do canto é claramente uma tarefa cognitiva: uma ave jovem coleta informações sobre como um canto deve soar, ouvindo tutores de sua própria espécie.[7] Ela armazena essas informações na memória e as usa para moldar sua própria música. Os cientistas estão percebendo as notáveis semelhanças entre o aprendizado do canto das aves e o aprendizado da fala humana,[8] desde o processo de imitação e prática até as estruturas cerebrais envolvidas e os efeitos de genes específicos — como as aves canoras têm "defeitos de fala", assim como nós (elas gaguejam, por exemplo) e a maneira como o aprendizado do canto de um pássaro literalmente cristaliza a estrutura do cérebro, ensinando-nos sobre a natureza neurológica de nosso próprio aprendizado.[9]

Johan Bolhuis, neurobiólogo da Universidade de Utrecht, comenta como deve parecer estranho para leigos que os cientistas comparem o canto das aves com a fala e a linguagem humanas.[10] "Se estivéssemos procurando algum tipo de animal equivalente, não seria melhor observar nossos parentes mais próximos, os grandes símios?" ele pergunta. "Mas o estranho é que muitos aspectos da aquisição da fala humana são semelhantes à maneira como as aves canoras aprendem suas canções. Entre os grandes símios, não há nada equivalente a isso."

Quando saio do auditório durante um intervalo, noto um pequeno cedro, mais parecido com um arbusto, do qual emana um conjunto de canto de pássaros. Em todo o campus, um vento frio vindo do Noroeste está sacudindo as folhas dos carvalhos e bordos, atravessando os voos intermitentes dos pardais. Além deles, há poucos pássaros à vista. Mas do coração desse arbusto capto um *tiquito-tiquito-tiquito-tiquito* de uma cambaxirra-da-carolina e o gorgolejar de uma trepadeira-do-peito-branco. Em seguida, o *piu-piu-piu-piu-tuííí* descarado, parecido com uma chuva de balas, de um cardeal, e o que soa como o som mal-humorado de um tordo-americano. Quando olho por entre os galhos, vejo um único pássaro cinzento, com as penas estufadas por causa do frio. É uma cotovia (*Mimus polyglottos*, ou "imitador de muitas línguas"), um membro da tribo de Dick, derramando sua alma na canção. Ela faz uma pausa de um ou dois segundos entre cada conjunto de frases, como se refletisse sobre sua próxima seleção de repertório.

Já vi cotovias fazerem isso no auge da primavera, demarcando seu território e chamando parceiros para o acasalamento, subindo no galho mais alto para entoar suas melodias. Em uma tarde de abril, eu estava ao pé de um pinheiro solitário na paisagem arenosa plana ao redor da costa de Delaware. Ao contrário do pássaro no arbusto, esse era uma figura notável. Empoleirado ereto no topo do ramo de pinheiro, a longa cauda movendo-se rapidamente, o bico apontado para o céu, ele derramava sua música com fervor, usando todo o seu corpo naquele esforço, cantando, cantando e cantando.

A cotovia é um membro da família *Mimidae*, dos tordos e sabiás, encontrada apenas nas Américas. Em sua viagem no *Beagle*, Darwin encontrou-os em toda a América do Sul, e observou: "São pássaros vivos, curiosos e ativos... donos de um canto muito superior ao de qualquer outra ave na região".[11]

As cotovias têm sido malvistas como meras ladras que surrupiam músicas e não conseguem entender as principais características musicais de suas canções roubadas. Mas, para os meus ouvidos, esse pássaro de Delaware consegue imitar a cambaxirra-da-carolina do mesmo jeito que Bette Midler interpreta as músicas das Andrews Sisters. Pode ser que ele agisse como um imitador descarado, espalhando frases de chapins, de tentilhões, a doce canção líquida dos tordos-da-floresta, mas ele as inseriu em sua canção da maneira como Dmitri Shostakovich teceu sua sinfonia em torno de uma melodia folclórica simples. Depois de um tempo, eu estava absorta, tão cativada por sua improvisação coral que me esqueci de identificar canções e chamados familiares. Sua melodia enchia o ar quente da primavera com incontáveis ondulações e trinados imitados, alegres e exuberantes.

Então, tão abruptamente quanto começou, sua explosão apaixonada terminou. Ele desceu da árvore e se acomodou em silêncio sobre as folhas caídas, como se estivesse bem por ter colocado tudo aquilo para fora.

ISSO ACONTECEU NA PRIMAVERA, quando as aves cantam até não poder mais para estabelecer um território ou acasalar. Mas agora estamos em meados de novembro, com um vento gelado. O pássaro está escondido em um cedro feito um fugitivo da justiça — cantando, ao que parece, apenas para si mesmo. Suas notas perfazem pequenos refrões repetidos quatro ou cinco vezes, e suas canções parecem ilimitadas.

Como uma ave consegue armazenar tantas melodias em um cérebro mil vezes menor que o meu? E como essas músicas chegaram lá, para começo de conversa? Por que esse pássaro está aparentemente fazendo uma serenata para si mesmo no meio de um arbusto?

"Não é diferente de cantarmos no chuveiro", sugere Lauren Riters, da Universidade de Wisconsin, uma das especialistas em canto de aves que sondam essas questões no quentinho do Auditório Lohrfink.[12]

Esse pássaro gastou muito tempo e recursos aprendendo o conjunto de sua obra. Muitas pessoas presumem que o canto das aves é geneticamente codificado. Mas as aves canoras passam pelo mesmo processo de aprendizagem vocal que as pessoas — ouvem modelos adultos, experimentam e praticam, aprimorando suas habilidades como crianças aprendendo um instrumento musical.

Esse é um dos motivos pelos quais os 180 especialistas em aves canoras ficaram tão interessados por esse assunto. Aprendemos algumas de nossas habilidades mais complicadas, como a linguagem, a fala e a música, tal como as aves, por meio de um processo semelhante de imitação.

"Ao estudar o aprendizado vocal em aves, incluindo aquelas que podem imitar a fala humana, como papagaios", diz o neurobiólogo Erich Jarvis, "podemos encontrar o essencial das vias cerebrais, dos genes e dos comportamentos que são necessários para essa habilidade."[13]

TODAS AS AVES VOCALIZAM. Elas piam, crocitam, cacarejam, gritam, grasnam, chilram, gorjeiam, trinam, garganteiam em falsete e cantam como anjos. Usam chamados para alertar outras sobre predadores e para identificar familiares, amigos e inimigos. Cantam para defender seu território — para vigiá-lo ou cercá-lo — e para cortejar uma companheira.

Os chamados são tipicamente curtos, simples, sucintos e inatos (como um grito ou riso humano), proferidos por ambos os sexos com determinado objetivo. As canções são geralmente mais longas, complexas e aprendidas, cantadas normalmente nas regiões tropicais por machos e fêmeas e, em climas temperados, mais comumente pelos machos apenas durante a época do acasalamento. Mas não há uma divisão nítida entre chamado e música, e existem muitas exceções. Os chamados dos corvos se enquadram em muitas categorias diferentes — convocação, repreensão, reunião, súplica, anúncio, dueto, entre outras —, e alguns são aprendidos. Em complexidade pura, os chamados do chapim-de-bico-preto superam de longe a canção de duas notas de um chapim-real.

Mas cantar é algo especial. "Quase todos os animais que se comunicam vocalmente o fazem por instinto", diz Jarvis, que estuda aprendizagem vocal na Universidade Duke. "Eles nascem sabendo gritar, chorar ou piar." Essas emissões são inatas ou surgem por *imprinting*, como o *bééé* de uma ovelha. "A aprendizagem vocal, por outro lado, envolve a capacidade de ouvir um som e, em seguida, usando os músculos de sua laringe ou siringe, realmente repetir esse som", explica Jarvis, "seja um som aprendido na fala ou a nota de um canto de ave."

Quase metade das aves do planeta são canoras, cerca de quatro mil espécies, com canções que vão desde a melancólica gargalhada murmurada do pássaro-azul à ária de quarenta notas do chupim, o longo canto bizantino da felosa-dos-juncos, a melodia semelhante a uma flauta do tordo-eremita e os incríveis duetos perfeitos do macho e da fêmea de carriça-de-cauda-lisa.

As aves sabem quando e onde cantar. Em ambientes abertos, o som viaja melhor alguns metros acima da vegetação, de modo que elas cantam em poleiros para reduzir a interferência.[14] As que cantam no solo da floresta usam sons tonais e frequências mais baixas que aquelas que cantam no alto.[15] Algumas usam frequências que evitam o ruído dos insetos e do tráfego.[16] Os pássaros que vivem perto dos aeroportos fazem o coro do amanhecer mais cedo que o normal para reduzir a sobreposição com o rugido dos aviões.[17]

EM SEU POEMA "Ode à observação de pássaros", Pablo Neruda pergunta: "Como / de sua garganta / menor que um dedo / podem cair as águas / de seu canto?".*

Por causa de uma única invenção.

Trata-se de um instrumento único chamado siringe, que recebeu esse nome por causa da ninfa Syrinx, transformada em um junco após ser assediada por Pã, deus dos campos, rebanhos e da fertilidade. Os cientistas demoraram muito para descobrir seus detalhes porque a siringe fica escondida bem no fundo do peito das aves, no lugar em que a traqueia se divide em duas para enviar ar aos brônquios.[18] Finalmente, nos últimos anos, os pesquisadores produziram uma impressionante imagem tridimensional em alta resolução do órgão em ação, usando imagens de ressonância magnética e tomografia computadorizada.[19]

A imagem feita com alta tecnologia revelou uma estrutura notável. A siringe é feita de cartilagem delicada e duas membranas que vibram com o fluxo de ar em velocidade super-rápida — uma de cada lado do órgão — para criar duas fontes independentes de som. Pássaros canoros talentosos, como a cotovia e o canário, podem vibrar cada uma das membranas independentemente, produzindo duas notas diferentes e harmonicamente não relacionadas ao mesmo tempo (um som de baixa frequência à esquerda, um som de alta frequência à direita) e mudando o volume e a frequência de cada um com uma velocidade impressionante para produzir alguns dos sons vocais mais complexos e acusticamente variados da natureza.[20] (Isso é extraordinário. Quando nós falamos, todo o nosso tom, todos os harmônicos de nossas vocalizações, movem-se na mesma direção.)

Tudo isso é controlado por músculos diminutos, mas poderosos. Certos pássaros canoros, como os estorninhos e os mandarins, conseguem contrair e relaxar esses minúsculos músculos vocais com precisão de submilissegundos, mais de cem vezes mais rápido que

---

* No original, "Oda a mirar pájaros": "¿Cómo/ de su garganta/ más pequeña que un dedo/ pueden caer las aguas/ de su canto?".

um piscar de olhos humanos.[21] Essa façanha de contração muscular rápida está presente em apenas um punhado de animais, incluindo o órgão de produção de som das cascavéis. A carriça-de-inverno, um passarinho que parece uma florzinha marrom, conhecido pelo seu canto ligeiro, emite até 36 notas por segundo — rápido demais para nossos ouvidos ou cérebro perceberem ou absorverem.[22] Alguns pássaros podem até manipular a siringe para imitar a fala humana.

Aves com um conjunto mais complexo de músculos da siringe tendem a produzir canções mais elaboradas.[23] A cotovia daquela árvore de cedro tem sete pares desses músculos, que permitem que ela execute sua ginástica vocal repetidas vezes aparentemente com pouco esforço — dezessete, dezoito, dezenove canções por minuto quando está muito empolgada. Entre as notas, inala o ar aos pouquinhos para reabastecer os pulmões.

A canção fantasmagórica pode ser executada pela siringe, mas é iniciada e coordenada pelo cérebro da cotovia. Os sinais nervosos de uma complicada rede de áreas cerebrais controlam cada um dos músculos, coordenando os impulsos nervosos que saem dos hemisférios esquerdo e direito rumo aos músculos nas duas metades da siringe, criando exatamente o fluxo de ar necessário para produzir as centenas de frases imitadas que ela canta.

O pássaro faz tudo isso parecer tão simples.

Mas pense um pouco. Para imitar uma frase em alemão ou espanhol, digamos, é preciso ouvir atentamente a pessoa que a está pronunciando. É preciso escutar com precisão. Não é uma tarefa tão fácil, diz Tim Gentner aos especialistas que estão em Georgetown, especialmente se você estiver em um coquetel ou em uma rua barulhenta, em que é preciso distinguir a frase em meio a uma cacofonia, um fenômeno chamado "segregação de fluxo."[24] As aves precisam lidar frequentemente com esse tipo de pandemônio festivo, especialmente nos horários de pico das cantorias, como o coro do amanhecer. "Muitos pássaros são criaturas sociais; eles estão se comunicando em grupos relativamente grandes", diz Gentner, psicólogo da Universidade da Califórnia, em San Diego. "Há muitos sinais sonoros e nem todos são úteis para todos os indivíduos em todos os momentos, então uma tarefa importante é descobrir quais fluxos acústicos estão transportando informações."

Depois de separar uma frase-alvo de todo aquele barulho, você tem de mantê-la em sua mente enquanto seu cérebro traduz o som para um conjunto de comandos motores. Ele os envia à laringe na esperança de que ela produza um som semelhante. Raramente você acerta a frase na primeira vez. É preciso prática, tentativa e erro, ouvir os próprios tropeços e corrigi-los. Se você quiser reter a frase, vai ser preciso repeti-la com frequência suficiente para reforçar as vias do cérebro que criaram a memória inicialmente. E, se você quiser se lembrar dela para o resto da vida, precisa arquivá-la em um local seguro de armazenamento de longo prazo.

As cotovias são tremendamente boas em tudo isso. A prova está nos sonogramas ou espectrogramas. São as impressões visuais de som (com frequência ou "nota" no eixo vertical e tempo no eixo horizontal) que os cientistas usam para detectar diferenças sutis no canto das aves. Sonogramas comparando uma canção protótipo e a cópia da cotovia mostram que a imitadora canta melodias de trepadeira, tordo e bacurau com fidelidade quase perfeita ao original.[25] Os cientistas descobriram que, quando uma cotovia imita a canção de um cardeal, na verdade ela imita os padrões musculares da outra ave.[26] Se as notas de seu modelo estiverem fora de sua faixa de frequência normal, a cotovia troca uma nota ou a omite, alongando outras notas para coincidir com a duração da música. E, se precisa enfrentar uma emissão muito rápida, como a de um canário, ela agrupa as notas e faz uma pausa para respirar, mantendo a duração da música idêntica.[27] Isso pode não enganar bacuraus ou tordos, mas me engana.

A cotovia não é o único imitador no mundo das aves. Um primo do grupo dos *Mimidae*, o *Toxostoma rufum*, segundo alguns relatos, consegue imitar dez vezes o número de canções de uma cotovia, embora não com tanta precisão.[28] Os estorninhos também são imitadores talentosos, assim como os rouxinóis, que podem imitar cerca de sessenta canções diferentes depois de ouvir cada uma delas apenas algumas vezes.[29] As felosas-palustres são conhecidas por cantar um pastiche selvagem, desesperado e internacionalista, salpicado com melodias de mais de uma centena de outras espécies.[30] Algumas das canções são europeias, aprendidas em seus locais de nidificação, mas a maioria é africana, vinda dos arredores de Uganda, onde passam o inverno. Suas canções, que imitam a cisticola-bodessa, a pomba-de-colar e o picanço-brubru, criam uma espécie de mapa acústico de suas viagens pela África.

O pássaro-lira é conhecido como um campeão dos ladrões de canto. Como observou um naturalista, é uma experiência surpreendente caminhar na floresta australiana quando, de repente, damos de cara com "uma ave marrom, parecida com uma galinha, que pode latir para você como se fosse um cachorro".[31] O drongo-de-cauda-bifurcada, aquele pássaro africano inteligente que engana o zaragateiro, imita os gritos de alarme não apenas dos zaragateiros, mas de um número surpreendente de outras espécies, em um estratagema semelhante — para assustar aves ou mamíferos honestos, fazendo com que se afastem de sua comida duramente conquistada, que o drongo então rouba.[32]

Há relatos de um tentilhão treinado para cantar "God Save the King", um sabiá-da-carolina interpretando "Taps" (que pode ter aprendido ouvindo os funerais em um cemitério próximo) e uma cotovia-de-poupa, no Sul da Alemanha, que aprendeu a imitar as quatro notas de assobio que um pastor usava para treinar seus cães.[33] As imitações eram tão fiéis que os cães obedeciam imediatamente aos comandos do assobio do pássaro, que incluíam "Corra!", "Rápido!", "Pare!" e "Venha aqui!". Esses chamados assobiados posteriormente se espalharam para outras cotovias, criando uma série de "bordões" locais (e, o que é bem possível, alguns cães esbaforidos).

Algumas aves têm um dom excepcional para imitar a fala humana. O papagaio-cinzento é uma dessas espécies. O mainá certamente se qualifica, assim como a cacatua. Essas poucas espécies são consideradas os Cíceros e os Churchills das aves. Discutivelmente, há algumas outras aves nas famílias dos corvídeos e papagaios: periquitos, por exemplo. O *New Yorker* uma vez relatou que "depois de semanas de silêncio, as primeiras palavras ditas por um periquito que vivia em Westchester foram 'Fala, desgraçado, fala!'".[34]

Imitar sons humanos é pedir muito a uma ave. Formamos vogais e consoantes com nossos lábios e nossa língua, que estão entre as partes mais flexíveis, maleáveis e incansáveis do corpo humano. Para as aves, sem lábios e com línguas que geralmente não são usadas para produzir sons, é difícil acompanhar as nuances da fala humana. Isso pode explicar por que apenas um punhado de espécies desenvolveu essa habilidade. Os papagaios são incomuns porque usam a língua durante seus chamados e conseguem manipulá-la para articular os sons das vogais, talento que provavelmente está por trás de sua capacidade de imitar a fala.[35]

O papagaio-cinzento é o grande parlamentar do mundo das aves. Irene Pepperberg fez com que esses papagaios e suas habilidades de fala ficassem famosos por meio de seu trabalho com Alex, talvez a ave falante mais famosa do mundo.[36] Pepperberg costumava misturar diferentes tipos de perguntas sobre objetos e Alex respondia com uma especificidade quase perfeita. Por exemplo, se ela lhe mostrasse um quadrado de madeira verde, ele conseguia dizer de que cor era, de que forma e, depois de tocá-lo, de que era feito. Ele também se adaptou a frases que ouvia no laboratório, como "Preste atenção!", "Calma!" e "Tchau, vou jantar, vejo você amanhã".[37]

Alex não estava sozinho em sua brincadeira. Um papagaio-cinzento que conheço, Throckmorton, pronuncia seu nome com precisão shakespeariana. Batizado em homenagem ao homem que serviu de intermediário para Mary, Rainha dos Escoceses (e foi enforcado em 1584 por conspirar contra a Rainha Elizabeth I), Throckmorton tem um amplo repertório de sons domésticos que usa a seu favor, incluindo as vozes dos membros de sua família, Karin e Bob. Ele chama o nome de Karin usando uma "voz de Bob", que Karin descreve como certeira; ela não consegue diferenciar a cópia da voz real. Também imita os diferentes toques dos telefones celulares de Karin e Bob. Uma de suas malandragens favoritas é chamar Bob da garagem imitando o toque de seu celular. Quando Bob vem correndo, Throckmorton "atende" a chamada usando a voz de Bob:

"Olá! A-hã, a-hã, a-hã."

Em seguida, termina emitindo o som seco que o telefone faz ao desligar.

Throckmorton imita o som de *glup, glup* que Karin faz bebendo água e o de Bob tentando esfriar seu café quente enquanto bebe, assim como o latido do ex-cachorro da família, um jack russell terrier que morreu há nove anos. Também copia perfeitamente o latido do atual animal de estimação da casa, um schnauzer miniatura, e costuma se juntar a ele em um coro de latidos, "fazendo minha casa parecer um canil", diz Karin. "Mais uma vez, ele é perfeito; ninguém pode dizer que é um papagaio latindo, e não um cachorro." Certa vez, quando Bob estava resfriado, Throckmorton acrescentou a seu corpus os sons de assoar o nariz, tossir e espirrar. E em outro momento, quando Bob voltou de uma viagem de negócios com um terrível problema estomacal, Throckmorton ficou fazendo ruídos de pessoa-com-dor-de--estômago pelos seis meses seguintes.

Durante muito tempo, sua palavra preferida usando a voz de Bob era "Meeeeeeerda".

Os papagaios são conhecidos por ensinar outros papagaios a falar desaforos. Não faz muito tempo, um naturalista que trabalhava no departamento "Pesquisa e Descoberta" do Museu Australiano atendeu a várias ligações de pessoas, no interior do país, que ouviam cacatuas selvagens xingando.[38] O ornitólogo do museu especulou que as aves selvagens aprenderam isso com cacatuas e outros papagaios domesticados que escaparam e sobreviveram por tempo suficiente para se juntar a um bando e compartilhar palavras que aprenderam no cativeiro — se for verdade, isso é um bom exemplo de transmissão cultural.

A SIMPLES PROFUSÃO e precisão das canções imitadas de uma cotovia--do-norte é um assombro. A contagem das melodias de uma delas elencou vinte imitações de chamados e canções por minuto: trepadeiras, martins-pescadores, cardeais-do-norte, peneireiros e até mesmo o *sip sip sip* agudo e suplicante de um filhote da própria espécie.[39] Dizia-se que o espécime do Arboreto Arnold, de Boston, imitava 39 cantos de aves, cinquenta chamados e as notas produzidas por um sapo e um grilo.[40] É possível dizer onde mora uma cotovia pelas canções que ela canta.

As canções de cada pássaro são tão exclusivas que, dentro de uma população de cotovias, os indivíduos compartilham entre si apenas 10% de seus padrões de canto.[41] Quando precisou descrever as habilidades imitativas da cotovia, o ornitólogo Edward Howe Forbush abandonou qualquer pretensão de distanciamento científico, coroando esse imitador como "o rei da música", que superava "todo o coro emplumado". Não é à toa que os indígenas da Carolina do Sul chamavam esse pássaro de Cencontlatolly, ou "Quatrocentas Línguas". É só um leve exagero. As cotovias imitam regularmente até duzentas canções diferentes.[42] Dan Bieker, um amigo ornitólogo, observa que diferenciar as canções imitativas de uma cotovia fica mais fácil durante a primavera. "No início da temporada, suas interpretações são patéticas, confusas e difíceis de identificar", diz ele, "mas ficam melhores à medida que avançam, ouvem e praticam as músicas ao seu redor — pipilos, chapins-tufados, um caminhão dando ré ou um telefone."

O MOTIVO PELO QUAL uma criatura é capaz de dedicar tanto tempo e energia mental a imitar outras espécies e sons aleatórios continua sendo um enigma. Claramente, o mimetismo do drongo tem um propósito muito específico. Mas e a cotovia-do-norte? Uma das hipóteses, que recebeu o nome chique de "Beau Geste", sugere que os machos de aves canoras voam de galho em galho imitando cantos a cada parada em um esforço para fazer com que seus rivais em potencial pensem que a região está repleta de machos territoriais.[43] A hipótese leva o nome do filme de Hollywood estrelado por Gary Cooper. Nesse filme, Beau Geste blefa atacando árabes e protege seu forte apoiando seus companheiros feridos e mortos contra os parapeitos do forte, disparando seu rifle para dar a impressão de que todas as paredes estão guarnecidas por defensores.

Alguns dizem que o mimetismo vocal em aves é mais parecido com a versão batesiana do mimetismo: uma espécie inofensiva, como um besouro ou uma mosca, imita a cor e o padrão de uma abelha para alertar os possíveis predadores: "Coma-me e vou picar você". As pegas-australianas, por exemplo, imitam saqueadores de ninho, como as corujas ninox e boobook, talvez para confundir as corujas sobre a identidade de sua possível presa. Mas isso não explica o mimetismo da pega em relação a outros sons. Ou da cotovia-do-norte, que pode ter mais a ver com expandir seu repertório para agradar às garotas. Seja qual for a motivação, é um feito surpreendente.

JÁ EM 350 A.C., Aristóteles notou que as aves aprendem a cantar. "Se forem criados longe de casa e ouvirem outros pássaros cantando, alguns pássaros pequenos, quando cantam, não emitem a mesma voz que seus pais." Darwin também fez comentários sobre o tema. Ele sabia que as aves tinham o instinto de cantar, assim como nós temos o instinto de falar, mas elas aprendem as canções, assim como aprendemos línguas. Ele desconfiava que as aves, assim como as pessoas, transmitem seus cantos de geração em geração, formando dialetos regionais. Mas os cientistas da década de 1920 — talvez sob o feitiço de B. F. Skinner, que pensava que muitos comportamentos, mesmo os aprendidos, eram determinados de maneira inata — decretaram que a cotovia-do-norte nasce com todos os seus cantos. O ornitólogo J. Paul Visscher escreveu no *Wilson Bulletin*: "Uma cotovia não imita conscientemente as canções, via de regra, mas apenas possui uma série incomumente grande de melodias que evoca com uma perfeição maravilhosa".[44]

Para resolver o dilema entre capacidade inata e aprendizado, a ornitóloga Amelia Laskey tentou criar uma cotovia no final dos anos 1930.[45] Em uma manhã de agosto, ela dirigiu até um parque a oito quilômetros de sua casa, tirou um filhote de cotovia do ninho e o levou para estudá-lo em casa. Honey Child tinha nove dias. (Sua observadora era uma daquelas cientistas que conseguiam "olhar sem piscar para um ninho de pássaro por dias a fio", como disse um escritor.[46]) Tal como Dick, o pássaro de Jefferson, Honey Child continuaria a cantar de galo até morrer, quinze anos depois. Suas primeiras notas hesitantes vieram quando ele tinha quase quatro semanas de idade. "Ele cantou baixinho com o bico fechado por dez minutos", escreveu Laskey, "uma série de gorjeios e assobios quase inarticulados [...] totalmente desprovidos de imitações de outras espécies". Ocasionalmente, ele arriscava uma canção "sussurrante" muito suave de sua autoria, um chiado ou chilreado rouco, "uma coisa requintada — suave, atraente e infinitamente terna em suas cadências".

Por quatro meses e meio, as canções de Honey Child eram intercaladas com assobios, trinados, gorjeios e gritos dos pássaros que ele conseguia ver ou ouvir dentro de casa: pica-pau-felpudo, carriça-da-carolina, gaio-azul, cardeal-do-norte, estorninho, perdiz-da-virgínia. Durante a primeira temporada de canções, ruídos domésticos, principalmente do aspirador de pó, frequentemente o faziam cantar. E, à medida que a primavera se aproximava, seu canto ficava alto, variado e longo, começando às 5h30 e seguindo o dia todo "como um aviário de pássaros tagarelas", contou Laskey.

Aos nove meses, Honey Child arriscou sua primeira imitação direta, respondendo instantaneamente a um chapim-tufado pela primeira vez com um canto *pitu-pitu-pitu* de sua autoria. Eventualmente, ele acrescentou ao seu repertório dezenas de pássaros (com preferência especial pelo som de *ui-cá* do pica-pau-mosqueado), junto com o guincho da máquina de lavar no andar de baixo e os assobios do carteiro e do sr. Laskey chamando o cachorro. Algumas canções ele repetia por um tempo e depois as retirava do repertório, apenas para ressuscitá-las na primavera seguinte. Em um dia de junho, uma contagem de dezesseis minutos animados rendeu uma lista de 143 chamados ou cantos de pelo menos 24 espécies, uma média de nove por minuto.

CHAMAMOS ESSE PROCESSO intrincado de aprendizagem vocal de "avançado" ou complexo porque é feito do nosso modo — ouvindo, imitando e praticando. Nos últimos anos, a ciência investigou detalhes profundos da aprendizagem vocal daquele passarinho amável da Austrália, o mandarim.

Golfinhos e baleias também são bons aprendizes de canto, mas, por razões óbvias, não são animais muito bons de laboratório. O organismo modelo ideal para estudar qualquer tipo de aprendizagem é um bicho raro, diz o biólogo Chip Quinn: ele "não deve ter mais do que três genes, é capaz de tocar violoncelo ou pelo menos recitar grego clássico, e aprender essas tarefas com um sistema nervoso contendo apenas dez neurônios grandes, de cores diferentes e, portanto, facilmente reconhecíveis".[47]

O mandarim não chega a tanto, mas é um excelente modelo para o aprendizado vocal.[48] Também chamado de *zebra finch*, ou "tentilhão--zebra", por causa das listras pretas e brancas em sua garganta, o mandarim é fácil de criar, amadurece rapidamente e é um cantor campeão, mesmo em cativeiro. Um jovem mandarim macho aprende uma única canção de amor com seu pai ou com outros machos nos primeiros noventa dias depois de sair do ovo e repete fielmente essa canção ao longo da vida. "Uma vez que é impraticável — e antiético — monitorar e manipular os neurônios envolvidos na aprendizagem vocal em seres humanos", diz Richard Mooney, neurocientista da Universidade Duke, "esses pássaros canoros que atuam como tutores e alunos fornecem um belo sistema substituto para que possamos estudar em detalhes os mecanismos cerebrais que estão por trás desse tipo relativamente complexo de aprendizado", desde os estágios desse processo até os genes que "acendem" e "apagam" enquanto o pássaro está aprendendo.[49]

UM MANDARIM BEBÊ inicia sua longa jornada rumo à música plena do canto maduro assim, como agimos em nossa jornada rumo à fala: ele escuta.[50]

A propósito, as aves têm ouvidos.[51] Não se parecem com nosso pavilhão externo carnudo — são apenas orifícios minúsculos sob as penas de cada lado da cabeça. O canto que um jovem pássaro ouve envia ondas sonoras para dentro de seu ouvido e ali faz vibrar as células ciliadas. Elas estão presentes em uma densidade dez vezes maior que a nossa e são muito mais variadas, permitindo que as aves detectem sons agudos além de nosso alcance, bem como o farfalhar suave de insetos sob o solo ou as folhas. (Se as células ciliadas de uma ave são danificadas por doenças ou ruídos altos — digamos, pelos decibéis de um show de rock em um estádio de futebol —, elas conseguem se regenerar. As nossas não.[52]) Os nervos sensoriais no tronco cerebral captam os sinais das células ciliadas e os passam para os centros auditivos no prosencéfalo, onde os neurônios formam uma memória auditiva da música.

Nas primeiras duas semanas de vida, o passarinho fica no ninho, ouvindo atentamente um tutor, geralmente seu pai. O filhote fica em silêncio, absorvendo os sons ao seu redor, tal como um bebê. O pai canta, o passarinho escuta e começa a memorizar. Não tenta imitar a música ainda, apenas forma um modelo mental ou "imagem".

Enquanto escuta, seu cérebro começa a formar redes de células nervosas. Elas crescem e se transformam em uma constelação complicada de sete regiões separadas, mas interconectadas, altamente especializadas para a produção de música. Esse é o seu sistema de canto. Nos filhotes que ainda não começaram a cantar, essas regiões são pequenas. Mas, ao longo das semanas e meses seguintes, elas crescem em volume, número e tamanho das células.

Em uma dessas regiões, o centro vocal superior, ou HVC, na sigla inglesa, células especializadas fazem distinções finas entre os sons que o filhote ouve, levando em conta até as menores diferenças de milissegundos na duração das notas e disparando apenas quando elas se encaixam dentro de uma faixa estreita.[53] Essa é a mesma estratégia de reconhecimento de padrões que nós, humanos, usamos (chamada de percepção categórica) para detectar diferenças sutis de som na linguagem, digamos, entre "ba" e "pa".

No momento em que o jovem pássaro faz sua primeira tentativa de cantar, a memória do canto de seu tutor já está presente, solidificada em pequenas populações de neurônios altamente seletivos distribuídos por todo o seu sistema de canto.[54]

NA NATUREZA, UM FILHOTE DE MANDARIM cresce ouvindo canções de várias espécies diferentes, assim como faz a cotovia. Ele é capaz de aprender qualquer um deles, mas aprende apenas a música característica de sua espécie. Sons do mundo inundam o cérebro do jovem pássaro, mas apenas aqueles de sua própria espécie começam a esculpir traços permanentes. É um exemplo perfeito do entrelaçamento de genes e experiência.[55]

Quando um jovem mandarim ouve pela primeira vez o canto de sua própria espécie, sua frequência cardíaca acelera, assim como seu comportamento de pedir comida. É algo que está gravado nele. À medida que as canções que o filhote ouve esculpem seu cérebro em crescimento, alguns canais (os que estão sintonizados com canções de sua própria espécie) são pré-selecionados para se transformarem em rios grandiosos; as conexões entre as células nervosas nessas vias são intensamente reforçadas, enquanto os afluentes menores, canções que não fazem parte de sua herança genética, desaparecem silenciosamente.

Essa descoberta — que alguns pássaros jovens são capazes de aprender quase qualquer música que ouvem, mas possuem um modelo genético que os predispõe ao canto de sua espécie — tem um paralelo humano.[56] Crianças pequenas têm uma capacidade notável de adquirir qualquer uma das seis mil línguas humanas sem treinamento formal, o que sugere que somos geneticamente predispostos para a tarefa de aprendizagem de línguas. No entanto, aprendemos apenas o idioma ou os idiomas aos quais estamos expostos, destacando a importância da experiência no processo.

Se um pássaro não tem tutor, ele canta uma canção que fica irreconhecível ou que não passa de uma interpretação sofrível. Os pássaros bebês criados sem qualquer exposição a uma canção do tutor cantam de forma anormal, geralmente uma versão simplificada e muito atrofiada da canção de sua espécie. Isso também é verdade no caso dos seres humanos. Crianças com audição normal que são criadas sem qualquer exposição à fala humana emitem vocalizações anormais.

A janela de aprendizagem da música dos mandarins fica aberta apenas por um certo tempo. Quando o jovem pássaro começa a cantar, ele imita a canção do tutor apenas nesse período inicial sensível. Mais tarde, quando se torna adulto, os portões do aprendizado musical se fecham. O porquê disso é um quebra-cabeça que vai ao cerne de nosso próprio aprendizado — e de suas limitações.

Uma neurocientista chamada Sarah London, da Universidade de Chicago, encontrou uma pista sobre esse processo nos mandarins.[57] "A canção de um tutor realmente altera o cérebro de um jovem pássaro de uma forma que afeta sua futura capacidade de aprender", diz ela. A pesquisa de London mostrou que os pássaros jovens expostos a um tutor aprendem facilmente até atingirem a idade de 65 dias. Depois disso, a capacidade de aprendizado é desativada e o canto do pássaro permanece fixo para o resto da vida. Mas os pássaros jovens isolados dessa exposição ao canto podem aprender bem mesmo depois de 65 dias. A experiência de ouvir o canto de outra ave aparentemente altera os genes ligados ao aprendizado do canto por meio de efeitos "epigenéticos"; nesse caso, diz London, por meio da ação das histonas — proteínas que revestem o DNA e permitem que os genes sejam ativados ou desativados.

Em pássaros como a cotovia, o canário e a cacatua, os portões do aprendizado permanecem abertos por mais tempo para que eles possam continuar a aprender novas canções à medida que envelhecem. Mas aprender é mais difícil para os adultos do que para os jovens.

Nós, seres humanos, também somos "aprendizes constantes". E, assim como as cotovias e os canários, para nós a tarefa de aprender línguas se torna mais árdua à medida que envelhecemos. Os bebês aprendem idiomas com uma velocidade incrível. Nos primeiros dois ou três anos de vida, eles podem, com pouco esforço, tornar-se fluentes em dois ou até três idiomas e soar como um falante nativo para o resto da vida.[58] Depois da puberdade, precisamos nos esforçar muito mais para aprender uma língua estrangeira e temos dificuldade para falar sem sotaque.[59] Alguns de nossos circuitos neurais se tornam fixos durante a infância — e por um bom motivo. Se nossos cérebros estivessem constantemente se reconectando, eles não seriam nem estáveis nem eficientes. Aprenderíamos tudo, mas não nos lembraríamos de nada. Ainda assim, não seria maravilhoso poder abrir essas portas quando precisássemos, se quiséssemos aprender urdu aos sessenta anos, por exemplo? Na minha opinião, a capacidade que uma cotovia tem de cantar como o tordo ou o chapim aos três ou quatro anos de idade não está muito longe do que seria um sexagenário humano enfrentando o cantonês.

NA SEGUNDA FASE DO APRENDIZADO DO CANTO, o jovem pássaro começa a explorar sua voz. No início, sussurra notas aleatórias e trêmulas como as de Honey Child, murmúrios amadores ou sons estridentes aleatórios, como um jovem violinista testando seu instrumento. Ao mesmo tempo, as ligações entre as regiões superiores do cérebro e as regiões motoras se fortalecem, dando ao jovem pássaro cada vez mais controle sobre a siringe. Dentro de uma semana ou mais, ele faz com que os dois lados do órgão trabalhem em estreita coordenação e começa a cantar sílabas reconhecíveis, ainda que sem seguir a ordem correta delas. O animal simplesmente pega todos os sons que ouviu e memorizou e os põe para fora de forma desordenada. Essas tentativas iniciais são conhecidas como subcanto e funcionam exatamente como o balbucio de um bebê — barulhento, variável, exploratório. É uma "brincadeira" motora, que ajuda filhotes e bebês a aprenderem a controlar os músculos necessários para cantar e falar. Os cientistas descobriram que os pássaros têm uma parte especial de seu circuito cerebral de controle do canto dedicada a esse subcanto, separada da parte que, mais tarde, usarão para praticar o canto.[60] Ela é conhecida por um nome que parece trava-língua: núcleo magnocelular lateral do nidopálio, ou LMAN, na sigla inglesa.

A transição para o canto genuíno ocorre nas semanas e nos meses seguintes, à medida que o jovem pássaro ensaia sua melodia dezenas de milhares, até centenas de milhares de vezes. Em cada teste, ele escuta os erros e os corrige, combinando sua própria vocalização com a música que memorizou. Uma melodia bem cantada traz sua própria recompensa, uma "injeção" de substâncias químicas que fazem o indivíduo se sentir bem, tais como dopamina e opioides. A dopamina pode fornecer o impulso para cantar; os opioides, a recompensa — quanto mais próxima for a correspondência com o modelo, mais recompensador se torna o canto.[61]

O sono parece desempenhar um papel importante no aprendizado do canto para as aves jovens, assim como no aprendizado humano.[62] Um conjunto crescente de pesquisas sugere que o cérebro humano continua a processar o aprendizado de uma nova habilidade motora depois que o treinamento ativo é interrompido e durante o sono que o segue. Isso também pode ser verdade para os pássaros. Os mandarins praticam suas canções durante o dia e dormem à noite. Depois que um pássaro jovem é exposto ao canto de um tutor, os neurônios relativos à produção da canção disparam em surtos de atividade durante o sono. O padrão de disparo neuronal reflete a música específica aprendida, sugerindo que ele carrega informações sobre essa música. Depois de dormir, a qualidade do canto de um pássaro jovem se deteriora, mas melhora com a prática no dia seguinte. Curiosamente, quanto maior a deterioração, melhor será a imitação da música do tutor.

QUEM ESTÁ OUVINDO é algo que faz diferença no desempenho de um pássaro jovem.[63] Se ele está sozinho, está no modo de ajuste. O canto é não direcionado. Mas, se uma fêmea estiver por perto, ele dará um jeito de produzir a melhor versão de que é capaz e tenderá a repeti-la de forma direcionada. Mesmo que ainda esteja em uma fase em que o canto é ruim, consegue direcionar seus mecanismos motores para produzir um canto tão perfeito quanto possível.

"Eu escutei as duas versões desses cantos, dirigidas e não dirigidas, por dezenas de anos", diz Richard Mooney, "e não consigo de jeito nenhum dizer qual é a diferença entre elas.[64] Mas as fêmeas conseguem. Para elas é importante que os machos cantem dessa maneira estereotipada mais precisa." Claramente, diz Mooney, "há muitas coisas acontecendo no canto de um pássaro que os ouvidos humanos não conseguem perceber".

Estudos de imagens cerebrais, feitos por Erich Jarvis e seus colegas, mostram que, quando um macho solitário está cantando para si mesmo uma música não direcionada, os padrões de atividade cerebral diferem de quando ele está cantando uma música direcionada a uma parceira em potencial.[65] Quando um pássaro macho canta sozinho, as vias cerebrais envolvidas no aprendizado do canto e no automonitoramento vocal se acendem, junto com as vias de controle motor vocal. (Isso também é verdade quando ele canta na presença de outro macho.) Mas, quando ele canta a mesma melodia para uma fêmea, apenas as vias de controle motor estão ativas. Esses estudos sugerem uma ideia intrigante: a de que o estado mental e cognitivo de um pássaro macho muda quando ele sabe que está sendo avaliado.

As mães dos mandarins também orientam o aprendizado de seus filhotes, oferecendo indicações visuais, movimentando as asas ou estufando a penugem para mudar o tom do canto de um pássaro jovem para que fique mais parecido com o do pai.[66]

Tudo isso é uma prova poderosa de que os sinais sociais moldam o comportamento de aprendizagem nas aves, assim como no caso dos seres humanos.[67] Os bebês não reagem tanto aos membros do sexo oposto, mas seu balbucio certamente melhora na presença da mãe.

Depois de algo como um ou dois milhões de sílabas de tentativa e erro, o jovem pássaro canta uma versão marcadamente correta da melodia de seu professor. A música "se cristaliza" em um sistema complexo de circuitos cerebrais — mas isso não é estático. Para alguns pássaros canoros, como os canários, que aprendem novas canções a cada temporada de acasalamento, o HVC muda de tamanho sazonalmente, crescendo em volume na primavera e diminuindo no fim do verão. No início, os cientistas pensaram que essas mudanças surgiram apenas do crescimento de novas conexões entre as células. Porém, mais tarde, Fernando Nottebohm e outros pesquisadores descobriram que, na verdade, o cérebro do pássaro acrescenta novos neurônios ao seu circuito de canto.[68] "O recrutamento de novos neurônios HVC faz parte de um processo de substituição constante", diz Nottebohm. Ao marcar essas células nervosas com proteínas que as fazem brilhar em verde, os cientistas conseguem, de fato, ver essa substituição acontecendo em tempo real, observando os neurônios errantes migrarem para o HVC e formar sinapses com outros neurônios enquanto o pássaro aprende um canto novo. O que os neurônios procuram e o que determina onde vão parar é um dos enigmas que estão sendo resolvidos nos laboratórios dos cientistas do auditório de Georgetown. Mas sabemos que esse tipo extraordinário de "neurogênese" é provavelmente comum a todos os vertebrados, incluindo os seres humanos.

DARWIN ESTAVA CERTO ao classificar o canto das aves como "a analogia mais próxima da linguagem". As aves e as pessoas não apenas aprendem o canto e a fala por meio de um processo semelhante, mas ambas têm "janelas" de aprendizagem quando o cérebro está mais disponível para criar ligações.[69] Em ambas, a presença dos pais ou de outro instrutor melhora o aprendizado. Embora o canto das aves possa não corresponder à sintaxe humana em complexidade, os elementos do canto têm algo de similar a ela.

Uma nova hipótese, formulada por Shigeru Miyagawa e seus colegas, sugere que a linguagem humana surgiu de uma espécie de fusão dos componentes melódicos do canto das aves com os tipos de comunicação mais utilitários e ricos em conteúdo usados por outros primatas.[70] "É essa combinação acidental que desencadeou a linguagem humana", sugere Miyagawa, linguista do Instituto de Tecnologia de Massachusetts. Na visão dele, a linguagem humana tem duas camadas: uma "lexical", na qual reside o conteúdo central de uma frase, semelhante à dança gingada das abelhas ou aos chamados de primatas; e uma camada de "expressão", que é mais mutável e mais semelhante ao canto melodioso das aves.[71] Miyagawa não está sugerindo que o canto das aves literalmente deu origem à linguagem humana; os dois sistemas de comunicação não evoluíram a partir de um ancestral comum. Mas, em algum momento entre os últimos oitenta mil e cinquenta mil anos, diz ele, as duas abordagens de comunicação se fundiram na forma da linguagem que conhecemos hoje. "Sim, a linguagem humana é única", diz Miyagawa, "mas seus dois componentes têm antecedentes no mundo animal. De acordo com nossa hipótese, eles acabaram se juntando exclusivamente na linguagem humana." Se isso for verdade, a grande questão é *como* eles se uniram, o que permanece um mistério. Ainda assim, adoro a ideia de que a expressividade da linguagem pode, de alguma forma, incorporar ou refletir a melodia do canto das aves.

Há evidências biológicas sólidas para apoiar a afirmação de Darwin sobre o parentesco próximo entre o canto das aves e a linguagem: aves e humanos usam circuitos cerebrais semelhantes para produzir suas vocalizações. Nossos cérebros têm regiões análogas às deles: a área de Wernicke, que controla nossa percepção da fala, é semelhante às áreas de percepção do canto das aves; a área de Broca, que dita a produção da nossa fala, lembra a área de produção do canto delas. Mas o que é realmente semelhante nos cérebros de aves e humanos — e que não aparece em espécies que não têm aprendizado vocal — é a presença de áreas de produção de canto (ou palavras) e as conexões, ou vias, ligando as áreas de percepção de canto (ou palavras) a essas áreas motoras.[72] Em tais vias, milhões de células nervosas se conectam e se comunicam para que o cérebro possa, primeiro, ouvir os sons e, em seguida, produzi-los.

"Se os comportamentos são semelhantes e as vias cerebrais são semelhantes", diz Jarvis, "então os genes subjacentes talvez também sejam." E, de fato, naquela tarde em Georgetown, Jarvis anunciou que o grande esforço internacional para sequenciar os genomas de 48 espécies de aves identificou um conjunto de mais de cinquenta genes que se ativam e são desativados nos cérebros de humanos e pássaros canoros, nas regiões envolvidas na imitação de sons, fala e canto.[73] Essa diferença de atividade não ocorre em aves sem aprendizado vocal (como pombas e codornas) ou em primatas que não falam. Portanto, esse pode ser um padrão compartilhado de expressão gênica crucial para esse tipo de aprendizado tanto em aves quanto em seres humanos.

ESSA NOTÍCIA LEVANTA A QUESTÃO: como cérebros de humanos e aves, espécies separadas por tantas eras evolutivas, chegaram a uma solução semelhante para o aprendizado vocal. Por que compartilharíamos genes e circuitos cerebrais semelhantes?

Jarvis tem uma teoria. Em um recente estudo de imageamento conduzido por seu laboratório, ele notou que, quando os pássaros saltam, certos genes ficam ativos em sete áreas do cérebro que circundam diretamente as sete regiões que aprendem canções.[74] As áreas do cérebro envolvidas no canto e no aprendizado do canto parecem estar embutidas nas áreas cerebrais que controlam o movimento. Isso sugere a Jarvis uma noção intrigante, que ele chama de "uma teoria motora para a origem da aprendizagem vocal": as vias do cérebro usadas para esse fim podem ter evoluído a partir daquelas usadas para o controle motor. Muitos dos genes que Jarvis encontrou naquele conjunto de cinquenta que se sobrepõem em humanos e aves funcionam da mesma maneira: formando novas ligações entre os neurônios do córtex motor e aqueles que controlam os músculos que produzem som.

Para Jarvis, que foi bailarino profissional, essa é uma ideia empolgante. "Em um ancestral comum de aves e humanos, pode ter havido uma espécie de circuito neural universal antigo que controlava os movimentos dos membros e do corpo", ele propõe. No decorrer da evolução, esse circuito se duplicou e o novo circuito foi cooptado para a aprendizagem vocal. (O conceito de algo novo evoluindo de algo antigo, a partir de blocos de construção preexistentes, é familiar em evolução. Estruturas antigas mudam e adquirem novas funções.) Jarvis sugere que esse evento de duplicação ocorreu em momentos diferentes em aves e humanos, mas o resultado foi o mesmo: a capacidade de imitar sons.

"É um caso de convergência", explica Johan Bolhuis, "de grupos distantemente relacionados que chega a soluções semelhantes para problemas semelhantes."[75]

Desse modo, o aprendizado vocal evoluiu pelo menos duas e talvez três vezes separadas, uma vez em beija-flores e, novamente, ou no ancestral comum de papagaios e aves canoras ou independentemente para cada grupo.[76] Em seres humanos, as vias cerebrais usadas para gesticular podem ter sido cooptadas e usadas para a fala.

"As pessoas têm dificuldade para entender isso", disse-me Jarvis. "É uma teoria humilhante porque minimiza o caráter especial da fala e dos circuitos de aprendizagem vocal. Mas é a melhor ideia que sou capaz de supor para explicar os dados existentes."

É interessante notar o seguinte: o laboratório de Jarvis também descobriu que os circuitos de aprendizagem vocal dos papagaios são organizados de forma um pouco diferente dos de outros pássaros canoros e dos beija-flores.[77] Os papagaios têm uma espécie de "sistema de música dentro de um sistema de música" muito turbinado, que pode ajudá-los a aprender diferentes dialetos da fala de sua espécie.[78]

A TEORIA MOTORA DE JARVIS consegue explicar *como* o aprendizado vocal evoluiu. Mas o *porquê* disso é outra história. Por que a natureza favoreceria um sistema tão sofisticado quanto o aprendizado vocal em aves, dentre todas as criaturas, junto com todos os complicados e caros circuitos cerebrais que lhe dão apoio? Por que é algo tão raro? Jarvis também tem uma teoria sobre isso.

NA PRIMAVERA, UM MACHO de cotovia tomado pela audácia musical busca poleiros cada vez mais altos, até que se acomoda no galho mais alto da árvore mais alta e, nas palavras de Thoreau, passa a desfiar "sua ladainha, suas performances amadoras ao estilo de Paganini". Ele até canta à noite. Canta inclinado para a frente, asas ligeiramente descoladas de seu corpo, garganta totalmente estendida. É como se seu próprio canto o excitasse. E talvez seja isso mesmo. Sua canção gloriosa, frenética e persistente é uma forma de preliminar. É uma canção de amor — e daquelas perigosas.

Lá em cima, em seu galho nu, exposto aos olhos cruéis dos predadores aéreos, ele não faz nada para se camuflar. Pelo contrário, canta para aparecer. Se repetisse a mesma música indefinidamente, poderia ter uma chance de escapar da atenção de um falcão caçador. Mas, ao criar um som novo atrás do outro, salta para a boca de cena, como se dissesse: "Estou aqui! Estou aqui! Venha me pegar! Venha me pegar!".

Isso, diz Jarvis, pode ser uma das razões pelas quais o aprendizado vocal é raro. "Todas as vocalizações variadas que um animal aprende o tornam alvo fácil."[79]

Jarvis suspeita que o aprendizado vocal possa existir em uma variação contínua entre os animais.[80] "Algumas espécies, os imitadores avançados como pássaros canoros e humanos, estão em um extremo; e aquelas com capacidades limitadas, incluindo ratos e talvez algumas outras aves, no outro", explica ele. Animais com aprendizado vocal complexo geralmente estão no topo da cadeia alimentar, como humanos, elefantes, baleias e golfinhos; ou são bons em escapar de seus predadores, como alguns pássaros canoros, papagaios e beija-flores. "Os predadores estão, na verdade, pegando os outros", sugere. "Para testar essa hipótese, você teria de criar um animal por muitas gerações sem predadores para ver se o aprendizado vocal evolui naturalmente. É uma experiência difícil de fazer, mas é possível, teoricamente."

A pesquisa de Kazuo Okanoya e seus colegas da Universidade de Tóquio oferece algumas evidências para essa teoria.[81] Okanoya estuda os manons-de-peito-branco, uma variedade domesticada de manon, criado na Ásia por sua plumagem, não por seu canto. Okanoya descobriu que os manons-de-peito-branco, mantidos em cativeiro nos últimos 250 anos, cantam melodias mais variadas que as de seus parentes selvagens. Em parte, é a pressão de predação enfraquecida que permitiu que os passarinhos domesticados desenvolvessem um repertório maior e mais complicado, suspeita Okanoya. As fêmeas das variedades domesticadas e selvagens preferem a variedade musical maior do canto domesticado.

"Então, o que eu acho que está acontecendo é que o aprendizado vocal é *desfavorecido* na seleção natural por causa dos predadores — o que o torna raro —, mas também existe a seleção sexual *favorecendo* sua presença. Talvez tenha sido assim em humanos também", diz Jarvis.

A IDEIA LHE OCORREU CERTO DIA, enquanto lia sentado em um parque perto dos jardins da Universidade Duke. Ele ouviu um pardal-americano cantar no alto de um pinheiro.

"Olho para cima e o vejo cantando muito alto, de um jeito ousado. Ele canta a mesma música repetidamente. Eu me habituo a isso. Continuo lendo. Não presto atenção. De repente, a música muda. Olho para cima novamente para ver se é um pássaro diferente, e vejo que é o mesmo. Cinco minutos depois, ele muda a música de novo, e acho que é outro pássaro. Ele está prendendo a minha atenção. E eu nem sou um pardal-americano."

(Isso me lembra um desenho que meu professor de ornitologia mostrou para nossa classe. Dois pássaros estão empoleirados no alto dos galhos de uma árvore. Abaixo deles estão dois observadores de aves com seus binóculos apontados para cima. Um pássaro diz ao outro: "Eles ainda não conseguiram nos achar... vamos cantar algo diferente!".)

Cantar é arriscado e caro. Trata-se de algo que não apenas torna o pássaro mais visível para os predadores, mas também rouba o tempo usado na alimentação. Mas, então, por que os pássaros se prestam a isso?

Porque músicas bem cantadas são a melhor ferramenta para conquistar uma garota, diz Jarvis.[82] "Aves com aprendizado vocal (e baleias também) mudam suas vocalizações para atrair o sexo oposto.

Pássaros machos postados no alto de uma árvore em plena luz do dia, visíveis para falcões e outros predadores que podem matá-los, estão dizendo à fêmea (para colocar a coisa em termos antropomórficos): 'Aqui eu consigo cantar em voz alta e audaciosa e produzo todos esses sons imitativos diferentes'. Eles basicamente estão se gabando: 'Olhe como consigo cantar bem. Veja como sou um bom imitador. Escolha-me'." A performance de Paganini da cotovia, com o peito estufado, é um enorme e enfático xaveco, um "Ei, gata, dá uma olhada".

Na natureza, a extravagância quase sempre anda de mãos dadas com o sexo.

Para muitos pássaros machos, a competição por uma parceira é feroz. Vale a pena para a fêmea ser exigente. As apostas são altas. Ela tem interesse em selecionar um par que seja geneticamente apto e mais capaz de defender o ninho e o território de forrageamento. Uma forma de avaliar um pretendente é pelo canto. Se ele não estiver cantando a coisa "certa", ela sai em busca de outro flerte.

O que ela quer ouvir? (Ou, como diria Freud, "O que querem as mulheres?")

Por muito tempo, os cientistas presumiram que o tamanho do repertório de um pássaro macho dava prestígio.[83] Mas avaliar quantas músicas um pretendente sabe é uma tarefa difícil e demorada. É muito mais fácil avaliar o quanto ele é bom na execução de uma ou duas músicas. Estudos mostram que as fêmeas de muitas espécies de aves canoras preferem machos que cantam mais rápido ou por mais tempo ou possuem um canto mais complexo.[84] Em outras palavras, a questão não é quantas músicas ele canta, mas se ele é bom cantor.

O que faz com que uma música seja sexy parece variar de espécie para espécie. As fêmeas dos tico-ticos-dos-pântanos e dos canários domesticados favorecem os trinados que se aproximam do limite de desempenho possível, enquanto as de mandarim têm tara por volume alto. Algumas fêmeas têm queda por canções longas ou complexas. Outras, como as canárias, se sentem atraídas por sílabas "sexy". Esse é um termo realmente empregado nessa área. Uma sílaba é sexy quando um pássaro macho usa sua siringe para cantar com duas vozes diferentes ao mesmo tempo. Em certo sentido, é como se ele estivesse cantando um dueto consigo mesmo. Fêmeas de canário preferem essas sílabas sensuais de duas vozes a sílabas de uma voz.

Algumas fêmeas adoram as canções do vizinho. Elas buscam fidelidade à música ou ao dialeto local.

Muitos pássaros canoros têm dialetos regionais, com "sotaques" tão distintos quanto o "southie" de Boston ou o jeito de falar arrastado do Arkansas.[85] Esses dialetos são aprendidos e transmitidos como herança familiar de uma geração para a outra. Um cardeal-do-norte ouvindo gravações responderá com muito mais vigor às vozes dos cardeais locais que às dos cardeais de um habitat a quase três mil quilômetros de distância. Os chapins-reais do Sul da Alemanha têm um dialeto tão distinto dos que vivem no Afeganistão que os pássaros alemães não reconhecem seus pares da Ásia Central. Mesmo as aves de diferentes áreas dentro do mesmo estado nos Estados Unidos podem cantar melodias totalmente diferentes. De acordo com o ornitólogo Donald Kroodsma, os chapins-de-bico-preto que vivem em Martha's Vineyard cantam uma melodia diferente da de seus colegas da parte continental de Massachusetts.[86] A separação geográfica entre as variantes das canções pode ser da ordem de apenas 1,5 quilômetro ou até menos.[87] Entre os tico-ticos-de-coroa-branca da Califórnia, por exemplo, dialetos distintos podem estar separados por apenas alguns metros. As aves que vivem na fronteira entre dois dialetos às vezes são "bilíngues".

Assim como a pronúncia, a grafia e o vocabulário da linguagem humana, os dialetos das aves podem variar com o tempo. Os tico-ticos-dos-prados, por exemplo, hoje cantam canções distintas das de seus ancestrais há trinta anos. Algum tempo atrás, Robert Payne e seus colegas documentaram a evolução cultural no canto dos cardeais-índigo ao longo de duas décadas.[88] Cada pássaro entoava uma canção da tradição local aprendida com seu tutor, mas com pequenas inovações. Payne usou esses marcadores para traçar a descendência cultural das canções da espécie. As inovações vocais, ao que parece, persistem em uma população depois da vida do pássaro que as originou. Eventualmente, elas criam tradições musicais locais e dialetos regionais que os pássaros reconhecem e distinguem.

E aqui está o ponto que diz respeito às fêmeas: assim como um sotaque "southie" pode não fazer sucesso no Arkansas, canções que divergem do dialeto local podem parecer brochantes para as fêmeas, possivelmente porque o macho que não canta a música da vizinhança pode ter mais dificuldade em defender seu território.[89]

NA MENTE DE JARVIS, tudo se resume à modulação. O que faz uma fêmea ficar caidinha no fim é a destreza com que o macho controla o ritmo e a precisão de suas notas, seja em uma canção longa e complexa ou em uma sílaba curta e sexy. "É como um superestímulo", diz ele. "Como o fascínio de uma galinha por um ovo grande." (Como aprendeu o etólogo Niko Tinbergen, as galinhas gostam de ovos grandes: dê a uma galinha um ovo gigante em cima do qual se sentar, mesmo que seja artificial, e ela vai preferi-lo quando comparado a um ovo pequeno. Na cabeça dela, quanto maior, melhor, mesmo que não seja natural.) Algumas qualidades são simplesmente irresistíveis. E, para as fêmeas de espécies canoras, a precisão e a modulação meticulosa no canto são a coisa mais sensual de todas.

A precisão do canto das aves é impressionante. Richard Mooney demonstra isso a seus colegas na conferência de Georgetown expondo lado a lado dois espectrogramas.[90] O da esquerda exibe os padrões vocais de um humano a quem se pede que repita uma frase simples cem vezes; o da direita, os padrões de um mandarim de seu laboratório cantando sua sequência estereotipada de sílabas e motivos repetidas vezes. ("Você tem de pagar um ser humano para fazer isso", Mooney brinca; "o mandarim faz de graça.") Esse não é qualquer humano; trata-se de um aluno de doutorado em neurociência que está na plateia conosco, e ele é um aluno nota dez, "muito, muito articulado", diz Mooney. "Pedi que ele repetisse o mais precisamente possível a frase *I flew a kite*, "Eu empinei uma pipa." (O pesquisador escolheu o som do pronome "I", explica, porque seu tom é próximo do de uma das sílabas do mandarim.) "O mandarim não teve treinamento nenhum."

Compare os dois espectrogramas, os resultados são claros: não importa o quanto o estudante aplicado tente, as repetições que faz de suas próprias sílabas são extremamente variáveis. As dos mandarins são quase idênticas. Em termos de precisão, diz Mooney, "o pássaro é como uma máquina perfeita".

É o que se conhece como consistência vocal, a capacidade de replicar perfeitamente os elementos acústicos de uma música — as notas, os ritmos, as pausas — de uma versão para a outra. Para uma ave, as sutilezas fazem toda a diferença.

Vamos considerar o que está envolvido nesse tipo de precisão: o sistema nervoso emitindo exatamente os mesmos comandos para o sistema motor vocal continuamente; coordenação precisa dos músculos dos lados direito e esquerdo da siringe, bem como os do sistema respiratório, tudo em questão de milissegundos; e, por fim, bastante resistência para que os músculos não se cansem. Em suma, é uma boa medida do virtuosismo vocal de um macho.

E, de fato, as fêmeas parecem usar a precisão como um indicador confiável do desempenho vocal masculino. Estudos de laboratório mostram que as fêmeas mandarim têm forte preferência pelos machos com canções de corte mais consistentes.[91] Os machos de rouxinol-grande-do-caniço com notas de assobio mais uniformes têm haréns maiores.[92] Da mesma forma, machos de carriça-de-faixas e rouxinol-castanho com canções inabaláveis descolam mais cópulas extraconjugais e dessa forma geram mais descendentes.[93] O mesmo vale para as cotovias-do-norte — os machos com canto mais consistente se tornam pais de mais filhotes e ganham dominância em relação aos que cantam com mais desleixo.[94]

OS CIENTISTAS AINDA ESTÃO decifrando o que toda essa precisão e fidelidade realmente sinaliza para uma fêmea exigente.[95] O desempenho superior no canto pode ser um sinal de que o macho está em boa forma física. Um canto forte e inabalável com amplitude, duração e consistência superiores pode ser a maneira de um macho dizer que tem um bom controle motor e que seu corpo está em boas condições. Uma ave de menor vigor não poderia atingir esse desempenho. Outras qualidades, os chamados traços estruturais de sua música — a precisão com que ele executa as canções de seu tutor, se a sintaxe faz sentido e quão complexa ela é —, podem ser sua maneira de dizer que foi bem alimentado quando era um filhote e está livre de estresse (ou é capaz de suportá-lo) e, como resultado, tem boa estrutura e funcionalidade cerebrais. Sílabas sexy em canários, por exemplo, requerem coordenação extraordinária das metades esquerda e direita da siringe.[96] Ouvir sílabas supersensuais permite que as fêmeas descartem machos com coordenação bilateral deficiente.[97]

Como o canto das aves é um comportamento tão complexo e exigente, ele pode funcionar como um barômetro útil e sensível não apenas da saúde geral de um pretendente, mas também de sua potência cerebral.

Isso remonta àquelas janelas cruciais de desenvolvimento, quando um filhote de passarinho gera intensamente as conexões que formarão os sistemas de canto em seu cérebro, diz Steve Nowicki, da Universidade Duke.[98] Ao mesmo tempo, seu corpo também está crescendo ultrarrápido. Um filhote de pássaro canoro típico atinge cerca de 90% de seu peso adulto nos primeiros dez dias de vida — uma taxa de crescimento incrivelmente alta. Todos esses neurônios, músculos, penas e pele requerem nutrição abundante. Portanto, é um período vulnerável. Se algo acontecer durante essas semanas cruciais — se os pais não conseguirem comida suficiente ou se a jovem ave enfrentar doenças ou outros tipos de estresse, como a competição com irmãos —, os circuitos da música em seu cérebro vão sofrer.[99] Aves em cativeiro subnutridas desenvolvem estruturas musicais atrofiadas no cérebro e também não copiam o canto de seu professor. Um estudo, por exemplo, mostrou que mandarins bem alimentados copiaram 95% dos tipos de sílabas de seus tutores, enquanto pássaros subnutridos copiaram apenas 70%.[100] Pode não parecer grande coisa, mas importa para a fêmea. Ela pode "farejar" erros no canto e julgá-lo severamente por isso. Em outras palavras, um pássaro macho é medido pelo canto. Sua melodia revela a totalidade de sua biografia.

Um canto chamativo, emitido com precisão, é capaz de sinalizar a superioridade cerebral de um macho e sua capacidade de aprender. Essa "hipótese da capacidade cognitiva" sugere que uma fêmea escolhe seu parceiro com base na inteligência, usando o canto como indício.[101] Em outras palavras, os pássaros que cantam melhor estão mostrando às fêmeas que são bons alunos. Um cantor superior não é apenas melhor em adquirir, memorizar e produzir fielmente canções exuberantes; ele provavelmente também é melhor em outras tarefas que dependem do cérebro — todos os tipos de aprendizagem, tomada de decisão e solução de problemas: onde, quando e o que comer, como evitar predadores e como atrair parceiras —, características essenciais a quem deseja genes "bons" e/ou um provedor de alimentos habilidoso para sua prole. No entanto, não está claro se o desempenho musical se correlaciona com seu desempenho em outras tarefas cognitivas. As evidências são ambíguas.

Quando Neeltje Boogert, da Universidade de St. Andrews, desafiou mandarins machos isolados em laboratório com uma única tarefa — abrir a tampa de plástico de um recipiente de madeira para pegar comida[102] — ela descobriu que os pássaros que cantavam canções mais complexas, com mais elementos por frase, eram mais rápidos na hora de completar a tarefa do que os machos que cantam canções com menos elementos. Isso sugere que as fêmeas podem estar usando as canções para julgar sua inteligência forrageira.

Mas a coisa não é tão simples. Mais tarde, quando Boogert e seus colegas testaram os pardais-americanos machos (que cantam uma variedade maior de canções que os mandarins) em uma gama mais ampla de tarefas cognitivas — tais como aprendizagem reversa e tarefas de associação espacial e de cor —, os cantores mais experientes tiraram notas irregulares.[103] Eles se saíram melhor em alguns testes e pior em outros. E, recentemente, em um estudo sobre mandarins em um bando — seu contexto social natural —, a correlação entre a complexidade do canto e outras habilidades cognitivas desapareceu.[104] Os melhores cantores não se saíram melhor na resolução de problemas. Fatores indiretos podem estar por trás desse quadro confuso, diz Boogert — variáveis como estresse, motivação, distração e domínio social.[105]

Talvez seja ainda mais complicado testar na natureza possíveis correlações entre o desempenho no canto e a cognição. Não faz muito tempo, Carlos Botero abordou o problema de maneira incomum.[106] Esse intrépido pesquisador, então no Centro Nacional da Síntese

Evolutiva, na Carolina do Norte, viajou por desertos, selvas e áreas de vegetação rasteira em vários países da América do Sul, carregando equipamentos de gravação sensíveis para capturar o canto de parentes da cotovia. Depois de gravar cem faixas de 29 espécies, ele descobriu que os pássaros que viviam em regiões de clima imprevisível cantavam melodias mais complexas. Em ambientes inconstantes, onde o clima caprichoso — chuvas erráticas e temperaturas flutuantes — fazia com que as fontes de alimento não fossem garantidas, as aves não apenas tinham um repertório maior como também eram melhores em copiar os cantos e os chamados de outras espécies, com notas mais precisas e mais consistentes.[107] Talvez as habilidades de canto de um macho sinalizem para as fêmeas que ele é inteligente o suficiente para lidar com ambientes imprevisíveis, diz Botero. Isso dá mais peso à ideia de que alguns aspectos do canto das aves podem fornecer informações sobre a habilidade cognitiva geral de um macho — e que a seleção sexual está agindo sobre esses sinais de inteligência.

É FIM DE TARDE, horas depois daquela primeira pausa no simpósio sobre o canto das aves. Saio novamente para olhar o cedro. A cotovia ainda está em seu poleiro protegido, cantando miríades de melodias, mas desta vez de modo pianíssimo.

Ainda falta determinar se as fêmeas usam o canto masculino como um indício da inteligência geral. Mas uma coisa parece clara: ao longo do tempo evolutivo, foram as fêmeas que moldaram as melodias complexas, precisas e extravagantemente belas de sua espécie — e os circuitos cerebrais complicados necessários para produzi-las. Como explica o ornitólogo Donald Kroodsma, ao ouvir a canção de um macho e avaliá-la, a fêmea o "projeta" para que seu canto lhe diga se ele é digno de ser o pai de sua prole: "Pelas escolhas de acasalamento que faz, ela perpetua os genes dos 'bons cantores', com 'bom' sendo definido por algo que está profundamente arraigado na psiquê feminina de cada espécie".[108] Nesse sentido, portanto, a fêmea esculpe no macho uma rede neural canora de complexidade milagrosa, e um cérebro que o recompensa pela precisão de seu próprio canto. Essa é a hipótese da mente reprodutiva: a cognição para exibições masculinas complexas e a cognição para a avaliação feminina dessas exibições evoluem juntas, afetando a estrutura do cérebro em ambos os sexos.[109]

Não há nenhuma fêmea à vista desse macho cantor na árvore de cedro. Talvez seu canto de outono ofereça aquele outro tipo de prêmio. Os pássaros que cantam bem na primavera e no outono experimentam aquelas substâncias químicas recompensadores, a dopamina e os opioides — mas em quantidades e para fins diferentes em cada estação.[110] Os opioides induzem não apenas uma sensação de prazer, mas também de analgesia, diz Lauren Riters. Para descobrir qual música da estação produzia mais opioides analgésicos, Riters observou estorninhos machos cantando no outono e na primavera, capturou-os e mergulhou seus pés em água quente. Ela previu que os pássaros cantando canções de outono suportariam o calor por mais tempo. Estava certa. O canto de outono, ela descobriu, é mais fortemente associado à liberação de opioides do que a canção de primavera. Como Darwin escreveu, "o canto das aves serve principalmente como um atrativo durante a temporada do amor", mas, depois que a época de galanteios acaba, "os pássaros machos [...] continuam cantando para seu próprio divertimento". Ou possivelmente pelas drogas.

O pássaro no cedro não está no modo tenor completo. Embora seu canto ainda esteja salpicado de imitações, é cantado com uma graça tão delicada que, ao que parece, ele está cantando para si mesmo. Talvez para diminuir a sensação de frio.[111] Isso é plausível. Ou talvez porque, quando ele canta suas notas doces e vibrantes com precisão, isso alivia sua dor e literalmente o enche de prazer.

6. A ave artista: aptidão estética

AGACHE-SE ATRÁS DO TRONCO de uma árvore quandong azul e observe por meio da trama dos galhos. Em um ponto manchado de sol, no chão da floresta tropical, está uma ave do tamanho de uma pomba, mas com plumagem lustrosa negro-azulada e olhos de um roxo intenso.[1] Atrás dela, um pequeno e elegante corredor cuja arquitetura foi montada com ramos, medindo cerca de trinta centímetros de altura, formado por duas paredes paralelas de varinhas verticais arqueadas, como uma cabana de brinquedo construída por uma criança. À sua volta, o chão está repleto de objetos coloridos que se projetam contra um tapete de galhos amarelados, que quase chegam a brilhar na baixa luminosidade da floresta. São flores, frutas, bagas, penas, tampas de garrafa, canudos, as asas de um papagaio, um skate miniatura do Bart Simpson e algo que, juro, se parece muito com um globo ocular de vidro turquesa. A ave pega uma flor e a deixa cair por ali. Arruma uma pena, empurra uma conta, cutuca um canudo — aparentemente classificando sua pilhagem por cor, tamanho e forma. De vez em quando, salta para trás, como se para examinar sua obra, depois salta para a frente novamente para reposicionar uma peça.

Se você observasse essa ave algumas semanas antes, aqui na Costa Leste da Austrália, presenciaria uma industriosidade incansável. Primeiro, ela limpa intensamente uma área de cerca de um metro quadrado. Em seguida, coleta galhos e pedaços de grama com a máxima diligência, e os distribui uniformemente para criar sua "plataforma". A partir dessa coleção, escolhe uma série de galhos e os coloca em duas fileiras bem-organizadas, criando uma espécie de alameda cuidadosamente posicionada para receber o sol matinal. Na extremidade norte da estrutura, a ave arruma sua cama de galhos finos, nivelando-a. Isso servirá como pano de fundo para seu grande arranjo de decoração — e como uma espécie de pista de dança, na qual mais tarde exibirá algumas piruetas e canções.

Em seguida, vem a tarefa de coletar tesouros. Não serve qualquer objeto. Essa ave é fã da cor azul: penas da cauda azul-centáurea de um papagaio, flores de lobélia em tons de lavanda, frutos azuis brilhantes da quandong, petúnias roxas e delfínios azuis roubados de uma casa próxima, junto com fragmentos de vidro ou cerâmica em tons de cobalto, elástico de cabelo azul-marinho, pedaços de lona turquesa, bilhetes de ônibus azuis, canudos, brinquedos, canetas esferográficas, aquele globo ocular, e o grande prêmio, uma chupeta azul-bebê roubada de seu vizinho. A ave dispõe tudo isso artisticamente contra sua tela de gravetos. Se as flores murcharem ou as frutas secarem, serão substituídas por outras frescas. Observe por mais alguns dias e poderá vê-la pintar uma faixa, no interior de seu pavilhão de galhos, na altura de seu peito, usando agulhas de pinheiro secas que mastigou e esmagou com o bico.[2]

Não é de admirar que os primeiros naturalistas europeus tenham ficado perplexos quando encontraram essas criações nas profundezas da floresta australiana e pensaram que tinham tropeçado em caprichadas casas de bonecas feitas por crianças aborígenes ou por suas mães.

FICAMOS MARAVILHADOS com os animais construtores, talvez porque também somos construtores. É por isso que ficamos impressionados com a peça mais familiar da arquitetura aviária, o ninho — especialmente as construções ornamentadas de certas espécies: pássaros-tecelões, por exemplo, que entrelaçam e amarram plantas para construir ninhos elaborados; ou os corrupiões-de-baltimore, que tricotam seus ninhos com dezenas de milhares de movimentos rápidos que funcionam como uma lançadeira de costura; ou andorinhas-do-celeiro, que fazem milhares de viagens com a boca cheia de lama para fazer seus ninhos em forma de xícara nas vigas dos celeiros ou embaixo dos barrancos de cais e pontes.[3]

"O implemento que determina a forma circular do ninho não é outro senão o corpo da ave", escreveu o filósofo Jules Michelet. "Sua casa é sua própria pessoa, sua forma. [...] E, eu diria, seu sofrimento."[4]

Pensei nisso quando vi o minúsculo ninho em forma de taça da cauda-de-leque *Rhipidura albicollis* construído em torno da ponta de um único caule de pandano ao longo das margens de um rio na região de Tanjung Puting, em Bornéu. Essa cauda-de-leque é uma ave comum na floresta aberta da ilha, mas seu pequeno ninho compacto é uma maravilha da construção inteligente e da engenharia delicada, perfeitamente redondo, grande o suficiente para abrigar a mãe e seu filhote. Perguntei-me se os pássaros empurraram as laterais com seus próprios peitos e usaram seus corpos para pressionar e amassar os materiais até que estivessem maleáveis. O ninho foi ancorado no topo do caule com linhas de seda de aranha e brácteas de grama áspera, suas paredes entrançadas com grama fina, pequenas folhas sobrepostas, com cabelos de samambaias e raízes filiformes para formar uma xícara esférica confortável.[5]

Um prêmio pelo brilhantismo na construção do ninho deveria ir para o chapim-de-cauda-longa, um parente comum do chapim que vive na Europa e na Ásia. Seu ninho é uma bolsa flexível composta de musgos de folhas pequenas que formam ganchos, que são tecidos junto com os laços de seda de casulos macios de ovos de aranha, de modo a criar uma espécie de "velcro".[6] Os passarinhos trabalham para forrar o interior do saco com milhares de pequenas penas isolantes e cobrir o exterior com milhares de pequenos flocos de líquen para camuflagem, criando uma estrutura feita de cerca de seis mil peças.

"O ninho de uma ave é o espelho mais claro de sua mente. É o exemplo mais palpável daquelas qualidades de raciocínio e pensamento com as quais essas criaturas são inquestionavelmente dotadas em grau muito elevado."[7]

O ornitólogo inglês Charles Dixon escreveu isso em 1902. No entanto, durante muito tempo, presumimos que a construção de ninhos era um comportamento puramente inato: uma ave vem ao mundo com uma espécie de "modelo" de ninho inserido em seus genes e nenhum conceito real do que pretende fazer. Se os cérebros estavam envolvidos nesse processo, teria sido apenas para seguir um conjunto simples de regras de comportamento, de movimentos programados que levaram ao surgimento da xícara de ovo extravagante. Niko Tinbergen, ganhador do Nobel,[8] observou que os chapins-de-cauda-longa usam uma sequência de até catorze ações motoras para construir seus ninhos fechados em cúpula, mas então observou, com surpresa, como tais movimentos "simples e rígidos", quando juntos, "podiam levar à construção de tão magnífico resultado".[9]

Nos últimos anos, essa visão mudou porque os cientistas acumularam evidências convincentes de que a construção de ninhos requer todos os tipos de qualidades além do instinto — por exemplo, aprendizado e memória, experiência, tomada de decisão, coordenação e colaboração. A magnífica criação do chapim-de-cauda-longa, ao que parece, é um esforço cooperativo entre os membros de um casal do início ao fim.[10] É um trabalho que requer um conjunto de decisões sobre localização, materiais e a própria construção.

Assim, não surpreende que, quando Sue Healy, psicóloga e bióloga da Universidade de St. Andrews, na Escócia, e sua equipe do grupo de Aprendizado e Construção de Ninhos investigaram as regiões do cérebro que o mandarim usa durante a nidificação, eles descobriram que havia atividade não apenas nas vias motoras do cérebro, mas também nas vias envolvidas no comportamento social e no circuito de recompensa.[11]

Em um experimento relatado em 2014, a pergunta de Healy e equipe era se os mandarins aprenderiam a escolher um material de nidificação mais eficaz com base na experiência.[12] Na natureza, eles constroem seus ninhos em arbustos densos com bolas ocas de hastes de grama seca ou galhos finos.[13] No laboratório, os cientistas deram aos pássaros materiais de nidificação, que podiam ser fios de algodão frágil e flexível ou uma variedade muito mais rígida. Após uma breve sessão de construção de ninhos, os pássaros puderam escolher entre os dois fios. Aqueles que tinham experiência com a corda frágil a evitavam e preferiam a variedade mais rígida. Quanto mais experiência de construção de ninhos os pássaros ganhavam, mais eles optavam pelo barbante mais forte. Claramente, o aprendizado influenciou a escolha do material de construção.

Para saber se os pássaros selecionam deliberadamente materiais que camuflam seus ninhos, a equipe cobriu com papéis de parede de cores diferentes as gaiolas de mandarins machos.[14] Em seguida, ofereceu aos pássaros materiais de construção: tiras de papel que combinavam com o papel de parede e outras de uma cor diferente. A maioria dos pássaros escolheu as tiras correspondentes, sugerindo que eles examinaram as características de seus materiais de construção e não apenas recolheram por acaso o que quer que estivesse disponível localmente.

Os pássaros-tecelões também aprendem a melhorar suas escolhas de material de nidificação com a experiência.[15] Os indivíduos jovens preferem construir com materiais mais flexíveis e fios mais longos do que com fios mais curtos. À medida que ganham experiência, ficam mais exigentes, rejeitando qualquer coisa artificial, como barbante, ráfia ou palitos de dente. Eles também ficam melhores no corte e na tecelagem, cometendo menos erros e criando ninhos mais organizados e bem tecidos à medida que envelhecem.

A CONSTRUÇÃO DE GALHOS e objetos daquele pássaro lustroso do outro lado do mundo, entretanto, não é um ninho. Aquela ave, ao contrário do cooperativo chapim-de-cauda-longa, deixa a feitura do ninho inteiramente para sua companheira. Essa estranha e complexa criação, conhecida como caramanchão, é construída para um único propósito — a sedução — por uma criatura de extraordinária habilidade e inteligência: o pássaro-caramancheiro-cetim (*Ptilonorhynchus violaceus*).

A família dos pássaros-caramancheiros é tão notável que o ornitólogo E. Thomas Gilliard, certa vez, observou que as aves deveriam ser divididas em dois grupos: os caramancheiros e todas as outras.[16] Caramancheiros são conhecidos pelas marcas da inteligência: cérebros grandes, vida longa e longos períodos de desenvolvimento. (Eles levam sete anos para chegar à maturidade.) As cerca de vinte espécies conhecidas vivem todas nas florestas tropicais e nos bosques da Nova Guiné e da Austrália; dezessete dessas espécies constroem caramanchões. Eles são os únicos animais no planeta (exceto nós, talvez) conhecidos por usar objetos em exibições extravagantes para atrair parceiros.

E AÍ ESTÁ ELA. Uma ave verde-oliva sem graça, mais ou menos do tamanho de seu pretendente. Ela percorre a vizinhança, examinando a obra de três ou quatro outros caramancheiros, e avalia suas decorações.

É o mercado dela, então ela saiu às compras. A fêmea pousa ao sul do caramanchão de nosso herói e hesita em meio à vegetação rasteira. Parece gostar do que vê. Talvez seja a simetria satisfatória da arquitetura que chama a sua atenção. Ou aquela chupeta azul-bebê. Alguns momentos depois, a ave salta para dentro daquele caramanchão pequeno e aconchegante, tão bem-feito, e belisca alguns galhos, provando a tinta que ele aplicou cuidadosamente no interior das paredes da estrutura.

Assim que ela pousa, o macho interrompe a arrumação e se movimenta.[17] De súbito, inicia um balé frenético, cheio de pulos e passos de dança. Com o bico, arranca objetos de sua valiosa coleção e os joga no palco. De repente, ele torna-se "mecânico", zumbindo e zunindo como um brinquedo de corda rítmico. É menos algo sussurrante e presunçoso e mais algo como um robô ou manequim que se mexe com gestos secos. Bate as asas e mexe o rabo em movimentos rápidos como se fosse motorizado, e depois corre dramaticamente pela plataforma como se estivesse atacando um agressor. Abruptamente, ele passa a fazer imitações. Primeiro, o chamado gargalhante de uma kookaburra, depois a metralhadora barulhenta de um melífago-de-lewin, em seguida os chamados mais suaves de uma cacatua-de-crista-

-amarela, um corvo-australiano, uma cacatua-preta-de-cauda-amarela. O macho gargalha. Zune. Chia e resmunga. Exibe sua esplêndida plumagem e mostra seus olhos esbugalhados, agora estranhamente manchados de vermelho. Faz uma pausa, olhando fixamente, fica saltando por alguns minutos e, de repente, retoma sua exibição. Move o pescoço para a frente e bate as asas novamente. Pegando uma pequena decoração em seu bico — uma folha amarela —, ele salta rigidamente para a entrada do caramanchão e encara a fêmea, infla suas penas brilhantes para que pareça maior e faz uma sequência de flexões dos joelhos.

A fêmea assiste a todo esse espetáculo atentamente, avaliando a performance que pode durar de alguns segundos a meia hora.

De repente, nosso herói recua violentamente movendo-se de lado. A fêmea se assusta. Em um instante, ela sai voando do caramanchão e vai embora.

Ele a perdeu.

Por quê? Onde ele errou?

A DURA VERDADE NO UNIVERSO dos pássaros-caramancheiros é que relativamente poucos machos conquistam a garota. São as fêmeas que escolhem seus amores, e elas fazem uma seleção muito cuidadosa. Frequentemente, um macho tem sorte muitas vezes, acasalando com vinte ou trinta fêmeas diferentes, enquanto outros machos não conseguem ninguém. As razões para essa desigualdade são complexas e oferecem uma janela intrigante sobre como o pássaro-caramancheiro desenvolveu sua arte e sua inteligência. Como a tendência de um macho para a dança e exibições delicadas de gravetos simétricos e canudos cerúleos acabou virando parte da visão que as fêmeas têm de um companheiro ideal? Será que essa "arte" é um indicador de inteligência ou senso estético?

A história do pássaro-caramancheiro-cetim é um bom lugar para procurarmos as respostas para essas perguntas. Essas aves têm comportamentos de exibição bastante extremos, diz Gerald Borgia, biólogo da Universidade de Maryland que as estudou por mais de quatro décadas.[18] E as fêmeas também são exigentes de maneira bastante extrema ao fazer suas escolhas.

O que será que elas estão procurando?

Os pássaros-caramancheiros machos não oferecem nenhum benefício direto como parceiros ajudantes. Nenhuma ajuda para alimentar os filhotes, por exemplo, ou proteger o território. A única coisa que um pássaro-caramancheiro fêmea ganha de um macho são seus genes. Portanto, ela não perde tempo avaliando capacidades como forrageamento. Em vez disso, examina seu caramanchão e as decorações, bem como sua habilidade na hora de dançar, fazer imitações e outras exibições de sedução.

Procurar o macho ideal demanda tempo e energia, então essas demonstrações precisam ser marcantes. Na verdade, em todos os aspectos de sua exibição, diz Borgia, o macho revela sua agilidade mental.[19]

Considere o que é necessário para construir um caramanchão de qualidade superior: em primeiro lugar, a escolha de uma excelente localização. Um macho experiente posiciona seu caramanchão para maximizar o apelo de sua obra. Os pássaros-caramancheiros-cetim que Borgia estuda orientam seus caramanchões em um eixo Norte--Sul. "Eles parecem estar tentando obter a iluminação certa para sua obra", diz Borgia. Às vezes, eles podam as folhas ao redor da plataforma para permitir a entrada de mais luz.[20]

Em segundo lugar, é necessário ter excelente habilidade artesanal. As fêmeas preferem paredes que sejam esplendidamente trabalhadas, simétricas e densas, com gravetos uniformes. Sendo assim, um macho com esperança de arrumar uma parceira precisa encontrar galhos retos e delgados do comprimento certo, centenas deles. Ele os posiciona firmemente em duas paredes curvas e grossas. Para tornar as paredes simétricas, ele usa uma ferramenta mental chamada modelagem. "Na modelagem, um macho pega um graveto e se posiciona ao longo da linha média da alameda do caramanchão", explica Borgia.[21] Ele coloca o graveto na parede ou contra a parede e, ainda segurando o objeto, afasta-o da parede. Depois, usando uma inversão precisa de seus movimentos, ele faz exatamente o mesmo na parede oposta, deixando ali o graveto. Alguns pássaros-caramancheiros são flexíveis o suficiente para modificar essa técnica. Quando os pesquisadores mexeram nos caramanchões de vários machos, destruindo completamente uma das paredes simétricas, os pássaros revelaram uma mente surpreendentemente ágil: em vez de colocar metade dos gravetos uniformemente em cada lado, eles concentraram seus esforços na reconstrução do lado destruído.[22]

Depois, há a questão profunda dos adornos. As fêmeas gostam de decorações, quanto mais, melhor, então os machos começam a acumular badulaques. Remova esses tesouros do caramanchão de um macho e a cotação dele no mercado nupcial cai vertiginosamente. Ele aumenta constantemente sua coleção — às vezes, de maneira inescrupulosa — roubando de caramanchões vizinhos se os proprietários estiverem ausentes. Manter seu próprio caramanchão intacto e bem decorado absorve todas as suas energias.

Cada espécie de pássaro-caramancheiro tem ornamentos e cores preferidos cuidadosamente selecionados para servir de contraste, dependendo do ambiente. Os pássaros-caramancheiros-pintados, primos desleixados dos pássaros-caramancheiros-cetim que constroem suas estruturas em bosques abertos, preferem objetos verdes, junto com coisas prateadas e brilhantes, diz Borgia. "Eles colocam moedas, joias e pregos novos no ponto ideal de seu caramanchão e cartuchos de rifle mais adiante. Encontramos um pássaro que colocou pregos novos e brilhantes na alameda da estrutura e outros oxidados ao fundo. Ele estava separando os bons dos não tão bons." Essas aves costumam dispor seus caramanchões perto de "pontas" (*tips*, em inglês), o termo australiano para lixões, locais em que têm acesso imediato a todos os tipos de coisas brilhantes e coloridas. Um caramanchão que Borgia descobriu, construído por um pássaro-caramancheiro-pintado perto da casa de um artista que cria vitrais, estava cheio de pequenos fragmentos de vidro colorido, que a ave tinha separado por cor. "Foi notável como ele organizou as peças", diz Borgia, "exatamente como um mosaico."

O pássaro-caramancheiro-de-vogelkop constrói uma estrutura alta semelhante a uma cabana, conhecida como caramanchão de mastro, ao redor de um tronco de árvore jovem nas florestas tropicais das montanhas da Nova Guiné.[23] O telhado é tecido com hastes de orquídeas epífitas. Em um gramado de musgo que sai do caramanchão, o pássaro cria uma bela natureza morta com pequenas pilhas de flores coloridas, frutas e asas de besouro iridescentes — vermelhas, azuis, pretas e alaranjadas — junto com o ocasional tesouro aleatório posicionado de maneira proeminente, como uma meia branca com listras alaranjadas roubada da cabana de um missionário nas proximidades.

Os pássaros-caramancheiros-grandes, que vivem nas florestas de eucaliptos do Norte da Austrália, preferem detalhes minimalistas como pano de fundo, principalmente pedras brancas, ossos e cascas branqueadas de caramujos. (Durante uma forte tempestade no local em que faz estudos de campo em Queensland, em dezembro de 2014, a pesquisadora brasileira Aída Rodrigues observou que lá os pássaros-caramancheiros-grandes estavam incorporando granizos gigantes em seus pátios de exibição.) Ao fundo claro aumenta o contraste em relação aos objetos brilhantes que eles colocam na entrada da alameda, os de cor verde, que arrumam cuidadosamente em linhas ou desenhos ovalados nas laterais, e os vermelhos, espalhados pelas bordas do pátio.

Essas espécies constroem dois pátios elípticos ligados por uma longa alameda de gravetos marrom-avermelhados, enchendo seus caramanchões com espantosos cinco mil galhinhos. A fêmea fica parada no meio da alameda enquanto o macho a corteja. A luz avermelhada dos gravetos na alameda é capaz até de alterar a percepção de cor da fêmea, intensificando sua percepção de tons de vermelho, verde e lilás — a cor da crista do pássaro-caramancheiro-grande macho.[24] Ele fica fora do campo de visão da possível parceira, em um dos pátios em que seus objetos coloridos estão escondidos. De vez em quando, a cabeça dele aparece no canto para surpreendê-la jogando um objeto em sua direção. É a estratégia que usa para prender a atenção dela. Quanto mais tempo a fêmea permanecer na alameda, maior será a probabilidade de acasalamento.

De acordo com John Endler, da Universidade de Deakin, na Austrália, os pássaros-caramancheiros-grandes talvez tenham outro truque artístico na manga: a ilusão de óptica.[25] Endler argumenta que, para impressionar as fêmeas, os machos organizam suas coleções de pedras e ossos em tamanho crescente seguindo a distância da entrada da alameda. Na opinião do pesquisador, isso cria as condições perfeitas para uma ilusão visual conhecida como perspectiva forçada.

É um estratagema semelhante ao usado pelos arquitetos da Grécia Antiga ao construir colunas afiladas no topo para criar a impressão de maior altura, e mais recentemente pelos projetistas do icônico castelo da Cinderela na Disneylândia. Os tijolos, as torres e as janelas do castelo azul e rosa ficam menores a cada andar, de maneira que seu cérebro é levado a pensar que o topo do edifício fica mais longe do que realmente está. Os cineastas também usaram esse truque em *O senhor dos anéis* para fazer os hobbits parecerem menores.

Os pássaros-caramancheiros-grandes aparentemente fazem exatamente o oposto: colocam objetos menores perto da entrada do caramanchão e pedras e ossos maiores mais longe. Para a fêmea que olha para fora de seu recinto aconchegante, especulam os pesquisadores, isso cria a ilusão de que o pátio é menor do que é. O palco assim "reduzido" pode fazer com que o próprio macho desfilando e seus objetos coloridos pareçam maiores e mais vibrantes. O cérebro da fêmea, como o nosso, pode fazer suposições falsas sobre o que está vendo. Para ter certeza disso, entretanto, são necessárias mais pesquisas sobre a percepção das aves.

Que tipo de capacidade intelectual precisa existir no macho para realizar esse truque visual — se é que é isso mesmo? Pode ser uma simples questão de tentativa e erro, diz Endler, com os pássaros colocando os objetos ao acaso, entrando para dar uma olhada e depois os reorganizando.[26] Ou eles podem estar usando uma regra prática simples — coloque as coisas menores mais perto, as maiores mais longe —, o que seria um comportamento ligeiramente mais complexo. Ou talvez eles tenham um verdadeiro senso de perspectiva e saibam a ordem em que devem colocar os objetos para construir um gradiente. De uma coisa podemos ter certeza, diz Endler, "o arranjo não aconteceu por acaso".[27] Os pássaros estão profundamente comprometidos com seus próprios projetos.[28] Quando o pesquisador e sua equipe reorganizaram os objetos brancos e cinzentos no caramanchão, os machos colocaram as coisas de volta de acordo com seu projeto original em três dias.

Os pássaros-caramancheiros-cetim são principalmente coloristas e escolhem suas cores para obter o máximo de contraste. Ao elaborar o palco de seu caramanchão, colocam um tapete de galhos e folhas de cores claras que gera um brilho intenso no ambiente escuro da floresta. Contra esse pano de fundo, eles enfeitam seu palco com o azul, a mais rara das cores na natureza. Alguns cientistas sugerem que o esquema de cores do caramancheiro-cetim pode ter o objetivo de combinar com a própria cor iridescente desses pássaros. Mas Borgia descobriu que eles não têm interesse em decorar seus caramanchões com as próprias penas. Eles preferem o azul, que contrasta muito bem com o amarelo-claro na escuridão verde de uma floresta tropical.

Os humanos também parecem gostar desse tom. Pesquisas sugerem que o azul é adorado por mais pessoas do que qualquer outra cor, talvez porque esteja associado a coisas do ambiente que todo mundo adora, o céu claro e a água limpa.[29] O pintor e colorista Raoul Dufy teria dito que "o azul é a única cor que mantém seu caráter em todos os tons [...] sempre será azul." Na natureza, o azul é incomum em parte porque os vertebrados nunca desenvolveram a capacidade de produzir ou usar pigmentos azuis.[30] O azul elétrico profundo que um pássaro-azul-oriental carrega nas costas é um exemplo do que os cientistas chamam de cor estrutural: é gerado pela luz interagindo com o arranjo tridimensional da queratina nas penas do pássaro.

Objetos azuis são relativamente raros no mundo do caramancheiro-cetim, de modo que muitas vezes eles os rouba. O estoque de decorações azuis no caramanchão de um macho reflete sua capacidade de surrupiá-los dos grandes acúmulos de objetos nos caramanchões ao seu redor. Uma vez adquiridos, esses tesouros devem ser protegidos dos ataques de outros machos que desejam levá-los para seu próprio estoque.

Alguns deles visitam caramanchões rivais não apenas para roubar, mas também para destruir. É algo que também requer perspicácia.

Os caramanchões dessas aves geralmente têm mais de noventa metros de distância entre si. Estão fora da visão um do outro. De acordo com Borgia, saquear um caramanchão vizinho que não está à vista sugere que os machos têm um mapa mental das localizações de cada estrutura e se lembram delas.

A equipe de pesquisa de Borgia usa câmeras de vigilância para capturar os vândalos em ação.[31] Um saqueador procura e ataca o caramanchão de outro macho com furtividade e velocidade. Ele voa silenciosamente e se empoleira imóvel nos galhos acima do "palco", certificando-se de que o dono esteja longe. Depois, pula para o chão. Em um instante ele se transforma em um tornado de veludo escuro, arrancando gravetos do caramanchão e jogando-os para o lado. Em três ou quatro minutos, um triunfo arquitetônico que levou dias para ser construído é reduzido a um monte de galhinhos. O bandido recua para examinar os destroços, localiza uma escova de dentes azul que vale a pena roubar e vai embora.

Do ponto de vista de uma fêmea, um caramanchão intacto embelezado com objetos azuis em abundância sugere que esse macho é habilidoso não apenas como ladrão, mas também na hora de se proteger contra furtos e vandalismo.

Se os caramancheiros-cetim preferem o azul, eles rejeitam o vermelho. Jogue um objeto carmesim no meio das peças azuis e os pássaros rapidamente removerão o invasor, voando com ele e deixando-o cair a certa distância dali, longe da vista. Alguns observadores chegam a sugerir que sujar o caramanchão com qualquer resquício de vermelho é o tipo de coisa capaz de deixar a ave mais enlouquecida que uma galinha molhada.[32]

Por que a aversão ao vermelho? Borgia acha que a combinação de cores escolhida pela espécie, azul e amarelo (que não é encontrada naturalmente em seu habitat) equivale a um sinal claro e marcante, uma espécie de bandeira para as fêmeas visitantes, que grita: "Aqui está um caramanchão de sua espécie!". Qualquer coisa vermelha acaba sendo um poluente que atrapalha a clareza do sinal.

Essa urgência dos machos de livrar seus caramanchões da cor vermelha deu a Jason Keagy, então estudante de doutorado da equipe de

Borgia (agora na Universidade do Estado de Michigan), uma ideia engenhosa: usar a aversão como um poderoso motivador para testar a capacidade de resolução de problemas dos machos na natureza.[33]

Keagy queria descobrir se alguns machos eram mais espertos e se esses mesmos pássaros acabam conseguindo acasalar mais.

Em um dos testes, ele colocou três objetos vermelhos no caramanchão e os cobriu com um recipiente de plástico transparente. Em seguida, mediu quanto tempo levou para o pássaro remover a barreira para conseguir se livrar dos objetos. Alguns pássaros demoraram menos de vinte segundos para resolver o problema; outros não conseguiam fazer isso de jeito nenhum. A maioria dos pássaros que conseguiram bicou o recipiente até que ele caísse e então levou para longe os objetos vermelhos.[34] Mas um deles se empoleirou no topo do contêiner e o balançou até que tombasse, em seguida arrastou-o para longe da plataforma e só então descartou o intruso vermelho.

O segundo teste foi um pouco mais tortuoso. Keagy colou um ladrilho vermelho em parafusos compridos, rosqueados fundo no solo para que fosse impossível tirá-lo dali. Isso apresentou aos pássaros um novo problema, que eles normalmente não encontrariam em seu ambiente natural. Os machos mais espertos descobriram rapidamente uma nova estratégia para lidar com a situação — cobrir o objeto vermelho com serrapilheira ou outras decorações.

Depois, Keagy correlacionou a engenhosidade nas duas tarefas com o sucesso no acasalamento. Descobriu que os solucionadores de problemas mais rápidos em ambas as tarefas também eram os campeões de acasalamento, com muito mais cópulas que as aves menos competentes. Em outras palavras, diz Keagy, "A inteligência é sexy!".

O CARAMANCHÃO DESSES PÁSSAROS é arte? Será que os machos da espécie são artistas?

Depende de como você define *arte*. Tal como acontece com a inteligência, o termo foge de uma definição fácil. O *Oxford English Dictionary* diz que se trata de uma "habilidade, especialmente a habilidade humana em oposição à natureza; ardil; habilidade imitativa ou imaginativa aplicada ao design". O *Merriam-Webster* diz que a arte é a "habilidade adquirida por experiência, estudo ou observação" e "uso consciente da habilidade e da imaginação criativa".

Os biólogos oferecem uma perspectiva diferente. John Endler sugere que a arte visual pode ser definida como "a criação de um padrão visual externo por um indivíduo a fim de influenciar o comportamento de outros, e [...] a habilidade artística é a habilidade de criar arte".[35] Richard Prum, ornitólogo da Universidade Yale, vê a arte como "uma forma de comunicação que coevolui com sua avaliação".[36] Por essas definições, um caramanchão certamente poderia ser qualificado como arte, e os pássaros, como artistas.

Pode haver talento artístico em outras criações de aves. Algumas decoram seus ninhos de maneira exuberante. Os milhafres-pretos preferem o plástico branco; as corujas, fezes e restos de presas. Muitos pássaros têm olho para coisas cintilantes e brilhantes. Em seu livro *Birds of Massachusetts**, Edward Forbush cita um relato sobre um macho maluco de corrupião-de-baltimore, que viu uma criança brincando com uma fivela de sapato prateada amarrada em uma fita. O pássaro deu um rasante e agarrou a fivela e a enfiou no ninho. Na costa de Delaware, vi águias-pescadoras trazerem para seus ninhos fitas brilhantes, garrafas e pedaços de balões. Um ninho de águia--pescadora em Monmouth Beach, em Nova Jersey, tinha um relógio de pulso pendurado.

Outros pássaros podem ou não ser atraídos por tesouros brilhantes por razões estéticas. Apenas os pássaros-caramancheiros decoram ricamente as áreas de exibição, procurando tesouros de cores específicas e posicionando-os meticulosamente para deslumbrar as fêmeas. O naturalista e cineasta Heinz Sielmann observou certa vez o comportamento decorativo do pássaro-caramancheiro-de-peito--amarelo: "Cada vez que o pássaro retorna de uma de suas incursões de coleta, ele estuda o efeito geral da cor. [...] O animal pega uma

---

* *Birds of Massachusetts and other New England States* [Aves de Massachusetts e de outros estados da Nova Inglaterra], Commonwealth of Massachusetts, 1927.

flor com o bico, coloca-a no mosaico e se afasta à distância ideal de visualização. Ele se comporta exatamente como um pintor analisando criticamente sua própria tela. É uma ave que pinta com flores; trata-se da única maneira de expressar o que faz".[37] De acordo com Gerald Borgia e Jason Keagy, o macho de pássaro-caramancheiro-cetim faz algo semelhante: ele se coloca em seu caramanchão no lugar em que a fêmea vai ficar, como se estivesse levando em conta o ponto de vista dela, e então modifica a exibição dessa perspectiva. "Não estamos dizendo que esses pássaros têm uma teoria da mente", diz Keagy, "mas é um comportamento muito interessante, mesmo assim."[38]

Como você designaria essa coleta, classificação e disposição cuidadosamente pensada de objetos coloridos sem nenhuma função aparente além de impressionar um observador ou avaliador e modificar seu comportamento? Na minha cabeça, parece quase impossível entender esse processo sem traçar alguma relação com a arte.

ENTÃO, EM QUE PONTO nosso herói rejeitado saiu dos trilhos? Seu caramanchão era um modelo de simetria e arte. O palco brilhante foi pontilhado com estrelas azuis roubadas dos rivais. Ele demonstrou notável domínio da mímica vocal e da dança.

Mas a senhora do caramancheiro-cetim, como vimos, quer algo mais.

Gail Patricelli, especialista em comportamento animal da Universidade da Califórnia em Davis, sugere que o namoro bem-sucedido entre pássaros-caramancheiros-cetim não é apenas uma questão de inteligência bruta, talento artístico e bravatas. Outra coisa desempenha um papel de destaque nesse conjunto: algo como a sensibilidade.[39]

As fêmeas se sentem atraídas por apresentações de canções e danças que sejam vigorosas e intensas, mas não em excesso. O movimento e o zumbido imoderado das asas podem ser muito parecidos com a exibição agressiva de um macho diante de outro, o que é um forte desestímulo para uma fêmea. Portanto, os machos estão em uma situação difícil, diz Patricelli: eles precisam se exibir intensamente para serem atraentes, mas não exagerar, ou podem afastar as fêmeas. O jogo de sedução exige mais sensibilidade do que presunção, mais tango e menos kickboxing.

Para observar como diferentes machos lidam com esse dilema, Patricelli criou um experimento inspirado quando era estudante de doutorado no laboratório de Borgia.[40] Ela construiu uma pequena "robofem", um robô enfiado na pele de uma fêmea de pássaro-cara-mancheiro. A cientista equipou o pássaro-robô com vários motores pequenos para que pudesse fazê-lo se agachar como uma fêmea de verdade, olhar ao redor e até mesmo afofar suas asas na posição de acasalamento. Assim, Patricelli podia controlar a variável do comportamento de uma fêmea para medir as respostas masculinas. A fêmea-robô agia da mesma maneira todas as vezes, e Patricelli filmou as reações de 23 machos diferentes.

Os vídeos revelaram que os machos variam muito na sensibilidade em relação a como uma fêmea reage à sua exibição. Alguns machos são atenciosos. Se uma fêmea parecer assustada, eles vão baixar o tom de sua exibição, moderando o movimento das asas e se afastando um pouco. Outros são totalmente desatentos.

Os mais atenciosos, ao que parece, são os que conseguem mais acasalamentos. Os que exageram na demonstração de intensidade e força perdem. Em outras palavras, diz Patricelli, a seleção sexual parece favorecer tanto a evolução de traços de exibição elaborados quanto a capacidade de usá-los apropriadamente. E pode ser que aqui o nosso herói tenha ficado aquém na tarefa. Ele necessitava de mais traquejo social.

CONSTRUIR, DECORAR, AJUSTAR a música e a dança e moderar a intensidade da performance para se adequar à possível parceira: de acordo com Gerald Borgia, esses são comportamentos extravagantes que não vêm "de fábrica", desde o nascimento, mas que os machos precisam adquirir quando são jovens. Aqui, talvez, esteja outra pista para entender as fêmeas: a qualidade da exibição de um macho, como a precisão do canto de uma ave canora, indica sua capacidade de aprender quando jovem. E, como acontece com o aprendizado de canções, isso pode ser um sinal de capacidade cognitiva.[41]

A recompensa genética para os sortudos entre esses pássaros é grande. Muito grande. Assim, os machos trabalham duro para aprender a construir a melhor exibição possível, praticando intensamente suas habilidades de sedução. Na verdade, esses pássaros dedicam pouco de seu tempo a qualquer outra coisa.

"Os machos jovens constroem caramanchões muito ruins", diz Borgia.[42] Como eles não conseguem selecionar gravetos de diferentes comprimentos e tamanhos e colocá-los em ângulos adequados para produzir paredes arredondadas, como fazem os adultos, seus caramanchões acabam virando uma enorme bagunça. "Além disso, os juvenis tendem a usar gravetos ridiculamente grossos", diz Jason Keagy, o que faz com que seja ainda mais difícil construir um caramanchão bonito e arrumado.[43] "E tem outra coisa engraçada", acrescenta Keagy: "Os jovens costumam trabalhar juntos no mesmo caramanchão de 'treinamento', mas não de maneira colaborativa. Assim, um macho monta os gravetos; outro macho vem, destrói o que foi construído e recomeça; em seguida, outro aparece e acrescenta mais alguns galhinhos, e assim por diante."

Os jovens pássaros vão ficando melhores na tarefa com o tempo, principalmente imitando os mais velhos. Eles visitam os caramanchões de outros machos e, às vezes, "ajudam" aumentando um caramanchão existente ou apenas adicionando um ou dois gravetos às paredes. Também pintam caramanchões de outros machos. (A pintura é uma parte importante da sedução proporcionada pela estrutura. Quando os pesquisadores removeram essa tinta, menos fêmeas retornaram a esses espaços para novas rodadas de namoro e cópula.[44])

Os jovens também observam os mais velhos em busca de dicas sobre como se exibir. Isso requer um pouco de atuação. Quando um jovem macho visita o caramanchão de um macho maduro, ele frequentemente faz o papel da fêmea enquanto observa de perto o macho mais velho. O pássaro jovem pode ser um pouco mais inquieto do que sua contraparte feminina, mas o mais velho tolera sua presença porque o mentor também se beneficia ao praticar com plateia. "É uma situação em que todos ganham", diz Borgia; "Caso contrário, você pode apostar que não aconteceria."

Pense nisso. Para conseguir uma companheira, um pássaro-caramancheiro-cetim macho deve ser artístico, inteligente, sensível, atlético, prático e um bom aluno. Uma fêmea exigente, por sua vez, deve ter considerável capacidade intelectual para avaliar todas essas qualidades.[45] Como Jason Keagy observa, a escolha do parceiro é um processo cognitivo exigente.[46] Envolve "dispensar" os candidatos ao longo da temporada, visitar caramanchões para as primeiras cortes e retornar para mais sessões de sedução antes da decisão final de copular com determinado macho. A fêmea precisa desvendar a localização dos caramanchões, que frequentemente estão bem escondidos sob arbustos e, às vezes, separados por alguns quilômetros de distância (exigindo uma espécie de mapa mental). Ela também precisa se lembrar deles de uma estação reprodutiva para outra. A fêmea precisa avaliar as habilidades de construção e contar as decorações, ou pelo menos estimar o número delas. É necessário ainda sentir o gosto da tinta que fica, que forra a parte interna do caramanchão, possivelmente um sinal quimiossensorial para ela usar na avaliação do parceiro em potencial. Ela deve avaliar a exibição ouvindo a imitação precisa, medindo o vigor e a habilidade mostrada em seu sapateado extravagante e a intensidade e a força de sua performance — o tempo todo lidando com o medo de ser atacada.

Ela precisa fazer tudo isso rapidamente; não pode ficar o dia todo nisso. Em seguida, deve comparar qualquer pretendente solteiro com todos os outros machos disponíveis, além de considerar suas escolhas anteriores e qual resultado elas tiveram.[47]

"Tudo isso é muito semelhante à busca por candidatos a um emprego", diz Gail Patricelli.[48] "Primeiro, uma verificação do currículo, depois uma entrevista curta, depois uma entrevista mais longa. Modelos econômicos que têm a ver com encontrar bons candidatos (chamado de 'problema da secretária' pelos economistas — obviamente homens — que criaram os modelos) acabam prevendo bem o comportamento da fêmea do pássaro-caramancheiro." Cada vez que uma delas encontra um novo macho, deve compará-lo com sua memória sobre os encontrados anteriormente, e é mais provável que aceite o novo se a comparação for favorável a ele.

MAS POR QUE ELA É TÃO EXIGENTE? Por que se importar em procurar um macho que seja bom em aprender, decorar, imitar, dançar e resolver problemas?

Uma explicação é que as fêmeas talvez usem o caramanchão de um macho da mesma forma que as aves canoras fêmeas usam o canto masculino, como uma forma de avaliar sua aptidão genética geral, incluindo sua capacidade cognitiva. Os muitos traços de exibição codificam informações que a fêmea precisa saber sobre o macho para julgar sua aptidão como parceiro — que ele vem de um bom ovo, que não tem parasitas, que tem resistência, habilidades motoras finas e habilidades cognitivas superiores.[49]

De acordo com Keagy e Borgia, é na totalidade da exibição de um macho — caramanchão, decoração, música e dança — que as fêmeas podem intuir todo o seu valor como pai e, é provável, especialmente, sua capacidade intelectual. "Todos esses elementos da exibição masculina parecem ter algum componente de cognição", diz Borgia. "Cada característica pode dizer a uma fêmea algo sobre o macho", acrescenta Keagy. "Por exemplo, o número de decorações azuis indica sua habilidade competitiva; o número de conchas de caramujos (que são duráveis e coletadas ao longo dos anos) oferece informações sobre sua idade e capacidade de sobrevivência; a mímica traz pistas sobre sua capacidade de aprendizado e memória; e a construção do caramanchão revela sua coordenação motora e habilidade." Um único traço de exibição não é necessariamente uma medida confiável. "Portanto, uma fêmea usa todas essas características juntas para obter um indicador mais preciso da qualidade geral de um macho", explica Keagy. "É como um teste completo de inteligência sexualmente selecionado com uma pontuação total, mas também pontuações para diferentes categorias." (Na verdade, pesquisas sugerem que as mulheres fazem o mesmo, avaliando com precisão a inteligência masculina ao observar seu comportamento em tarefas verbais e físicas: os homens inteligentes, pelo visto, são mais atraentes.[50])

"Na medida em que essas coisas são importantes para a fêmea, ela está escolhendo machos cognitivamente capazes", explica Borgia. Mas ele adverte: "Pode-se discutir até que ponto a cognição é algo propositalmente escolhido pela fêmea ou se os machos com melhor cognição são os que fazem melhores exibições".

EM TODO CASO, UMA FÊMEA sábia de pássaro-caramancheiro-cetim parece procurar machos com exibições superiores. Talvez ela escolha com muito cuidado para que seus filhos herdem características de qualidade, como boa saúde, um forte sistema imunológico, vigor e inteligência. É o chamado modelo de bons genes. Essa é uma das ideias em discussão.

Existe outra ideia mais radical. Fêmeas de caramancheiros, pavões e outras aves exigentes podem se sentir atraídas por lindas construções e exibições justamente porque elas são lindas. Essa foi a teoria *realmente* perigosa de Charles Darwin, diz Richard Prum: a de que penas coloridas ou caramanchões bonitos podem fazer duas coisas ao mesmo tempo — anunciar qualidades desejáveis, como vigor e saúde, mas também "ser apenas qualidades desejáveis em si mesmas, sem comunicar qualquer significado especial sobre aptidão".[51]

Como Ronald Fisher sugeriu em seu modelo pioneiro de seleção sexual, certos traços de beleza extravagante, mesmo quando não são úteis, podem ter evoluído simplesmente porque eram preferidos pelo sexo oposto.[52] Como Prum aponta, a ideia de Darwin de que as fêmeas podem apreciar a beleza por si mesma também foi ousada por esse motivo. Os machos podem desenvolver gradualmente belos traços, propôs Darwin — sejam eles penas esplêndidas, música ou caramanchões — "por causa da preferência das fêmeas durante muitas gerações".[53] As penas do pavão macho, por exemplo, coevoluíram com o senso estético da fêmea, que aprecia as cores e os padrões gloriosos. No caso do pássaro-caramancheiro, a beleza do caramanchão é moldada pela percepção da fêmea. Em outras palavras, sua mente molda a exibição masculina; ela é a arquiteta da criação artística do pássaro macho e do cérebro necessário para realizá-la, assim como a ave canora fêmea é a arquiteta da complexa canção do macho e das sofisticadas redes neurais que a produzem.

SE A FÊMEA CARAMANCHEIRA é de fato a artista que, por meio da seleção ao longo de gerações, ajuda a criar esses caramanchões deslumbrantes, isso levanta a questão de como ela pode perceber essa beleza. Será que a espécie tem senso estético? Será que percebe a beleza da mesma maneira que nós?

Shigeru Watanabe explora essa espinhosa questão — de que maneira outra criatura pode experimentar estímulos estéticos — em seu laboratório na Universidade de Keio, no Japão. Há alguns anos, Watanabe testou a capacidade das aves de distinguir pinturas humanas de estilos diferentes (por exemplo, separar um cubista de um impressionista).[54] No primeiro estudo, ele treinou oito pombos para fazer distinções entre as obras de Picasso e as de Monet. Os animais vieram da Sociedade Japonesa de Pombos de Corrida; as pinturas, de reproduções em um livro de arte. Os experimentadores treinaram os pombos para localizar dez Picasso e dez Monet diferentes, recompensando-os quando bicassem as fotos.

Em seguida, os cientistas testaram os pássaros usando novas pinturas dos artistas, nunca vistas durante o treinamento — e com pinturas de diferentes artistas no mesmo estilo. Os pombos não só conseguiam identificar o novo Monet ou Picasso como também distinguir outros impressionistas (Renoir, por exemplo) de outros cubistas (como Braque). (Esse trabalho inicial rendeu aos cientistas um Prêmio Ig Nobel por "realizações que primeiro fazem as pessoas rir e depois as fazem pensar".)

Para investigar se os pássaros seriam capazes de fazer distinções com base em conceitos humanos de beleza, Watanabe treinou pombos para distinguir entre pinturas "boas" e "ruins", conforme isso foi definido pelos críticos humanos.[55] Ele descobriu que os pássaros realmente conseguiam distinguir o belo do feio usando detalhes de cor, padrão e textura.

Tudo bem, mas os pássaros preferem algum estilo particular de pintura? Para descobrir, a equipe de Watanabe criou uma gaiola retangular projetada para assemelhar a um corredor de uma galeria de arte.[56] Ao longo do corredor havia telas mostrando diferentes estilos de pintura: tradicionais no estilo japonês *ukiyo-e*, bem como quadros impressionistas e cubistas. Os cientistas cronometraram quanto tempo os pássaros ficavam pousados diante de cada tipo de pintura. Desta vez, os críticos de arte escolhidos foram sete calafates. Cinco deles pareciam preferir o cubismo ao impressionismo; seis dos sete não mostraram nenhum favorito claro entre as pinturas japonesas e impressionistas (talvez uma decepção para os pesquisadores do Japão). Esse foi o primeiro estudo que tentou mostrar que outros animais além dos humanos podem ter preferências acerca de pinturas humanas.

Mais recentemente, pesquisas mostraram que distinguir estilos de pintura (usando cores, pinceladas e outras indicações) não é algo exclusivo dos seres humanos mesmo. Na verdade, os cientistas treinaram as abelhas para diferenciar um Picasso de um Monet.

É fácil ridicularizar esse tipo de pesquisa. A ideia de que pássaros e abelhas são capazes de escolher suas obras de arte favoritas se parece muito com antropomorfismo. Mas o trabalho de Watanabe tem mais a ver com as capacidades afiadas de observação e discriminação de cor, padrão e detalhes dos animais do que com sua suposta preferência por Braque ou Monet.[57]

As aves são criaturas visuais. Elas tomam decisões rápidas com base em informações visuais obtidas lá do alto e em alta velocidade. Pombos que observam uma série de fotografias de paisagens tiradas sucessivamente conseguem detectar pequenas diferenças visuais que os seres humanos sofrem para perceber.[58] Também conseguem reconhecer outros pombos usando apenas a visão.[59] As galinhas também. Só porque o pequeno e poderoso sistema nervoso central de pombos ou pássaros-caramancheiros está organizado de maneira muito diferente do nosso, isso não significa que eles sejam menos capazes de percepção visual excepcional e discriminações finas.

Considere a tarefa de avaliar movimentos sutis de dança: algumas fêmeas, ao que parece, são espantosamente boas nisso — é o caso da rendeira-de-colarinho-dourado (*Manacus vitellinus*), um pássaro conhecido por suas surpreendentes exibições acrobáticas ao cortejar parceiras. No caso das rendeiras, tal como no dos caramancheiros, as chances de um macho acasalar dependem da avaliação feminina de sua exibição. Eles executam uma demonstração de "salto instantâneo" que começa com pequenos saltos entre mudinhas de árvores. Depois, no meio do pulo, o pássaro faz um movimento com as asas para cima que provoca um estalo ruidoso. Ao pousar, ele rapidamente se posiciona imóvel com o pescoço pronunciado com o objetivo de mostrar sua "barba" (as penas amarelo-brilhantes da garganta). É um movimento extremamente difícil que requer coordenação neuromuscular requintada e grande resistência. Pense em um ginasta realizando uma aterrissagem perfeita depois do salto.

Tal como acontece com os pássaros-caramancheiros, apenas um pequeno número de machos de rendeiras é responsável pela maioria dos acasalamentos. Na esperança de descobrir o que distingue os felizardos, uma equipe de cientistas usou câmeras de vídeo para registrar a exibição dos galanteadores na natureza.[60] Eles descobriram que as fêmeas preferem os machos que executam movimentos de dança em uma velocidade mais alta. Mas a diferença entre a pirueta de um macho e outro é medida em meros milissegundos. "A capacidade de discriminar pequenas diferenças nos padrões motores coreografados (danças) foi demonstrada anteriormente apenas em humanos", afirmam os pesquisadores.

Acho que posso distinguir uma dançarina de balé ruim de uma boa. Mas será que eu conseguiria diferenciar um *grand jeté* de 3,7 segundos de um de 3,8 segundos? De alguma forma, a fêmea rendeira detecta essas minúsculas diferenças temporais.

Quando os cientistas examinaram cérebros de machos e fêmeas, encontraram circuitos especializados em controle motor nos machos e circuitos especializados em processamento visual nas fêmeas.[61] Pesquisas em outras espécies de rendeiras revelaram uma correlação estreita entre a complexidade da exibição de um macho e o peso de seu cérebro.[62] Em aves, ao que parece, a seleção sexual para o comportamento motor acrobático pode conduzir à evolução do tamanho do cérebro. "O cérebro das rendeiras", escrevem os cientistas, "foi moldado pela evolução para amparar o desempenho masculino e a avaliação feminina." São mais evidências em favor da hipótese do cérebro de acasalamento.

QUANDO SE TRATA DE ARTE ou exibição, as aves são capazes de fazer distinções visuais sutis, assim como nós. Mas, como os cientistas se apressam em destacar, devemos ter o cuidado de considerar isso à luz do *umwelt*,* ou mundo sensorial e cognitivo, desses animais. Eles enxergam o mundo com sistemas sensoriais diferentes dos nossos. A cor, por exemplo, não é uma propriedade do mundo físico, mas algo fabricado por qualquer sistema visual capaz de processá-la e analisá-la. As aves têm possivelmente o sistema visual mais avançado entre os vertebrados, com a habilidade de distinguir cores em uma ampla gama de comprimentos de onda altamente desenvolvida. Temos três tipos de células conhecidas como cones em nossas retinas, responsáveis pela detecção das cores; as aves têm quatro. Algumas espécies de aves são sensíveis à extremidade ultravioleta do espectro luminoso, para a qual somos cegos. Além disso, em cada um dos cones das aves há uma gota de óleo colorido que aumenta sua capacidade de detectar diferenças entre cores semelhantes.[63]

"Não sabemos se há diferenças na forma como o cérebro do pássaro-caramancheiro processa as cores", diz Gerald Borgia. "Nossos experimentos com o uso de cores de decoração em pássaros-caramancheiros-cetim não mostraram evidências de que eles estão vendo as coisas de maneira muito diferente de nós. No entanto, três outras espécies — o pássaro-caramancheiro-grande, o caramancheiro-pintado e o caramancheiro-ocidental — são capazes de enxergar a parte ultravioleta do espectro luminoso." Em outras palavras, a variedade de objetos de um pássaro-caramancheiro talvez tenha a mesma aparência para ele e para nós, ou talvez brilhe e cintile de maneiras que nem conseguimos imaginar.

---

* Em etologia, a palavra de origem alemã significa noção do "mundo como é experimentado por determinado organismo". (N.E.)

Ainda assim, alguns dos sinais que as aves usam para julgar visualmente podem estar enraizados em princípios universais de beleza — ou pelo menos de atratividade —, tais como simetria, padrões e cores contrastantes.[64] Experimentos na década de 1950, por exemplo, mostraram que corvos e gralhas têm uma preferência clara por padrões regulares e simétricos.[65]

O GANHADOR DO NOBEL Karl von Frisch escreveu certa vez: "Aqueles que consideram a vida na Terra o resultado de um longo processo evolutivo, sempre buscarão o início dos processos de pensamento e dos sentimentos estéticos nos animais, e acredito que traços marcantes deles podem ser encontrados nos pássaros-caramancheiros."[66] Dada a biologia compartilhada pelos sistemas nervosos de aves e humanos, não seria errado presumir que não há nada em comum entre nosso senso estético e o deles?

Quando perguntei a Gerald Borgia se ele achava que os pássaros-caramancheiros são capazes de senso estético, de um sentimento especial pelo que é belo, ele respondeu que não fazia ideia. "Com o tempo, os pássaros parecem ser capazes de construir uma espécie de imagem de como deveria ser sua decoração", explicou. "Geralmente são pássaros mais velhos que parecem ter isso e, depois, quando os pássaros mais jovens assumem o caramanchão, eles não apreciam o que está lá." Eis um exemplo: depois que aquele caramancheiro-pintado que colecionava vitrais morreu, outro macho se apropriou do caramanchão. "Mas o recém-chegado apenas empilhou os fragmentos", diz Borgia. "Parecia não saber o que fazer com eles."

Quanto à relação entre esse fato e um possível senso estético nos machos mais velhos: "Acho essa terminologia escorregadia, então tento evitá-la", diz Borgia. "Eu sei como vejo a beleza. Acho que os caramanchões são belos, mas não sei se é por isso que os machos os construíram desse jeito."

É verdade. Não temos a menor noção do que um pássaro-caramancheiro macho realmente pensa de sua obra. Mas sabemos que ele não perde tempo nem faz papel de bobo ao procurar as fêmeas. Em vez disso, ele reúne os objetos azuis de seu mundo e os arruma. Ele projeta. Constrói. Canta. Dança. A fêmea, com grande acuidade, nota seus esforços. Afiado, atencioso, criativo? Se gosta do que vê, oferece a ele seu corpo. E por aí vai.

7. Mente cartográfica: engenhosidade espacial (e temporal)

IMAGINE QUE VOCÊ ESTEJA em algum lugar do Canadá dirigindo para o Sul, em direção aos 48 estados dos Estados Unidos que ficam na parte de baixo do mapa. É final de outono, e você está indo para uma casa de campo, a centenas de quilômetros de distância dali, onde o clima é mais quente. De repente, arrancam você de seu carro, te enfiam em outro veículo totalmente fechado e te levam a um aeroporto. Você então percebe que está voando sobre o país com os olhos vendados, sem nenhuma ideia de para onde está indo. Depois de várias horas no ar, você pousa e imediatamente te levam em outra van fechada para um local desconhecido. Quando finalmente fica livre, nada dos arredores lhe é familiar. Você não tem acesso a um GPS ou um mapa, tampouco tem algum ponto de referência ou bússola. Mesmo assim, precisa encontrar a direção da casa de campo para onde você estava indo, ainda que agora ela esteja em algum lugar do outro lado do país, a milhares de quilômetros de distância.

Como você se sairia?

Isso é basicamente o que aconteceu com um bando de tico-ticos-de-coroa-branca não muito tempo atrás.[1] Esses passarinhos canoros, com suas alinhadas coroas listradas de preto e branco, normalmente migram de locais de reprodução no Alasca e no Canadá para refúgios de inverno no Sul da Califórnia e no México. Um dia, quando um bando estava passando por Seattle em seu caminho para o Sul, os pesquisadores capturaram trinta pássaros, quinze adultos e quinze juvenis. Eles colocaram os passarinhos em caixotes e os levaram em pequenos aviões que atravessaram o país inteiro, a 3700 quilômetros da rota normal de voo migratório, até um local de soltura em Princeton, Nova Jersey. Lá, soltaram os pássaros para ver se eles eram capazes de encontrar o caminho de volta aos seus refúgios de inverno. Nas primeiras horas após a soltura, os tico-ticos adultos se reorientaram e começaram a viajar sozinhos por todo o país, indo diretamente em direção ao Sul da Califórnia e ao México. Mesmo os adultos mais jovens, que haviam feito apenas uma viagem migratória em suas breves vidas, encontraram o rumo.

UM TICO-TICO-DE-COROA-BRANCA pode ter um cérebro de ervilha, mas é muito mais dotado de capacidades de navegação do que a maioria dos humanos modernos. Claro, temos nossos mapas mentais, criados aprendendo as relações deles com referências familiares — digamos, onde ficam os correios ou a padaria, em uma disposição de ruas conhecidas. Mas isso é outra coisa. O fato de um tico-tico transportado para muito além de seu território conhecido parecer saber exatamente como voltar ao caminho certo é uma das maravilhas da mente das aves.

Uma boa memória não explica isso. Nem as teorias que se concentram apenas no instinto ou na visão, em informações magnéticas ou sensibilidade ao azimute* do Sol. Como afirma Julia Frankenstein, psicóloga do Centro de Ciência Cognitiva da Universidade de Freiburg: "Navegar, manter o controle de sua posição e construir um mapa mental por meio da experiência é um processo muito desafiador".[2] Envolve habilidades cognitivas como percepção, atenção, cálculo de distâncias, aproximação de relações espaciais e tomada de decisões — muito trabalho duro, mesmo para nossos grandes cérebros de mamíferos.

---

* Grosso modo, um tipo de coordenada de localização que leva em conta a posição de um objeto no céu em relação ao solo e o ponto cardeal Norte. (N.T.)

Como as aves fazem isso?

Essa habilidade já foi considerada inata, uma questão de instinto. Agora sabemos que a capacidade de navegação das aves envolve percepção, aprendizado e, acima de tudo, uma notável capacidade de construir um mapa na mente, um mapa muito maior do que jamais imaginamos e feito com uma cartografia estranha e ainda misteriosa.

MUITO DO QUE SABEMOS sobre como as aves se orientam foi aprendido graças a uma espécie humilde, um bicho que, por centenas de anos, foi submetido a uma versão do experimento que desafiou aqueles tico-ticos-de-coroa-branca: a corrida de pombos. Às vezes conhecida como "corrida de cavalos dos pobres", a corrida de pombos requer primeiro o treinamento deles, soltando-os de uma cesta em locais que nunca viram, a distâncias cada vez maiores de seus pombais.[3] No fim do processo, pode-se confiar que os pombos retornarão de distâncias de até 1600 quilômetros, voltando para casa por trechos extensos de regiões desconhecidas a velocidades médias de oitenta quilômetros por hora. A maioria chega em casa — ainda que não todos.

Veja a história do pombo Whitetail.*

Em uma manhã de abril de 2002, o criador de pombos de corrida Tom Roden viu uma ave de rabo branco pousar de modo espalhafatoso em seu pombal em Hattersley, perto de Manchester, na Inglaterra.[4] O pombo parecia vagamente familiar. Roden, um columbófilo e criador de longa data, verificou o anel de registro no pé do pássaro e se deu conta que era seu próprio pombo, que havia desaparecido cinco anos antes em uma corrida que atravessava o Canal da Mancha.

O desaparecimento de Whitetail tinha sido uma espécie de enigma. Ele não era um pombo comum — na verdade, era um campeão, vencedor de treze corridas e veterano com quinze travessias do canal. Mas essa não tinha sido uma corrida comum. Uma falha catastrófica lhe valeu o apelido de o Grande Desastre da Corrida de Pombos.

* "Rabo branco", em inglês. (N.T.)

A disputa foi realizada em homenagem ao centenário da Royal Pigeon Racing Association (Associação de Corridas de Pombos Reais).[5] No início de uma manhã de domingo, no fim de junho de 1997, mais de sessenta mil pombos-correios foram soltos em um campo perto de Nantes, no Sul da França, para voar de volta aos seus pombais espalhados pelo Sul da Inglaterra. Às 6h30, o ar assoviava com o som das asas dos pombos que revoavam para o trajeto de quatrocentos a quinhentos quilômetros rumo ao Norte. Por volta das onze horas, a maioria dos competidores emplumados voara trezentos quilômetros até o litoral da França e se lançava sobre o Canal da Mancha.

Então, alguma coisa aconteceu.

No início da tarde, os criadores da Inglaterra esperavam a chegada das aves mais rápidas. Mas, à medida que as horas passavam sem nenhum sinal no céu, os desportistas, desapontados, puseram-se a coçar a cabeça com perplexidade e consternação. Finalmente, alguns pombos foram chegando, inclusive alguns dos animais de Roden, os mais lentos de seu pombal. Mas nada de Whitetail. O pássaro campeão, junto com dezenas de milhares de outros pombos experientes, não chegou naquele dia. O motivo do desaparecimento continua sendo misterioso, embora tenham surgido algumas pistas (às quais voltarei em breve).

Vamos avançar o filme para cinco anos mais tarde, naquela manhã fria de abril. Roden tinha acabado de pisar fora de casa para passear com seu cachorro quando avistou Whitetail. "Fiquei absolutamente pasmo", disse ele ao *Manchester Evening News*. "Sempre falei que achava que o Whitetail um dia voltaria [...] mas até eu já tinha perdido as esperanças de vê-lo novamente."

O GRANDE DESASTRE DA CORRIDA de pombos foi notável por sua raridade. Os pombos-correios quase nunca se perdem; a maioria consegue voltar para seus pombais — mesmo quando as distâncias são grandes. Um bom exemplo é o Red Whizzer Pensacola, um lindo pombo de plumagem salpicada de vermelho, de pescoço cor de opala e olhos de rubi, que chegou à sua casa, na Filadélfia, depois de viajar

1 500 quilômetros a partir de um lugar de soltura em Pensacola, na Flórida. O *New York Times* relatou que a distância foi a maior já percorrida por um pombo-correio nos Estados Unidos ou no exterior.[6] O vencedor foi agraciado com uma faixa de perna de ouro, na qual estavam escritos o nome de seu pombal e seu número de registro, e se aposentou do emprego voador.

Isso aconteceu em 1885. Os pombos-correios, desde então, repetiram essa façanha — e outras muito maiores — milhares de vezes, em corridas ao redor do mundo. Perdas calamitosas, chamadas de "pancadas" ou "furadas", acontecem de vez em quando. Um ano após o desastre do Canal da Mancha, por exemplo, 3 600 pombos-correios foram soltos em corridas na Pensilvânia e em Nova York, e apenas algumas centenas conseguiram voltar para casa. Ninguém sabe por quê.[7]

Deveria surpreender que os pombos de corrida de vez em quando "tomem chá de sumiço", como diz o especialista Charles Walcott?[8] Ou será que o fato mais maravilhoso é como eles encontram o caminho de casa a partir de lugares em que nunca estiveram? Pode parecer óbvio que um pássaro se lembre da rota de ontem para aquele campo cheio de larvas ou do caminho de volta ao abrigo quente e seco de seu ninho. Mas encontrar uma rota de volta para casa a centenas de quilômetros de distância é outra história.

Até as viagens notáveis dos pombos-correios parecem menos impressionantes em comparação com as jornadas de cair o queixo das aves migratórias de longa distância, iluminadas recentemente por novas tecnologias. Animais usando minúsculas mochilas de geolocalização têm revelado os detalhes de suas migrações. A pequena mariquita-de-perna-clara, um pássaro da floresta boreal, deixa a Nova Inglaterra e o Leste do Canadá a cada outono e migra para a América do Sul, voando sem escalas sobre o Atlântico para seus destinos temporários em Porto Rico, Cuba e nas Grandes Antilhas — um voo de até 2 700 quilômetros — em apenas dois ou três dias.[9] A andorinha-do-ártico, um pássaro que leva a sério seu amor por dias de longa duração e adora acumular milhas, vai fazendo a volta ao mundo seguindo as estações, voando de seus locais de nidificação na Groenlândia e na Islândia para abrigos de inverno na costa da Antártida — uma viagem de ida e volta de quase 71 mil quilômetros. Assim, com longevidade média de trinta anos, uma andorinha-do-ártico consegue voar o equivalente a três viagens de ida e volta à Lua.

O que diabos ela faz para encontrar as rotas certas? Como uma seixoeira, descansando em Cape May,* em sua jornada de primavera chegada do Norte da Terra do Fogo, sabe como localizar os criadouros do ano passado no longínquo Norte do Ártico? Como um abelharuco-europeu, que viaja para o Sul depois de passar o verão em um campo cultivado na Espanha, acha a rota certa para sobrevoar o Saara e chegar até seu pedaço de floresta na África Ocidental? Como um maçarico-de-coxa-eriçada ou uma pardela-escura se dirige para casa atravessando uma vasta extensão de mar sem pontos de referência?

Sendo alguém que se perde facilmente em qualquer fragmento de bosque, as habilidades de navegação das aves me deixam maravilhada. Como elas conseguem realizar uma façanha impossível para a maioria dos seres humanos mesmo com a ajuda de uma bússola?

A POMBA DOMÉSTICA, da espécie *Columba livia*, é uma boa ave a ser sondada sobre essas questões. As pombas têm a má reputação de pássaros de sarjeta, ratos com asas, bicando migalhas de pão sob os bancos dos parques ou vasculhando os lixões de nossas cidades. Há quem as considere tão burras quanto os dodôs (que, aliás, são parentes próximos delas).

É verdade que o prosencéfalo de uma pomba tem apenas metade da densidade neural do prosencéfalo de um corvo.[10] Também é verdade que podem não perceber que um ovo ou um filhote é delas, a menos que estejam logo embaixo de si. É comum que pisoteiem os filhotes ou os atirem para fora do ninho acidentalmente.[11] (Por outro lado, um especialista aponta: "As aves imaturas são tão pequenas, e os pés das pombas tão grandes em comparação, que é de se admirar que mais filhotes não morram pisoteados".[12]) Pombas também são notoriamente ineficientes na construção de ninhos, carregando um único raminho

---

* Em Nova Jersey, no Nordeste dos Estados Unidos. (N.T.)

ou mexedor de café por vez, enquanto os pardais transportam dois ou três. E, se um pouco do material de nidificação cai durante o voo, os pardais costumam mergulhar para pegá-lo, enquanto as pombas o deixam cair e não conseguem recuperá-lo.[13]

Portanto, em alguns aspectos, sim, elas podem parecer burras. Mas, na verdade, são muito mais nerds do que você poderia imaginar. Elas se viram bem com números, por exemplo, sendo capazes não apenas de contar (coisa que, é fato, muitos animais conseguem fazer, inclusive as abelhas), mas também de compreender a aritmética das perdas e dos ganhos e aprender regras abstratas sobre números, ou seja, habilidades equivalentes às de primatas.[14] Conseguem, por exemplo, colocar em ordem, do menor para o maior número, imagens retratando até nove objetos. Também conseguem determinar probabilidades relativas.

De fato, as pombas são melhores do que a maioria das pessoas — e melhores até do que alguns matemáticos — na hora de resolver certos problemas estatísticos, como o Enigma de Monty Hall, em homenagem ao apresentador do antigo game show da televisão americana *Let's Make a Deal*. No programa original, um competidor tentava adivinhar qual das três portas (exibidas pela "adorável Carol Merrill") escondia um grande prêmio, como um carro. As outras duas portas abrigavam prêmios fajutos, como uma cabra. Depois que o jogador escolhia uma porta, outra delas se abria, sem revelar nenhum prêmio. O competidor tinha então a opção de ficar com a escolha inicial ou de trocá-la pela terceira porta fechada.

Em uma versão de laboratório do jogo, os pombos resolvem o enigma com sucesso — escolhendo a "porta" certa — com mais frequência do que os seres humanos.[15] A maioria dos jogadores da nossa espécie opta por ficar com sua primeira escolha, apesar do fato de que trocar de porta dobra as chances de ganhar. Os pombos, ao contrário, aprendem com a experiência e seguem as probabilidades, mudando a escolha.

O enigma parece desafiar a lógica. À primeira vista, com duas portas fechadas, suas chances seriam de 50% de o prêmio estar atrás de uma delas. Mas, na verdade, trocar de porta lhe dará uma chance de 66% de vitória. Aqui está o porquê: a probabilidade de você escolher a porta certa inicialmente é de uma em três. Portanto, há duas chances em três de você escolher a porta errada. Quando Monty abria a porta com a cabra, essas probabilidades se mantinham. (Monty sempre sabia onde estava o carro e não abria aquela.) Isso significa que a outra porta tinha dois terços de chance de ser a porta certa. É, eu sei. Ainda tenho problemas para entender isso. Muitos matemáticos também. (Quando o Enigma de Monty Hall apareceu na coluna "Pergunte a Marilyn", da revista *Parade*, junto com a solução correta, Marilyn vos Savant recebeu mais de nove mil cartas discordando de sua solução, muitas delas de matemáticos de universidades.[16]) Mas, aparentemente, pombas não sofrem desse mal. De início, as aves escolhem aleatoriamente, mas acabam aprendendo a adotar a solução correta.[17] Sua abordagem bem-sucedida para o problema exige o uso de probabilidade empírica — isto é, observar os resultados de inúmeras tentativas e ajustar o comportamento de acordo com elas para ganhar uma recompensa.[18] Na maioria das vezes, as pombas adotam estratégias ideais para isso, maximizando suas chances de vitória, enquanto os humanos fracassam, mesmo depois de um amplo treinamento.

As pombas também são boas em distinguir se conjuntos de objetos são idênticos entre si ou não — uma habilidade que o filósofo americano William James certa vez chamou de "a verdadeira base e espinha dorsal de nosso pensamento".[19] Elas certamente não são as campeãs dessa habilidade. Essa honra deve pertencer a Alex, o papagaio-cinzento que Irene Pepperberg estudou tão brilhantemente antes de sua morte, em 2007. Alex não era apenas quase perfeito na hora de estabelecer se dois objetos eram iguais ou diferentes em relação à cor ou forma, mas também podia dizer "nenhuma" se não houvesse semelhanças ou diferenças.[20] Também conseguia categorizar mais de cem objetos com base nessas características.

Ainda assim, as pombas se saem muito bem na distinção de estímulos visuais arbitrários, como letras do alfabeto e, como sabemos, pinturas de Van Gogh, Monet, Picasso e Chagall.[21] Elas conseguem diferenciar as fotografias que contêm imagens de seres humanos (vestidos ou nus) daquelas que não as contêm.[22] São altamente qualificadas na arte de reconhecer a identidade de um rosto humano e até mesmo de decifrar sua expressão emocional.[23] Conseguem apreender e recordar mais de mil imagens, armazenando-as na memória de longo prazo por pelo menos um ano.[24]

E, o que é mais importante: são muito melhores do que nós na hora de se orientar pelo mundo — sem a ajuda da tecnologia. Por causa disso, elas acabaram assumindo o papel de "ratos de laboratório alados", na vanguarda das pesquisas que tentam sondar o mistério de como funciona a navegação de aves.

ULTIMAMENTE, TENHO PENSADO nas pombas que se aglomeram como monges encapuzados ou turistas nos tijolos de nossos espaços públicos no centro das cidades. Quanto mais vejo essas aves, mais gosto delas. Podem ser tímidas, nervosas em relação a novidades. Mas elas também são duronas e adaptáveis. De perto, seus papos são iridescentes, manchados de arco-íris.

Graças à seleção artificial da espécie, que ocorre desde a Antiguidade, existem dezenas de variedades de pombas.[25] Existem as mais chiques, designadas como "acrobatas", "padres", "freiras", "cauda-de--leque" e "dragões", que foram desenvolvidas pela aparência e para exibições, às vezes com efeitos extravagantes. (A papo-de-vento, por exemplo, foi apropriadamente descrita como algo semelhante a uma bola de tênis enfiada em uma luva.)

Os pombos-correios são criados para achar o caminho de casa e para competir. As pombas ferais típicas que a gente vê nas cidades americanas descendem de pombos-correios domesticados que fugiram, imigrantes trazidos para o país em navios de colonos europeus no início do século 17 — os primeiros pássaros exóticos a chegarem a estas plagas.

As espertinhas da cidade que vejo caminham bastante, balançando seus corpos atarracados para a frente e para trás como patos e, às vezes, ficando tesas para se pavonear com passadas curtas e vigorosas de soldado. Elas parecem ter medo de se empoleirar nas árvores; em vez disso, enfeitam nossos fios telefônicos com seus corpos bem robustos, ou se enfiam nos cantos e recantos da arquitetura urbana, nos capitéis, parapeitos, nas vigas, nos cavaletes e arabescos de pontes e edifícios, com as caudas amassadas verticalmente contra a parede. Essa inclinação por beiradas estreitas sempre me pareceu uma predileção estranha e desconfortável.

Por que a pomba doméstica fugiria de poleiros arbóreos altos e preferiria saliências estreitas? Porque descende, como todas as pombas domésticas, da pomba-das-rochas, ave que faz seus ninhos nas falésias e ilhas rochosas do Mediterrâneo. As pombas-das-pedras procuram sementes em campos próximos e depois voltam para casa com comida para os seus filhotes. Foi nesse contexto que a capacidade natural das pombas de achar o caminho de casa provavelmente evoluiu.

OS HUMANOS TÊM EXPLORADO o instinto de retorno ao lar da pomba há pelo menos oito mil anos. Ao menos é o que diz a bíblia da literatura pombal, *The pigeon*, publicada pela primeira vez em 1941 por Wendell Mitchell Levi, um columbófilo, cientista e primeiro-tenente encarregado da seção de pombos da Divisão de Sinalização do Exército dos Estados Unidos durante a Primeira Guerra Mundial.[26]

"Onde quer que a civilização tenha florescido, ali também a pomba prosperou", escreve Levi, "e, quanto mais elevada a civilização, geralmente maior é a consideração pela pomba."[27]

Ao longo dos séculos, os pombos-correios foram usados como mensageiros e espiões velozes — pelos antigos romanos, para anunciar vitórias no Coliseu; por marinheiros fenícios e egípcios, para alertar sobre a chegada de navios; por pescadores, para avisar sobre capturas de peixe; e por contrabandistas, para trocar mensagens entre navios e bases terrestres durante a Lei Seca. Diz-se que o banco Rothschild ficou sabendo da derrota de Napoleão em Waterloo antes dos outros graças ao pombo-correio e mudou seus investimentos. Em meados do século 19, Paul Julius Reuter lançou seu serviço de notícias com pombos-correios que levavam os preços das ações entre Aachen e Bruxelas. E, no início do século 20, os pombos carregavam mensagens sobre chegadas seguras ou pedidos de socorro para os barcos que viajavam entre Havana e Key West, na Flórida.

Durante as duas guerras mundiais, os pombos foram usados para o transporte rápido de informações. As aves eram equipadas com papéis criptografados e enviadas passando pelas linhas inimigas para transmitir notícias de movimentos de tropas ou se comunicar com agentes da resistência em países ocupados. Esses espiões alados tinham nomes como The Mocker, Spike, Steady, The Coronel's Lady e Cher Ami,* o qual, de acordo com Levi, completou sua missão "apesar de quebrar uma pata e o esterno no caminho".[28] Um pombo chamado Presidente Wilson perdeu a pata esquerda na Grande Guerra.[29] E Winkie, da Escócia, caiu com a tripulação de seu bombardeiro no mar do Norte.[30] Winkie foi retirado da aeronave destruída e, em um piscar de olhos, voou 190 quilômetros para seu pombal perto de Dundee, alertando a base aérea de lá, que enviou aeronaves de resgate para salvar a tripulação abandonada no mar.

No auge da Segunda Guerra Mundial, o Serviço de Pombos tinha 54 mil aves.[31] "Nós cruzamos os animais privilegiando a inteligência e a resistência", explicou um dos treinadores. "O que queremos é uma ave que volte para o pombal, que não fique confusa, que seja inteligente o suficiente para se virar sozinha. De vez em quando, nascem alguns meio burrinhos, é claro. Dá para identificá-los cedo. Não conseguem voltar para o pombal ou ficam sentados em um canto, de mau humor." Mas a maioria, disse ele, é "inteligente. Altamente inteligente".

Entre os mais célebres desses mensageiros alados esteve G.I. Joe.**[32] Despachado pelos britânicos para abortar o bombardeio programado de uma cidade controlada pelos alemães, pois uma brigada de mil ou mais soldados britânicos já a ocupara, Joe fez o voo de trinta quilômetros em vinte minutos, parando os bombardeiros quando eles já estavam se aquecendo para a decolagem. Houve também Júlio César, um pombo xadrez salpicado de azul, que foi lançado de paraquedas partindo de Roma e solto no Sul da Itália, de onde decolou em

---

* Respectivamente "O Zombador", "Estaca", "Resoluto", "A Mulher do Coronel" e "Caro Amigo". (N.T.)

** Termo usado para designar, de maneira genérica, o soldado de infantaria americano durante a Segunda Guerra Mundial. (N.T.)

uma rota na direção Sul para seu pombal na Tunísia, com informações vitais para a campanha do Norte da África. E Jungle Joe, um corajoso pombo cor de bronze de quatro meses, que voou 360 quilômetros, contra fortes correntes de vento e sobre algumas das montanhas mais altas da Ásia, para entregar uma mensagem que levou à rendição de grande parte da Birmânia pelas tropas dos Aliados.

Funcionários do governo de Cuba ainda usam as aves para transmitir resultados eleitorais de áreas montanhosas e remotas, e os chineses recentemente montaram um esquadrão de dez mil pombos-mensageiros para carregar informações militares entre tropas estacionadas ao longo de suas fronteiras, em caso de "interferência eletromagnética ou colapso em nossos sinais de rádio", explica o oficial encarregado do exército emplumado.[33]

"FREQUENTEMENTE SE AFIRMA que o pombo-correio encontra o caminho certo sem exercer a inteligência ou a observação, meramente com a ajuda de algum instinto incompreensível", escreveu Charles Dickens em 1850.[34] "Mas, a partir de minhas próprias observações... Estou convencido de que isso está errado."

Darwin, contemporâneo de Dickens, propôs que os pombos pudessem, de alguma forma, registrar a rota sinuosa de sua jornada de ida e, em seguida, usar essas informações para descobrir sua rota de volta para casa. Hoje, sabemos que não é assim: mesmo os pombos que percorreram uma rota tortuosa dentro de tambores giratórios em um veículo lacrado conseguem voltar para casa a partir de um ponto desconhecido de liberação — não refazendo uma rota, mas por meio de voos mais ou menos diretos.[35]

Retornar a um local conhecido voltando por um terreno familiar é uma coisa. A verdadeira navegação é outra.[36] É a capacidade de escolher a direção certa rumo a um destino, saindo de um lugar desconhecido, usando apenas indicações locais, não aquelas recolhidas por ter voado por aquela rota antes. Dependemos da tecnologia para isso: temos GPS e softwares de mapas que nos dizem exatamente onde estamos em qualquer lugar da Terra e como chegar de onde estamos para onde queremos ir. As aves, ao que parece, têm seus próprios sistemas de posicionamento interno, os quais, como o GPS, podem, de fato, ser globais.

Para observar se as aves estão mesmo realizando essa navegação, os cientistas as colocam em barcos e aviões e as levam dentro de carros (como aqueles tico-ticos reféns) até soltá-las em um lugar longínquo e desconhecido, sem indicações de distância ou direção. Em seguida, soltam os bichos e observam como eles se reorientam. Isso chama-se estudo de deslocamento, e trata-se de uma ferramenta poderosa para investigar a navegação.

Os cientistas suspeitam que os pombos e outras aves navegam usando uma estratégia de "mapa e bússola", com duas etapas. Primeiro, eles determinam onde estão no ponto de libertação e para qual direção devem viajar para chegar em casa. (Essa é a etapa do mapa: em termos humanos, é o sistema de coordenadas espaciais que sugere "Estou ao Sul de casa, então preciso viajar para o Norte".) Em seguida, eles usam pontos de referência, ou indicações direcionais celestiais ou ambientais, como uma bússola que os ajuda a seguir um caminho direto e reto. O sistema como um todo, incluindo tanto o mapa quanto a bússola, parece consistir em vários elementos envolvendo diferentes tipos de informações — Sol, estrelas, campos magnéticos, características da paisagem, vento e clima.

A parte da bússola é relativamente bem compreendida, em grande parte devido a milhares de estudos que privaram as aves (muitas vezes pombas) de um de seus sentidos, deslocando-as e, em seguida, observando se elas se desviam de sua rota.

As pombas, como os humanos, são criaturas cuja mente funciona de modo visual. Seria surpreendente se elas não usassem aquele bosque de carvalhos retorcidos, aquela curva em forma de arco no rio, aquela cerca-viva ou o estranho arranha-céu triangular, para encontrar seus pombais. E, de fato, é o que elas fazem — ao menos na última etapa de suas viagens.

O Sol também ajuda. Como as abelhas, as pombas usam o Sol como bússola com a ajuda de um pequeno relógio interno preciso que todas as aves possuem. O relógio interno dá a elas uma noção da hora, de modo que, a qualquer momento do dia, saibam onde o Sol deveria estar. Mas, para usar o Sol como bússola na navegação, um jovem pombo precisa aprender o caminho que o astro segue. A ave faz isso observando o arco traçado pelo Sol em diferentes horas do dia, aprendendo com que rapidez ele se move — cerca de quinze graus por hora — e internalizando uma representação desse arco. Se ela estiver exposta ao Sol apenas pela manhã, não poderá usá-lo para navegar à tarde. A pomba calibra a bússola solar diariamente, talvez usando a luz polarizada visível perto do horizonte no pôr do sol. Depois de dominar o uso da luz do Sol, passa a dar preferência a ela. Mesmo no raio de alguns quilômetros do próprio pombal, ela não usa pontos de referência conhecidos, mas sua bússola solar.

Mas aqui está a maravilha: até mesmo as pombas cuja visão é atrapalhada por lentes foscas conseguem se orientar e achar o rumo de casa, até a entrada de seu pombal. De acordo com Charles Walcott, professor emérito de ornitologia na Universidade Cornell, quando pássaros com lentes foscas se aproximam de casa, eles chegam voando alto e meio que descem em "modo helicóptero". Outra coisa está guiando essas aves.[37]

MAIS DE QUARENTA ANOS ATRÁS, William Keeton, também da Universidade Cornell, mostrou que, em condições nubladas, pombos equipados com pequenas barras magnéticas ficam desorientados e voltam para casa mais lentamente do que as aves de um grupo de controle.[38] (Para que você não pense que é porque podemos todos ficar atrapalhados com uma barra amarrada às nossas costas: os controles usavam barras "falsas" de latão não magnético.)

A Terra é como um ímã gigante: campos magnéticos emanam de seus polos, enfraquecendo-se e se achatando à medida que chegam perto do Equador. As aves parecem ser capazes de detectar até mesmo as menores mudanças na inclinação, ou ângulo vertical, do campo magnético, e podem usá-las para determinar a latitude em que estão.

O primeiro indício de que campos magnéticos pudessem guiar as aves em suas viagens veio de experimentos com pintarroxos engaiolados, no final da década de 1960.[39] Os pássaros foram mantidos em salas isoladas de qualquer sinal ambiental externo. Essa espécie normalmente migra do Norte para o Sul da Europa e para a África. Durante o período de inquietação migratória, chamado de *Zugunruhe*, os pássaros em cativeiro — com seus corações disparando como se fossem voar — pareciam querer fugir em direção ao Sul, embora não tivessem indicações visuais de onde o Sul poderia estar. Quando os cientistas envolveram as gaiolas com serpentinas eletromagnéticas, os pássaros ficaram confusos e mudaram a direção de seus voejos e pulinhos.

Muitas criaturas, de abelhas a baleias, percebem campos magnéticos e os usam para se orientar. No entanto, ainda não temos certeza de como os animais sentem esses campos. Detectá-los com instrumentos eletrônicos sensíveis é uma coisa. Mas "seguir campos magnéticos tão fracos quanto o da Terra não é fácil usando apenas materiais biológicos", diz Henrik Mouritsen, biólogo que estuda os mecanismos subjacentes à navegação animal na Universidade de Oldenburg, na Alemanha.[40] As aves não têm nenhum órgão sensorial que seja claramente dedicado a essa tarefa. Mas, como o campo magnético pode permear tecidos vivos, os sensores podem estar escondidos profundamente em seus corpos.

Um dos modelos afirma que os pássaros "veem" os campos magnéticos com moléculas especiais na retina, ativadas por certos comprimentos de onda do espectro luminoso.[41] Os sinais magnéticos parecem afetar as reações químicas dessas moléculas, acelerando-as ou desacelerando-as, dependendo da direção do campo magnético. Em resposta, os nervos da retina disparam sinais para as áreas visuais do cérebro, tornando-o ciente da direção do campo. Tudo ocorre no nível subatômico, envolvendo o giro dos elétrons, o que sugere algo extraordinário: as aves talvez sejam capazes de sentir efeitos quânticos. A detecção parece envolver uma parte do prosencéfalo ligada aos olhos, conhecida como *cluster N*. Se essa área é danificada, as aves não conseguem mais perceber de que lado fica o Norte.[42]

O que elas estariam vendo, na verdade? É difícil saber. Talvez um padrão fantasmagórico de manchas, ou de luz e sombra, que permaneceria fixo quando a ave movesse a cabeça de um lado para o outro.

Uma segunda teoria sugere que um sensor magnético feito de minúsculos cristais de óxido de ferro — uma espécie de agulha de bússola — pode estar alojado em algum lugar do corpo das aves. Esse sensor detectaria gradientes no campo magnético para traduzi-los em um impulso neuronal.

Não faz muito tempo, os cientistas acharam que tinham encontrado sensores magnéticos minúsculos nos bicos dos pombos — mais especificamente em seis grupos de células ricas em ferro que encontraram na cavidade nasal na parte superior do bico dos pássaros.[43] Mas quando os pesquisadores observaram melhor, analisando mais de 250 mil fatias de tecido dos bicos de quase duzentos pombos, não chegaram a lugar nenhum.[44] O número dessas células portadoras de ferro variava amplamente de ave para ave. Um pombo tinha apenas duzentas; outro, mais de cem mil; e outro deles, com uma infecção no bico, apresentou dezenas de milhares delas localizadas bem no local do problema. As células ricas em ferro parecem não ser células sensoriais, mas glóbulos brancos conhecidos como macrófagos, que apenas reciclam o ferro dos glóbulos vermelhos que engolfam.

Fim da história? Não exatamente. Novas evidências sugerem que magneto-receptores em algum lugar da parte superior do bico, perto da pele, estão envolvidos no registro da intensidade magnética, que varia com a latitude.[45] Interromper o nervo que liga o bico ao cérebro sabota a capacidade da ave de rastrear sua posição.[46] Mas o que detecta o magnetismo — e onde no bico essa capacidade reside — continua sendo um mistério.

Para confundir ainda mais o cenário, outro possível nicho dos magneto-receptores foi identificado recentemente: desta vez, em minúsculas bolas de ferro encontradas dentro das células ciliadas — neurônios sensoriais dentro do ouvido interno da ave —, sugerindo que elas conseguem "ouvir" campos magnéticos.[47] No entanto, pombos-correios sem o ouvido interno continuam com a capacidade de voltar para casa.[48]

Onde quer que o sistema de detecção esteja, ele parece ser extraordinariamente sensível. Em 2014, Mouritsen e sua equipe relataram na *Nature* que mesmo o "ruído" eletromagnético extremamente fraco gerado por dispositivos eletrônicos humanos em ambientes urbanos pode atrapalhar as bússolas magnéticas da migração dos pintarroxos.[49] Não estamos falando de torres de celular ou linhas de transmissão de alta tensão, mas de algo como o rumor de tudo o que é movido por correntes elétricas. Essa notícia causou algumas ondas de choque no mundo científico. Se for verdade, esse tipo de "poluição eletrônica", como é conhecida, pode estar causando problemas sérios de navegação nos pássaros, o suficiente para afetar sua sobrevivência.

Por muito tempo, os cientistas pensaram que a bússola magnética das aves era apenas uma espécie de backup para dias nublados.[50] Longe disso. Junto com a bússola solar, ela é essencial para seu sistema de navegação. Assim, talvez os pássaros abriguem diferentes tipos de magneto-receptores que trabalham juntos, permitindo que eles sintam até as menores flutuações nos campos magnéticos. Por mais parcimoniosas que as aves sejam, talvez exagerem um pouco nesse departamento — de modo que um pombo voando sobre o mar Mediterrâneo em uma noite sem Lua possa encontrar o caminho até seu pombal no Norte da África.

SOBRE O ENIGMA DA BÚSSOLA, por enquanto é isso que sabemos. Mas, em seu sistema de navegação, as aves também precisam de algo semelhante a um mapa para determinar sua posição no início da jornada — e onde esse espaço está em relação ao lugar de destino, para que assim consigam seguir na direção certa. Será que elas têm isso? Um mapa dentro da mente?

A ideia remonta à década de 1940, quando Edward Tolman, psicólogo da Universidade da Califórnia, em Berkeley, propôs pela primeira vez que os mamíferos possuíam um "mapa cognitivo" de seu ambiente espacial.[51] Tolman observou que ratos colocados em labirintos especiais eram capazes de descobrir novas rotas ou atalhos mais diretos para os destinos que ofereciam uma recompensa alimentar. "No decorrer do aprendizado", disse Tolman, "algo como um mapa de campo do ambiente se estabelece no cérebro do rato", indicando rotas, caminhos, becos sem saída e relações ambientais, aos quais os ratos podem recorrer mais tarde. (Aqueles que seguiram a linha de pesquisa de mapas cognitivos de Tolman eram carinhosamente conhecidos como "tolmaníacos".[52])

Tolman propôs que os humanos também constroem esses mapas cognitivos e, de modo ousado, sugeriu que esses mapas nos ajudam a navegar não apenas no espaço, mas também pelas relações sociais e emocionais, "naquele grande labirinto dado por Deus que é o mundo".[53] Um mapa tacanho pode levar alguém a desvalorizar os outros e, no fim das contas, a sentir "um ódio desesperadamente perigoso em relação a estranhos", cuja expressão pode variar "de discriminação contra minorias a conflagrações mundiais", escreveu Tolman. A solução? Criar mapas cognitivos mais amplos, que englobem fronteiras geográficas maiores e um escopo social mais vasto, abrangendo aqueles que podemos considerar "outros" e, dessa forma, encorajar a empatia e a compreensão.

A DESCOBERTA DE QUE AS AVES conseguem montar mapas mentais de seus arredores físicos (ainda que não dos equivalentes sociais e emocionais) foi feita colocando pombas no mesmo tipo de teste de labirinto que Tolman usou. Assim como acontece com os ratos, descobriu-se que as pombas têm uma excelente memória para informações espaciais;[54] elas se lembram dos pontos de referência que já visitaram — quão distantes e em que direção estão — e usam essas informações para guiá-las rumo a novos locais.

O nome disso é navegação em pequena escala, e algumas aves são muito boas nesse tipo de tarefa. As campeãs são as aves que montam "depósitos espalhados", como os quebra-nozes-de-clark e os gaios-da-califórnia.[55] Esses membros da família dos corvos são mestres do jogo da memória espacial em uma escala gigantesca.

O quebra-nozes-de-clark (*Nucifraga columbiana*), pássaro cinza-claro com belas asas pretas, tem o apelido de "ladrão de acampamento" por seu hábito de surrupiar coisas em campings. São nativos das Montanhas Rochosas e de outras regiões altas do Oeste da América do Norte. Para sobreviver aos invernos rigorosos, um único quebra-nozes coleta mais de trinta mil sementes de pinheiro em um único verão, carregando até cem por vez em uma grande bolsa especial sob sua língua. Depois, ele as enterra em até cinco mil esconderijos diferentes espalhados por um território de dezenas ou até centenas de quilômetros quadrados. Mais tarde, vai em busca desses tesouros espalhados. Os quebra-nozes-de-clark se lembram da localização de cada esconderijo e vão diretamente até eles, sem gastar muita energia procurando em outro lugar.[56] Confiam quase totalmente na memória para localizar os depósitos, e conseguem se lembrar de onde estão por até nove meses, apesar das mudanças radicais na paisagem ao longo das estações, causadas por neve, folhas ou deslocamentos de rocha e solo.

As sementes de pinheiro são minúsculas, assim como cada um dos esconderijos. O pássaro cava em busca do tesouro com uma pá muito pequena, seu bico parecido com uma adaga, e acertar o alvo exige uma precisão de milímetros. Mesmo o menor erro na localização de um esconderijo pode significar que ele nunca mais seja encontrado. Sete em cada dez vezes, o quebra-nozes-de-clark acerta.[57] (Uma estatística particularmente humilhante quando considero minha própria incapacidade de localizar, digamos, as chaves do meu carro, ou de lembrar onde plantei as sementes de tomate.)

Como eles encontram as sementes depois de armazená-las no esconderijo? As pistas olfativas não desempenham nenhum papel nisso. Uma das teorias defende que eles criam um mapa mental de marcos grandes e altos, como árvores e rochas, que não serão soterrados pela neve.[58] As aves registram e recordam a localização dos esconderijos em relação a esses pontos de referência, usando distância, direção e até regras e configurações geométricas. Por exemplo, podem registrar que um dos depósitos está situado a meio caminho entre dois marcos altos — ou no terceiro ponto de um triângulo criado entre os dois marcos e um local de destino. Imagine recordar cinco mil desses pontos.

OS GAIOS-DA-CALIFÓRNIA — mestres da malandragem social — lembram-se não apenas de onde acumularam suas provisões (e quem estava observando), mas também do que eles esconderam lá e quando.

Isso é importante porque os gaios surrupiam não apenas nozes e sementes, mas também frutas, insetos e vermes, alimentos que perecem em velocidades diferentes. Os insetos armazenados podem estragar em dias se as temperaturas forem altas o suficiente, enquanto as nozes e as sementes duram meses. Uma série de experimentos criativos de Nicola Clayton e sua equipe, na Universidade de Cambridge, mostrou que os pássaros recuperam os alimentos mais perecíveis antes que apodreçam, deixando os outros para mais tarde.[59] Os gaios usam sua experiência sobre a rapidez com que cada comida se degrada para orientar a escolha a respeito da recuperação de seus esconderijos. Lembrar que alimentos perecíveis podem precisar ser consumidos mais cedo exige que o animal recorde a localização do depósito, o conteúdo dele e o tempo transcorrido desde o armazenamento. Essa capacidade — lembrar o quê, onde e quando sobre eventos passados específicos — é considerada semelhante à memória episódica humana, a notável capacidade de recordar experiências pessoais específicas. Como nós, as aves parecem usar eventos que aconteceram no passado (o que eles enterraram e quando) para descobrir o que fazer agora ou no futuro (cavar ou deixar para mais tarde).[60]

Clayton e sua equipe deram sequência a esses experimentos junto com outros pesquisadores, sugerindo fortemente que os gaios também são capazes de algum grau de planejamento, ou pelo menos previdência, o que lhes dá flexibilidade para agir no presente de maneira a aumentar as chances futuras de sobrevivência.

Para investigar se os gaios conseguem fazer planos para o futuro, Clayton e seus colegas alojaram oito deles em grandes gaiolas com acesso a dois compartimentos diferentes.[61] O primeiro compartimento sempre tinha um "café da manhã", e o segundo não. As aves ficavam sem comida durante a noite e, pela manhã, eram transferidas para um dos dois compartimentos. Após três manhãs de testes em cada compartimento, os gaios recebiam comida à noite, alguns pinhões, os quais podiam comer até se fartar e, em seguida, armazenar o excedente em qualquer um dos compartimentos. Os pássaros guardaram a comida na sala "sem café da manhã" — provavelmente prevendo a fome ali na manhã seguinte.

Os pesquisadores então acrescentaram um novo detalhe ao experimento. Eles ofereceram aos gaios alimentos diferentes em cada compartimento — amendoim em um e ração para cachorro no outro. Dessa vez, quando os pássaros guardaram seu excedente, eles distribuíram a comida de maneira que cada cômodo tivesse ofertas equivalentes.

Em experimentos posteriores com gaios-comuns, Clayton e sua colega Lucy Cheke mostraram que os pássaros armazenam o alimento específico que desejam no futuro (aquele que não receberam recentemente), aparentemente planejando suas necessidades vindouras e ignorando os seus desejos atuais. "A possibilidade de os gaios 'pré-experimentarem' o futuro ainda é uma questão em aberto", escrevem os pesquisadores, "mas nossos resultados são fortes evidências de que eles podem agir em nome de um futuro estado motivacional, diferente do atual, e fazem isso de maneira flexível."[62]

Esse trabalho sugere que pelo menos alguns pássaros são capazes dos dois componentes essenciais da viagem mental no tempo: a capacidade de olhar para trás (com o que fui alimentado, onde?) e avançar para o futuro (terei fome de quê amanhã e onde devo guardar minha comida?), algo antes considerado exclusivo dos seres humanos.

DE VOLTA AO GÊNIO ESPACIAL dos gaios-da-califórnia: tem mais. Como sabemos, gaios roubam os esconderijos uns dos outros. Impressiona que os armazenadores consigam retornar aos esconderijos que foram mexidos e àqueles que não foram com a mesma precisão. Um gaio ladrão, por sua vez, também explora os seus próprios sofisticados mapas mentais. Ele se baseia na memória espacial para localizar o alimento que viu ser armazenado em um esconderijo por outro pássaro, e consegue recordar o local específico em que isso ocorreu, mesmo que esteja observando a distância e tenha que girar mentalmente o lugar em sua cabeça.[63]

OS BEIJA-FLORES PARECEM TER UMA INTELIGÊNCIA de navegação em pequena escala semelhante.

A cada primavera, meu amigo David White pendura um bebedouro de néctar em uma corda elástica com um gancho em forma de S em seu quintal, no centro da Virgínia. Entre as temporadas, ele o desmonta para que os guaxinins não o peguem, mas deixa a corda e o gancho para pendurá-lo facilmente em abril. Às vezes, ele se esquece de reinstalar o bebedouro. Para seu deleite, os beija-flores-de-pescoço-rubi fazem com que ele se lembre, aparecendo por volta de treze de abril, um ou dois dias antes da época em que ele costuma reabastecer o alimentador, e ficam pairando em torno do gancho vazio. Os beija-flores sabem onde precisam estar — e quando.

Costumo ver esses sugadores de néctar zunirem pelas minhas floreiras na primavera, indo e voltando entre as flores como piões girando — energia tornada visível, suas asas feito um borrão transparente. Um beija-flor-de-pescoço-rubi pesa cerca de três gramas, menos que uma moeda de um centavo.

Os bichinhos que vibram e giram em torno das minhas plantas parecem não zunir na mesma flor duas vezes. Isso significa que carregam na cabeça um mapa das flores que esvaziaram recentemente e das que ainda carregam néctar? (Ou, no caso dos beija-flores do David, a localização de todos os alimentadores suspensos em uma vizinhança?)

Ter em mente o punhado de flores na minha janela é uma coisa. Lembrar as milhares de flores que compõem um território típico de um beija-flor é outra. Mas faz sentido que essas aves devotem inteligência a esse tipo de estratégia de economia de energia. Os beija-flores levam uma vida muito dispendiosa em termos energéticos. Não é apenas a sua rápida batida de asas, de até setenta e cinco vezes por segundo, que suga calorias; o mesmo acontece com suas perseguições de rivais em alta velocidade e seus voos de lá para cá, nos quais mergulham, balançam e ziguezagueiam para atrair parceiras. Para abastecer sua Fórmula 1 aérea, eles têm que sugar centenas de flores por dia; não querem gastar um centavo que seja visitando flores que já secaram. Portanto, registram na cabeça onde já se alimentaram. E fazem isso, aparentemente, não com base na cor, na forma ou em outros indícios visuais das próprias flores, mas sim por meio de indicações espaciais, como fazem os gaios armazenadores de alimentos e os quebra-nozes-de-clark.[64]

Sue Healy, da Universidade de St. Andrews, investiga as habilidades cognitivas dos beija-flores na natureza. Ela estuda o beija-flor-ruivo, uma pequena ave laranja brilhante conhecida por sua defesa agressiva e combativa das flores de que se alimenta.[65] Os trabalhos mais recentes de Healy sugerem que essas maravilhas peso-pluma conseguem registrar a localização espacial de uma flor ou comedouro em um campo de grandes dimensões e sem muitos detalhes visitando-o uma vez por apenas alguns segundos.[66] E eles conseguem retornar a esse local com uma precisão impressionante, mesmo se a flor em si estiver ausente.[67] Além disso, eles registram a qualidade e o conteúdo do néctar de flores individuais e suas taxas de reabastecimento, revisitando as flores somente depois que elas tiveram tempo de se reabastecer.[68]

As indicações espaciais que usam para localizar seu alimento ainda são um mistério. A pesquisa de Healy sugere que eles usam pontos de referência do terreno como uma espécie de infraestrutura para seu mapa mental, tal como os pássaros que armazenam alimentos.[69] Mas não é uma questão simples. Nas observações da cientista, os pontos de referência próximos "eram (aos nossos olhos, pelo menos) notavelmente uniformes: o solo era bastante plano e coberto por vegetação".[70] Os marcos mais distantes, no entanto — árvores circundando o campo, montanhas de mil metros de altura emoldurando o vale —, eram muito visíveis de todos os pontos do campo. Não está claro como as aves conseguem usar esses grandes marcos para localizar com tanta precisão onde ficam as flores ou os bebedouros específicos — ou onde deveriam estar.

OS CIENTISTAS COSTUMAVAM PRESUMIR que os pombos-correios tinham mapas como esses em suas cabeças, pontuados com diferentes locais memorizados — a diferença seria apenas a escala geográfica maior. Mas ninguém tinha realmente testado a ideia fora do laboratório até recentemente, quando Nicole Blaser (então estudante de doutorado na Universidade de Zurique) criou um experimento inspirador.

Blaser queria mostrar que as pombas navegam não por meio de uma resposta simples e robótica aos sinais ambientais, mas sim com a ajuda de um mapa de navegação genuíno em seu cérebro, que lhes permite escolher diferentes pontos de chegada e as melhores rotas para alcançá-los.

Se uma pomba for uma espécie de robô voador, a navegação será um processo de duas etapas relativamente simples: compare uma indicação ambiental, como um sinal magnético em um local desconhecido, com a mesma indicação em um lugar conhecido, como o pombal onde a ave reside. Em seguida, movimente-se em uma direção que reduza sistematicamente a diferença desse indicador entre os dois locais. Essa estratégia robótica "pombalcêntrica", como Blaser a chama, significaria que os pássaros memorizam apenas um local (o pombal) e, em seguida, navegam de volta para ele seguindo várias diferenças de gradiente nas indicações ambientais até chegarem em casa.

Como mostrar que as pombas carregam na cabeça um mapa genuíno de vários locais?

Blaser decidiu dar a um bando de 131 pombos-correios a escolha de voar para seu pombal residencial ou para outro, estocado com comida, com base na fome que sentiam. Primeiro, ela treinou todos eles para reconhecerem a localização de um pombal de comida. Todos os dias, Blaser os transportava de carro para o abrigo cheio de comida, onde se alimentavam regularmente. (A pesquisa com pombos pode ser um negócio muito trabalhoso.) Em seguida, ela os soltou de seu pombal residencial a distâncias cada vez maiores do pombal de alimentação, e vice-versa, até que aprendessem a voar com eficiência de um pombal para o outro.

Após o treinamento, ela os levou para um lugar completamente desconhecido, equidistante de ambos os pombais trinta quilômetros. Alimentou metade dos pombos e deixou a outra metade com fome. Depois, soltou todas as aves. Aqueles com a barriga cheia voaram de volta para o pombal residencial, mas os famintos foram para o pombal cheio de comida, desviando apenas para contornar obstáculos topográficos, dois lagos e uma cadeia de montanhas, e depois corrigiram seu curso. Nenhum pombo faminto fez um caminho passando pelo abrigo residencial.

Se os pássaros estivessem navegando por meio de uma estratégia robótica "pombalcêntrica", diz Blaser, eles teriam se orientado para casa primeiro até chegar a um terreno familiar e, em seguida, mudado a rota de voo em direção ao abrigo com alimentos.

Voar diretamente para o local onde é possível satisfazer sua fome é revelador por dois motivos, diz Blaser: primeiro, mostra que os pássaros são capazes de fazer escolhas entre alvos de acordo com a motivação — uma habilidade cognitiva em si —, e também que eles têm na cabeça um mapa cognitivo genuíno, que inclui o conhecimento de estarem em posição pouco familiar no espaço em relação a pelo menos dois lugares conhecidos.

EM QUE PONTO DA DIMINUTA paisagem de um cérebro de pomba reside esse tal mapa?

No mesmo lugar em que ele pode ser encontrado no nosso cérebro: no hipocampo, aquela rede neuronal que ajuda a nos orientar no espaço. Em parte, sabemos disso graças ao esforço de um "tolmaníaco", o anatomista John O'Keefe, ganhador do Prêmio Nobel de 2014 (junto com May-Britt Moser e Edvard Moser) por uma descoberta notável enquanto fazia seus próprios estudos de labirinto com ratos nos anos 1970. Ao estudar a atividade cerebral durante a corrida de labirinto dos ratos, O'Keefe e a psicóloga Lynn Nadel observaram que certas células especiais no hipocampo disparavam apenas quando os ratos estavam em um local específico.[71] Enquanto o rato vagava por um labirinto, essas "células locais" disparavam em um padrão espacial que correspondia precisamente ao caminho em zigue-zague seguido pelo roedor.

Em nosso cérebro, o hipocampo é uma estrutura em forma de cavalo-marinho que fica enterrada no fundo do lobo temporal medial. O hipocampo de uma ave fica no topo do cérebro, como um botão ou um pequeno cogumelo. Mas, tanto em uma ave quanto em uma garota, esse fiapo de tecido abriga nossos mapas mentais — e nossas memórias. Na verdade, nossas lembranças parecem estar todas ligadas ao lugar em que vivemos um evento. Uma nova pesquisa mostra que, quando nos lembramos de um acontecimento, as células locais em nosso hipocampo que armazenam a localização daquele evento disparam novamente, ajudando-nos a localizar uma memória tanto no espaço quanto no tempo.[72] Isso explica por que refazer os passos pode ajudar a lembrar o que se está procurando. A memória de um pensamento está associada ao lugar em que ele aconteceu pela primeira vez.

Em aves, o hipocampo desempenha um papel crítico no processamento de informações espaciais. Geralmente, um hipocampo maior significa melhor habilidade espacial.[73] Famílias de pássaros que armazenam comida têm um hipocampo com mais de duas vezes o tamanho esperado para seu tamanho cerebral e peso. Por exemplo, em termos relativos, um hipocampo de chapim é duas vezes maior que o de um pardal.

Quanto a isso, os beija-flores podem realmente cantar de galo. Em relação ao tamanho total do cérebro, eles têm um hipocampo maior que o de qualquer outra ave, duas a cinco vezes maior que o de pássaros canoros, aves marinhas e pica-paus.[74] Um grande beija-flor conhecido como o eremita-de-cauda-longa tem um cérebro tão grande quanto o de uma mariquita-de-rabo-vermelho, mas com um hipocampo quase dez vezes maior: para lembrar a localização, a distribuição e o conteúdo de néctar das flores de gengibre e maracujá, das quais se alimenta na Venezuela e no Brasil.

Espécies que parasitam ninhos, como os pássaros-indicadores e os chupins, também têm um grande hipocampo em comparação com não parasitas da mesma família.[75] "Faz sentido", diz Louis Lefebvre. "Um indicador fêmea encontra um lugar adequado para botar seus ovos na hora certa. Se ela os botar em um ninho em que os filhotes nascerão no dia seguinte, seus bebês serão eliminados assim que nascerem; se ela botar ovos muito cedo, o pássaro hospedeiro pode não estar pronto para botar seus ovos ou incubá-los. Portanto, ela precisa monitorar a posição dos ninhos e os estágios em que estão."[76]

As fêmeas de chupins têm o hipocampo maior que o dos machos — e, como Melanie Guigueno e seus colegas da Universidade de Ontário Ocidental descobriram recentemente, também têm maior habilidade espacial.[77] Na maioria dos animais, são os machos que têm capacidades espaciais superiores, mas, nas aves, os parasitas de ninho lançam por terra esse estereótipo. Apenas as fêmeas de chupins localizam, monitoram e revisitam os ninhos que parasitam. Elas vasculham as copas das árvores e observam a atividade de construção de ninhos para identificar possíveis hospedeiros. Então, antes do nascer do Sol, localizam os ninhos no escuro e põe ovos neles. Em um estudo de laboratório, Guigueno descobriu que as fêmeas dos chupins eram muito mais hábeis em tarefas de memória espacial que os machos. Isso sugere que a habilidade espacial superior não é inerentemente masculina, mas evolui de acordo com as demandas ecológicas do estilo de reprodução ligado ao parasitismo de ninhos.

Os pombos-correios têm um hipocampo mais pesado que outras linhagens de pombas criadas por suas características extravagantes, como a cauda-de-leque, a papo-de-vento e as strassers.[78] Mas essa potência do hipocampo não é genética. É algo conquistado com trabalho duro.

Não faz muito tempo, um experimento engenhoso revelou que o tamanho do hipocampo de um pombo-correio depende de seu uso.[79] Os cientistas criaram vinte aves no mesmo pombal perto de Düsseldorf, na Alemanha. Depois que os pássaros ganharam plumagem, metade teve permissão para voar e aprender a localização de seu pombal e dos arredores. Eles também participaram de várias corridas, com distâncias de até 280 quilômetros. Os outros dez pombos foram confinados em um lugar espaçoso o suficiente para que voassem livremente; assim, tiveram aproximadamente a mesma quantidade de atividade física que suas contrapartes liberadas, mas não a prática de navegação. Quando todos atingiram a maturidade sexual, os cientistas mediram o volume de seus cérebros e de seus hipocampos. Aqueles pombos com experiência em navegação tinham um hipocampo mais de 10% maior que o dos pássaros inexperientes. Não está claro qual mecanismo biológico é responsável pelo hipocampo inflado, dizem os cientistas. "As células existentes podem passar por um aumento do seu corpo celular", especulam, ou novas células cerebrais de suporte podem ter sido acrescentadas (embora, provavelmente, não sejam neurônios), "ou pode haver aumento da vascularização".

O TAMANHO DO HIPOCAMPO de um pombo pode refletir a experiência e a frequência com que suas habilidades de navegação são utilizadas.[80] Em outras palavras, pode ser moldado pelo uso. Pesquisadores britânicos descobriram que isso parece ser verdade também para os humanos, em um estudo hoje famoso sobre navegadores modernos altamente qualificados: os taxistas de Londres.[81] Antes que os aspirantes a taxista possam tirar a licença de trabalho em Londres, eles devem ser aprovados em um exame rigoroso conhecido como Conhecimento. Isso envolve a memorização do layout espacial de cerca de 25 mil ruas, bem como milhares de pontos de referência, naquela que foi considerada, em uma pesquisa de opinião popular, "a cidade mais confusa do mundo".[82] Dominar o conhecimento sobre os caminhos bizantinos de Londres leva de dois a quatro anos. Os cientistas descobriram que os taxistas que dirigem há vários anos têm mais massa cinzenta na parte traseira do hipocampo em comparação com os taxistas menos experientes ou os motoristas de ônibus de Londres.[83]

Isso levanta uma questão perturbadora. Se nossos esforços humanos de navegação moldam nosso hipocampo, o que acontece quando paramos de usá-lo para esse propósito — quando nos apoiamos demais em tecnologias como o GPS, que transformam a navegação em uma empreitada sem cérebro? O GPS substitui as demandas da navegação por uma forma muito pura de comportamento de estímulo-resposta (vire à esquerda, vire à direita). Alguns cientistas temem que a dependência excessiva dessa tecnologia reduza nosso hipocampo. De fato, quando pesquisadores da Universidade McGill escanearam o cérebro de adultos mais velhos que usaram GPS e aqueles que não usaram, descobriram que as pessoas acostumadas a navegar por conta própria tinham mais massa cinzenta no hipocampo e mostraram menos comprometimento cognitivo geral do que aqueles que dependiam de GPS.[84] À medida que perdemos o hábito de formar mapas cognitivos, podemos estar perdendo massa cinzenta (e, junto com ela, se Tolman estiver certo, nossa capacidade de compreensão social).

NÓS SABEMOS ONDE PROVAVELMENTE RESIDE o mapa mental de uma ave. Mas quão grande ele pode ser?

Lembro de uma certa manhã do início de outubro na praia de Cape Henlopen, Delaware. O dia amanheceu frio. A temperatura da água está despencando. No lado da baía do cabo, espero ver uma águia-pescadora. Mas a maioria das aves grandes se foi para o Sul, para o Peru ou a Venezuela, para o inverno nos pântanos quentes da Amazônia.

No entanto, ainda é o pico da temporada migratória para algumas aves de rapina, junto com os pássaros canoros de que se alimentam. Do outro lado da baía de Delaware, em Cape May, esmerilhões estão se movimentando, junto com quiriquiris, falcões-peregrinos, gaviões-miúdos e gaviões-de-cooper, parando para agarrar pequenos pássaros migrantes, para se sustentar durante suas próprias migrações. Os passarinhos marrons são abundantes em Cape May. Nas áreas arbustivas de Hidden Valley e nas terras agrícolas conhecidas como Beanery, brilham pintassilgos-americanos, mariquitas-de-asa-amarela e mariquitas-de-barrete-castanho, junto com algumas mariquitas-de-perna-clara e juruviaras que já estão atrasadas.

Uma frente fria pode empurrar dezenas ou até centenas de milhares de pássaros canoros migratórios para essa área ao mesmo tempo, uma visão maravilhosa se você estiver assistindo do dique em Higbee Beach. Esses migrantes neotropicais vão descansar e se alimentar por alguns dias e depois sumir noite adentro. Adoro imaginar o céu noturno do outono salpicado de pássaros escuros que se dirigem para o Sul. Ao contornar Henlopen até o lado oceânico do cabo, um denso nevoeiro paira na costa. Observo com curiosidade por um momento enquanto ele vem chegando mais perto, como uma onda cinzenta gigante. De repente, a neblina me envolve em um manto de umidade salgada. As dunas ao longo da costa derretem na névoa, e não consigo ver um metro à minha frente. É estranhamente desorientador — mas não passa disso; consigo identificar facilmente a linha da costa e encontrar o caminho de volta pelas dunas.

Estar no meio de um nevoeiro no mar é outra história. John Huth, um professor de física da Universidade Harvard, conta como saiu em seu caiaque para Nantucket Sound em um dia claro nessa mesma época do ano. Sem esperar, foi envolvido por uma névoa densa.[85] Huth, um canoísta veterano, teve o cuidado de observar indicações importantes antes de partir, especialmente a direção do vento e das ondas. "Fiquei perto da costa", escreve ele, "e, sempre que o nevoeiro obliterava os pontos de referência, sabia como me virar em direção à terra." Naquele dia, dois outros canoístas remando nas proximidades não tiveram a mesma sorte; aparentemente perderam o rumo, foram atingidos por ondas fortes e se afogaram.

Como Huth aponta, os primeiros navegadores humanos eram capazes de seguir indicações da natureza para encontrar seu caminho. Os viajantes polinésios criaram uma bússola natural ao lembrar as posições das estrelas nascentes e poentes. Os comerciantes árabes usavam o cheiro e a sensação dos ventos para atravessar o Oceano Índico. Os vikings usavam a posição do Sol para determinar o tempo e a orientação. Os navegadores das ilhas do Pacífico leem as ondas. Com o aprendizado, podemos encontrar nosso caminho por meio de observações cuidadosas do Sol, da Lua e das estrelas; marés e correntes; vento e clima. (Achei interessante aprender que cerca de um terço das línguas do mundo descreve o espaço ocupado pelo corpo não em termos de direita e esquerda, mas com direções cardeais. As pessoas que falam essas línguas são mais hábeis em se manter orientados e manter o controle de onde estão, mesmo em lugares desconhecidos.[86]) Mas sem um mapa ou GPS em mãos, a maioria dos humanos modernos é incapaz de se virar em tarefas de navegação.

As aves que migram no oceano de ar, por outro lado, raramente se perdem, mesmo na escuridão ou na neblina. Como os pombos, elas contam com as indicações disponíveis em marcos visuais, no Sol e em campos magnéticos.

À noite, algumas usam as estrelas, mas não da maneira que você imagina. Elas não carregam nenhum mapa de padrões de estrelas, mas aprendem como funciona a rotação aparente do céu noturno em torno da Estrela Polar.[87] No primeiro verão de suas vidas, os que acabaram de deixar o ninho procuram o centro de rotação no céu estrelado. No hemisfério Norte, esse centro de rotação é a Estrela Polar, que os pássaros aprendem a interpretar como o Norte. Eles se orientam para longe da estrela em direção ao Sul. Uma vez que sua bússola estelar se estabeleça totalmente (o que leva apenas cerca de duas semanas), os pássaros conseguem se orientar pelas estrelas, mesmo que apenas algumas sejam visíveis.

Eu sei que navegar seguindo pistas celestes não é necessariamente um sinal de alto intelecto. Afinal, os besouros rola-bosta — mais conhecidos por esculpirem bolinhas de fezes de animais, que depois comem — usam a luz da Via Láctea para se orientar à noite.[88] Ainda assim, parece-me uma maravilha que os pássaros consigam usar uma orientação Norte-Sul aprendendo os padrões de rotação das estrelas. As aves migratórias ocasionalmente saem do curso centenas ou mesmo milhares de quilômetros por eventos naturais, como tempestades. Esses são, de certa forma, experimentos de deslocamento natural em grande escala. A capacidade da maioria dos migrantes de encontrar o caminho de volta depois desses deslocamentos desorientadores sugere que seus mapas mentais sejam realmente muito grandes.

EU ESPERAVA VISITAR o cabo Henlopen um ano antes, mas meus planos foram frustrados pelo furacão Sandy. Apenas um ou dois dias antes da minha chegada prevista para aquele ano, a supertempestade começou a se aproximar, vinda do Sul, com o olho voltado diretamente para o cabo. Fico feliz por não ter me arriscado. O furacão atingiu Henlopen em cheio, inundando estradas e destruindo pontes, jogando areia em estacionamentos e ruas secundárias.

Depois que o Sandy passou, toda a borda Leste do continente fervilhou de vagantes. É um termo interessante, comumente usado para designar alguém que viaja à toa, sem pressa e sem nenhum suporte. A palavra vem da raiz latina *vagari*, que significa "vagar". Um pássaro errante que vagueou ou foi desviado do curso é, por sua própria natureza, algo incomum, e atrai observadores de aves loucos para observar aquele estranho ser fora do lugar, um jeito de aumentar rapidamente a lista das espécies que já viram.

No rastro do Sandy, observadores de pássaros em Cape May relataram ter visto mais de cem mandriões-pomarinos — aves marinhas predadoras, que provavelmente foram sopradas na direção da terra firme enquanto migravam de seus locais de nidificação no Ártico, rumo aos mares tropicais do Sul. Centenas de outras aves foram observadas no interior da Pensilvânia, voando para o Sul rumo ao rio Susquehanna. Trinta-réis-das-rocas, falaropos-de-bico-grosso, uma gaivota-de-sabine, uma pardela e um rabo-de-palha-branco foram todos parar em Manhattan. Um agrupamento de maçaricos do Norte da Europa apareceu nos campos abertos ao longo das costas da Nova Inglaterra. E uma grazina-de-trindade, ave de águas profundas que normalmente passa seus dias sobre o oceano Atlântico ao largo do Brasil, caiu perto de Altoona, também na Pensilvânia, a Oeste das Montanhas Apalaches e a trezentos quilômetros da costa. Mas não ficou lá por muito tempo. Depois que o vento diminuiu, a ave rumou para o Sul.

Se você quiser adicionar um desses turistas acidentais à sua lista de aves, tem que agir rapidamente. Em geral, eles partem no intervalo de um dia e, ao que parece, sabendo exatamente para onde ir.

AQUELE TRANSPORTE EXPERIMENTAL de tico-ticos-de-coroa-branca do Noroeste do Pacífico para Princeton, em Nova Jersey, foi uma versão mais extrema do furacão Sandy, um experimento de deslocamento deliberadamente radical. Os cientistas que o conduziram esperavam esclarecer o tamanho do mapa de navegação de uma ave — e foi o que conseguiram.

O fato de os tico-ticos (mesmo aqueles com experiência mínima) poderem ajustar e corrigir seu curso tão rapidamente após um deslocamento de 4800 quilômetros sugeria a existência de um vasto mapa mental de navegação abrangendo, no mínimo, o território continental dos Estados Unidos, e possivelmente o globo.[89]

O teste também indicou que o mapa se baseia na experiência.[90] Os pássaros jovens e completamente inexperientes não se saíram tão bem. Não conseguiram encontrar o caminho de volta atravessando o país. Em vez disso, guiados só pelo instinto, apenas voaram para o Sul.

As aves não nascem com os mapas na cabeça. Precisam aprendê-los. Algumas fazem isso seguindo as aves adultas ao seu redor: é o caso dos grous-americanos. Os grous inexperientes acompanham os adultos ao longo das rotas de migração, e é por isso que os cientistas conseguem treinar grous principiantes em cativeiro para que eles sigam um ultraleve, como se a aeronave fosse um flautista de Hamelin das aves.[91]

Mas seguir um dos pais nem sempre é possível. Um filhote de papagaio-do-mar, por exemplo, deixa as encostas isoladas dos penhascos do Atlântico Norte e as ilhas de seu nascimento à noite, bem antes de os adultos deixarem a colônia para o inverno. Da mesma forma, um jovem cuco que está passando uma temporada inglesa em Norfolk não pode seguir seus pais para as florestas tropicais do Congo porque eles já foram para o Sul antes de ele fugir de seu ninho adotivo.

Ainda assim, uma ave migratória jovem (desde que não tenha sido sequestrada e enviada para o outro lado do país) de alguma forma consegue encontrar o caminho a centenas ou milhares de quilômetros de seus locais de inverno, embora nunca tenha estado lá. Para fazer isso, ela usa um pouco de sua inteligência genética prodigiosa, um programa inato de "relógio e bússola" que a instrui a voar durante certo número de dias, em uma determinada direção. O relógio é um cronômetro interno sob controle genético que determina o número de dias de voo. Sabemos disso porque um pássaro migratório engaiolado tende a sentir por um certo tempo uma inquietação migratória, o *Zugunruhe*, que está estreitamente relacionada com a distância que geralmente atravessa.[92] Quanto à bússola: pelo menos alguns pássaros jovens carregam uma bússola unidirecional herdada, que é típica de suas espécies e os coloca no curso correto. Para permanecer nesse curso, eles contam com as indicações da bússola que os adultos usam, incluindo o Sol, as estrelas, o campo geomagnético e informações trazidas pela luz polarizada disponível ao pôr do sol.[93] (O crepúsculo é uma rica fonte de informações para animais navegadores de todos os tipos. É o único período do dia em que aves e outros animais conseguem combinar padrões de polarização de luz, estrelas e indicações magnéticas.)

É difícil imaginar como esse programa inato funciona, especialmente no caso de aves com rotas extremamente precisas e complexas. Mas, de alguma forma, informações, exclusivas daquela espécie, sobre direção e distância estão codificadas em seus genes e são passadas de uma geração para a próxima.

Para a viagem de volta e as migrações posteriores, as aves não dependem mais de informações herdadas. À medida que viajam, elas constroem um mapa cognitivo que lhes permite usar a verdadeira navegação para encontrar criadouros ou locais de inverno que já visitaram — e até mesmo para corrigir deslocamentos causados por vento, tempestades e outros eventos naturais. Para alguns pássaros esse mapa na cabeça dá a impressão de ser imenso, abrangendo continentes e até oceanos. Veja o caso do tico-tico-de-coroa-branca ou o da pardela-sombria. Em um experimento de deslocamento com pardelas, as aves transportadas a uma distância de 5 000 quilômetros de sua ilha de nidificação no País de Gales, indo parar em Boston, acharam o caminho de volta para casa em apenas doze dias e meio.[94]

DE QUE É FEITO ESSE MAPA? Pode ser que ele funcione como nosso sistema de coordenadas cartesianas, com diferentes indicações ambientais que variam previsivelmente ao longo dos gradientes, fornecendo informações sobre latitude e longitude. Para usar gradientes, diz Richard Holland, da Queen's University, em Belfast, uma ave "teria que aprender que eles variam previsivelmente em intensidade com o espaço (e possivelmente com o tempo) dentro do território conhecido e estender essa ideia para além da área que já aprendeu".[95]

Mas quais são as indicações sensoriais que contribuem para as coordenadas do mapa? Será que existem mesmo essas coordenadas? Apesar de uma enxurrada de estudos nas últimas quatro décadas, ainda estamos tentando desenrolar as enroladíssimas questões ligadas aos sinais de mapeamento.

O mapa de gradientes pode ser parcialmente geomagnético. Recentemente, Holland e um colega fizeram uma descoberta curiosa.[96] A dupla capturou vários pintarroxos que estavam em uma fase de repouso em seu caminho migratório e os expôs a um forte pulso magnético, atrapalhando temporariamente seu sentido de magnetismo. Em seguida, os pássaros foram soltos. Os pintarroxos jovens (que não tinham experiência anterior de navegação) pareciam despreocupados com o pulso e seguiram o caminho esperado, guiados por seu programa inato. Mas os adultos voaram na direção errada. Os pesquisadores especularam que os pássaros adultos construíram mapas magnéticos em suas cabeças durante as migrações, que usaram para ajudá-los a navegar nas viagens seguintes. O pulso pode ter "reconfigurado" esses mapas, confundindo os pássaros.

Outro experimento recente, desta vez trabalhando com rouxinóis-pequenos-do-caniço, também aponta nessa direção. Uma equipe liderada por Nikita Chernetsov e Henrik Mouritsen capturou rouxinóis em sua rota migratória que vai de Kaliningrado, na Rússia, no Mar Báltico, até o Sul da Escandinávia.[97] No caso de metade dos pássaros, os cientistas cortaram o nervo que vai do bico ao cérebro, o chamado nervo trigêmeo, que se imagina ser o responsável por transmitir informações magnéticas ao cérebro. Em seguida, eles deslocaram todas as aves mais de novecentos quilômetros a Leste de seu caminho migratório normal. Os pássaros com o nervo trigêmeo intacto entre o bico e o cérebro se reorientaram rapidamente na direção de seus criadouros normais no Noroeste. Mas as aves com o nervo cortado se dirigiram para o Nordeste, como se ainda estivessem em seu caminho migratório normal. O notável era que os pássaros sabiam onde ficava o Norte, mas haviam perdido a capacidade de fixar sua posição. Em outras palavras, eles pareciam ter perdido o senso de mapeamento.

Nós, humanos, somos criaturas altamente visuais, especialmente quando se trata de questões espaciais. É difícil entender um mapa feito a partir de indicações que não conseguimos ver.

Aqui está mais um exemplo. De acordo com Jon Hagstrum, um geofísico do Serviço Geológico dos Estados Unidos que estudou a navegação de aves por mais de uma década, sinais infrassônicos naturais, que são ruídos de baixa frequência na atmosfera abaixo do nosso alcance auditivo, mas talvez audíveis para os pássaros, podem fazer parte de um mapa que os ajuda a encontrar o caminho certo.[98]

Também podem indicar a chegada de tempestades. Um exemplo surpreendente da aparente capacidade de algumas aves de antecipar tormentas iminentes veio à luz há algum tempo por acidente. Era abril de 2014, e pesquisadores da Universidade da Califórnia em Berkeley estavam verificando se uma população de minúsculas mariquitas-de-asa-dourada, que se reproduzem nas montanhas Cumberland, no Leste do Tennessee, poderia carregar geolocalizadores nas costas.[99] Fazia só dois dias que os pássaros tinham chegado, após uma jornada de 5000 quilômetros para o Norte, saindo de seus territórios de inverno na Colômbia. A equipe tinha acabado de acoplar os aparelhos aos pequenos pássaros canoros quando todos eles, de repente, saíram voando do viveiro, evacuando espontaneamente seus locais de nidificação. Mais tarde, os cientistas descobriram que uma enorme tempestade de primavera, do tipo "supercélula", estava se aproximando — ela acabaria gerando oitenta e quatro tornados e mataria trinta e cinco pessoas. Os pássaros partiram 24 horas antes que a tempestade devastadora chegasse e saíram voando em todas as direções, alguns chegando até Cuba. Depois que a tempestade passou, voaram de volta direto para o local de nidificação — para alguns, uma viagem de ida e volta de quase 1600 quilômetros. Os cientistas que conduziram o estudo sugerem que os pássaros podem ter sido avisados pelo estrondo profundo da tempestade quando ela ainda estava a uma distância entre quatrocentos e oitocentos quilômetros dali, captando os fortes infrassons de baixa frequência gerados por tais produtoras de tornados. Os infrassons podem viajar por centenas e até milhares de quilômetros, mas são inaudíveis para os seres humanos.

Eles são produzidos por muitas fontes naturais, mas principalmente pelos oceanos. A interação das ondas nas profundezas do oceano com o movimento da água da superfície do mar cria um tipo de ruído de fundo na atmosfera, que pode ser detectado em qualquer lugar da Terra com a ajuda de um microfone de baixa frequência. Além disso, as mudanças de pressão no fundo do mar geram ondas sísmicas na terra sólida que podem interagir com a atmosfera na superfície do solo — "como um cone de alto-falante gigante", diz Jon Hagstrum — para produzir ondas infrassônicas que são irradiadas para fora por encostas, penhascos e outros terrenos íngremes, podendo viajar grandes distâncias. Assim, cada local na Terra possui uma espécie de assinatura sonora moldada pela topografia. Na opinião de Hagstrum, as aves podem usar essas assinaturas para navegar e localizar seus pombais "de maneira infrassônica".

"Tal como vemos uma paisagem, acho que os pássaros conseguem ouvi-la", diz Hagstrum.[100] "Quando estão mais longe, eles provavelmente estão ouvindo os sons produzidos por elementos maiores da paisagem e, à medida que se aproximam, os elementos ficam menores." Em outras palavras, uma pomba pode saber exatamente como a área ao redor de seu pombal "soa". "Pombos com lentes foscas cobrindo os olhos podem retornar a uma distância de um ou dois quilômetros de seu pombal, mas precisam ver a área para fazer a descida final", diz Hagstrum. "Acho que essa é a menor área possível capaz de produzir infrassons altos o suficiente para que uma pomba consiga ouvi-los."

Muita gente é cética em relação a essa ideia. "A evidência anedótica é certamente fascinante", diz Henrik Mouritsen.[101] "Mas a questão-chave que precisa ser respondida por qualquer um que sugira que isso é sensorial: as aves conseguem sentir o infrassom? Não há evidências disso. E, em segundo lugar, será que elas conseguem determinar a direção de onde ele está vindo? Isso normalmente requer uma distância muito grande entre os ouvidos (como a que existe em elefantes e baleias)", sugere Mouritsen. Em sua opinião, uma explicação muito mais provável para a capacidade dos pássaros canoros do Tennessee de detectar a supertempestade distante não é o infrassom, mas as mudanças na pressão atmosférica que os pássaros são capazes de sentir.

No entanto, se a teoria do infrassom de Hagstrum for verdadeira, ela poderia lançar luz sobre o desaparecimento de Whitetail e dos outros sessenta mil pombos que sumiram da Inglaterra e da França há quase duas décadas. Intrigado com o desaparecimento de tantos pombos naquela corrida desastrosa, Hagstrum vasculhou os registros históricos para ver se algum evento sonoro incomum poderia ter coincidido com a corrida.[102] E, de fato, houve um dos grandes naquele dia: assim que os pombos-correios se puseram a cruzar o Canal da Mancha, sua rota de voo coincidiu com a de um Concorde SST que acabava de sair de Paris. Quando o avião atingiu a velocidade supersônica, diz Hagstrum, ele estendeu um "tapete sonoro" tão alto que

obliterou o mapa acústico de navegação dos pombos, desorientando-
-os completamente.

A ideia de Hagstrum também pode ajudar a explicar certos Triângulos das Bermudas de retorno dos pombos — lugares em que os
bichos tendem a desaparecer ou ficar irremediavelmente perdidos.
A geometria do terreno nesses locais pode criar o que ele chama de
"sombras sonoras", que perturbam a orientação acústica. A ideia continua sendo altamente controversa. Segundo Richard Holland, "essas
correlações são convincentes, mas são apenas isso, correlações" —
no caso da corrida de pombos, trata-se de uma correlação entre a perturbação infrassônica (o estrondo sônico) e a perturbação de orientação (os pássaros ausentes). "São evidências fracas", afirma Holland.[103]
"Nenhum experimento chegou a demonstrar quaisquer efeitos do infrassom na navegação dos pássaros."

ODORES TAMBÉM PODEM INFLUENCIAR o mapa — outro conceito
que parece estar no limite da imaginação humana e inspira debates,
embora nesse caso a teoria seja amparada por evidências experimentais substanciais. A ideia de que sinais odoríficos podem influenciar a
navegação dos pássaros começou há mais de quatro décadas, quando
Floriano Papi conduziu um experimento com pombas na Toscana.[104]
O zoólogo italiano e seus colegas cortaram os nervos olfativos de um
grupo de pombas e as soltaram em um local desconhecido. Os pássaros nunca mais voltaram, enquanto suas companheiras intactas voaram rapidamente de volta para o pombal. Mais ou menos na mesma
época, o ornitólogo alemão Hans Wallraff descobriu que as aves de
um pombal protegido do vento por placas de vidro não conseguiam
encontrar o caminho de volta para casa.[105] Assim nasceu a hipótese
da navegação olfativa, que sugere que os pombos aprendem a associar os cheiros trazidos até seu pombal com a direção do vento e usam
essa informação para determinar o caminho de volta para casa.

A possibilidade de as aves navegarem com a ajuda de um mapa de
odores pode lançar luz sobre um estranho paradoxo evolucionário
que intriga os cientistas há mais de uma década. Trata-se de um acaso

da geometria do cérebro dos animais.[106] Se você observar os cérebros de vertebrados em diferentes ordens, classes, famílias e espécies, surge um padrão claro, uma espécie de lei de escala universal. Em quase todos os vertebrados, os componentes do cérebro, do cerebelo à medula e ao prosencéfalo, aumentam previsivelmente com o tamanho do cérebro como um todo.[107] Na maioria das vezes, você consegue prever o tamanho do componente do cérebro a partir do tamanho total dele. As estruturas do cérebro que evoluíram mais recentemente são geralmente maiores.

A natureza às vezes produz essas lindas regras gerais.

No entanto, "o princípio 'área mais tardia é igual a área grande' tem uma exceção importante", diz Lucia Jacobs, psicóloga da Universidade da Califórnia em Berkeley: o bulbo olfativo. Ele é um renegado em quase todos os sentidos.

O bulbo olfativo é uma parte antiga do cérebro, dedicada ao sentido do olfato e encontrada universalmente nos vertebrados. Muitas vezes ele é menor do que o esperado em relação ao resto do cérebro, ou maior. (Os tamanhos maiores são especialmente estranhos, dada a sua idade evolutiva.) E ele varia de tamanho entre os animais da mesma ordem, mesma classe ou mesma família. Isso é verdade no caso das aves.[108] Petréis e outras aves marinhas, como pardelas e albatrozes, têm bulbos quase três vezes maiores que os das aves canoras. No corvo-americano, o bulbo tem apenas 5% do comprimento do hemisfério cerebral do pássaro, enquanto no petrel-da-neve chega a mais de 35%.

As grandes dimensões do bulbo em algumas aves apresentam um enigma. No cérebro, "grande" geralmente significa "importante". É o chamado princípio da "massa adequada" — quanto mais espaço do cérebro dedicado a uma função, maior sua importância para a biologia do animal. Mas, por muito tempo, os cientistas pensaram que as aves não farejavam muito. Elas não exibiam nenhum dos comportamentos mais óbvios inspirados no nariz — cheirar traseiros ou farejar trufas. As aves eram mais como nós, ao que parecia, criaturas visuais, com esse sistema sofisticado e altamente evoluído. "Um desenvolvimento extraordinário de um conjunto de órgãos nunca é realizado se não às custas de algum outro conjunto", escreveu um ornitólogo em 1892. "Neste caso, os órgãos do olfato foram os mártires."[109]

Essa visão mudou radicalmente. A mudança começou na década de 1960, com experimentos revelando que pombas expostas a uma corrente de ar perfumado mostraram um aumento na frequência cardíaca. Para que seus corações reagissem dessa forma, elas deveriam estar sentindo o cheiro de alguma coisa. Mais tarde, os cientistas plantaram eletrodos nos bulbos olfativos das aves.[110] Para sua surpresa, encontraram o mesmo padrão de disparo das células em resposta à estimulação do odor que ocorre nos bulbos olfatórios e nos nervos dos mamíferos.

Desde então, quase todas as espécies testadas demonstraram algum talento olfativo, desde kakapos e estorninhos a patos e pequenos petréis conhecidos como príons. Kiwis, pássaros noturnos que não voam da Nova Zelândia, encontram seus banquetes de invertebrados rastreando o cheiro pelas narinas em seus longos bicos. Os abutres são capazes de rastrear o odor da carcaça de um animal em decomposição a quilômetros de distância e se aproximar dele voando contra o vento. Os petréis-azuis — aves marinhas que sobrevoam trechos de mar sem pontos de referência em busca de krill, peixes e lulas — conseguem detectar os odores de suas presas antes mesmo de voarem, captando concentrações mínimas.[111] Esses petréis fazem seus ninhos em tocas escuras e, em noites sem Lua, parecem confiar no cheiro para encontrar o caminho de volta, atravessando colônias com alta densidade populacional até seus abrigos de origem.[112]

Todas as aves que são obviamente orientadas pelo cheiro têm grandes bulbos olfativos. Mas mesmo espécies com bulbos muito menores, como alguns pássaros canoros, parecem captar odores do ar, do solo e da vegetação e usá-los para detectar predadores ou plantas capazes de protegê-los de micróbios nocivos. Os chapins-azuis alimentando seus filhotes não entram em um ninho se ele estiver impregnado com o cheiro de uma doninha.[113] E eles conseguem farejar mil-folhas, hortelã-maçã e alfazema, transportando fragmentos dessas plantas para seus ninhos para proteger seus filhotes de bactérias e parasitas patogênicos.[114] Pequenos pássaros marinhos, as alcas-de-crista, não deixam que seus bulbos olfativos de tamanho modesto os impeçam de mergulhar em um rito social odorífero todos os verões, enterrando seus narizes nas nucas de outras alcas para sentir seu cheiro — dizem que o aroma parece com o de tangerina recém-descascada, sendo perceptível apenas na época reprodutiva, mas forte o suficiente para ser detectado até mesmo por narizes humanos a até oitocentos metros de distância a favor do vento.[115] Os mandarins, cujos bulbos são realmente minúsculos, usam o olfato para identificar parentes, assim como os mamíferos, de modo a evitar a endogamia e facilitar a cooperação com a parentela.[116]

Mas por que a grande variação no tamanho do bulbo? As discrepâncias refletiriam apenas diferentes demandas por odores agudos, exigidas por diferentes pressões de forrageamento ou estilos de vida sociais?

Lucia Jacobs tem outra explicação. Especialista em cognição e evolução do cérebro, Jacobs propõe que o bulbo olfativo evoluiu de início em todos os vertebrados, incluindo aves, não para caçar, forragear, evitar predadores, comunicar-se ou encontrar parceiros — mas sim, diz ela, para que "os animais conseguissem decodificar e mapear padrões de substâncias odoríferas para fins de navegação espacial".[117] O universo dos cheiros é superdinâmico, com sinais em constante movimento. "É algo que exige uma arquitetura neural adaptada a padrões complexos de aprendizagem", explica Jacobs. Na verdade, essa poderia ter sido a principal força motriz na evolução da aprendizagem associativa, sugere ela, a capacidade de aprender e recordar a relação entre coisas totalmente diferentes — por exemplo, o cheiro de um determinado mineral ou árvore e a direção de casa. O tamanho do bulbo das aves hoje se correlaciona mais fortemente com sua capacidade de navegar usando sinais olfativos do que com a capacidade de discriminar cheiros para achar comida ou se proteger de predadores. O pombo-correio, por exemplo, tem um bulbo olfativo impressionantemente grande em comparação com suas primas, as outras pombas domésticas, que em outros aspectos compartilham o mesmo estilo de vida.

CERTAS AVES COM GRANDES bulbos olfativos parecem ter algum tipo de mapa detalhado de odores. Anna Gagliardo, da Universidade de Pisa, descobriu que as pardelas, pássaros pelágicos do Oceano Atlântico, parecem usar mapas de odores para se localizar no mar.[118] As pardelas vagam pela vastidão dos oceanos em busca de alimento, mas todos os anos conseguem encontrar a mesma ilha minúscula para reproduzir e criar seus filhotes. Para saber como elas fazem isso, Gagliardo e seus colegas retiraram duas dúzias de pardelas de seus ninhos nos Açores durante a época de nidificação e as enfiaram em um cargueiro com destino a Lisboa.[119] Algumas das aves eram equipadas com pequenas barras magnéticas que alteravam seu sentido de magnetismo; outras tiveram suas narinas lavadas com sulfato de zinco, obliterando temporariamente seu olfato. Quando o navio chegou a centenas de quilômetros da ilha onde elas se reproduzem, as aves foram soltas. Aquelas com o magnetismo bagunçado encontraram o caminho de volta, mas as que estavam com as narinas neutralizadas ficaram completamente confusas e vagaram pelo oceano por semanas.

UM MAPA DE NAVEGAÇÃO DE CHEIROS não seria parecido com nenhum mapa que já vimos. Jacobs imagina um sistema de mapeamento duplo para o espaço olfativo, baseado no trabalho de Papi, Wallraff e outros pesquisadores.[120] A primeira parte é um mapa de baixa resolução, feito de várias plumas de odor, que se misturam em diferentes gradientes para criar uma grade que divide o espaço olfativo em sub-regiões que ela chama de "bairros".[121] Essas plumas de cheiro podem consistir em proporções diferentes dos chamados compostos orgânicos voláteis, substâncias químicas na atmosfera que podem ser a fonte dos odores. Quando Wallraff obteve amostras do ar em noventa e seis locais diferentes dentro de um raio de duzentos quilômetros de um pombal no Sul da Alemanha, descobriu que essas proporções aumentavam ou diminuíam ao longo de gradientes espaciais razoavelmente estáveis.[122] Para um pombo, as mudanças nas proporções podem se traduzir em mudanças no cheiro. Em outras palavras, áreas diferentes têm cheiros diferentes.

Imagine uma dessas aves em seu pombal. Há um cheiro de limoeiros em uma direção e o aroma de oliveiras na outra. Se o pássaro voar em direção aos limoeiros, o odor dos limões ficará mais forte, enquanto o cheiro das azeitonas ficará mais fraco. Deixe um pombo em uma "vizinhança" em algum ponto intermediário (digamos, 20% de limão, 80% de azeitona) e, a partir da mistura particular de gradientes, ele poderá coletar informações sobre a direção de casa.

A segunda parte do mapa é uma coleção de pontos de referência cheirosos — combinações de odores únicos ou específicos de um determinado local. Imagine uma versão aromática da Estátua da Liberdade ou do Cristo Redentor.

A ideia de que existe um mapa de odores ainda é tema de debates acalorados, e há problemas significativos com ela. Os odores estão no ar e se movem com os ventos. Portanto, parece improvável que os cheiros congelem para formar qualquer tipo de mapa estável com dois conjuntos de coordenadas. "Obviamente, a questão da instabilidade é algo muito debatido", diz Jacobs. Mas aves e outros animais são muito bons em decodificar instabilidades, diz ela. E, ao que parece, a distribuição de pelo menos alguns odores na atmosfera é bastante estável, criando gradientes espaciais previsíveis que podem ser úteis para uma ave navegando por distâncias de centenas de quilômetros — embora provavelmente não em distâncias maiores do que isso.

Para complicar as coisas, existe a possibilidade de que os odores possam atuar mais como pistas motivacionais do que como indicações de navegação. Um estudo descobriu que, em pombas jovens, os odores parecem ativar outros processos de navegação.[123] Se esse estudo for confirmado, diz Richard Holland, sentir cheiros "que não são de casa" "pode fazer com que um pássaro acesse um sistema de navegação com base em outras indicações".[124]

Ainda assim, um experimento recente de Holland e seus colegas mostrou que os sabiás-coleiras adultos, privados de seu olfato e depois deslocados de Illinois para Princeton, em Nova Jersey, foram incapazes de perceber o deslocamento da mesma forma que seus colegas com narinas ativas.[125] Além disso, quando os cientistas examinaram os cérebros das aves migratórias durante o *Zugunruhe*, acharam sinais de ativação nas áreas visuais e olfativas do cérebro, sugerindo que o cheiro realmente desempenha um papel no comportamento migratório.[126] Só não está claro qual é esse papel.

É uma ideia intrigante: um mapa mental feito — pelo menos em parte — de mosaicos de odores e sinais de cheiro ondulando no ar. Jacobs acredita que as aves podem usar o sistema de vizinhança como um mapa aproximado para organizar sua posição geral e determinar a direção do voo. O sistema de pontos de referência levaria tempo para ser aprendido, mas acabaria produzindo um mapa de resolução espacial mais alta. Nesse cenário, então, o olfato pode fornecer dois tipos de indicações de mapeamento. Ao longo do tempo evolutivo, explica a cientista, o hipocampo se especializou em processar e integrar esses dois fluxos de informação olfativa. Por fim, ele "aprendeu" a integrar outros tipos de pistas sensoriais, como sinais magnéticos e som. Isso pode explicar por que o bulbo olfatório é tão discrepante quando se trata do dimensionamento do cérebro. Em algumas espécies, com a mudança evolutiva em favor do uso de outras informações sensoriais para navegação, o bulbo olfatório diminuiu de tamanho.

ACHO ESTRANHO E EMOCIONANTE que os mapas mentais das aves continuem não mapeados. Não há nenhuma evidência clara de que qualquer pista sensorial seja a mais importante de todas. Quais indicações uma determinada espécie usa em uma viagem específica é algo que pode depender da escala da jornada, ou do que é útil, ou das condições ambientais (como um caiaque na neblina, a ave pode recorrer a outras indicações menores quando as principais não estão disponíveis), ou simplesmente de suas próprias predileções individuais.

Por exemplo, as pistas que um pombo-correio usa para encontrar o pombal podem depender de sua experiência de vida e de suas próprias escolhas peculiares. No estudo de Blaser sobre os pombos-correios, ela descobriu que eles nunca seguiam direto para o alvo; a cada vez, seguiram uma rota ligeiramente diferente — "um meio-termo entre a direção da bússola escolhida, fatores topográficos e suas próprias estratégias de voo individuais", diz ela.[127] Muito disso depende de como o pombo cresceu — e onde. Um indivíduo criado em um pombal sem odores ambientais se orienta por outras pistas e não é afetado quando privado do olfato, de acordo com Charles Walcott.[128] Da mesma forma, pombos irmãos criados em pombais diferentes têm respostas distintas a anomalias magnéticas: um encontra o caminho apesar do estranho padrão magnético; o outro fica confuso e perde o senso de direção.

Cada ave também pode ser apenas excêntrica e usar as indicações de orientação de acordo com seu próprio estilo. Walcott conta a história de um pombo criado perto de uma grande colina em Massachusetts. Quando era solto em um local desconhecido, ele sempre voava para a montanha mais próxima antes de voltar para casa — ao contrário de qualquer outra ave criada em seu pombal. Outro pombo era um navegador de longa distância campeão, mas, assim que chegava a dez quilômetros de distância de seu pombal, diz Walcott, ele meio que desistia e pousava em algum jardim.[129] Nessa arena, como em todos os aspectos da vida das aves (e da vida humana), a idiossincrasia e o oportunismo podem acabar prevalecendo.

Como um executivo que gosta de ter dois telefones celulares e um laptop sintonizado no Weather Channel, um pombo pode contar com todos os tipos de informações disponíveis para se orientar. Pode usar indicações múltiplas e redundantes para encontrar seu caminho e mapas mentais diferentes de tudo que já encontramos. Sua grade espacial pode não ter duas coordenadas, mas sim múltiplas coordenadas, em camadas que formam uma mistura ainda misteriosa de Sol, estrelas e indicações geomagnéticas, ondas sonoras e placas giratórias de cheiro, todas completamente integradas.

ESSA IDEIA PARECE SE ENCAIXAR com uma nova teoria sobre a organização geral do cérebro das aves — e do nosso próprio cérebro.

No jargão da neurociência, os cérebros são conhecidos como "sistemas maciçamente paralelos de controle distribuído". Grosso modo, isso significa que eles contêm um número colossal de pequenos "processadores" — neurônios — que operam em paralelo, mas estão distribuídos por todo lado. Nesse sentido, o problema do cérebro é como reunir todos esses recursos distribuídos — a totalidade do que um animal conhece — para enfrentar um desafio (como a navegação) ou reagir a circunstâncias imprevisíveis (como uma tempestade).

O nome desse desafio é integração cognitiva. O cérebro de uma abelha, com apenas um milhão de neurônios, faz isso. O mesmo acontece com o cérebro humano, com seus cem bilhões de neurônios.

"Os humanos são excelentes na hora de realizar a integração cognitiva", diz Murray Shanahan, neurocientista computacional do Imperial College de Londres — embora ele admita que as falhas são comuns, "como quando eu removo o sifão da minha pia" e, em seguida, "despejo seu conteúdo sujo de volta no ralo, causando uma inundação no banheiro."[130] (Ou a história equivalente da minha família: quando, minutos antes de nossa grande festa anual de Natal, minha mãe ficou parada na pia, consternada, tendo acabado de derramar um caldeirão de vinho quente para cinquenta pessoas em uma peneira sobre o ralo da pia, deixando apenas um punhado de cravos-da-índia, grãos de pimenta e folhas de louro molhados para servir aos convidados).

A navegação é um triunfo da integração cognitiva, diz Shanahan. Para alcançá-lo, é necessário um certo padrão de conectividade no cérebro. Informações sobre pontos de referência, distâncias, relações espaciais, memórias, imagens, sons e cheiros devem se afunilar em um núcleo de regiões cerebrais importantes e, em seguida, se espalhar entre elas. Isso, explica ele, "resulta em uma resposta integrada à situação que a ave está enfrentando".

No esforço de descobrir como essa conectividade pode funcionar em um cérebro típico de ave, Shanahan escolheu uma equipe de neuroanatomistas para analisar estudos sobre cérebros de pombas.[131] (As pombas eram uma boa espécie para isso, diz ele, porque conseguem realizar feitos notáveis de cognição.) Baseando-se em mais de quarenta anos de estudos que traçaram caminhos entre regiões cerebrais em pombas, a equipe criou o primeiro mapa em grande escala, ou diagrama de fiação, do cérebro dessa ave, mostrando como diferentes regiões no cérebro desses animais estão conectadas para processar informações.

A surpresa?

O mapa que a equipe criou se parece muito com os mapas de conectividade de mamíferos, incluindo seres humanos. Embora as aves tenham uma arquitetura cerebral radicalmente diferente da nossa, quando se trata de conectividade, seus cérebros parecem estar organizados de maneira semelhante. Shanahan vê na semelhança o que ele chama de um projeto comum para a cognição de alto nível. Em termos simplificados: o cérebro humano é considerado uma rede chamada de "mundo pequeno", semelhante ao Facebook. Diferentes módulos — ou regiões — do cérebro são conectados por um número relativamente pequeno de neurônios conhecidos como nodos de *hubs*. Esses centros se conectam com muitos outros neurônios, às vezes longínquos, para fornecer um link conectivo curto entre quaisquer dois nodos na rede. (Pense em alguém com milhares de "amigos" no Facebook.) Os nodos centrais que ligam partes do cérebro importantes na cognição — como memória de longo prazo, orientação espacial, resolução de problemas — formam juntos o "núcleo conectivo" do cérebro.

Shanahan descobriu que, em especial, os nodos centrais no hipocampo das pombas — tão cruciais para a navegação — têm conexões muito densas com outras partes do cérebro.

A ideia é esta: se um quero-quero ou um rouxinol-pequeno-dos-caniços, no meio da migração, for soprado para o outro lado do país por uma tempestade, talvez a informação que seus sentidos vão coletar de todas as fontes — dos cheiros da terra e do mar, das assinaturas magnéticas e anomalias, da inclinação da luz do Sol e do padrão estrelado do céu noturno — acabe se fundindo no núcleo conectivo em seu cérebro, onde ela é integrada e, em seguida, enviada para as regiões que ajudarão a guiar a ave para seu caminho original.

Dessa forma, em um cérebro de ave, uma rede de mundo pequeno pode criar um mapa do mundo grande. Para que um beija-flor encontre o caminho até o alimentador de David White a cada primavera. Para que uma andorinha-do-ártico possa viajar como um míssil teleguiado, de um polo até o outro. Para que, naquela manhã fria de abril, depois de passar cinco anos ausente, o pombo-correio Whitetail pudesse finalmente voltar para casa.

8. Pardalândia: genialidade adaptativa

"NÃO É A MAIS FORTE DAS ESPÉCIES QUE SOBREVIVE, nem a mais inteligente... Mas a mais adaptável diante das mudanças." Essas palavras muitas vezes são atribuídas a Charles Darwin (e, para constrangimento da Academia de Ciências da Califórnia, já chegaram a ser gravadas nas pedras de seu piso com essa atribuição de autoria), mas, na verdade, vieram da pena do falecido Leon Megginson, professor de marketing da Universidade do Estado da Louisiana.

As palavras do velho professor me vêm à mente bem cedo, numa manhã de maio. Um grupo do qual faço parte está reunido para uma contagem de aves de primavera no Shopping Center Crossroads, no condado de Albemarle, na Virgínia. Nossas primeiras aves: uma gralha-comum, um tentilhão e uma família de pardais que fez um ninho em cima de uma placa com os dizeres "Lavanderia da mamãe".

"Costumamos chamá-las de 'aves de estacionamento'", diz meu amigo observador David White.

Onde dá para achar um ninho de pardais? Nas vigas de prédios e nos grampos que prendem calhas às casas. Nas aberturas de ventilação debaixo de tetos planos, dentro de postes, em vasos de flores na sua varanda. Raramente estão longe de alguma estrutura feita pelo homem. Uma família de pardais fez seus ninhos por gerações em uma mina de carvão centenas de metros abaixo do nível do solo, continuando viva graças às migalhas trazidas pelos mineiros. Já achei um ninho de pardal no escapamento de um sedã Toyota abandonado.

"O que esses pássaros faziam antes da civilização?", pergunta David.

Passer domesticus. Como o seu nome latino sugere, o pardal corresponde ao extremo oposto das aves migratórias. Feito um hóspede cara de pau, ele entra convidado, mas muitas vezes vai ficando até bem depois do momento de ir embora. É uma espécie residente na maior parte de sua distribuição geográfica — e marcadamente sedentária, agarrando-se ao local que escolheu como lar, procurando comida perto dos locais em que faz ninhos, reproduzindo-se perto de sua colônia natal. E, no entanto, o rápido avanço dos pardais mundo afora é lendário.

Em seu livro *Biology of the ubiquitous house sparrow* [Biologia do ubíquo pardal], Ted Anderson cita uma teoria sobre a origem desse pássaro que revela muito sobre sua natureza.[1] A teoria propõe que a ave sempre foi "um comensal obrigatório de seres humanos sedentários". Tornou-se uma espécie apenas com o advento da agricultura no Oriente Médio, há aproximadamente dez mil anos. Outras teorias estimam que sua origem é mais antiga, mais perto de meio milhão de anos atrás, com base em evidências fósseis achadas em uma caverna perto de Belém, na Palestina. De qualquer modo, ele se tornou tão habilidoso em se adaptar a qualquer ambiente ocupado pelos seres humanos que já foi chamado de "o oportunista por excelência", nossa sombra em forma de pássaro. [2]

SERÁ QUE O TINO DO PARDAL para se adaptar a habitats humanos exige algum tipo especial de inteligência? E quanto às aves que não têm esse dom?

Essas não são perguntas banais. As aves estão enfrentando mudanças numa escala nunca vista em sua história evolutiva. Trata-se de uma das consequências do Antropoceno — a nova época de mudanças causadas pelos seres humanos, que está contribuindo para o que tem sido chamado de sexta grande extinção em massa.[3] Os habitats que as aves ocupam há milhões de anos estão virando lavoura, cidade e extensos subúrbios.[4] Espécies exóticas desalojam as nativas. A mudança climática altera as médias de pluviosidade e temperatura das quais as aves dependem para se alimentar, migrar e se reproduzir. Muitas espécies não toleram tais mudanças. Outras conseguem se virar.

Será que há algo especial na caixa de ferramentas cognitiva dos pardais e assemelhados — pombos, rolinhas e outras das chamadas espécies sinantrópicas, atraídas pela presença humana —, um conjunto de habilidades mentais que lhes permite vicejar em qualquer local, não importa o quanto ele esteja alterado ou degradado?

Ou talvez seja o contrário. Pode ser que as mudanças que estamos deflagrando alterem as próprias aves, moldando a natureza de seus cérebros e comportamento. Será que nós estamos selecionando uma certa variedade de inteligência aviária? Uma esperteza típica dos pardais?

O ORNITÓLOGO PETE DUNN costuma chamar o *Passer domesticus* de "Passarinho de Calçada".[5] Antes de 1850, não existiam pardais na América do Norte. Hoje, há milhões deles.[6] É preciso tirar o chapéu para eles. As primeiras dezesseis aves da espécie, que teriam sido introduzidas no Brooklyn em 1851 para controlar uma praga de mariposas, podem não ter se adaptado de imediato ao Novo Mundo, mas outra remessa maior, importada da Inglaterra no ano seguinte, conseguiu, e com folga.[7] As aves tiveram alguma ajuda de indivíduos e sociedades de naturalização, determinados a povoar seus jardins e parques com plantas e animais do Velho Mundo, o que, sem dúvida, acelerou a expansão da espécie. Mesmo assim, o sucesso de seu avanço é de tirar o fôlego.

Os imigrantes encontraram uma terra que era bem do seu gosto, rica em grãos e em cocô de cavalo. Multiplicaram-se e se espalharam rapidamente, invadindo regiões rurais e explorando todas as fontes de alimento que encontravam pelo caminho — grãos, frutinhas e plantas suculentas de jardim, tais como ervilhas novas, couves-flores, repolhos, maçãs, pêssegos, ameixas, peras e morangos. Logo passaram a ser considerados uma grande praga. Em 1889, poucas décadas depois da introdução da espécie, clubes de pardais foram criados com o único objetivo de destruí-los, e funcionários municipais e estaduais passaram a oferecer uma recompensa de dois centavos para cada pardal abatido.[8]

Não demorou muito para que eles se espalhassem pelos Estados Unidos e pelo Canadá, adaptando-se a ambientes tão extremos quanto o Vale da Morte, na Califórnia, 86 metros abaixo do nível do mar, e as Montanhas Rochosas do Colorado, 3 mil metros acima. Os pardais migraram para o Sul, para o México, atravessaram a América Central e América do Sul até a Terra do Fogo, e seguiram a Transamazônica para colonizar as florestas equatoriais do Brasil. Na Europa, na África e na Ásia, dispersaram-se pelo Norte da Finlândia, pelo Ártico, pela África do Sul e por toda a Sibéria.

Hoje, o humilde pardal é a ave selvagem com a mais ampla distribuição do mundo, chegando a uma população global de 540 milhões indivíduos em idade reprodutiva.[9] É encontrado em todos os continentes exceto a Antártida, e em ilhas do planeta todo, de Cuba e das Índias Ocidentais ao Havaí, passando pelos Açores, por Cabo Verde e até pela Nova Caledônia. Ted Anderson escreve que, quando se senta na sala para ouvir notícias de praticamente qualquer lugar do mundo no rádio ou na TV, consegue ouvir o gorjeio característico dos pardais.[10]

NA MINHA INFÂNCIA, EM MARYLAND, o pardal levava a fama de "mau". Não seria só enxerido, beligerante e intrometido, mas uma figura da bandidagem, conhecido por incomodar e suplantar pássaros "bonzinhos" — andorinhas, tordos, melros e principalmente pássaros-azuis.

Essa reputação era merecida. Quando a cientista Patricia Gowaty monitorou caixas com ninhos de pássaros-azuis na Carolina do Sul durante seis anos, no fim dos anos 1970 e começo dos anos 1980, achou 28 adultos mortos dentro delas.[11] Vinte aves mostravam sinais de golpes violentos na cabeça ou no peito. "Em dezoito pássaros, o alto da cabeça estava cheio de sangue, depenado, e o crânio estava fraturado", escreve ela. Pardais foram observados em dezoito dos vinte ninhos nas visitas dela antes e depois das mortes.

Tudo isso é evidência circunstancial, claro. Gowaty nunca flagrou um pardal martelando a cabeça de um pássaro-azul. Mesmo assim, em três ocasiões, ela descobriu ninhos de pardal feitos em cima do corpo das vítimas. A asa direita de um pássaro-azul morto, escreveu ela, "estava esticada e levantada, sendo incorporada na cúpula do ninho de pardal!".

Talvez seja correto rotular os pardais como bandidos ou ratos com penas, estigmatizá-los como aves perniciosas e até assassinas. Mas, seja lá o que as pessoas digam, a espécie é uma invasora magnífica, habilidosa na arte de se imiscuir em praticamente qualquer lugar. Das 39 introduções de pardais conhecidas, 33 tiveram sucesso.[12]

NOS ÚLTIMOS QUINZE ANOS, mais ou menos, Daniel Sol tem analisado o que faz que uma ave como o pardal consiga se enfiar com tanta facilidade em qualquer lugar. Sol, um ecólogo do Centro de Pesquisa em Ecologia e Aplicações Florestais da Espanha, chama isso de paradoxo da invasão: "Por que espécies estranhas têm sucesso em ambientes aos quais não tiveram oportunidade nenhuma de se adaptar e se tornam até mais abundantes do que muitas espécies nativas?".[13] O que dá a certas aves uma vantagem diante das mudanças radicais?

Imagine que, um belo dia, dezenas de espécies diferentes de aves exóticas, que estão fora de seu habitat natural, escapam de suas gaiolas. Sol é capaz de dizer quais provavelmente ainda estarão ali vinte anos depois, arrulhando em volta dos bancos de parques, piando em ninhos colossais construídos nos postes de telefonia, reunindo-se em bandos imensos que escurecem o céu, roubando o lugar das espécies nativas. Ele baseia essas previsões no que descobriu observando os traços comuns das aves invasoras mundo afora.

No passado, os cientistas que estudavam o sucesso das aves invasoras costumavam dar mais destaque aos hábitos de nidificação, aos padrões migratórios, ao tamanho de ninhada e à massa corporal. Alguns anos atrás, Sol e seu colega Louis Lefebvre decidiram examinar se o tamanho do cérebro e a inteligência poderiam ter algo a ver com essa capacidade.[14] Primeiro, analisaram os registros de aves invasoras na Nova Zelândia e em seus arredores, uma região que tem sofrido com a presença de aves exóticas de todos os tipos. Das 39 espécies introduzidas lá, dezenove tiveram sucesso em tomar conta do local; as outras vinte não conseguiram.

Quando a dupla estudou as características das dezenove espécies introduzidas que "pegaram" e daquelas que fracassaram na tentativa de se estabelecer por lá, duas diferenças claras apareceram. As invasoras mais bem-sucedidas tinham cérebros maiores. Também contavam com comportamentos mais inovadores e flexíveis, do tipo que Lefebvre documentara em sua escala de QI aviano.

Quando Sol, depois disso, examinou 428 espécies que invadiram regiões mundo afora, o padrão se manteve.[15] Os colonizadores bem-sucedidos tinham cérebro grande e eram inventivos.[16] Entre esses intrusos, estavam bem representados aqueles reis da inovação, os corvídeos: a gralha-indiana na África, em Cingapura e na península Arábica; o corvo-de-bico-grosso no Japão; o corvo-comum no Sudoeste americano. Todos de cérebros grandes — e todos considerados pragas nas regiões invadidas.

Colonizadores bem-sucedidos entre anfíbios e répteis também têm cérebros maiores que os seus pares não tão versáteis, assim como ocorre entre os mamíferos, incluindo o *Homo sapiens*, chamado de símio colonizador e capaz de invadir quase qualquer habitat terrestre no planeta.

Cérebros grandes são custosos em termos de desenvolvimento e manutenção. Mas acredita-se que facilitam a sobrevivência de uma ave ao permitir que ela se ajuste rapidamente a desafios ecológicos incomuns, inesperados ou complexos, tais como achar alimentos novos ou evitar predadores pouco familiares. É o que se costuma chamar de hipótese do escudo cognitivo. Um cérebro grande serve de "escudo" contra uma mudança ambiental ao permitir que o animal se adapte a recursos novos — experimentando alimentos diferentes e explorando objetos e situações inesperadas que uma espécie mais "programada" poderia evitar. Em outras palavras, ajuda-o a ser suficientemente flexível para fazer as coisas de um modo diferente. Para que uma ave tenha sucesso em um ambiente novo ou alterado, diz Sol, ela precisa levar jeito para fazer algo novo.[17]

EM GERAL, NÃO HÁ MUITO ALIMENTO para aves em um estacionamento ou em um arranha-céu. No entanto, na cidade de Normal, em Illinois, dois ecólogos observaram pardais em meio a uma fila de carros parados em um estacionamento, colhendo insetos que tinham ficado presos nos radiadores.[18] Outros foram vistos caçando insetos tarde da noite, aproveitando os refletores em volta do terraço de observação do edifício Empire State, a uma altura de oitenta andares.[19]

São só dois exemplos da biblioteca de truques dos pardais. Para montar sua lista de comportamentos inventivos, Louis Lefebvre estudou 808 espécies. Muitas aves só estavam na lista por causa de uma única inovação. Já os pardais somavam 44.

A espécie é conhecida por fazer ninhos em lugares incomuns — vigas, calhas, tetos, intradorsos, claraboias, saídas de exaustor, tubulações, sistemas de ventilação, e o que mais você imaginar. Um biólogo do Missouri descobriu um local de nidificação realmente surpreendente quando notou alguns pardais levando comida até bombas de petróleo em funcionamento na região de McPherson, no Kansas.[20] Ao inspecionar as bombas, descobriu que continham três ninhos, todos com filhotes. Dois dos ninhos estavam em movimento constante por causa dos ciclos da bomba, oscilando cerca de meio metro para cima e para baixo numa escala de poucos segundos.

Como se não bastasse, os pardais forram seus ninhos com alguns materiais bem incomuns — penas arrancadas de aves vivas, por exemplo, às vezes às centenas. Em um período de uma semana na primavera, um observador na Universidade Victoria, em Wellington, na Nova Zelândia, pegou vários pardais no flagra, puxando penas diretamente da região traseira de uma pomba choca, seis ou sete vezes por hora.[21] "Em geral, o ladrão chegava até o ninho, pulava nas costas da pomba, arrancava uma única pena de contorno* e saía voando", escreveu ele.

Em algumas cidades, é possível achar bitucas de cigarro em ninhos de pardal, que funcionam como repelentes de parasita.[22] As bitucas retêm grandes quantidades de nicotina e outras substâncias tóxicas, inclusive resquícios de pesticidas, repelindo todo tipo de bi-

---

* As que não são diretamente empregadas no voo. (N.T.)

chinho nocivo — aparentemente um uso novo e engenhoso para esse material.

Quanto à busca de comida, os pardais são particularmente aventurosos e inventivos.[23] Vão aonde quer que o alimento esteja, por mais estranho que seja o lugar ou o cardápio. Eles comem matéria vegetal — principalmente sementes, mas também flores, brotos e folhas —, bem como insetos, aranhas, lagartos, lagartixas e até um ou outro filhote de camundongo, para não falar de uma grande variedade de rejeitos humanos. E as técnicas de forrageamento são igualmente pouco convencionais. Pardais já foram vistos colhendo metodicamente insetos presos em teias de aranha nos corrimões ao longo do rio Avon, na Inglaterra.[24] Na ilha havaiana de Maui, dominaram a arte de surrupiar pedacinhos de comida nas sacadas dos turistas que tomam café da manhã nos imensos resorts à beira-mar.[25] Em vez de ficar patrulhando as centenas de sacadas com vista para o oceano, os pardais pousam nas paredes de concreto entre elas e esperam o café da manhã ser servido. Isso ajuda a poupar a energia que poderiam gastar voando de cá para lá para ver quem está tomando café ou planando perto de uma sacada esperando os croissants chegarem.

Mas talvez o feito prometeico mais famoso deles seja um que desafiou uma complicada invenção humana. Alguns anos atrás, uma dupla de biólogos observou com surpresa e deleite os pardais de uma rodoviária da Nova Zelândia abrindo várias vezes a porta automática de uma cafeteria.[26] Os pássaros passavam voando devagar pelo sensor, planavam na frente dele ou pousavam em cima dele, inclinando-se para a frente e curvando o pescoço até que suas cabeças ativassem o aparelho. Fizeram isso dezesseis vezes ao longo de 45 minutos. A nova porta automática tinha sido instalada há apenas dois meses, mas os pardais tinham dominado facilmente o funcionamento dela. A parte de cima do sensor estava coberta de cocô de passarinho.

O truque passou a ser usado em outros lugares na Nova Zelândia. De acordo com um dos relatos, um pardal no Museu de Arte Dowse, em Lower Hutt, foi visto abrindo um conjunto duplo de portas automáticas que levavam à cafeteria.[27] Poucos minutos depois, o mesmo pardal ativou ambos os sensores para sair. Os funcionários da lanchonete se acostumaram com o pássaro (chamavam ele de Nigel) depois de observá-lo ativando os sensores muitas vezes durante os nove meses anteriores. Apesar da presença de pardais e de portas automáticas com esse mesmo sistema de sensores em outros países, disseram os observadores, eles não acharam nenhum relato sobre o feito em lugar algum que não fosse a Nova Zelândia. "Ao que parece, ou os ornitólogos estrangeiros deixaram de relatar coisas parecidas, ou alguns pardais da Nova Zelândia são mais espertos que os de outros países", escreveram eles.

COMPARE ESSAS HABILIDADES todas com o que vemos no vira-pedras, uma pequena ave limícola que está na rabeira do ranking de comportamentos inovadores. Em seu livro *The wind birds* [As aves do vento], Peter Matthiessen descreve um experimento com a espécie feito pelo naturalista inglês Mark Catesby no século 18: "Catesby deu ao animal pedras para que ele as virasse, para observar melhor o comportamento de busca de comida que deu à ave o seu nome. Numa época em que os experimentos científicos eram menos complexos do que são hoje, a ave recebeu sistematicamente pedras debaixo das quais não havia nada e, com isso, 'ao não encontrar debaixo delas a comida usual, o animal morreu'".[28]

A MAIORIA DOS VERTEBRADOS ou tem medo de objetos estranhos ou é indiferente a eles. Mas novidades de quase todos os tipos não parecem perturbar os pardais. Quando Lynn Martin, da Universidade do Sul da Flórida, em Tampa, resolveu testar a tolerância da espécie a objetos novos, tais como uma bola de borracha e um lagarto de plástico, colocando-os perto de cumbucas de alimentação cheias de sementes, o pesquisador acabou se surpreendendo.[29] Os pardais não apenas não se perturbaram com os objetos estranhos como até pareciam ser atraídos por eles — ficavam mais ouriçados ao se aproximar das cumbucas quando a bola ou o lagarto estavam presentes. Martin destacou que esse era o primeiro registro de um objeto novo capaz de atrair um vertebrado (com exceção do ser humano).

Se você quer invadir um novo lugar, uma paixão pela novidade ajuda.

O mesmo vale para a predileção por viver em grupos.

Os pardais são gregários. Não gostam de comer sozinhos. Ou de tomar banho sozinhos. Ou de fazer ninhos sem outros por perto. Forrageiam em bando, chamando outros pássaros para se juntar a eles quando estão se alimentando. Nidificam em congregações que variam em número de alguns indivíduos a centenas ou, por vezes, até mesmo milhares de aves.

A vida em grupo oferece vantagens claras, tal como acontece com outros pássaros. Uma delas é a proteção contra predadores (quase qualquer coisa é capaz de comer um pardal; quanto mais olhos vigilantes, melhor). Outra é a capacidade de achar comida mais rápido. Uma ave que chega a um ninhal comunitário com o papo visivelmente cheio pode indicar áreas de forrageamento proveitosas e também uma rota rápida até elas.

Além do mais, o que acontece é que grupos maiores de pardais parecem resolver problemas mais rapidamente do que indivíduos ou grupos pequenos — pelo menos de acordo com um trabalho recente de András Liker e Veronika Bokony, da Universidade da Panônia, na Hungria. A dupla descobriu que times de seis aves conseguem derrotar, de maneira rápida e consistente, grupos de apenas dois pardais na tarefa de abrir um recipiente de sementes complicado, uma caixa de acrílico transparente com furos na parte de cima.[30] Cada um dos furos estava coberto com uma tampa com puxadorzinho de borracha preta. Para chegar às sementes, os pardais tinham de puxar a tampa para abri-la ou bicá-la com força para soltá-la. Os grupos de seis passarinhos se saíram melhor que os pares em todos os aspectos. Eles abriram quatro vezes mais tampas, foram onze vezes mais rápidos na hora de resolver o problema e obtiveram as sementes sete vezes mais rápido. No geral, os grupos maiores se saíram cerca de dez vezes melhor que os pares. Os cientistas atribuíram o sucesso maior dos bandos à probabilidade de que incluíssem aves com habilidades, experiências e temperamentos variados: "Grupos grandes se saem bem porque é mais provável que contenham um conjunto diverso de indivíduos, alguns dos quais tendem a ser muito bons em resolução de problemas", escrevem os cientistas.

As pesquisas feitas com outras espécies de aves confirmam isso. No caso dos tordos-da-arábia, por exemplo, "depois que um indivíduo do grupo aprende a realizar uma tarefa, o resto também o faz relativamente rápido", diz Amanda Ridley.[31] "A probabilidade de adquirir novas habilidades é maior em grupos grandes."

Isso também vale para seres humanos. Estudos mostram que grupos pequenos, mas variados, com entre três e cinco pessoas, decifram desafios intelectuais mais rapidamente do que até os indivíduos mais brilhantes.[32] O psicólogo Steven Pinker chega a argumentar que a vida em grupo, e a oportunidade de aprender com os outros que ela ofereceu aos nossos ancestrais, criou as condições para a evolução da inteligência humana.[33]

As aves invasoras estão encontrando situações novas e desafiadoras o tempo todo, e elas exigem soluções novas, as quais são descobertas por grupos mais rapidamente do que por sujeitos solitários.[34] "Para espécies como os pardais, que vivem em habitats constantemente alterados pelos seres humanos, duas cabeças claramente pensam melhor do que uma", escrevem os cientistas húngaros.

HÁ UM COROLÁRIO PARA ESSE RACIOCÍNIO: a cabeça de um pardal não é necessariamente semelhante à dos outros.

Que os animais também são indivíduos é algo que pode parecer óbvio para quem tem bichos de estimação. Mas, durante muito tempo, a variabilidade entre os membros de uma mesma espécie de ave foi considerada mero ruído. Esperava-se que passarinhos do mesmo tipo se comportassem de um jeito parecido. "Há uma grande tendência a enxergar em um animal a capacidade de fazer apenas aquilo que ele deveria", alertou o ornitólogo Edmund Selous.[35] Mas "a suposta uniformidade de ação é algo correspondente à infrequência de observações... O verdadeiro naturalista deveria ser um Boswell, e cada criatura deveria ser, para ele, um dr. Johnson."*[36] As aves são indivíduos e respondem de modo individual a todos os tipos de situação — que pistas usam para se orientar, como reagem a moléculas semelhantes à oxitocina, quando decidem procurar acasalamentos extraconjugais, como reagem a coisas novas.[37] Tal como nós, têm caráter e comportamento variáveis. Suspeito que esses diferentes comportamentos residem no que chamamos de "mente". Mas eles também aparecem no corpo — na maneira como uma certa ave reage ao estresse, por exemplo. Um estímulo estressante que produz uma grande reação em certa ave (lutar ou correr, digamos) pode levar apenas a um tremor nas penas de outra. Por exemplo: John Cockrem, da Universidade Massey, na Nova Zelândia, que estuda reações de estresse em pinguins-azuis e outras espécies, descobriu que cada ave difere consideravelmente das outras na maneira como responde a fontes ambientais de estresse.[38]

Mais uma vez, essas diferenças podem ser importantes para que os pardais se adaptem a ambientes novos ou instáveis. Ao lidar com um lugar grande e perigoso como uma cidade, vale a pena contar com todo tipo de indivíduo.

Lynn Martin pegou no flagra alguns pardais tentando se infiltrar em um novo território, o que ajudou o pesquisador a entender os traços que marcam os passarinhos persistentes que estão na linha de frente de uma invasão.[39] Martin, um fisiologista-ecólogo, estuda os pardais que hoje enxameiam os céus do Quênia. As aves foram introduzidas pela primeira vez na cidade costeira de Mombaça nos anos 1950, provavelmente vindas nos navios que chegavam da África do Sul.[40] Martin começou a estudá-los quando era pós-graduando em 2002, época em que os pardais ainda eram raros no país. Hoje, são comuns em cidades que vão até a fronteira com a Uganda.[41] (Tal como Ted Anderson, ele usa os gorjeios dos pardais que se fazem ouvir no rádio e na TV para monitorar seu avanço pelo território queniano.) Ele e seus colegas consideram a distância em relação a Mombaça para

---

* No século 18, James Boswell escreveu a biografia do escritor Samuel Johnson, considerada a maior da língua inglesa. (N.T.)

medir a idade das populações. O grupo está examinando as diferenças entre as populações antigas, no local original da introdução, e as populações novas nos limites da expansão das aves, em cidades como Nairóbi, Nakuru e Kakamega.

As aves que estão mais longe de Mombaça, na vanguarda da invasão, têm sistemas imunes hiperativos.[42] Também liberam mais hormônios do estresse, conhecidos como corticosteroides, depois de serem capturadas. Os cientistas sugerem que os hormônios ajudam os pássaros a reagir com mais rapidez a estressores, sobreviver a eles e, talvez, recordá-los.[43]

Os pardais pioneiros também têm predileção por comidas novas. Quando Andrea Liebl, orientanda de Martin, ofereceu aos pássaros alimentos que eram esquisitos para eles, como morangos congelados e ração de cachorro, descobriu que os pardais de populações mais antigas e bem estabelecidas não quiseram saber das novas comidas bizarras, mesmo quando estavam com fome.[44] Por outro lado, as aves pioneiras — sem um minuto sequer de hesitação — devoraram as frutas e a ração.[45] Nas fronteiras da distribuição de uma ave, a comida e outros recursos provavelmente vão ser novos, explica Liebl. Assim, indivíduos dispostos a experimentar coisas diferentes levam grande vantagem. Do contrário, podem morrer de fome.

SE É TÃO VANTAJOSO ASSIM estar aberto ao que é novo e ser flexível nos hábitos alimentares e de forrageamento, por que nem todos os pardais adotam esses traços?

Porque é arriscado. A flexibilidade envolve custos. A curiosidade pode matar tanto o passarinho quanto o gato. Explorar aquilo que é novo e desconhecido exige tempo e energia, e pode acabar em encrenca. Quem prova uma comida nova corre o risco de experimentar uma toxina ou um patógeno novo ao mesmo tempo.

As garças-azuis-grandes são conhecidas por seu paladar experimental, encarando todo tipo de presa grande, desajeitada ou difícil de deglutir — cobras, esgana-gatos, cabeções e outros peixes com espinhos dorsais. Mas uma dessas aves, ao largo da região de Biloxi, no Mississipi, abriu novos horizontes recentemente, ao tomar contato com o reino inexplorado dos elasmobrânquios.[46] Era um dia calmo de novembro. Um grupo de cientistas do Laboratório Marinho da ilha Dauphin viu uma garça a pouca distância da costa atacando algo debaixo da água inúmeras vezes, sem sucesso. Depois, a cabeça da ave desapareceu sob a superfície do mar por algum tempo e emergiu com uma arraia--do-atlântico empalada no bico. Muitas criaturas comem elasmobrânquios, incluindo orcas, leões-marinhos e diversos tubarões. Mas aves? A arraia "se remexia e sacudia sua cauda com espinho venenoso para lá e para cá" no bico da garça, disseram os cientistas. Depois de doze minutos de luta, a ave deu um jeito de dobrar bem a arraia na boca, esticou seu esôfago e engoliu o negócio inteiro, aparentemente sem sofrimento.

Um pelicano-marrom que foi encontrado morto na costa de Baja California tentou o mesmo truque, sem sucesso.[47] O espinho da cauda da arraia estava enfiado na garganta da ave, que morreu, pelo que se supõe, engasgada ou envenenada. "Prova de que o oportunismo é um modo de vida arriscado", comentaram os observadores.

Os keas, aqueles papagaios espertos e brincalhões endêmicos da Nova Zelândia, são do tipo que consome quase tudo. Comem uma centena de espécies de plantas, insetos, ovos, filhotes de aves marinhas e carcaças de animais — talvez uma das razões pelas quais sobreviveram às extinções em massa produzidas pela chegada dos seres humanos ao arquipélago. Chegaram até a experimentar as ovelhas trazidas ao habitat alpino em que viviam nos anos 1860, primeiro se alimentando de animais mortos e depois com uma nova estratégia de forrageamento: pegavam uma carona no lombo das ovelhas e bicavam diretamente a gordura e os músculos dos animais.

Recentemente, as mesmas características que ajudaram a espécie a sobreviver em um ambiente hostil durante a maior parte de sua história evolutiva passaram a fazê-la correr riscos. O hábito inovador de comer pedaços de ovelha acabou irritando os fazendeiros, que passaram a oferecer recompensas pelas aves, levando à morte de 150 mil papagaios, segundo estimativas. As tendências inquisitivas das aves em campos de esqui, estacionamentos e lixões frequentemente colocam em perigo a população remanescente, que tem entre mil e cinco mil indivíduos. Um deles, no vilarejo alpino de Mount Cook, teve um fim trágico por causa da sua habilidade de abrir a tampa de latas de lixo.[48] Foi achado morto, com vinte gramas de um líquido escuro em seu papo. A causa da morte? "Envenenamento por metilxantina depois de ingestão oportunista de chocolate amargo."

É perigoso explorar coisas novas e desconhecidas. Uma estratégia que envolva procurar e experimentar comidas ou abrigos diferentes pode beneficiar um pardal quando ele está começando a se aclimatar e boa parte do ambiente não lhe é familiar. Mas, como sugere Lynn Martin, "começar coisas novas (possivelmente nojentas) traz mais riscos, o que inclui o risco de infecção".[49] Uma vez que as aves estão estabelecidas em certo lugar, podem mudar de estratégia e se apegar ao que já é conhecido.[50]

Mais uma vez, é vantajoso contar com uma mistura de personalidades: alguns viciados em risco que vale a pena copiar (ou não, se for um comportamento insensato) e outros que preferem jogar fácil.

✳

AQUI VAI, PORTANTO, a receita do sucesso dos pardais:

- Gosto por novidades;
- Uma pitada de inovação;
- Uma colher de ousadia;
- E, talvez, pendor por formar gangues misturadas.[51]

Acrescente a isso o amor do passarinho por habitats que se tornaram comuns neste planeta e sua capacidade de produzir várias ninhadas em uma única estação reprodutiva. (Esse segundo ponto, considerado uma estratégia de contenção de risco, reduz os custos de aptidão das tentativas fracassadas de reproduzir, algo que, como diz Daniel Sol, "parece ser particularmente útil em ambientes urbanos, nos quais o risco do fracasso reprodutivo pode ser alto".[52]) Coloque tudo no liquidificador e o resultado é um pássaro com capacidade de adaptação inveterada, que troca facilmente a comida no seu cardápio, adota novas estratégias de forrageamento e faz seu ninho em um lugar pouco ortodoxo. É outro tipo de genialidade. Nesse caso, "a medida da inteligência é a capacidade de mudar". Darwin não disse isso, mas Einstein supostamente sim.

O PARDAL NÃO É A ÚNICA AVE que aprendeu a amar o lixo e a fazer ninhos em calhas. Algumas outras espécies — pombas, corvos, alguns pássaros canoros pequenos — também são sinantrópicas, bem ajustadas à vida em ambientes radicalmente alterados como as cidades, cheias de oportunidades novas e também de perigos como carros, fios elétricos, prédios, janelas. (Em Toronto, por exemplo, apenas vinte prédios foram o cenário de colisões fatais para mais de trinta mil aves.)[53] Daniel Sol e seus colegas analisaram oitocentas espécies mundo afora e identificaram uma lista das que, nas palavras do pesquisador, "são verdadeiras especialistas urbanas, que atingiram densidades demográficas maiores nas cidades do que nos ambientes naturais que as circundam".[54] A relação de espécies inclui membros das famílias dos corvos, dos pássaros-pretos e das pombas. A equipe também montou uma lista dos traços e comportamentos mais comuns que permitem que elas invadam a cidade. Os principais são o cérebro grande e a capacidade de encarar alimentos estranhos, riscos do tráfego, iluminação perpétua e a barulheira constante geral. Entre os pássaros canoros, por exemplo, a acomodação musical — ou seja, a vontade e a capacidade de modificar o canto — é a chave. As cidades são lugares que murmuram, zumbem, rugem e roncam em frequências relativamente baixas. Pesquisadores canadenses descobriram recentemente que, quando o som do tráfego está forte, os chapins-de-bico-preto emitem seus cantos com som de *fii-bii* em frequências mais altas para que possam ser ouvidos em meio à cacofonia urbana de baixa frequência.[55] Quando a barulheira diminui, eles voltam a produzir sua melodia mais grave, mais lenta e musical. "A flexibilidade vocal impressionante exibida pelos chapins pode ser uma das razões pelas quais eles se dão bem em ambientes urbanos", dizem os pesquisadores. Já os pintarroxos contornam o problema do som urbano cantando à noite, quando há menos barulho.

As cidades já foram chamadas de máquinas de aprendizado. Elas fazem com que aves inteligentes fiquem ainda mais espertas.

QUEM NÃO CONSEGUE SE VIRAR na selva urbana? São aquelas aves claramente distintas dos pardais, esquivas ou muito presas a seus hábitos. É aquele pássaro que abandona o ninho quando sente a aproximação humana ou que fica estressado com a iluminação 24 horas. O bicho de cérebro pequeno, inflexível, especializado.

O mesmo vale para as aves que vivem em regiões cultivadas, mesmo aquelas que ficam longe de cidades e subúrbios. Quando os cientistas examinaram as tendências afetando populações de aves em áreas agrícolas do Reino Unido ao longo de um período de trinta anos, depararam-se com declínios dramáticos das espécies de cérebro pequeno, como toutinegras e pardais-monteses, enquanto espécies com cérebros relativamente grandes, como as pegas e os chapins, ainda estavam se dando bem.[56] As aves que eram mais exigentes em relação a seus habitats e ninhos pareciam estar sofrendo mais.

Novos insights trazidos por pesquisas nas fazendas e selvas da América Central confirmaram tudo isso.[57] Ao longo de doze anos, biólogos da Universidade Stanford se puseram a contar aves em três tipos diferentes de habitat da Costa Rica: reservas florestais relativamente intocadas, propriedades rurais "mistas" (com tipos diferentes de cultivos e salpicadas com pequenas áreas de floresta) e, finalmente, monocultura intensiva, com plantações de cana-de-açúcar ou abacaxi.

Nesse período, em 44 áreas, os membros da equipe contaram 120 mil aves de quinhentas espécies diferentes. As propriedades rurais mistas, para surpresa deles, tinham tantas espécies quanto a mata virgem. Mas os cientistas estavam interessados em mais do que a diversidade de espécies. Queriam saber se havia diversidade *evolutiva* — ou seja, aves de ramos distantes da árvore da evolução.

O que descobriram foi bastante significativo.

Nos locais com atividade agrícola, constantemente perturbados e influenciados pela presença humana, a maioria das aves presentes era membro de espécies proximamente aparentadas entre si e que se adaptam a mudanças com facilidade, sendo em grande parte pardais e pássaros-pretos, que tinham evoluído como espécies separadas ao longo dos últimos dois milhões de anos. Estavam ausentes os representantes dos ramos mais distantes desses pássaros na árvore da evolução: por exemplo, o inhambu-serra, uma ave atarracada, de coloração marrom salpicada e que não voa, cuja linhagem divergiu da dos pássaros-pretos e pardais há cerca de cem milhões de anos. O inhambu-serra se dá bem apenas em habitats especializados de mata fechada, em que sua plumagem baça, castanha e cinzenta, mistura-se à folhagem. (No entanto, isso não necessariamente acontece com os ovos do bicho — eles são famosos por serem brilhantes e terem cores espetaculares: verde-lima, azul-celeste e um castanho-roxo acobreado.)

PARA QUEM SE INTERESSA em preservar a diversidade das aves, isso levanta uma questão importante. Será que as linhagens com mais facilidade de adaptação, tais como as dos pardais e dos pássaros-pretos, evoluem mais rapidamente, gerando mais espécies? As pesquisas de Daniel Sol e seus colegas sugerem que isso pode ser o caso.[58] O número de espécies varia muito entre os diferentes grupos de aves. Os Passerida (pardais e pássaros canoros aparentados a eles) abrangem 3556 espécies, enquanto os *Odontophoridae* (codornas e seus parentes), apenas seis. Em estudos taxonômicos, Sol mostrou que as espécies de cérebro grande que são inovadoras, adaptáveis e com capacidade de invadir novos ambientes se diversificam a uma taxa mais rápida. Isso inclui grupos ricos em espécies, como os corvídeos, os papagaios e as aves de rapina, que têm capacidade de ajustar rapidamente seu comportamento alimentar.

Isso é conhecido como teoria do impulso comportamental. A ideia é a seguinte: os indivíduos que adotam um novo hábito se expõem a um novo conjunto de pressões de seleção. Tais pressões podem favorecer certas variações genéticas ou mutações que melhoram a capacidade da ave de sobreviver de um novo modo ou em um novo contexto. As aves com essas variações, assim, divergem do resto da população.

Em outras palavras, comportamentos inovadores favorecem o aparecimento de novas características que, por sua vez, produzem novas espécies. Ao longo do tempo evolutivo, portanto, aves oportunistas, que trocam facilmente uma fonte de comida por outra, ou usam técnicas novas de forrageamento, geram mais espécies do que seus pares menos adaptáveis.

Isso pode explicar, em larga medida, por que há cerca de 120 espécies de corvídeos e apenas um punhado de ratitas — aves que não voam, como os avestruzes e as emas. E também levanta outra questão: será que nós, ao criarmos ambientes novos e instáveis, estamos mudando a natureza da árvore genealógica das aves?

ATÉ NO ALTO DE MONTANHAS REMOTAS, onde há florestas intocadas, aves de antigas linhagens sentem as repercussões da ação humana — não por causa do avanço de cidades e fazendas, mas por meio de algo ainda mais onipresente.

No começo de 2014, dois jovens pesquisadores, Ben e Alexandra Freeman, da Universidade Cornell, descobriram que 70% das aves que vivem nas montanhas da Nova Guiné — ou seja, 87 espécies — tinham mudado sua distribuição geográfica no último meio século para áreas, em média, 150 metros mais altas, para escapar da elevação de temperatura causada pelo aquecimento global.[59] Ben Freeman se diz fascinado com o fato de que a maioria das aves de montanha nos trópicos vive em faixas muito estreitas de altitude. "Acho impressionante que seja possível ir subindo o morro, passando por uma floresta em que certa espécie não está presente, chegando depois a uma mata em que ela é abundante e, finalmente, a uma altitude em que, de novo, ela não existe — tudo isso ao longo de quinze minutos de caminhada vigorosa", diz ele.[60] Isso acontece apesar da aparente uniformidade da floresta conforme se vai subindo — e da capacidade da ave de voar para elevações mais altas ou mais baixas. "Será que é um cenário do tipo Cachinhos Dourados, em que outras elevações são quentes demais ou frias demais?", pergunta-se ele.

É o que parece.

No monte Karimui, um vulcão extinto na principal ilha da Nova Guiné, a distribuição da magnífica ave-do-paraíso subiu mais de cem metros por causa de um aquecimento de apenas 0,4 grau Celsius. "Como uma montanha é semelhante a uma pirâmide", diz Freeman, "há menos área disponível por habitat conforme você vai subindo. Elas estão sendo espremidas tanto no que diz respeito à temperatura quanto ao espaço". O pisco de asa branca, por exemplo, que vivia nos trezentos metros mais altos de uma montanha cinquenta anos atrás, hoje só consegue ocupar os 120 metros mais elevados.

As temperaturas da Nova Guiné devem aumentar mais dois graus até o fim do século. Quatro espécies de aves que estão buscando um clima mais ameno já alcançaram o cume do monte Karimui e não têm para onde ir. Essas aves de linhagens antigas e especializadas parecem estar subindo rumo à extinção local. Mesmo aumentos de temperatura de apenas 0,5 ou um grau já serão suficientes para fazer com que a zona termal delas saia da montanha e vá parar no céu.

NÃO MUITO LONGE DE ONDE MORO, existe uma pequena montanha que gosto de visitar, chamada Buck's Elbow. Não é nada exótica como o monte Karimui — é só uma velha colina da Virgínia. É um lugar aonde gosto de ir por causa da perspectiva e da vista ampla. O cume é desnudo, quase como o de uma charneca irlandesa, e, em dias claros, oferece um panorama de 360 graus dos Apalaches ao redor. Mas, nesta tarde de primavera, o topo está envolto nas nuvens. Uma cobertura de névoa veio chegando, lançando uma mortalha sobre o cume e abafando o som.

O topo do Buck's Elbow sempre foi careca, mas as encostas abaixo dele antigamente eram cobertas por mata virgem, cortada faz muito tempo, como tantas das florestas originais do Leste dos Estados Unidos. Certa vez, vi um mapa global dos impactos humanos mostrando que só cerca de 15% da área terrestre do mundo escapou dos efeitos da nossa espécie até agora.[61] Vilas e cidades, fazendas, estradas, luz noturna: essas coisas estão em todo lugar, com exceção dessa fatia fina da pizza da Terra. E, mesmo onde não estão — como no monte

Karimui —, o planeta está mudando. Nos próximos sessenta anos, estima-se que as temperaturas globais subam entre 1,5 e quatro graus.

Na minha região, todas as flores parecem se abrir antes do que costumavam. As chamadas maçãs-de-maio abrem seus tímidos botões brancos no meio de abril. As orquídeas amarelas apelidadas de sapatinhos-de-moça se esparramam pelas encostas da montanha quase um mês antes do que costumavam fazer no passado.

Poucos dias antes, em um pequeno parque não muito longe daqui, flagrei um filhote de pássaro-azul-oriental em um galho de uma acácia-bastarda. Com duas ou três semanas de idade, ele ainda tinha aquele ar engraçadinho de bebê — bocona muito aberta, rabo curto, penas pontudas se projetando da cabeça. O ornitólogo que estava comigo ficou espantado. "Nunca ouvi falar de filhotes de pássaro-azul já emplumados por aqui em abril. Está cedo demais para isso."

O clima da Virgínia está "descendo de latitude", como se diz. De acordo com projeções da ONG The Nature Conservancy, o estado será tão quente quanto a Carolina do Sul em 2050 e similar à Flórida cinquenta anos depois disso.[62] O aumento das temperaturas está alterando o desenvolvimento das espécies residentes de aves e também empurrando a distribuição geográfica das que vivem em clima temperado na direção dos polos. Cinquenta anos atrás, espécies "sulinas", como os cardeais e a cambaxirra-da-carolina, eram raras no nordeste dos Estados Unidos; hoje, tornaram-se comuns.

Quando não têm para onde ir, as aves enfrentam as temperaturas em elevação de dois jeitos: evoluindo ou ajustando seu comportamento.

Os chapins-reais, conhecidos por sua flexibilidade comportamental, parecem ter resolvido esse problema, pelo menos de acordo com um estudo comportamental de longo prazo sobre os chapins que se reproduzem em Wytham Woods.[63] Uma equipe de Oxford mostrou que o tempo curto entre as gerações permitiu que a espécie evoluísse rapidamente, ainda que não rápido o suficiente. Uma habilidade crucial para a sobrevivência desses pássaros é a de ajustar velozmente o comportamento. Os chapins reais dessa floresta sincronizam a postura e a eclosão de seus ovos com a época de maior abundância das lagartas de mariposa com as quais alimentam seus filhotes. As lagartas emergem de suas pupas quando as árvores florescem na primavera, processo que é ditado pela temperatura. Com o aumento do calor ao longo do último meio século, as floradas e a multiplicação das lagartas estão ocorrendo mais cedo do que quando esse estudo começou, em 1960. Se os chapins fossem programados para botar seus ovos na mesma época todo ano, eles perderiam o auge das lagartas, e seus filhotes passariam fome. Mas parece que os passarinhos acompanharam a mudança e agora estão botando os ovos cerca de duas semanas mais cedo.

Os modelos feitos pelos cientistas sugerem que essa capacidade de modificar o próprio comportamento poderia permitir que os pássaros sobrevivessem a um aumento de temperatura de 0,4 grau Celsius por ano. Sem isso, os chapins enfrentariam um risco de extinção quinhentas vezes maior.

Quando os pesquisadores usaram tais modelos para prever como outras aves poderiam lidar com as tendências de aquecimento, descobriram que as espécies maiores e mais longevas se saíam pior. Essas espécies têm gerações mais longas, o que significa que evoluem mais devagar, de maneira que dependem mais de mudanças em seu comportamento para sobreviver.[64] Se essas projeções se confirmarem, a coisa pode ficar muito ruim para as aves de maior porte, menos versáteis.

Os animais que realizam migrações de longa distância são muito suscetíveis ao aquecimento global. Essas aves têm, em geral, cérebros pequenos e comportamento pouco flexível. Dependem de forma bastante cronometrada de comida em abundância, o que acontece uma vez por ano, para turbinar sua reprodução. Se o aquecimento alterar o momento tradicional de disponibilidade de comida, há grandes chances de elas sofrerem.[65] As mais vulneráveis talvez sejam as aves que se reproduzem ou passam o inverno em latitudes altas, locais em que as alterações trazidas pela mudança climática provavelmente vão ser especialmente severas.

Muitas aves migratórias também dependem de paradas precisamente cronometradas para se alimentarem, em pontos exatos ao longo de suas rotas. Veja o caso do maçarico-de-papo-vermelho, uma ave de cérebro modesto que faz viagens prodigiosas. Toda primavera, ela empreende uma jornada de quase quinze mil quilômetros da Terra do Fogo até o Ártico. Por milhares de anos, a espécie tem dependido, para seu sustento, de um encontro sincronizado com os caranguejos-ferradura que botam seus ovos nas praias da baía de Delaware, nos Estados Unidos. Os ovos são tão carregados de gordura que os maçaricos podem dobrar de peso ao longo de apenas dez dias de banquete. Desde os anos 1980, a população dessas aves caiu 75%, em grande parte por causa da captura predatória de caranguejos.[66] A pesca não sustentável diminuiu recentemente, mas a mudança climática pode ser outro golpe sério para as aves. Caranguejos e maçaricos precisam chegar ao mesmo lugar simultaneamente para que as aves consigam chegar ao lugar em que nidificam no Ártico. Temperaturas cambiantes podem fazer com que os maçaricos percam a sincronia com essa fonte de alimento tão importante para sua maratona anual.[67] Se o aumento da temperatura da água fizer com que os caranguejos botem seus ovos antes da chegada dos maçaricos, as aves vão perder esse banquete vital.

A VERDADE É QUE AVES bastante inteligentes também estão correndo riscos — é o caso do chapim-da-montanha, um passarinho durão que gosta de florestas de coníferas montesas. A estimativa é de que seu habitat diminua 65% ao longo do próximo meio século.[68] Além do mais, o aquecimento global poderia, em tese, mudar a cognição e a estrutura cerebral dele.[69] Lembre-se de que as aves desse grupo que vivem em elevações mais altas têm cérebros maiores do que seus pares de regiões mais baixas. De acordo com Vladimir Pravosudov, se o clima ficar mais quente, o inverno trará menos pressões seletivas, e os pássaros podem perder a vantagem que tinham tanto no tamanho do hipocampo quanto na inteligência.[70] "Se manter uma memória melhor tem custos, os pássaros 'mais espertos' ficarão em desvantagem", argumenta ele. "Além disso, essas populações serão rapidamente invadidas por aves de regiões mais ao Sul, não tão espertas, o que levará a uma redução geral da capacidade cognitiva."

Até o matreiro e adaptável pardal tem seus limites. Em Seattle, a cidade onde mora Ben Freeman, a Contagem de Aves de Natal de 2014 chegou a uma soma de apenas 225 pardais dentro das fronteiras municipais. "É o menor total de todos os tempos, e uma pista de que os pardais podem estar em declínio", diz Freeman.[71] De fato, mundo afora, a ave está experimentando declínios rápidos e maciços — na América do Norte, na Austrália e na Índia, mas principalmente em algumas vilas e cidades da Europa.[72] Essa notícia produz poucas manchetes, mas o pardal agora está listado como espécie com status de preservação preocupante na Europa; na Grã-Bretanha, faz parte da lista vermelha de espécies ameaçadas.[73] No último meio século, o Reino Unido perdeu uma média de cinquenta pardais a cada hora. Ninguém sabe ao certo o porquê. A sobrevivência dos filhotes que ainda não conseguem deixar o ninho parece ser o principal problema, talvez porque eles não estejam sendo suficientemente alimentados.[74] Jardins que viraram estacionamentos ou baixa densidade de insetos como resultado da presença de vegetação exótica ou da poluição são fatores que podem contribuir para isso, ou talvez o problema se deva à perda dos pais em colisões com carros ou pela predação causada pelo número crescente de gatos domésticos e aves de rapina em ambientes urbanos.[75] Algumas evidências vindas de Israel sugerem que a culpada é a mudança climática.[76] Lynn Martin diz que vê essas teorias com ceticismo, mas não tem uma boa explicação que possa substituí-las.[77] "Eu não descartaria algum tipo de doença", diz ele. Qualquer que seja a causa, se os pardais são os novos canários, o mundo anda mesmo muito mal.

FICO SENTADA POR ALGUM TEMPO naquele silêncio acinzentado. A quietude no Buck's Elbow é tão completa que consigo ouvir minha própria respiração. Nesta penumbra, é difícil ter ideia do poder devastador dos raios do Sol. Mas é possível imaginar outra coisa: matas, campos, montanhas sem o canto dos pássaros. Acredita-se que a humanidade esteja empurrando mais ou menos metade de todos os seres vivos conhecidos rumo à extinção, o que inclui uma em cada quatro espécies de aves. Parece que estamos encurralando principalmente as especializadas — as de cérebro pequeno, as peculiares, as que pertencem a linhagens antigas.

O último parágrafo do livro de Ted Anderson sobre os pardais diz assim: "Conforme assisto à cobertura ao vivo, na TV, de notícias de Bagdá, Gaza, Jerusalém ou Kosovo, e ouço pardais gorjeando ao fundo, às vezes me pergunto que opinião os pardais têm sobre a destruição causada por seus anfitriões humanos".[78]

Também me faço essa pergunta. Ao longo da vida, minhas duas filhas talvez testemunhem o mergulho de pássaros de todos os feitios em um mar que existe apenas na memória.

Nós nem sabemos direito o que estamos perdendo. Os cientistas ainda estão achando espécies novas: dois tipos de corujas das Filipinas em 2012, uma das quais se acreditava estar extinta por causa do amplo desmatamento da ilha de Cebu; em 2014, o papa-moscas-rajado de Sulawesi, um pássaro diminuto com o papo pintado e uma canção melodiosa, virando-se como pode em trechos de floresta alta que os fazendeiros não cortaram; e, em 2015, a felosa-do-mato, um passarinho tímido de Sichuan que vive nos arbustos densos e plantações de chá das províncias montanhosas no centro da China.[79]

Será que outras espécies desconhecidas bateram asas e voaram antes mesmo que nós as encontrássemos?

Ainda estamos nos perguntando como definir a inteligência das aves, dando peso demais às maneiras humanas de medi-la. Não conseguimos evitar a mania de mensurar outras mentes por meio da semelhança delas com a nossa. Naturalmente, valorizamos as coisas nas quais nos saímos bem: a produção de ferramentas, por exemplo, em vez da capacidade de navegação precisa.

Um novo estudo sugere que os corvídeos têm a capacidade de compreender analogias — o tipo de entendimento sofisticado que antes se acreditava ser domínio exclusivo dos seres humanos e outros primatas.[80] O experimento envolvia um jogo de combinação de padrões. Os pesquisadores treinaram duas gralhas-cinzentas para que escolhessem um cartão com exatamente a mesma aparência de outro usado como amostra, recompensando as respostas corretas com uma larva-da-farinha escondida dentro de uma xícara debaixo do cartão certo. Depois, pediram que as gralhas fizessem algo novo: escolher um cartão que não fosse igual ao da amostra, mas que seguisse o mesmo padrão. Por exemplo, se o cartão mostrava dois quadrados do mesmo tamanho, as gralhas tinham de escolher outro com dois círculos do mesmo tamanho, e não o que tivesse, digamos, círculos de tamanhos diferentes. As gralhas escolhiam espontaneamente o cartão certo sem treinamento algum — um exemplo claro de raciocínio analógico, uma das "nossas" formas de pensamento mais complexo, dizem os pesquisadores.

Trata-se de uma demonstração realmente impressionante de poderes mentais semelhantes aos humanos. Mas será que não deveríamos dar valor às capacidades cognitivas complexas das aves por elas mesmas, e não porque se parecem com alguns aspectos das nossas? Aves migratórias podem ter cérebros pequenos, mas veja só os mapas mentais colossais que eles carregam. E considere as tradições culturais únicas e duradouras dos pássaros canoros. De acordo com Richard Prum, a origem do aprendizado e da cultura das canções nos pássaros canoros óscines ocorreu há cerca de quarenta ou trinta milhões de anos, "talvez até precedendo o fim da fragmentação do supercontinente Gondwana", escreve ele.[81] "Embora a cultura humana talvez tenha cem mil anos, os pássaros canoros têm produzido 'cultura estética' em uma escala grandiosa durante dezenas de milhões de anos."

Ainda estamos tentando entender por que algumas espécies de aves parecem ser mais espertas do que outras. Por que tiveram de resolver problemas ecológicos, técnicos ou sociais em seu ambiente? Por que tiveram de colocar o coração em seu canto ou montar uma alcova bonita para conquistar parceiras exigentes?

A inteligência, da maneira como a entendemos, pode variar de ave para ave, mas nenhuma delas é burra de verdade. Como disse o ornitólogo Richard F. Johnston, "tudo aquilo que existe é adaptativo".[82] Nada é miraculoso nem sem defeitos, mas tudo tem seu próprio tipo de genialidade. E isso inclui o inhambu-serra e o cagu. Recordo meu encontro com aquele cagu na Nova Caledônia, coração batendo forte, câmera balançando no meu pulso. Aquela ave fantasmagórica, como fiquei sabendo mais tarde, tem grandes olhos vermelhos-laser que a ajudam a encontrar suas presas na luz fraca da floresta. Ele gera apenas um filhote por ano. Depois que os cães foram introduzidos na ilha, esse padrão reprodutivo quase foi o fim da espécie. Mas será que o cagu é mesmo tão mais tapado que a cotovia-do-norte que se empoleirava nos ombros de Jefferson para pegar comida dos lábios dele? Uma espécie pouco adaptada a um novo predador não é necessariamente burra. O que enxergamos como burrice no cagu pode ser mais algo como ingenuidade ecológica, refletindo a adaptação de longo prazo do animal a um ambiente insular que antes fora benigno. "Se você evoluiu sem predadores, e se sua comida pode ser achada no nível do chão às bicadas, a sua cognição vai ter como foco a detecção de comida e a precisão das bicadas, e não o forrageamento oportunista", explica Gavin Hunt.[83] "Por que será que os cagus muitas vezes chegam perto das pessoas e dos cães? Talvez porque não gostem que outros cagus entrem no seu trecho de território, e por isso eles tendem a investigar recém-chegados e potenciais competidores." Mas agora há predadores por perto. O mundo dos cagus se transformou, e a verdade inevitável no caso dessa ave e de outras veteranas é que sua sorte talvez esteja acabando.

Seria fácil desistir dessas aves, descartá-las como dano colateral causado pelo "progresso" humano. Mas, como disse um dos cientistas que estudou aquelas fazendas e selvas costa-riquenhas, "ter apenas aves parecidas com pardais em um ecossistema é como só investir em ações de tecnologia".[84] Quando a bolha estoura, você perde tudo.

NO LUSCO-FUSCO DO BUCK'S ELBOW, há um tipo novo de luz difusa que faz com que a bruma pareça estar, de algum modo, iluminada por dentro. De repente, ouço um barulho estranho de movimento rápido por perto. Três perus selvagens saltam da névoa e saem correndo pela campina diante de mim, movimentando-se com suas pernas compridas no meio do capim alto como os pequenos dinossauros que são, e depois desaparecem de novo, feito mágica, na neblina. Um novo estudo que comparou os genomas das aves sugere que, geneticamente falando, os perus estão mais próximos de seus ancestrais dinossauros do que qualquer outra ave; seus cromossomos sofreram menos mudanças que os de seus parentes desde os dias dos dinossauros emplumados.[85] Quando vejo os bichos sumirem na grama alta, fica fácil acreditar nisso.

Quase perdemos nossos perus selvagens para as bandejas de jantar no século passado. Arthur Cleveland Bent, escrevendo nos anos 1930, afirmou que os poucos sobreviventes da espécie tinham desenvolvido um nível elevado de perspicácia e esperteza, citando como exemplo algo observado por um certo dr. J. M. Wheaton em 1882:

> Como se estivessem cônscios de que sua segurança dependia de se preservarem incógnitos quando observados, eles fingem ter a despreocupação de seus parentes domesticados enquanto um possível perigo é passivo ou inevitável. Já os vi continuarem calmamente empoleirados em uma cerca enquanto uma carruagem passava; e, em certa ocasião, soube de uma dupla de caçadores que ficou muito confusa com as ações de um bando de cinco perus, os quais deliberadamente saíram andando na frente deles, subiram uma cerca e desapareceram calmamente do outro lado de um morro baixo antes que os caçadores conseguissem perceber que as aves eram selvagens. Assim que ficaram longe da vista deles, os perus puseram sebo nas canelas e depois nas asas, logo colocando a distância de um largo vale entre si e os seus perseguidores, agora espantados e mortificados. [86]

Nem todas as notícias são ruins. Desde então, as populações de peru selvagem se recuperaram, e agora eles estão mais numerosos em todos os Estados americanos com exceção do Alasca. Por aqui, eles são frequentadores das matas de carvalhos e faias que recobrem as encostas da montanha. Tal como os cagus, forrageiam no chão. E, assim como a espécie da Nova Caledônia, não são considerados os melhores alunos da classe — apesar da história do dr. Wheaton. Mas até uma ave aparentemente fraca da cabeça pode ter uma presença imponente. Tal como nos lembra Aldo Leopold com sua ode à física da beleza, "o ambiente do outono nas florestas do Norte é o da terra, somada a um bordo com folhas vermelhas, somado a um tetraz-de-coleira.

No que diz respeito à física convencional, o tetraz representa apenas um milionésimo da massa ou da energia de um pedaço de terra. Mas basta subtrair o tetraz para que tudo aquilo pareça morto".[87]

O planeta já sofreu perdas catastróficas de espécies no passado. De eventos cataclísmicos podem surgir novas criaturas. As evidências sugerem que a radiação "big bang" de espécies que ocorreu no caso dos pássaros canoros, dos papagaios, das pombas e de outras aves teve lugar depois do evento de extinção em massa por volta de 66 milhões de anos atrás, que exterminou os dinossauros.[88] Na escala do tempo profundo, a "sexta extinção em massa" pode ser só um de muitos eventos desse tipo. Mas a medida que mais importa para a maioria de nós é a medida de uma vida humana. Não é necessariamente confortador pensar que a natureza pode se recuperar em alguns milhões de anos. Além do mais, embora a estrada evolutiva possa nos levar a até mais do que dez mil espécies de aves, elas não descenderão de maneira aleatória das espécies existentes hoje. Metade delas pode vir do gênero *Corvus*, sugere Louis Lefebvre. "As pessoas talvez fiquem insatisfeitas com essa ideia", disse-me ele. "Acham que os corvos são feiosos e ranhetas. Mas quem sabe? Daqui a dois milhões de anos, pode ser que eles se transformem em cantores coloridos e elegantes."

Verdade. Mas quem estará lá para ouvi-los cantar? Nesse meio-tempo, será que vamos aceitar esse empobrecimento, com a diversidade reduzida a espécies semelhantes a pardais que jogam segundo as nossas regras? Ou lutaremos para preservar a maior fatia possível da árvore da vida das aves, com cérebros grandes e pequenos, especializadas e generalistas, espécies antigas e novas?

"COMO SERES HUMANOS", escreveu Einstein certa vez, "somos agraciados com o nível exato de inteligência que nos permite perceber com clareza como essa inteligência é profundamente inadequada quando se confronta com aquilo que existe."[89]

Ainda estamos tentando entender se, para uma ave, vale a pena ser esperto — como, por que e sob que circunstâncias a inteligência pode aumentar a aptidão. Será que indivíduos mais inteligentes se reproduzem mais? Por incrível que pareça, as evidências a esse respeito são mais raras do que dentes de galinha. "Medir os benefícios de determinada característica em termos de aptidão para o mundo real nunca é fácil, independentemente da característica", escreve Sue Healy.[90] Compreender o elo entre a cognição das aves e essa aptidão é uma espécie de galinha dos ovos de ouro dessa área de pesquisa. A coisa é complicada porque os benefícios de uma característica como a flexibilidade comportamental podem ficar evidentes apenas em situações específicas, diz Daniel Sol — nos anos em que a comida é escassa, por exemplo. Sob condições favoráveis, a ave especializada pode se sair melhor. (Não é algo muito diferente das descobertas sobre os tentilhões das ilhas de Galápagos: em certos anos, bicos grandes são os mais adaptados; em outros, bicos menores se saem melhor.)

E há a questão do custo-benefício. Daniel Sol tem dados que sugerem a existência de uma equação de custo-benefício entre a fecundidade e a sobrevivência.[91] Em geral, aves de cérebro menor (que tendem a viver menos tempo) têm ninhadas maiores, enquanto as de cérebro grande (normalmente mais longevas) botam menos ovos. Mas as aves de cérebro grande muitas vezes têm uma taxa de sobrevivência mais alta. É questão de equilibrar as coisas. "As aves de cérebros maiores empregam uma estratégia de desenvolvimento lento, na qual a energia é despendida mais na sobrevivência do que na reprodução", explica Sol. "Uma fase reprodutiva longa pode aumentar a produtividade dessas espécies de vida lenta — mas elas nunca vão alcançar a produtividade elevada das espécies de vida rápida que priorizam a reprodução, e não a sobrevivência." Por outro lado, diz ele, "uma estratégia de vida rápida pode levar a um crescimento populacional rápido quando as condições são favoráveis, mas pode se revelar arriscada quando não são. Quando há anos bons e anos ruins, pode valer a pena empregar uma estratégia de vida lenta, em especial se a ave tem adaptações cognitivas para sobreviver em anos ruins". Em outras palavras, diz Sol, "ambas as estratégias, a vida rápida ou a lenta, podem ser mais ou menos úteis dependendo do ambiente".

E quanto ao que acontece dentro da mesma espécie? Será que indivíduos mais engenhosos têm mais filhotes? As evidências são conflitantes. Um estudo sobre chapins-reais selvagens da ilha de Gotland, na Suécia, mostrou que os pais que eram mais rápidos em uma tarefa de resolução de problemas (puxar uma corda para abrir o alçapão que dava acesso à caixa de seu ninho) tinham uma taxa de sobrevivência dos filhotes mais elevada do que os pais que não conseguiam resolver essa tarefa.[92] Botavam mais ovos, mais ovos seus eclodiam e um número maior de seus filhotes chegava à fase emplumada.

Entretanto, em uma análise detalhada dos casais reprodutores de chapins-reais em Wytham Woods, Ella Cole e seus colegas da Universidade de Oxford descobriram que as coisas não são simples.[93] As aves "mais espertas" — aquelas que resolveram rapidamente um desafio que envolvia retirar uma vareta de um alimentador para conseguir comida — punham mais ovos e forrageavam de maneira mais eficiente, mas também tinham mais probabilidade de abandonar seus ninhos. No fim das contas, do ponto de vista reprodutivo, dava no mesmo. Em estado selvagem, a seleção natural não parece favorecer mais os chapins resolvedores de problemas do que os sem essa aptidão, dizem os pesquisadores de Oxford. Os mais inteligentes podem produzir ninhadas maiores porque se saem melhor explorando seu ambiente, mas também tendem a ser mais ressabiados com predadores e abandonam o ninho mais rapidamente. (O mesmo acontece com os chapins-da-montanha. Os mais inteligentes, que vivem em locais mais altos, deixam seus ninhos de lado com mais frequência.)[94]

Mas talvez haja uma pegadinha nessa história. Conforme os cientistas sugerem, os ninhos abandonados podem ser resultado dos responsáveis pelo experimento terem tentado colocar anilhas nos filhotes quando eles ainda eram jovens demais. "Então, será que os chapins com facilidade para resolver problemas eram simplesmente mais sensíveis a essa perturbação do que os menos espertos, e abandonavam seus ninhos mais vezes por causa disso?", pergunta-se Neeltje Boogert.[95] "Seria muito interessante testar se esses resolvedores de problemas também são mais sensíveis a predadores reais e, assim, têm mais probabilidade de abandonar seus ninhos, como os autores do estudo sugerem", diz Boogert. Sem esse fator de perturbação, será que o estudo teria confirmado uma relação positiva entre a performance de resolução de problemas e o sucesso reprodutivo? Essa incerteza reforça o desafio que é conduzir esse tipo de estudo, e como é difícil levar em conta todas as variáveis.

DE QUALQUER MODO, COSTUMAMOS achar que a inteligência é algo universalmente vantajoso, mas nem sempre é o caso. Há equações de custo-benefício envolvidas em qualquer característica, e isso inclui ter mente ágil e aprender rápido. Aves destemidas que reagem rápido diante de problemas podem ser menos precisas por causa dessa velocidade. Na ilha de Barbados, por exemplo, Simon Ducatez descobriu que certas iraúnas-do-norte resolvem problemas com rapidez, enquanto outros indivíduos da espécie são mais lentos.[96] No fim das contas, os de raciocínio mais rápido tendem a ter resultados piores em testes como os de aprendizado reverso (iguais aos enfrentados pelos tentilhões-de-barbados) se comparados com os que resolvem problemas de maneira mais lenta e precisa. "Indivíduos mais destemidos tendem a explorar ambientes de forma mais rápida, mas também mais superficial", explica Daniel Sol; "os exploradores mais lentos obtêm informações melhores e usam isso para agir com mais flexibilidade."[97] Por que ambos os tipos de ave continuam a existir numa população? "Talvez tipos diferentes de ave se saiam melhor em seu ambiente em anos diferentes", especula Ducatez, e isso é algo que pode explicar por que a capacidade cognitiva varia de animal para animal. E por quê, como os pardais nos ensinaram, vale a pena contar com uma mistura de diversos tipos.

A NEBLINA ESTÁ SUMINDO. Começo a vislumbrar a cortina ondulante das montanhas Blue Ridge do outro lado do vale, arroxeada pela névoa. De uma alameda de árvores ali perto vem o *tziit* cortante de um chapim. Vou andando até o lugar, e lá está o passarinho empoleirado em um pinheiro, emitindo sua fieira de *diiis*, talvez sopesando a minha presença. Basta considerar o gênio extraordinário empacotado naquela bolinha fofa de penas para que a mente se abra aos mistérios do que uma ave é capaz de conhecer — o quê e por quê. São quebra-cabeças maravilhosos que devemos deixar à vista em nossa biblioteca mental para que nos lembremos do pouco que ainda sabemos.

Agradecimentos

NEM SEI COMO AGRADECER apropriadamente àqueles que me ajudaram a escrever este livro.

Eu me baseei nas pesquisas de numerosos cientistas que têm dedicado a vida a estudar as aves e seus cérebros. Seus nomes, e minha dívida para com eles, preenchem estas páginas.

Sou especialmente grata aos seguintes ornitólogos, biólogos, psicólogos e especialistas em comportamento animal, que me ofereceram generosamente seu conhecimento e seu tempo enquanto eu fazia minha pesquisa. Louis Lefebvre, da Universidade McGill, abriu as portas de seu laboratório no Instituto de Pesquisa Bellairs em Barbados e, ao longo de vários dias, conduziu-me pelo mundo da cognição aviana, explicando sua pesquisa, oferecendo insights argutos sobre esse campo como um todo e respondendo às minhas inúmeras perguntas com paciência, eloquência e bom humor. Também leu um rascunho inicial do manuscrito completo e fez comentários e sugestões úteis. Durante minha estada no Bellairs, Lima Kayello, Jean-Nicolas Audet e Simon Ducatez foram sempre generosos ao compartilhar sua pesquisa e suas ideias.

Quando visitei a Nova Caledônia, Alex Taylor, da Universidade de Auckland, despendeu muitas horas me explicando com gentileza e inteligência vários aspectos de seu trabalho com os corvos e contribuindo com sua expertise sobre cognição aviana. Elsa Loissel me ajudou com conversas bem-informadas, contatos e companhia enquanto caminhávamos pelo Parc des Grandes Fougères; também tirou fotografias soberbas dos cagus que vimos juntas, bem como dos cenários da Nova Caledônia e de seus corvos.

Muitas outras pessoas ocupadas, mas generosas, gastaram seu tempo conversando comigo, achando referências para mim e lendo e relendo esboços de partes do livro que falam de seu trabalho. A lista inclui Lucy Aplin, da Universidade de Oxford; Gerald Borgia, da Universidade de Maryland; John Endler, da University Deakin em Victoria, na Austrália; Stephen Brusatte, da Universidade de Edimburgo; Jon Hagstrum, do Serviço Geológico dos EUA; Richard Holland, da Queens University, em Belfast; Gavin Hunt, da Universidade de Auckland; Erich Jarvis, da Universidade Duke; Jason Keagy, da Universidade Estadual do Michigan; Vladimir Pravosudov, da Universidade de Nevada; Amanda Ridley, da Universidade do Oeste da Austrália; e Daniel Sol, do Centro de Pesquisa em Ecologia e Aplicações Florestais da Espanha.

Russell Gray, da Universidade de Auckland, gentilmente compartilhou comigo os vídeos de suas brilhantes palestras em Nijmegen no Instituto Max Planck de Psicolinguística, em 2014.

Tenho uma enorme dívida de gratidão com Neeltje Boogert, da Universidade de St. Andrews, cujo olhar científico e editorial analisou generosamente boa parte do manuscrito, lendo-o com grande cuidado e inteligência, às vezes mais de uma vez, dependendo da parte. Ela melhorou cada uma das páginas que tocou.

Muitos outros cientistas mundo afora leram trechos dos manuscritos e sugeriram correções no que diz respeito aos fatos científicos, resgatando-me de tudo quanto é tipo de vergonha editorial. Meus calorosos agradecimentos, a esse respeito, vão para:

Nos Estados Unidos: Arkhat Abzhanov, da Universidade Harvard; Carlos Botero, da Universidade Washington; Nancy Burley, da Universidade da Califórnia em Irvine; Lainy Day, da Universidade do Mississippi; Judy Diamond, da Universidade do Nebraska; Ben Freeman, da Universidade Cornell; Luke Frishkoff, da Universidade Stanford; Tim Gentner, da Universidade da Califórnia em

San Diego; Walter Herbranson, do Whitman College; Lucia Jacobs, da Universidade da California em Berkeley; Alan Kamil, da Universidade do Nebraska; Marcy Kingsbury, da Universidade de Indiana; Sarah London, da Universidade de Chicago; Lynn ("Marty") Martin, da Universidade do Sul da Flórida em Tampa; John Marzluff, da Universidade de Washington; Shigeru Miyagawa, do Instituto de Tecnologia de Massachusetts; Richard Mooney, da Universidade de Duke; Gail Patricelli, da Universidade da Califórnia em Davis; Irene Pepperberg, da Universidade Harvard; Lauren Riters, da Universidade de Wisconsin; e Rhiannon J. D. West, da Universidade do Novo México.

No Reino Unido: Nicola Clayton, da Universidade Cambridge; Sue Healy, da Universidade de St. Andrews; Richard Holland, da Queens University em Belfast; Laura Kelley, da Universidade Cambridge; Ljerka Ostojić, também de Cambridge; Christian Rutz, da Universidade de St. Andrews; Murray Shanahan, do Imperial College de Londres; e Chris Templeton, também de St. Andrews.

Na Europa: Alice Auersperg, da Universidade de Viena; Johan Bolhuis, da Universidade de Utrecht; Jenny Holzhaider, de Gräfelfing, na Alemanha; Henrik Mouritsen, da Universidade de Oldenburg; Andreas Nieder, da Universidade de Tübingen; Niels Rattenborg, do Instituto Max Planck de Ornitologia; e Sabine Tebbich, da Universidade de Viena.

Na Austrália e Nova Zelândia: Russell Gray, Gavin Hunt e Alex Taylor, da Universidade de Auckland; e Teresa Iglesias, da Universidade Macquarie, na Austrália.

E em outros lugares: Laure Cauchard, da Universidade de Montreal; Suzana Herculano-Houzel, da Universidade Federal do Rio de Janeiro [hoje na Universidade Vanderbilt, nos EUA]; Kazuo Okanoya, da Universidade de Tóquio; e Shigeru Watanabe, da Universidade Keio, na capital japonesa.

Os comentários e críticas desses especialistas foram imensamente importantes para me colocar de novo nos trilhos quando eu ameaçava descarrilhar. Quaisquer erros teimosos que ainda possam estar escondidos nestas páginas são clara e completamente meus.

Muitos amigos e colegas ofereceram ajuda valiosa ou me animaram com seu interesse pelo meu trabalho. Quando ouvi por acaso Karin Bendel falar com uma amiga sobre seu papagaio-cinzento chamado Throckmorton, ela reagiu à minha curiosidade com gentileza e compartilhou com generosidade histórias sobre ele e sobre sua calopsita de estimação, Isabeau. Barrie Pollock fez o mesmo, contando histórias sobre Alfie, seu papagaio-cinzento. Michele e Joey Mangham me deixaram passar uma tarde na sua fazenda de produção de lã na companhia de Luke, a caturrita macho de Joey, que ficou bonzinho sentado no meu ombro e periodicamente se inclinava no meu ouvido para dizer: "Sussurro, sussurro, sussurro".

Daniel Bieker, um professor e ornitólogo de talento, conduziu a mim e a meus colegas, estudantes de ornitologia, durante saídas de campo (muitas das quais acabaram aparecendo neste livro) e me ajudou a ter uma apreciação mais refinada do canto dos pássaros. Também leu o manuscrito inteiro, de olho na precisão das observações de campo. David White, um observador de aves experiente, compartilhou histórias, bom humor e expertise.

Minha querida amiga Miriam Nelson tem um dedo em muitos dos meus livros, às vezes como colega ou coautora, mas mais frequentemente por nenhuma outra razão além da generosidade e amizade. Ela leu um esboço inicial do manuscrito deste livro e fez muitas sugestões excelentes. Vários amigos me ofereceram encorajamento e ideias (e, às vezes, vídeos de passarinhos), especialmente Susan Bacik, Ros Casey, Sandra e Stephen Cushman, Laura Delano (que compartilhou sua história sobre o "pavão no vento mistral"), Liz Denton, Mark Edmundson, Dorrit Green, Sharon Hogan, Donna Lucey, Debra Nystrom, Dan O'Neill, Michael Rodemeyer, John Rowlett, Nancy Murphy-Spicer, David Eddy Spicer, Henry Wiencek e Andrew Wyndham. Meus agradecimentos a eles do fundo do coração, e também aos meus queridos e generosos pai e madrasta, Bill e Gail Gorham, e às minhas amadas irmãs, Sarah Gorham, Nancy Haiman e Kim Umbarger, pelo seu apoio caloroso e interesse pelo meu trabalho. Uma menção especial também para as minhas duas filhas queridas e inteligentes, Zoë e Nell, pelo amor e encorajamento constantes, e por encher a minha vida — e o meu escritório — de pássaros. ("Põe um passarinho aí!")*

Por mais de duas décadas, tenho tido a grande honra e alegria de trabalhar com a minha agente, Melanie Jackson. Não consigo me imaginar escrevendo um livro sem contar com o entusiasmo, a inteligência e o bom senso dela em todos os assuntos. Também tenho muita sorte de contar com Ann Godoff como minha editora, e sou profundamente grata por sua talentosa visão editorial e pela enorme ajuda que deu a este livro. Obrigada também a Sofia Groopman e Casey Rasch pelo auxílio que deram ao conduzir o livro ao longo do processo de publicação, a John Burgoyne pelas ilustrações adoráveis e pelo prazer da colaboração, a Eunike Nugroho pelo retrato deslumbrante do gaio-da-califórnia na capa e a Gabriele Wilson pelo design impressionante da sobrecapa.

Por fim, meu profundo amor e gratidão ao meu querido Karl, que, na verdade, vem primeiro em todos os aspectos, porque ele voou ao meu lado durante todos esses anos, atravessando as rajadas de vento e as calmarias da vida e do trabalho; sem seu encorajamento, sabedoria, paciência, apoio, companheirismo, perspectiva, humor e amor, nada disso teria se realizado.

---

* Frase que virou meme, oriunda do seriado cômico *Portlandia*, no qual decoradores colocam desenhos de pássaros em tudo. (N.T.)

Notas

INTRODUÇÃO: A INTELIGÊNCIA DAS AVES [PP. 9-25]

1. As informações sobre Alex vêm de I. M. Pepperberg, *The Alex studies*. Cambridge: Harvard University Press, 1999; I. M. Pepperberg, "Evidence for numerical competence in an African grey parrot (*Psittacus erithacus*)", *J Comp Psych* 108 (1994), pp. 36-44; I. M. Pepperberg, "Ordinality and inferential abilities of a grey parrot (*Psittacus erithacus*)", *J Comp Psych* 120, n. 3 (2006), pp. 205-16; I. M. Pepperberg e S. Carey, "Grey parrot number acquisition: the inference of cardinal value from ordinal position on the numeral list", *Cognition* 125 (2012), pp. 219-32.

2. O chimpanzé Washoe entendia muitas palavras, mas não conseguia falar — apesar de ter aprendido cerca de 130 sinais.

3. G. R. Hunt, "Manufacture and use of hook-tools by New Caledonian crows", *Nature* 379 (1996), pp. 249-51; G. R. Hunt e R. D. Gray, "Species-wide manufacture of stick-type tools by New Caledonian crows", *Emu* 102 (2002), pp. 349-53; G. R. Hunt e R. D. Gray, "Diversification and cumulative evolution in tool manufacture by New Caledonian crows", *Proc R Soc B* 270 (2003), pp. 867-74.

4. A. A. S. Weir et al., "Shaping of hooks in New Caledonian crows", *Science* 297, n. 5583 (2002), p. 981.

5. S. Olkowicz et al., "Complex brains for complex cognition-neuronal scaling rules for bird brains" (apresentação de pôster no encontro anual da Sociedade de Neurociência em Washington, 15-19 de novembro, Suzana Herculano-Houzel, *comunicação pessoal*, 14 de janeiro de 2015).

6. H. Prior et al., "Mirror-induced behavior in the magpie (*Pica pica*): evidence of self-recognition", *PLoS Biol* 6, n. 8 (2008), e202, doi: 10.1371/journal.pbio.0060202.

7. U. Grodzinski et al., "Peep to pilfer: what scrub-jays like to watch when observing others", *Anim Behav* 83 (2012), pp. 1253-60.

8. N. S. Clayton et al., "Social cognition by food-caching corvids: the western scrub-jay as a natural psychologist", *Phil Trans Roy Soc B: Biol Sci* 362, n. 1480 (2007), pp. 507-22.

9. N. S. Clayton e A. Dickinson, "Episodic-like memory during cache recovery by scrub jays", *Nature* 395 (1998), pp. 272-4; N. S. Clayton et al., "Episodic memory", *Curr Biol* 17, n. 6 (2007), pp. 189-91.

10. L. Cheke e N. S. Clayton, "Mental time travel in animals", *Wiley Interdiscip Rev Cogn Sci* 1, n. 6 (2010), pp. 915-30.

11. R. O. Prum, "Coevolutionary aesthetics in human and biotic artworlds", *Biol Phil* 28, n. 5 (2013), pp. 811-32.

12. R. Rugani et al., "Number-space mapping in the newborn chick resembles humans' mental number line", *Science* 347, n. 6221 (2015), pp. 534-6.

13. Id., "The use of proportion by young domestic chicks", *Anim Cogn* 13, n. 3 (2015), pp. 605-16; R. Rugani et al., "Is it only humans that count from left to right?", *Biol Lett* (2010), doi: 10.1098/rsbl.2009.0960.

14. R. Rugani, "Arithmetic in newborn chicks", *Proc R Soc B* (2009), doi: 10.1098/rspb.2009.0044.

15. L. Halle, *Spring in Washington.* Baltimore: Johns Hopkins University Press, 1988, p. 182.

16. Observação do ornitólogo Dan Bieker.

17. W. F. Dearborn, citado em R. J. Sternberg, *Handbook of intelligence.* Cambridge: Cambridge University Press, 2000, p. 8.

18. H. Woodrow, citado em R. J. Sternberg, *Handbook of intelligence.* Cambridge: Cambridge University Press, 2000, p. 8.

19. E. G. Boring, "Intelligence as the tests test it", *New Republic* 35 (1923), pp. 35-7.

20. R. J. Sternberg, "People's conceptions of intelligence", *J Pers Soc Psych* 41, n. 1 (1981), pp. 37-55.

21. Aqui estou me referindo a *Aves*, o "grupo coroa" desses animais, ou seja, as espécies e todos os descendentes de seu ancestral comum mais recente. Animais com penas que voam existem há mais de 150 milhões de anos. E. D. Jarvis et al., "Whole-genome analyses resolve early branches in the tree of life of modern birds", *Science* 346, n. 6215 (2014), pp. 1320-31; S. Brusatte et al., "Gradual assembly of avian body plan culminated in rapid rates of evolution across the dinosaur-bird transition", *Curr Biol* 24, n. 20 (2014), pp. 2386-92.

22. K. J. Gaston e T. M. Blackburn, "How many birds are there?", *Biodivers Conserv* 6, n. 4 (1997), pp. 615-25.

23. Thorpe definiu insight como "a produção repentina de uma nova resposta adaptativa não alcançada por um comportamento experimental ou como a solução de um problema pela reorganização adaptativa repentina da experiência". W. H. Thorpe, *Learning and instinct in animals.* Londres: Methuen & Co. Ltd., 1964, p. 110.

24. A. Taylor, "Corvid cognition", *WIREs Cogn Sci* (2014), doi: 10.1002/wcs.1286; Alex Taylor, *comunicação pessoal*, maio de 2014; R. Gray, "The evolution of cognition

without miracles" (*Nijmegen Lectures*, 27-29 de janeiro de 2014), vídeo disponível em http://www.mpi.nl/events/nijmegen-lectures-2014/lecture-videos.

25. Definido em 1901 pela romancista britânica Amelia Barr em seu ensaio "A successful novelist: fame after fifty", publicado em: O. Swett Marden, *How they succeeded: life stories of successful men told by themselves.* Boston: Lothrop Publishing Company, 1901, p. 311.

26. J. B. Fisher e R. A. Hinde, "The opening of milk bottles by birds", *Br Birds* 42 (1949), pp. 347-57; L. M. Aplin et al., "Milk-bottles revisited: social learning and individual variation in the blue tit (*Cyanistes caeruleus*)", *Anim Behav* 85 (2013), pp. 1225-32.

27. J. Endler, *comunicação pessoal*, 3 de fevereiro de 2015.

28. Id. Ibid.

29. N. J. Emery e N. S. Clayton, "The mentality of crows: convergent evolution of intelligence in corvids and apes", *Science* 306 (2004), pp. 1903-7.

30. C. Darwin, *The descent of man.* Londres: John Murray, 1871, p. 59.

31. A. R. Pfenning et al., "Convergent transcriptional specializations in the brains of humans and song-learning birds", *Science* 346, n. 6215 (2014), 1256846.

32. L. Rogers, "Lateralisation in the avian brain", *Bird Behav* 2 (1980), pp. 1-12.

33. http://climate.audubon.org/article/audubon-report-glance.

1. DO DODÔ AO CORVO: COMO MEDIR A MENTE DE UMA AVE [PP. 27-49]

1. https://www.youtube.com/watch?v=AVaITA7eBZE#t=51.

2. O quebra-cabeça era uma expansão de um experimento de três etapas no uso de metaferramenta. A. H. Taylor et al., "Spontaneous metatool use by New Caledonian crows", *Curr Biol* 17, n. 17 (2007), pp. 1504-7.

3. Id. Ibid.

4. A. Taylor, *comunicação pessoal*, 7 de janeiro de 2015.

5. L. Lefebvre, "Feeding innovations and forebrain size in birds" (apresentação na Associação Americana para o Avanço da Ciência, 21 de fevereiro de 2005, parte do simpósio "Mind, brain and behavior"). Todas as citações e informações de Louis Lefebvre são de entrevistas. In: Holetown, Barbados, 26 de fevereiro a 1. de março de 2012.

6. P. A. Buckley et al., *The birds of Barbados*, British Ornithologists' Union, *Checklist Number* 24 (2009), p. 58.

7. P. A. Buckley e F. G. Buckley, "Rapid speciation by a Lesser Antillean endemic, Barbados bullfinch, *Loxigilla barbadensis*", *Bull BOC* 124, n. 2 (2004), pp. 108-23.

8. J. Morand-Ferron et al., "Dunking behavior in Carib grackles", *Anim Behav* 68 (2004), pp. 1267-74.

9. J. Morand-Ferron e L. Lefebvre, "Flexible expression of a food-processing behavior: determinants of dunking rates in wild Carib grackles of Barbados", *Behav Process* 76 (2007), pp. 218-21.

10. C. Darwin, *The descent of man*.

11. Id., *The formation of vegetable mould through the action of worms*. Londres: John Murray, 1883, p. 93.

12. F. B. M. de Waal, "Are we in anthropodenial?", *Discover* 18, n. 7 (1997), pp. 50-3. Como de Waal aponta, a preocupação com os perigos do antropomorfismo parece ser menos problemática em culturas não ocidentais, nas quais a distinção entre humanos e não humanos não é tão categórica. Ver F. B. M. de Waal, "Silent invasion: Imanishi's primatology and cultural bias in science", *Anim Cogn* 6 (2003), pp. 293-9.

13. S. J. Shettleworth, *Cognition, evolution, and behavior*, 2. ed. Nova York: Oxford University Press, 2010, p. 23.

14. R. Samuels, "Massively modular minds: evolutionary psychology and cognitive architecture". In: P. Carruthers e A. Chamberlain (Orgs.), *Evolution and the human mind: modularity, language and meta-cognition*. Cambridge: Cambridge University Press, 2000, pp. 13-46; S. J. Shettleworth, *Cognition, evolution and behavior*, p. 23.

15. S. M. Reader et al., "The evolution of primate general and cultural intelligence", *Philos Trans R Soc Lond B* 366 (2011), pp. 1017-27; L. Lefebvre, "Brains, innovations, tools and cultural transmission in birds, non-human primates, and fossil hominins", *Front Hum Neurosci* 7 (2013), p. 245.

16. H. Gardner, "Reflections on multiple intelligences: myths and messages", *Phi Delta Kappan* 77, n. 3 (1995), pp. 200-9.

17. L. S. Gottfredson, "Mainstream science on intelligence: an editorial with 52 signatories, history, and bibliography", *Intelligence* 24, n. 1 (1997), pp. 13-23; ver também I. J. Deary et al., "The neuroscience of human intelligence differences", *Nat Rev Neuro* 11 (2010), pp. 201-1.

18. Também pode ter algo a ver com o fato de que os machos do tentilhão-de-barbados contribuem com mais cuidado parental do que seus primos mais coloridos das outras ilhas. De acordo com um novo artigo de Lefebvre e seus colegas, "Nas aves, as espécies tendem a ser monocromáticas quando ambos os sexos participam dos deveres parentais, incluindo a construção de ninhos... Tentilhões-de-barbados machos, em comparação com os tentilhões-das-pequenas-antilhas machos, contribuem mais para a construção do ninho, permanecem mais tempo nas proximidades após a construção e durante a criação da ninhada, alimentam as fêmeas com mais frequência e são mais agressivos ao redor do ninho... O sistema de reprodução pode, portanto, ser um fator importante na perda do dimorfismo masculino nessa espécie". Ver J. L. Audet et al., "Morphological and molecular sexing of the monochromatic Barbados bullfinch, *Loxigilla barbadensis*", *Zool Sci* 10, n. 31 (2014), pp. 687-91.

19. L. Kayello, "Opportunism and cognition in birds". *Dissertação de mestrado*, McGill University, 2013, pp. 55-67.

20. S. E. Overington et al., "Innovative foraging behaviour in birds: what characterizes an innovator?", *Behav Process* 87 (2011), pp. 274-85.

21. E. Selous, *Bird life glimpses*. Londres: G. Allen, 1905, p. 141.

22. Id., *Thought-transference (or what?)*. In: *Birds*. Nova York: Richard R. Smith, 1931.

23. I. D. Couzin e J. Krause, "Self-organization and collective behavior in vertebrates", *Adv Stud Behav* 32 (2003), pp. 1-75; I. Couzin, "Collective minds", *Nature* 445 (2007), p. 715; C. K. Hemelrijk et al., "What underlies waves of agitation in starling flocks", *Behav Ecol Sociobiol* (2015), doi: 10.1007/s00265-015-1891-3.

24. I. Lebar Bajec e F. H. Heppner, "Organized flight in birds", *Anim Behav* 78, n. 4 (2009), pp. 777-89; M. Ballerini et al., "Interaction ruling animal collective behavior depends on topological rather than metric distance: evidence from a field study", *PNAS* 105, n. 4 (2008), pp. 1232-7; A. Attanasi et al., "Information transfer and behavioural inertia in starling flocks", *Nat Phys* 10 (2014), pp. 691-6.

25. N. Boogert, *comunicação pessoal*, 3 de abril de 2015.

26. H. Kummer e J. Goodall, "Conditions of innovative behaviour in primates", *Philos Trans R Soc Lond* B 308 (1985), pp. 203-14.

27. L. Lefebvre e D. Spahn, "Gray kingbird predation on small fish (*Poecillia spp*) crossing a sandbar", *Wilson Bull* 99 (1987), pp. 291-2.

28. T. G. Grubb e R. G. Lopez, "Ice fishing by wintering bald eagles in Arizona", *Wilson Bull* (1997), pp. 546-8.

29. L. Lefebvre et al., "Feeding innovations and forebrain size in birds", *Anim Behav* 53 (1997), pp. 549-60.

30. L. Lefebvre, "Feeding innovations and forebrain size in birds" (apresentação na Associação Americana para o Avanço da Ciência, 21 de fevereiro de 2005, parte do simpósio "Mind, brain and behavior").

31. L. Lefebvre et al., "Feeding innovations and forebrain size in birds", ibid.; S. Timmermans et al., "Relative size of the hyperstriatum ventrale is the best predictor of innovation rate in birds", *Brain Behav Evol* 56 (2000), pp. 196-203.

32. L. Lefebvre, *comunicação pessoal*, 13 de janeiro de 2015.

33. R. Menzel et al., "Honey bees navigate according to a maplike spatial memory", *PNAS* 102, n. 8 (2005), pp. 3040-5; M. Marine Battesti et al., "Spread of social information and dynamics of social transmission within drosophila groups", *Curr Biol* 22 (2012), pp. 309-13, doi: 10.1016/j.cub.2011.12.050.

34. Ver D. M. Alba, "Cognitive inferences in fossil apes (*Primates, Hominoidea*): does encephalization reflect intelligence?", *J Anthropol Soc* 88 (2010), pp. 11-48; R. O. Deaner et al., "Overall brain size, and not encephalization quotient, best predicts ability across non-human primates", *Brain Behav Evol* 70 (2007), pp. 115-24.

35. Anedota de E. Kandel, citada por C. Dreifus, "A quest to understand how memory works: a conversation with Eric Kandel", *The New York Times*, Science Times, 6 de março de 2012.

2. DO JEITO DELAS: O CÉREBRO DAS AVES REVISITADO [PP. 51-75]

1. E. H. Forbush, *Useful birds and their protection*. Aurora: Bibliographical Research Center, 2010 (publicado originalmente em 1913), p. 195.

2. Id., *Natural history of the birds of Eastern and Central North America*. Boston: Houghton Mifflin, 1955, p. 347.

3. T. M. Freeberg e J. R. Lucas, "Receivers respond differently to chick-a-dee calls varying in note composition in Carolina chickadees, *Poecile carolinensis*", *Anim Behav* 63 (2002), pp. 837-45.

4. C. N. Templeton et al., "Allometry of alarm calls: black-capped chickadees encode information about predator size", *Science* 308 (2005), pp. 1934-7.

5. Nas palavras de Edward Forbush, em: E. H. Forbush, *Natural history of the birds of Eastern and Central North America*, p. 347.

6. C. N. Templeton, *comunicação pessoal*, 12 de fevereiro de 2015.

7. Id., "Black-capped chickadees select spotted knapweed seedheads with high densities of gall fly larvae", *Condor* 113, n. 2 (2011), pp. 395-9.

8. T. C. Roth et al., "Evidence for long-term spatial memory in a parid", *Anim Cogn* 15, n. 2 (2011), pp. 149-54.

9. L. S. Phillmore et al., "Annual cycle of the black-capped chickadee: seasonality of singing rates and vocal-control brain regions", *J Neurobiol* 66, n. 9 (2006), pp. 1002-10.

10. A. N. Iwaniuk e J. E. Nelson, "Can endocranial volume be used as an estimate of brain size in birds?", *Can J Zool* 80 (2002), pp. 16-23.

11. N. E. Emery e N. S. Clayton, "The mentality of crows: convergent evolution of intelligence in corvids and apes", *Science* 306, n. 5703 (2004), pp. 1903-7.

12. L. Lefebvre, *comunicação pessoal*, 13 de janeiro de 2015.

13. C. H. Greenewalt, "The flight of the black-capped chickadee and the white-breasted nuthatch", *Auk* 72, n. 1 (1955), pp. 1-5.

14. S. B. Laughlin et al., "The metabolic cost of neural information", *Nat Neurosci* 1, n. 1 (1998), pp. 36-41.

15. P. Matthiessen, *The wind birds*. Nova York: Viking, 1973, p. 45.

16. R. L. Nudds e D. M. Bryant, "The energetic cost of short flights in birds", *J Exp Biol* 203 (2000), pp. 1561-72.

17. P. J. Butler, "Energetic costs of surface swimming and diving of birds", *Physiol Biochem Zool* 73, n. 6 (2000), pp. 699-705.

18. Informações gerais sobre anatomia e fisiologia das aves estão em F. B. Gill, *Ornithology*. Nova York: Freeman, 2007, pp. 141-73.

19. E. R. Dumon, "Bone density and the lightweight skeletons of birds", *Proc R Soc B* 277 (2010), pp. 2193-8.

20. D. Lentink et al., "In vivo recording of aerodynamic force with an aerodynamic force platform: from drones to birds", *J Roy Soc Interface* (2015), doi: 10.1098/rsif.2014.1283.

21. G. Zhang et al., "Comparative genomics reveals insights into avian genome evolution and adaptation", *Science* 346, n. 6215 (2014), pp. 1311-9.

22. R. C. Murphy, *Oceanic birds of South America*. Nova York: Macmillan, 1936.

23. P. R. Ehrlich et al., "Adaptations for flight", 1988, disponível em: https://web.stanford.edu/group/stanfordbirds/text/essays/Adaptations.html; F. B. Gill, *Ornithology*. Nova York: Freeman, 2007, pp. 115-37.

24. J. C. Welty, *The life of birds*. Filadélfia: Saunders, 1975, pp. 112-44. "Flow-through lung": H. R. Duncker, "The lung air sac system of birds", *Adv Anat Emb Cell Biol* 45 (1971), pp. 1-171.

25. E. D. Jarvis et al., "Whole-genome analyses resolve early branches in the tree of life of modern birds", *Science* 346, n. 6215 (2014), pp. 1320-31; G. Zhang et al., "Comparative genomics reveals insights into avian genome evolution and adaptation", *Science* 346, n. 6215 (2014), pp. 1311-9.

26. Curiosamente, o pica-pau-felpudo é a única exceção a essa regra; manteve 22% de seus elementos repetidos. G. Zhang et al., "Comparative genomics reveals insights into avian genome evolution and adaptation", *Science* 346, n. 6215 (2014), pp. 1311-9.

27. Wells citado por John Carey, *Eyewitness to science*. Cambridge: Harvard University Press, 1995, p. 139.

28. P. Dodson, "Origin of birds: the final solution?", *Amer Zool* 40, n. 4 (2000), pp. 504-12.

29. T. H. Huxley, "Further evidence of the affinity between the dinosaurian reptiles and birds", *Proc Geol Soc Lond* (1870), pp. 2612-31.

30. S. Brusatte, *comunicação pessoal*, 5 de maio de 2015.

31. M. J. Benton et al., "The remarkable fossils from the Early Cretaceous Jehol Biota of China and how they have changed our knowledge of Mesozoic life", *Proc Geol Assoc* 119 (2008), pp. 209-28.

32. J. Ackerman, "Dinosaurs take wing: the origin of birds", *National Geographic* (julho de 1998), pp. 74-99.

33. Q. Ji et al., "Two feathered dinosaurs from northeastern China", *Nature* 393 (1998), pp. 753-61; P. J. Chen, "An exceptionally well-preserved theropod dinosaur from the Yixian formation of China", *Nature* 391 (1998), pp. 147-52, doi: 10.1038/34356; P. J. Currie e P. J. Chen, "Anatomy of Sinosauropteryx prima from Liaoning, northeastern China", *Can J Earth Sci* 38 (2001), pp. 1705-27.

34. De acordo com Michael Benton, da Universidade de Bristol, "o motivador crucial pode ter sido uma mudança para as árvores, talvez para escapar de predadores ou para explorar novos recursos alimentares. A vida em árvores requer corpos pequenos, olhos maiores (para evitar colisões ao saltar de galho em galho) e cérebros ampliados (para lidar com diversos habitats arbóreos)... Essas mudanças físicas 'lembram' aquelas que ocorreram posteriormente em nosso próprio clado, o dos primatas, e a interpretação é que também foram impulsionadas pela vida em árvores". Ver M. J. Benton, "How birds became birds", *Science* 345, n. 6196 (2014), p. 509.

35. A. H. Turner, "A basal dromaeosaurid and size evolution preceding avian flight", *Science* 317, n. 5843 (2007), pp. 1378-81; M. S. Y. Lee et al., "Sustained miniaturization and anatomical innovation in the dinosaurian ancestors of birds", *Science* 345, n. 6196 (2014), pp. 562-6.

36. R. B. J. Benson et al., "Rates of dinosaur body mass evolution indicate 170 million years of sustained ecological innovation on the avian stem lineage", *PLoS Biol* 12, n. 5 (2014), e1001853, doi: 10.1371/journal.pbio.1001853.

37. M. S. Y. Lee et al., "Sustained miniaturization and anatomical innovation in the dinosaurian ancestors of birds", *Science* 345, n. 6196 (2014), pp. 562-6.

38. S. Brusatte et al., "Gradual assembly of avian body plan culminated in rapid rates of evolution across the dinosaur-bird transition", *Curr Biol* 24, n. 20 (2014), pp. 2386-92.

39. B.-A. S. Bhullar et al., "Birds have paedomorphic dinosaur skulls", *Nature* 487 (2012), pp. 223-6.

40. A. Abzhanov, *comunicação pessoal*, 25 de janeiro de 2015; A. Abzhanov citado no press release da Universidade do Texas, em Austin, "Evolution of birds is result of a drastic change in how dinosaurs developed", 30 de maio de 2012.

41. J. R. Corfield et al., "Brain size and morphology of the brood-parasitic and cerophagous honeyguides *(Aves: Piciformes)*", *Brain Behav Evol* (fevereiro de 2012), doi: 10.1159/000348834; L. Lefebvre, *entrevista*, fevereiro de 2012.

42. A. N. Iwaniuk e J. E. Nelson, "Developmental differences are correlated with relative brain size in birds: a comparative analysis", *Can J Zool* 81 (2003), pp. 1913-28.

43. J. A. Lesku et al., "Adaptive sleep loss in polygynous pectoral sandpipers", *Science* 337 (2012), pp. 1654-8.

44. J. A. Lesku e N. C. Rattenborg, "Avian sleep", *Curr Biol* 24, n. 1 (2014), pp. R12-4.

45. M. F. Scriba et al., "Linking melanism to brain development: expression of a melanism-related gene in barn owl feather follicles covaries with sleep ontogeny", *Front Zool* 10 (2013), p. 42.

46. J. A. Lesku et al., "Local sleep homeostasis in the avian brain: convergence of sleep function in mammals and birds?", *Proc R Soc B* 278 (2011), pp. 2419-28.

47. N. Rattenborg, *comunicação pessoal*, 10 de fevereiro de 2015.

48. D. Sol, citado em materiais da Universidade Autônoma de Barcelona, http://www.alphagalileo.org/ViewItem.aspx?ItemId=74774&CultureCode=en.

49. T. C. Roth e V. V. Pravosudov, "Tough times call for bigger brains", *Commun Integ Biol* 2, n. 3 (maio de 2009), pp. 236-8; V. V. Pravosudov e N. S. Clayton, "A test of the adaptive specialization hypothesis: population differences in caching, memory, and the hippocampus in blackcapped chickadees (*Poecile atricapilla*)", *Behav Neurosci* 116, n. 4 (2002), pp. 515-22.

50. C. A. Freas et al., "Elevation-related differences in memory and the hippocampus in mountain chickadees, *Poecile gambeli*", *Anim Behav* 84, n. 1 (2012), pp. 121-7.

51. V. V. Pravosudov, "Cognitive ecology of food-hoarding: the evolution of spatial memory and the hippocampus", *Ann Rev Ecol Evol Syst* 44 (2013), pp. 18.1-2.

52. Pravosudov suspeita que o número de neurônios no hipocampo dessas diferentes populações de chapins é herdado, "produzido pela seleção natural agindo na memória, em vez de indivíduos se ajustando às mudanças nas condições", V. V. Pravosudov, *comunicação pessoal*, 23 de janeiro de 2015; V. V. Pravosudov et al., "Environmental influences on spatial memory and the hippocampus in food-caching chickadees", *Comp Cog and Beh Rev*, 2015.

53. A. Barnea e V. V. Pravosudov, "Birds as a model to study adult neurogenesis: bridging evolutionary, comparative and neuroethological approaches", *Eur J Neuroscience* 34 (2011), pp. 884-907.

54. Uma hipótese sugere que ela fornece uma "reserva neurogênica", permitindo que o cérebro permaneça flexível e recrute novos neurônios quando for necessário aprender novas informações. Outra teoria propõe que esses novos neurônios ajudam a evitar a "interferência catastrófica" entre as memórias antigas e novas quando o cérebro está aprendendo algo novo. G. Kempermann, "The neurogenic reserve hypothesis: what is adult hippocampal neurogenesis good for?", *Trends Neurosci* 31 (2008), pp. 163-9; L. Wiskott et al., "A functional hypothesis for adult neurogenesis: avoidance of catastrophic interference in the dentate gyrus", *Hippocampus* 16 (2006), pp. 329-43; W. Deng et al., "New neurons and new memories: how does adult hippocampal neurogenesis affect learning and memory?", *Nat Rev Neurosci* 11 (2010), pp. 339-50.

55. C. D. Clelland et al., "A functional role for adult hippocampal neurogenesis in spatial pattern separation", *Science* 325 (2009), pp. 210-3.

56. T. C. Roth e V. V. Pravosudov, "Tough times call for bigger brains", *Commun Integ Biol* 2, n. 3 (maio de 2009), pp. 236-8.

57. S. Herculano-Houzel, "Neuronal scaling rules for primate brains: the primate advantage", *Prog Brain Res* 195 (2012), pp. 325-40.

58. S. Olkowicz et al., "Complex brains for complex cognition-neuronal scaling rules for bird brains" (apresentação de pôster na reunião anual da Sociedade de Neurociência, Washington, 15-19 de novembro de 2014).

59. S. Herculano-Houzel, *comunicação pessoal*, 14 de janeiro de 2015.

60. S. Herculano-Houzel et al., "The elephant brain in numbers", *Front Neuroanat* 8 (2014), p. 46, doi: 10.3389/fnana.2014.00046.

61. H. Karten, citado por S. LaFee, "Our brains are more like birds' than we thought", 2010, disponível em: http://ucsdnews.ucsd.edu/archive/newsrel/health/07-02avianbrain.asp.

62. Avian Brain Nomenclature Consortium, "Avian brains and a new understanding of vertebrate brain evolution", *Nat Rev Neurosci* 6, n. 2 (2005), pp. 151-9; T. Shimizu, "Why can birds be so smart? Background, significance, and implications of the revised view of the avian brain", *Comp Cog Beh Rev* 4 (2009), pp. 103-15.

63. Como escreveu Peter Marler, "a presunção generalizada de que a área da superfície cortical é um correlato direto da inteligência nos preparou para a expectativa de que o cérebro das aves com sua superfície lisa fosse considerado mal projetado para dar suporte a realizações intelectuais de alto nível". P. Marler, "Social cognition". In: *Curr Orni* 13 (1996), pp. 1-32.

64. H. J. Karten, "Comparative and evolutionary aspects of the vertebrate Central

Nervous System", J. Pertras (Org.), *Ann NY Acad Sci* 167 (1969), pp. 164-79; H. J. Karten e W. A. Hodos, *A stereotaxic atlas of the brain of the pigeon*. Baltimore: Johns Hopkins University Press, 1967.

65. Avian Brain Nomenclature Consortium, "Avian brains and a new understanding of vertebrate brain evolution", *Nat Rev Neurosci* 6, n. 2 (2005), pp. 151-9.

66. R. J. Herrnstein e D. H. Loveland, "Complex visual concept in the pigeon", *Science* 146 (1964), pp. 549-51.

67. Avian Brain Nomenclature Consortium, "Avian brains and a new understanding of vertebrate brain evolution", pp. 151-9.

68. E. Jarvis, *entrevista*, 23 de março de 2012.

69. I. M. Pepperberg, *The Alex studies*. Boston: Harvard University Press, 1999, p. 9.

70. L. Veit et al., "Neuronal correlates of visual working memory in the corvid endbrain", *J Neurosci* 34, n. 23 (2014), pp. 7778-86.

71. O. Güntürkün, "The convergent evolution of neural substrates for cognition", *Psychol Res* 76 (2012), pp. 212-9.

72. Voelkl et al., "Matching times of leading and following suggest cooperation through direct reciprocity during V-formation flight in ibis", *PNAS* 112, n. 7 (2015), pp. 2115-20.

3. MESTRES DA TÉCNICA: A MAGIA DAS FERRAMENTAS [PP. 77-117]

1. As fontes de informações gerais sobre os corvos-da-nova-caledônia incluem minhas entrevistas com Alex Taylor, em maio de 2014; e A. H. Taylor, "Corvid cognition", *Wiley Interdiscip Rev Cogn Sci* 5, n. 3 (2014), pp. 361-72.

2. L. A. Bluff et al., "Tool use by wild New Caledonian crows *Corvus moneduloides* at natural foraging sites", *Proc R Soc* B 277, n. 1686 (2010), pp. 1377-85.

3. B. C. Klump et al., "Context-dependent 'safekeeping' of foraging tools in New Caledonian crows", *Proc R Soc B* 282 (2015), 20150278.

4. A. H. Taylor e R. D. Gray, "Is there a link between the crafting of tools and the evolution of cognition?", *Wiley Interdiscip Rev Cogn Sci* 5, n. 6 (2014), pp. 693-703.

5. As informações sobre o uso de ferramentas por animais são de R. W. Shumaker et al., *Animal tool behavior*. Baltimore: Johns Hopkins University Press, 2011.

6. H. J. Brockmann, "Tool use in digger wasps (*Hymenoptera: Sphecinae*)", *Psyche* 92 (1985), pp. 309-30.

7. D. Biro et al., "Tool use as adaptation", *Phil Trans R Soc Lond B* 368, n. 1630 (2013), 20120408.

8. E. Meulman e C. P. van Schaik, "Orangutan tool use and the evolution of technology". In: C. M. Sanz et al. (Org.), *Tool use in animals: cognition and ecology*. Nova York: Cambridge University Press, 2013, p. 176.

9. C. Boesch, "Ecology and cognition of tool use in chimpanzees". In: C. M. Sanz et al. (Org.), *Tool use in animals: cognition and ecology*, pp. 21-47.

10. W. C. McGrew, "Is primate tool use special? Chimpanzee and New Caledonian crow compared", *Philos Trans R Soc Lond B* 368 (2013), 20120422.

11. J. Chappell e A. Kacelnik, "Tool selectivity in a non-primate, the New Caledonian crow (*Corvus moneduloides*)", *Anim Cogn* 5 (2002), pp. 71-8; J. Chappell e A. Kacelnik, "Selection of tool diameter by New Caledonian crows *Corvus moneduloides*", *Anim Cogn* 7 (2004), pp. 121-7.

12. J. H. Wimpenny et al., "Cognitive processes associated with sequential tool use in New Caledonian crows", *PLoS ONE* 4, n. 8 (2009), e6471, doi: 10.1371/journal. pone.0006471.

13. As citações de Taylor que se seguem são de entrevistas de maio de 2014.

14. K. D. Tanaka et al., "Gourmand New Caledonian crows munch rare escargots by dropping numerous broken shells of a rare endemic snail *Placostylus fibratus*, a species rated as vulnerable, were scattered around rocky beds of dry creeks in rainforest of New Caledonia", *J Ethol* 31 (2013), pp. 341-4.

15. P. R. Grant, *Ecology and evolution of Darwin's finches*. Princeton: Princeton University Press, 1986, p. 393.

16. R. W. Shumaker et al., *Animal tool behavior*. Baltimore: Johns Hopkins University Press, 2011, p. 38.

17. Y. Nihei, "Variations of behavior of carrion crows *Corvus corone* using automobiles as nutcrackers", *Jpn J Ornithol* 44 (1995), pp. 21-35.

18. R. W. Shumaker et al., *Animal tool behavior.* op. cit., pp. 35-58.

19. J. Rekasi, "Über die Nahrung des Weissstorchs (*Ciconia ciconia*) in der Batschka (SüdUngarn)", *Ornith Mit* 32 (1980), pp. 154-5. In: L. Lefebvre et al., "Tools and brains in birds", *Behaviour* 139 (2002), pp. 939-73.

20. I. M. Pepperberg e H. A. Shive, "Simultaneous development of vocal and physical object combinations by a grey parrot (*Psittacus erithacus*): bottle caps, lids, and labels", *J Comp Psychol* 115 (2001), pp. 376-84.

21. P. D. Cole, "The ontogenesis of innovative tool use in an American crow (*Corvus brachyrhynchos*)", *tese de PhD*, Dalhousie University, 2004.

22. L. Lefebvre, "Feeding innovations and forebrain size in birds" (Apresentação na Associação Americana para o Avanço da Ciência, 21 de fevereiro de 2005, parte do simpósio "Mind, brain and behavior").

23. T. Eisner, "'Anting' in blue jays: evidence in support of a food-preparatory function", *Chemoecology* 18, n. 4 (dezembro de 2008), pp. 197-203.

24. C. Caffrey, "Goal-directed use of objects by American crows", *Wilson Bulletin* 113, n. 1 (2001), pp. 114-5.

25. S. W. Janes et al., "The apparent use of rocks by a raven in nest defense", *Condor* 78 (1976), p. 409.

26. R. W. Shumaker et al., *Animal tool behavior.* Baltimore: Johns Hopkins University Press, 2011, pp. 35-58.

27. S. Taylor, *John Gould's extinct and endangered birds of Australia.* Camberra: National Library of Australia, 2012, p. 130.

28. R. P. Balda, "Corvids in combat: with a weapon?", *Wilson J Ornithol* 119, n. 1 (2007), p. 100.

29. S. Tebbich, "Tool-use in the woodpecker finch *Cactospiza pallida*: ontogeny and ecological relevance", *tese de PhD*, University of Vienna, 2000. De acordo com Gavin Hunt, as outras espécies que usam ferramentas regularmente são os abutres-egípcios, os bútios-de-peito-preto, as trepadeiras-de-cabeça-marrom e as cacatuas-negras. Gavin Hunt, *comunicação pessoal*, janeiro de 2015.

30. S. Tebbich et al., "The ecology of tool-use in the woodpecker finch (*Cactospiza pallida*)", *Ecol Lett* 5 (2002), pp. 656-64.

31. S. Tebbich, "Do woodpecker finches acquire tooluse by social learning?", *Proc R Soc B* 268 (2001), pp. 1-5.

32. G. Merlen e G. Davis-Merlen, "Whish: more than a tool-using finch", *Notícias de Galápagos* 61 (2000), pp. 2-9.

33. S. Tebbich et al., "Use of a barbed tool by an adult and a juvenile woodpecker finch (*Cactospiza pallida*)", *Behav Process* 89, n. 2 (2012), pp. 166-71.

34. A. M. I. Auersperg et al., "Explorative learning and functional inferences on a five-step means-means-end problem in Goffin's cockatoos (*Cacatua goffini*)", *PLoS ONE* 8, n. 7 (2013), e68979.

35. A. M. I. Auersperg et al., "Spontaneous innovation in tool manufacture and use in a Goffin's cockatoo", *Curr Biol* 22, n. 21 (2012), R903-4.

36. L. A. Bluff et al., "Tool use by wild New Caledonian crows *Corvus moneduloides* at natural foraging sites", *Proc R Soc B* 277 (2010), pp. 1377-85; C. Rutz et al., "Video cameras on wild birds", *Science* 318, n. 5851 (2007), p. 765.

37. C. Rutz e J. J. H. St Clair, "The evolutionary origins and ecological context of tool use in New Caledonian crows", *Behav Processes* 89 (2012), n. 2, pp. 153-65.

38. Id. Ibid., p. 156.

39. G. R. Hunt e R. D. Gray, "The crafting of hook tools by wild New Caledonian crows", *Proc R Soc B* (suplemento) 271 (2004), S88-90.

40. G. R. Hunt, "Manufacture and use of hook-tools by New Caledonian crows", *Nature* 379 (1996), pp. 249-51; G. R. Hunt e R. D. Gray, "Species-wide manufacture of stick-type tools by New Caledonian crows", *Emu* 102 (2002), pp. 349-53; G. R. Hunt e R. D. Gray, "Diversification and cumulative evolution in tool manufacture by New Caledonian crows", *Proc R Soc B* 270 (2003), pp. 867-74; G. R. Hunt e R. D. Gray, "The crafting of hook tools by wild New Caledonian crows", *Proc R Soc B* (suplemento) 271 (2004), S88-90; G. R. Hunt e R. D. Gray, "Direct observations of pandanus-tool manufacture and use by a New Caledonian crow (*Corvus moneduloides*)", *Anim Cogn* 7 (2004), pp. 114-20; C. Rutz e J. J. H. St Clair, "The evolutionary origins and ecological context of tool use in New Caledonian crows", op. cit., n. 2 (2012), pp. 153-65.

41. G. R. Hunt, "Manufacture and use of hook-tools by New Caledonian crows", *Nature* 379 (1996), pp. 249-51; G. R. Hunt e R. D. Gray, "Direct observations of pandanus-tool manufacture and use by a New Caledonian crow (*Corvus moneduloides*)".

42. J. C. Holzhaider et al., "Social learning in New Caledonian crows", *Learn Behav* 38, n. 3 (2010), pp. 206-19.

43. G. R. Hunt e R. D. Gray, "Diversification and cumulative evolution in tool manufacture by New Caledonian crows".

44. L. G. Dean et al., "Identification of the social and cognitive processes underlying human cumulative culture", *Science* 335 (2012), pp. 1114-8.

45. G. R. Hunt, *comunicação pessoal*, janeiro de 2015; G. R. Hunt, "New Caledonian crows' (*Corvus moneduloides*) pandanus tool designs: diversification or independent invention?", *Wilson J Ornithol* 126, n. 1 (2014), pp. 133-9; G. R. Hunt e R. D. Gray, "Diversification and cumulative evolution in tool manufacture by New Caledonian crows".

46. C. Rutz e J. J. H. St Clair, "The evolutionary origins and ecological context of tool use in New Caledonian crows", op. cit.

47. Id., "New Caledonian crows attend to multiple functional properties of complex tools", *Phil Trans R Soc Lond B* 368, n. 1630 (2013), 20120415.

48. A discussão sobre as características únicas e possíveis origens evolutivas do uso de ferramentas dos corvos baseia-se no brilhante artigo de revisão de C. Rutz e J. J. H. St Clair, "The evolutionary origins and ecological context of tool use in New Caledonian crows", op. cit.

49. Informações sobre a Nova Caledônia compiladas pela Conservação Internacional no site http://sp10.conservation.org/where/asia-pacific/pacific_islands/new_caledonia/Pages/overview.aspx; C. Rutz e J. J. H. St Clair, "The evolutionary origins and ecological context of tool use in New Caledonian crows", op. cit., pp. 153-65.

50. http://newcaledoniaplants.com/.

51. M. G. Fain e P. Houde, "Parallel radiations in the primary clades of birds", *Evolution* 58 (2004), pp. 2558-73.

52. A. Gasc et al., "Biodiversity sampling using a global acoustic approach: contrasting sites with microendemics in New Caledonia", *PLoS ONE* 8, n. 5 (2013), e65311.

53. Existem cerca de 3 270 espécies de plantas registradas nas ilhas, 74% das quais são endêmicas (cerca de 2 430 espécies): http://www.cepf.net/resources/hotspots/Asia-Pacific/Pages/New-Caledonia.aspx.

54. http://sp10.conservation.org/where/asia-pacific/pacific_islands/new_caledonia/Pages/overview.aspx.

55. É possível que alguma terra tenha permanecido acima da água e que corvos vivessem nesse pequeno refúgio em uma ilha. Esse cenário pode explicar a presença do cagu também. Ver C. Rutz e J. J. H. St Clair, "The evolutionary origins and ecological context of tool use in New Caledonian crows", op. cit.

56. A seguir, informações sobre a ecologia do uso da ferramenta do corvo da Nova Caledônia de C. Rutz e J. J. H. St Clair, "The evolutionary origins and ecological context

of tool use in New Caledonian crows"; C. Rutz et al., "The ecological significance of tool use in New Caledonian crows", *Science* 329, n. 5998 (2010), pp. 1523-6.

57. C. Rutz et al., "The ecological significance of tool use in New Caledonian crows", ibid.; C. Rutz et al., "Video cameras on wild birds", *Science* 318, n. 5851 (2007), p. 765.

58. C. Rutz e J. J. H. St Clair, "The evolutionary origins and ecological context of tool use in New Caledonian crows", op. cit.

59. B. Kenward et al., "Tool manufacture by naïve juvenile crows", *Nature* 433 (2005), p. 121; B. Kenward et al., "Development of tool use in New Caledonian crows: inherited action patterns and social influences", *Anim Behav* 72 (2006), pp. 1329-43.

60. J. C. Holzhaider et al., "Social learning in New Caledonian crows".

61. A seguinte descrição baseia-se em J. C. Holzhaider et al., "Social learning in New Caledonian crows"; notas da *comunicação pessoal* com Jenny Holzhaider e de sua entrevista na rádio 95bFM de 2011, disponível em http://www.95bfm.co.nz/assets/sm/198489/3/RSL_8.02.11.mp3; bem como a fascinante análise de Russell Gray sobre o processo de aprendizagem de Yellow-Yellow em sua palestra de 2014, "The evolution of cognition without miracles" (*Nijmegen Lectures*, 27-29 de janeiro de 2014), vídeo disponível em: http://www.mpi.nl/events/nijmegen-lectures-2014/lecture-videos.

62. De acordo com Hunt, Holzhaider et al., "Acreditamos que a evidência mais forte da evolução tecnológica cumulativa semelhante à humana em um não humano é fornecida pela fabricação de ferramentas com folhas de árvores da espécie *Pandanus*, algo típico dos corvos-da-nova-caledônia". J. C. Holzhaider et al., "Social learning in New Caledonian crows".

63. R. Gray, "The evolution of cognition without miracles", op. cit.

64. G. R. Hunt, J. C. Holzhaider e R. D. Gray, "Prolonged parental feeding in tool-using New Caledonian crows", *Ethology* 188 (2012), pp. 1-8.

65. C. Rutz e J. J. H. St Clair, "The evolutionary origins and ecological context of tool use in New Caledonian crows", op. cit.

66. J. Troscianko et al., "Extreme binocular vision and a straight bill facilitate tool use in New Caledonian crows", *Nat Comm* 3 (2012), p. 1110.

67. A. Martinho et al., "Monocular tool control, eye dominance, and laterality in New Caledonian crows", *Curr Biol* 24, n. 24 (2014), pp. 2930-4.

68. A. Kacelnik, citado em "Why tool-wielding crows are left- or right-beaked", *Cell Press* 4 (dezembro de 2014), http://phys.org/news/2014-12-tool-wielding-crows-left-right-beaked.htm.

69. J. Troscianko et al., "Extreme binocular vision and a straight bill facilitate tool use in New Caledonian crows", *Nat Comm* 3 (2012), p. 1110.

70. D. Biro et al., "Tool use as adaptation", *Phil Trans R Soc Lond B* 368, n. 1630 (2013), 20120408.

71. J. Troscianko et al., "Extreme binocular vision and a straight bill facilitate tool use in New Caledonian crows", *Nat Comm* 3 (2012), p. 1110.

72. G. R. Hunt, *comunicação pessoal*, 21 de janeiro de 2015.

73. R. Gray, "The evolution of cognition without miracles", op. cit.

74. J. Cnotka et al., "Extraordinary large brains in tool-using New Caledonian crows (*Corvus moneduloides*)", *Neurosci Lett* 433 (2008), pp. 241-5. Alguns cientistas são céticos em relação ao método e à análise desse estudo. "As evidências publicadas sobre adaptações neurológicas associadas ao uso de ferramentas nesses corvos são, na melhor das hipóteses, fracas", escrevem Christian Rutz e J. J. H. St Clair. Ver Rutz e St Clair, "The evolutionary origins and ecological context of tool use in New Caledonian crows", op. cit.

75. J. Mehlhorn, "Tool-making New Caledonian crows have large associative brain areas", *Brain Behav Evolut* 75 (2010), pp. 63-70.

76. R. Gray, "The evolution of cognition without miracles", op. cit.; F. S. Medina et al., "Perineuronal satellite neuroglia in the telencephalon of New Caledonian crows and other Passeriformes: evidence of satellite glial cells in the central nervous system of healthy birds?", *Peer J* 1 (2013), e110.

77. R. Gray, "The evolution of cognition without miracles", op. cit.

78. De uma entrevista com Alex Taylor; e A. Taylor, "Corvid cognition", *WIREs Cogn Sci* (2014), doi: 10.1002/wcs.1286.

79. R. Gray, "The evolution of cognition without miracles", op. cit.

80. A. H. Taylor et al., "Spontaneous metatool use by New Caledonian crows", *Curr Biol* 17 (2007), pp. 1504-7; R. Gray, ibid.

81. A. H. Taylor, "Corvid cognition", *WIREs Cogn Sci* (2014), doi: 10.1002/wcs.1286.

82. Id., *comunicação pessoal*, 7 de janeiro de 2015.

83. Alguns cientistas, incluindo Christian Rutz, acreditam que é melhor não dar nomes aos objetos de estudo, "já que isso pode afetar a maneira como os pesquisadores observam/pontuam os ensaios experimentais e interpretam as evidências", diz Rutz. Christian Rutz, *comunicação pessoal*, 30 de julho de 2015.

84. A. H. Taylor et al., "An end to insight? New Caledonian crows can spontaneously solve problems without planning their actions", *Proc R Soc B* 279, n. 1749 (2012), pp. 4977-81; A. H. Taylor, *entrevista*.

85. Ver A. M. Seed e N. J. Boogert, "Animal cognition: an end to insight?", *Curr Biol* 23, n. 2 (2013), R67-9.

86. Christian Rutz acredita que transportar pássaros entre localidades na Nova Caledônia é muito arriscado. "Se houver componentes aprendidos para o comportamento dessas aves com as ferramentas, expor os corvos a técnicas com as quais eles não estão familiarizados pode alterar as 'tradições' ou 'culturas' locais. Nossa equipe sempre testa os corvos in situ (ou seja, onde eles foram capturados), para evitar tal 'contaminação' inadvertida das populações". Christian Rutz, *comunicação pessoal*, 30 de julho de 2015.

87. S. A. Jelbert et al., "Using the Aesop's fable paradigm to investigate causal understanding of water displacement by New Caledonian crows", *PloS One* 9, n. 3 (2014), pp. 1-9.

88. A. H. Taylor et al., "New Caledonian crows reason about hidden causal agents", *PNAS* 109, n. 40 (2012), pp. 16389-91.

89. R. Gray, "The evolution of cognition without miracles", op. cit.

90. R. Saxe et al., "Knowing who dunnit: infants identify the causal agent in an unseen causal interaction", *Develop Psych* 43, n. 1 (2007), pp. 149-58; R. Saxe et al., "Secret agents: inferences about hidden causes by 10-and 12-month-old infants", *Psychol Sci* 16, n. 12 (2005), pp. 995-1001.

91. R. Gray, "The evolution of cognition without miracles", op. cit.

92. Os críticos desse estudo sugeriram que os corvos podem não estar exercitando o raciocínio causal, mas apenas associando o ato de cutucar a vara com a presença humana dentro do esconderijo. Ver N. J. Boogert et al., "Do crows reason about causes or agents? The devil is in the controls", *PNAS* 110, n. 4 (2013), e273. "Sim, existe uma associação lá", concorda Taylor. "Se eles virem o bastão se movendo, então um humano vai sair do esconderijo. Mas esse ponto não explica por que os corvos não ficam com medo depois que o humano sai. O relato da associação sugere que os corvos são suicidas, tão estúpidos que ficam felizes em colocar suas cabeças exatamente onde a vara vai emergir." Ver A. H. Taylor et al., "Reply to Boogert et al: the devil is unlikely to be in association or distraction", *PNAS* 110, n. 4 (2013), e274.

93. A. H. Taylor et al., "Of babies and birds: complex tool behaviours are not sufficient for the evolution of the ability to create a novel causal intervention", *Proc R Soc B* 281, n. 1787 (2014), pp. 1-6.

94. N. J. Emery e N. S. Clayton, "Do birds have the capacity for fun?", *Curr Biol* 25, n. 1 (2015), R16-9.

95. W. H. Thorpe in M. Ficken, "Avian Play", *Auk* 94 (1977), p. 574.

96. M. Ficken, "Avian Play", *Auk* 94 (1977), pp. 573-82.

97. A. F. Gotch, *Latin names explained.* Nova York: Facts on File, 1995, p. 286.

98. Diamond e A. B. Bond, *Kea: bird of paradox.* Berkeley e Los Angeles: University of California Press, 1999, p. 76.

99. Id. Ibid., p. 99.

100. M. Miller, "Parrot steals $1100 from unsuspecting tourist", *Sunday Morning Herald*, 4 de fevereiro de 2013, http://www.traveller.com.au/parrot-steals-1100-from-unsuspecting-tourist-2dtc2.

101. R. Moreau e W. Moreau, "Do young birds play?", *Ibis* 86 (1944), pp. 93-4.

102. M. Brazil, "Common raven *Corvus corax* at play; records from Japan", *Ornithol Sci* 1 (2002), pp. 150-2.

103. A. M. I. Auersperg et al., "Combinatory actions during object play in psittaciformes (Diopsittaca nobilis, Pionites melanocephala, Cacatua goffini) and corvids (Corvus corax, C. monedula, C. moneduloides)", J Comp Psych 129, n. 1 (2015), pp. 62-71; A. M. I. Auersperg et al., "Unrewarded object combinations in captive parrots", Anim Behav Cogn 1, n. 4 (2014), pp. 470-88.

104. Os papagaios-da-nova-zelândia também se sentem atraídos por objetos amarelos,

e eles também têm listras amarelas sob suas asas. A. M. I. Auersperg et al., "Unrewarded object combinations in captive parrots", Anim Behav Cogn 1, n. 4 (2014), pp. 470-88.

105. A discussão seguinte baseia-se em entrevistas com Alex Taylor; e C. Rutz e J. J. H. St Clair, "The ecological significance of tool use in New Caledonian crows".

106. C. Rutz e J. J. H. St Clair, "The ecological significance of tool use in New Caledonian crows".

107. J. R. Beggs e P. R. Wilson, "Energetics of South Island kaka (*Nestor meridionalis*) feeding on the larvae of kanuka longhorn beetles (*Ochrocydus huttoni*)", *New Zealand J Ecol* 10 (1987), pp. 143-7.

108. G. R. Hunt, *entrevista*, 12 de maio de 2014.

109. http://newcaledoniaplants.com/plant-catalog/humid-forest-plants/.

4. TWITTER: TRAQUEJO SOCIAL [PP. 119-57]

1. *Complete essays of Montaigne*, traduzido por D. Frame. Stanford: Stanford University Press, 1958, livro 1, capítulo 26, p. 112.

2. P. Green, "The communal crow", *BBC Wildlife* 14, n. 1 (1996), pp. 30-4.

3. L. M. Aplin et al., "Social networks predict patch discovery in a wild population of songbirds", *Proc R Soc B* 279 (2012), pp. 4199-205.

4. T. Schjelderup-Ebbe, "Contributions to the social psychology of the domestic chicken". In: M. Schein (Org.), *Social Hierarchy and Dominance*. Stroudsburg: Dowden, Hutchinson & Ross, 1975, pp. 35-49. No entanto, se as galinhas forem separadas por algumas semanas, elas tendem a esquecer suas relações de dominação. Ver T. Schjelderup-Ebbe, "Social behavior in birds". In: C. Murchison (Org.), *Handbook of Social Dynamics of Hierarchy Formation*. Worcester: Clark University Press, 1935, pp. 947-72.

5. N. Humphrey, "The social function of intellect", publicado inicialmente in: P. P. G. Bateson e R. A. Hinde (Orgs.), *Growing points in ethology*. Cambridge: Cambridge University Press, 1976, pp. 303-17. A ideia se originou primeiro com M. R. A. Chance e A. P. Mead, "Social behavior and primate evolution", *Symp Soc Exp Biol* 7 (1953), pp. 395-439; e A. Jolly, "Lemur social behavior and primate intelligence", *Science* 153 (1966), pp. 501-6.

6. N. J. Emery et al., "Cognitive adaptations of social bonding in birds", *Philos Trans R Soc Land B* 362 (2007), pp. 489-505.

7. H. Prior et al., "Mirror-induced behavior in the magpie (*Pica pica*): evidence of self-recognition", *PLoS Biol* 6, n. 8 (2008), e202.

8. T. Juniper e M. Parr, *Parrots: a guide to parrots of the world*. New Haven: Yale University Press, 1998, p. 22.

9. Papagaios-africanos mantidos sozinhos em gaiolas às vezes mostram sinais de

forte estresse, puxando as próprias penas ou gritando. Cientistas descobriram recentemente que o isolamento social, na verdade, danifica os cromossomos das aves, encurtando seus telômeros, aquelas pequenas cápsulas que são comparadas às pontas de plástico dos cadarços, porque evitam que as pontas dos cromossomos se desfiem. Ver C. S. Davis, "Parrot psychology and behavior problems", *Vet Clin North Am Small Anim Pract* 21 (1991), pp. 1281-8; D. Aydinonat et al., "Social isolation shortens telomeres in African grey parrots (*Psittacus erithacus erithacus*)", *PLoS ONE* 9, n. 4 (2014), e93839.

10. F. Peron et al., "Human-grey parrot (*Psittacus erithacus*) reciprocity", *Anim Cogn* (2014), doi: 10.1007/s10071-014-0726-3.

11. J. Marzluff e T. Angell, *Gifts of the crow*. Nova York: Free Press, 2012, p. 108.

12. K. Sewall, "The girl who gets gifts from birds", *BBC News Magazine*, 25 de fevereiro de 2015, http://www.bbc.com/news/magazine-31604026.

13. J. Marzluff e T. Angell, *Gifts of the crow*. Nova York: Free Press, 2012, p. 114.

14. C. A. F. Wascher e T. Bugnyar, "Behavioral responses to inequity in reward distribution and working effort in crows and ravens", *PLoS ONE* 8, n. 2 (2013), e56885.

15. V. Dufour et al., "Corvids can decide if a future exchange is worth waiting for", *Biol Lett* 8, n. 2 (2012), pp. 201-4.

16. A. M. I. Auersperg et al., "Goffin cockatoos wait for qualitative and quantitative gains but prefer 'better' to 'more'", *Biol Lett* 9 (2013), 20121092.

17. T. Bugnyar, "Social cognition in ravens", *Comp Cogn Behav Rev* 8 (2013), pp. 1-12.

18. O. N. Fraser e T. Bugnyar, "Do ravens show consolation? Responses to distressed other", *PLoS ONE* 5, n. 5 (2010), e10605.

19. M. Boeckle e T. Bugnyar, "Long-term memory for affiliates in ravens", *Curr Biol* 22 (2012), pp. 801-6.

20. B. Heinrich, *Mind of the Raven*. Nova York: Harper Perennial, 2007, p. 176.

21. J. M. Marzluff, "Lasting recognition of threatening people by wild American crows", *Anim Behav* 79 (2010), pp. 699-707.

22. Id., *comunicação pessoal*, 10 de fevereiro de 2015.

23. J. M. Marzluff et al., "Brain imaging reveals neuronal circuitry underlying the crow's perception of human faces", *PNAS* 109, n. 39 (2012), pp. 15912-7.

24. G. C. Paz-y-Miño et al., "Pinyon jays use transitive inference to predict social dominance", *Nature* 430 (2004), p. 778.

25. L. Ostojić et al., "Can male Eurasian jays disengage from their own current desire to feed the female what she wants?", *Biol* (2014), 20140042; L. Ostojić et al., "Evidence suggesting that desire-state attribution may govern food sharing in Eurasian jays", *PNAS* 110 (2013), pp. 4123-8.

26. L. Ostojić, *comunicação pessoal*, abril de 2015.

27. Id. ibid.

28. R. M. Seyfarth e D. L. Cheney, "Affiliation, empathy, and the origins of theory of mind", *PNAS* (supl.) 110, n. 2 (2013), pp. 10349-56.

29. T. Bugnyar e K. Kotrschal, "Scrounging tactics in free-ranging ravens", *Ethology* 108 (2002), pp. 993-1009; P. Green, "The communal crow", *BBC Wildlife* 14, n. 1 (1996), pp. 30-4.

30. L. M. Guillette et al., "Individual differences in learning speed, performance accuracy and exploratory behavior in black-capped chickadees", *Anim Cogn* 18, n. 1 (2015), pp. 165-78.

31. L. M. Aplin et al., "Social networks predict patch discovery in a wild population of songbirds", *Proc R Soc B* 279 (2012), pp. 4199-205.

32. L. M. Aplin, *comunicação pessoal*, 10 de março de 2015.

33. L. M. Aplin et al., "Social networks predict patch discovery in a wild population of songbirds"; D. R. Farine, "Interspecific social networks promote information transmission in wild songbirds", *Proc R Soc B* 282 (2015), 20142804; L. M. Aplin, *comunicação pessoal*, 10 de março de 2015.

34. J. T. Seppanen e J. T. Forsman, "Interspecific social learning: novel preference can be acquired from a competing species", *Curr Biol* 17 (2007), pp. 1248-52.

35. L. M. Aplin et al., "Experimentally induced innovations lead to persistent culture via conformity in wild birds", *Nature* 518, n. 7540 (2014), pp. 538-41.

36. L. M. Aplin, *comunicação pessoal*, 10 de março de 2015.

37. N. Boogert, "Milk bottle-raiding birds pass on thieving ways to their flock", *The Conversation*, 4 de dezembro de 2014, https://theconversation.com/milk-bottle-raiding-birds-pass-on-thieving-ways-to-their-flock-34784.

38. J. P. Swaddle et al., "Socially transmitted mate preferences in a monogamous bird: a non-genetic mechanism of sexual selection", *Proc R Soc B* 272 (2005), pp. 1053-8.

39. E. Curio et al., "Cultural transmission of enemy recognition: one function of mobbing", *Science* 202 (1978), p. 899.

40. W. E. Feeney e N. E. Langmore, "Social learning of a brood parasite by its host", *Biol Letters* 9 (2013), 20130443.

41. J. M. Marzluff, "Lasting recognition of threatening people by wild American crows", *Anim Behav* 79 (2010), pp. 699-707.

42. T. M. Caro e M. D. Hauser, "Is there teaching in nonhuman animals?", *Q Rev Biol* 67 (1992), p. 151.

43. A. Thornton e K. McAuliffe, "Teaching in wild meerkats", *Science* 313 (2006), pp. 227-9.

44. N. R. Franks e T. Richardson, "Teaching in tandem running ants", *Nature* 439, n. 153 (2006), doi: 10.1038/439153a.

45. A. Ridley, *comunicação pessoal*, 11 de março de 2015.

46. M. J. Nelson-Flower et al., "Monogamous dominant pairs monopolize reproduction in the cooperatively breeding pied babbler", *Behav Ecol* (2011), doi: 10.1093/beheco/arr018.

47. Id. Ibid.

48. A. R. Ridley e N. J. Raihani, "Facultative response to a kleptoparasite by the cooperatively breeding pied babbler", *Behav Ecol* 18 (2007), pp. 324-30; A. R. Ridley et al., "The cost of being alone: the fate of floaters in a population of cooperatively breeding pied babblers *Turdoides bicolor*", *J Avian Biol* 39 (2008), pp. 389-92.

49. "The re-occurrence of an extraordinary behaviour: a new kidnapping event in the population", *Pied & Arabian Babbler Research* (blog), novembro de 2012, http://www.babbler-research.com/news.html. "A grande novidade de Lizzy é que há um novo evento de sequestro na população! Isso é extremamente interessante para nós. O sequestro é um comportamento raro, mas totalmente inesperado, e acontece com muito mais frequência do que jamais poderíamos imaginar. Este sequestro se encaixa no perfil: CMF, um grupo muito pequeno que não conseguiu criar seus próprios filhotes por um ano e meio (e, portanto, está em alto risco de extinção), roubou um dos filhotes muito jovens do grupo SHA. Eles estão cuidando dele como se fosse seu. Continuaremos monitorando essa relação intrigante entre sequestrador e sequestrado [sic]."

50. A. R. Ridley et al., "Is sentinel behaviour safe? An experimental investigation", *Anim Behav* 85, n. 1 (2012), pp. 137-42.

51. Id., "The ecological benefits of interceptive eavesdropping", *Funct Ecol* 28, n. 1 (2013), pp. 197-205.

52. Id. Ibid.

53. T. P. Flower, "Deceptive vocal mimicry by drongos", *Proc R Soc B* (2010), doi: 10.1098/rspb.2010.1932.

54. T. P. Flower et al., "Deception by flexible alarm mimicry in an African bird", *Science* 344 (2014), pp. 513-6.

55. N. J. Raihani e A. R. Ridley, "Adult vocalizations during provisioning: offspring response and postfledging benefits in wild pied babblers", *Anim Behav* 74 (2007), pp. 1303-9; N. J. Raihani e A. R. Ridley, "Experimental evidence for teaching in wild pied babblers", *Anim Behav* 75 (2008), pp. 3-11. Como observam Raihani e Ridley, para ser classificada como ensino, uma interação entre dois animais deve incluir três coisas: os "professores" devem modificar seu comportamento apenas na presença de um aluno ainda não treinado. O ato de ensinar deve ser custoso, ou, pelo menos, não trazer nenhum benefício para eles. E, como resultado de seu comportamento modificado, o aluno deve adquirir conhecimento ou aprender uma habilidade mais rápido do que de outra forma.

56. A. M. Thompson e A. R. Ridley, "Do fledglings choose wisely? An experimental investigation into social foraging behavior", *Behav Ecol Sociobiol* 67, n. 1 (2013), pp. 69-78.

57. A. M. Thompson et al., "The influence of fledgling location on adult provisioning: a test of the blackmail hypothesis", *Proc R Soc B* 280 (2013), 20130558.

58. J. A. Thornton e A. McAuliffe, "Cognitive consequences of cooperative breeding? A critical appraisal", *J Zool* 295 (2015), pp. 12-22.

59. A. Ridley, *comunicação pessoal*, 7 de abril de 2015.

60. G. Beauchamp e E. Fernandez-Juricic, "Is there a relationship between forebrain size and group size in birds?", *Evol Ecol Res* 6 (2004), pp. 833-42.

61. R. Dunbar e S. Shultz, "Evolution in the social brain", *Science* 317 (2007), pp. 1344-7.

62. L. McNally et al., "Cooperation and the evolution of intelligence", *Proc R Soc B* (April 2012), doi: 10.1098/rspb.2012.0206.

63. S. Shultz e R. I. M. Dunbar, "Social bonds in birds are associated with brain size and contingent on the correlated evolution of life-history and increased parental investment", *Biol J Linn Soc* 100 (2010), pp. 111-23.

64. "É a natureza qualitativa (e não o número quantitativo) de relacionamentos que se torna um fardo cognitivo." Id. Ibid.

65. N. J. Emery et al., "Cognitive adaptations of social bonding in birds", *Philos Trans R Soc Lond B Biol Sci* 362 (2007), pp. 489-505.

66. A. Cockburn, "Prevalence of different modes of parental care in birds", *Proc R Soc B* 273 (2006), pp. 1375-83.

67. N. J. Emery et al., "Cognitive adaptations of social bonding in birds", *Philos Trans R Soc Lond B Biol Sci* 362 (2007), pp. 489-505.

68. N. S. Clayton e N. J. Emery, "The social life of corvids", *Curr Biol* 17, n. 16 (2007), R652-6.

69. E. Fortune et al., "Neural mechanisms for the coordination of duet singing in wrens", *Science* 334 (2011), pp. 666-70.

70. M. Moravec et al., "'Virtual parrots' confirm mating preferences of female budgerigars", *Ethology* 116, n. 10 (2010), pp. 961-71.

71. A. G. Hile et al., "Male vocal imitation produces call convergence during pair bonding in budgerigars", *Anim Behav* 59 (2000), pp. 1209-18.

72. Id. Ibid.

73. L. A. O'Connell et al., "Evolution of a vertebrate social decision-making network", *Science* 336, n. 6085 (2012), pp. 1154-7.

74. J. L. Goodson e R. R. Thompson, "Nonapeptide mechanisms of social cognition, behavior and species-specific social systems", *Curr Opin Neurobiol* 20 (2010), pp. 784-94.

75. J. L. Goodson, "Nonapeptides and the evolutionary patterning of social behavior", *Prog Brain Res* 170 (2008), pp. 3-15.

76. C. S. Carter et al., "Oxytocin and social bonding", *Ann NY Acad Sci* 652 (1992), pp. 204-11.

77. C. Crockford et al., "Urinary oxytocin and social bonding in related and unrelated wild chimpanzees", *Proc R Soc B* 280 (2013), 20122765.

78. M. Heinrichs et al., "Oxytocin, vasopressin, and human social behavior", *Front Neuroendocrin* 30 (2009), pp. 548-57; K. MacDonald e T. M. MacDonald, "The peptide that binds: a systematic review of oxytocin and its prosocial effects in humans", *Harvard Rev Psychiat* 18, n. 1 (2010), pp. 1-21.

79. G.-J. Pepping e E. J. Timmermans, "Oxytocin and the biopsychology of performance in team sports", *Sci World J* (2012), 567363.

80. D. Scheele et al., "Oxytocin enhances brain reward system responses in men viewing the face of their female partner", *Proc Natl Acad Sci* 110, n. 5 (2013), 20308020313.

81. J. L. Goodson e M. A. Kingsbury, "Nonapeptides and the evolution of social group sizes in birds", *Front Neuroanat* 5 (2011), p. 13; J. L. Goodson et al., "Evolving nonapeptide mechanisms of gregariousness and social diversity in birds", *Horm Behav* 61 (2012), pp. 239-50.

82. J. L. Goodson et al., "Mesotocin and nonapeptide receptors promote songbird flocking behavior", *Science* 325 (2009), pp. 862-6.

83. Neeltje Boogert, *comunicação pessoal*, 7 de abril de 2015.

84. J. L. Goodson et al., "Mesotocin and nonapeptide receptors promote songbird flocking behavior", op. cit.

85. J. D. Klatt e J. L. Goodson, "Oxytocin-like receptors mediate pair bonding in a socially monogamous songbird", *Proc R Soc B* 280, n. 1750 (2012), 20122396.

86. R. Feldman, "Oxytocin and social affiliation in humans", *Horm Behav* 61 (2012), pp. 380-91.

87. M. Kingsbury, *comunicação pessoal*, 9 de fevereiro de 2015; e ver J. L. Goodson et al., "Oxytocin mechanisms of stress response and aggression in a territorial finch", *Physiol Behav* 141 (2015), pp. 154-63. Os autores escrevem, "A oxitocina pode promover comportamento e percepções negativos, como está cada vez mais bem documentado em humanos. Por exemplo, a administração de oxitocina intranasal reduz a confiança e a cooperação em pacientes com personalidade limítrofe e promove o altruísmo paroquial, etnocentrismo e derrogação do grupo externo em homens saudáveis".

88. S. E. Taylor et al., "Are plasma oxytocin in women and plasma vasopressin in men biomarkers of distressed pair-bond relationships?", *Psychol Sci* 21 (2010), pp. 3-7.

89. R. J. D. West, "The evolution of large brain size in birds is related to social, not genetic, monogamy", *Biol J Linn Soc* 111, n. 3 (2014), pp. 668-78.

90. S. Griffith et al., "Extra pair paternity in birds: a review of interspecific variation and adaptive function", *Mol Ecol* 11 (2002), pp. 2195-212.

91. J. Linossier et al., "Flight phases in the song of skylarks", *PLoS ONE* 8, n. 8 (2013), e72768.

92. J. M. C. Hutchinson e S. C. Griffith, "Extra-pair paternity in the skylark, *Alauda arvensis*", *Ibis* 150 (2008), pp. 90-7.

93. J. Stamps, "The role of females in extrapair copulations in socially monogamous territorial animals". In: P. Gowaty (Org.), *Feminism and evolutionary biology: boundaries, intersections, and frontiers*. Washington: Science, 1997, p. 294.

94. S. Eliassen e C. Jørgensen, "Extra-pair mating and evolution of cooperative neighbourhoods", *PLoS ONE* 9, n. 7 (2014), e99878.

95. E. M. Gray, "Female red-winged blackbirds accrue material benefits from copulating with extra-pair males", *Anim Behav* 53, n. 3 (1997), pp. 625-39.

96. N. Burley, *comunicação pessoal*, 9 de fevereiro de 2015.

97. J. Linossier et al., "Flight phases in the song of skylarks", *PLoS ONE* 8, n. 8 (2013), e72768. Os pesquisadores descobriram que cotovias com asas mais curtas eram mais frequentemente traídas.

98. L. Z. Garamszegi et al., "Sperm competition and sexually size dimorphic brains in birds", *Proc R Soc B* 272 (2005), pp. 159-66.

99. J. Mailliard, "California jays and cats", *The Condor*, julho de 1904, pp. 94-5.

100. L. D. Dawson, *The birds of California: a complete and popular account of the 580 species and subspecies of birds found in the state*. San Diego: South Moulton Company, 1923.

101. U. Grodzinski e N. S. Clayton, "Problems faced by food-caching corvids and the evolution of cognitive solutions", *Philos Trans R Soc Lond B* 365 (2010), pp. 977-87.

102. N. S. Clayton et al., "Social cognition by food-caching corvids: the western scrub-jay as a natural psychologist", *Philos Trans R Soc Lond B Biol Sci* 362, n. 1480 (2007), pp. 507-22; J. M. Thom e N. S. Clayton, "Re-caching by western scrub-jays (*Aphelocoma californica*) cannot be attributed to stress", *PLoS ONE* 8, n. 1 (2013), e52936.

103. G. Stulp et al., "Western scrub-jays conceal auditory information when competitors can hear but cannot see", *Biol Lett* 5 (2009), pp. 583-5.

104. U. Grodzinski et al., "Peep to pilfer: what scrub-jays like to watch when observing others", *Anim Behav* 83 (2012), pp. 1253-60

105. U. Grodzinski e N. S. Clayton, "Problems faced by food-caching corvids and the evolution of cognitive solutions", op. cit.

106. Id. Ibid.

107. N. J. Emery e N. S. Clayton, "Do birds have the capacity for fun?", *Curr Biol* 25, n. 1 (2015), R16-9.

108. H. Fischer, "Das triumphgeschrei der graugans (*Anser anser*)", *Z Tierpsychol* 22 (1965), pp. 247-304.

109. C. A. F. Wascher et al., "Heart rate during conflicts predicts post-conflict stress-related behavior in greylag geese", *PLoS ONE* 5, n. 12 (2010), e15751.

110. H. Fischer, "Das Triumphgeschrei der Graugans (*Anser anser*)", *Z Tierpsychol* 22 (1965), pp. 247-304.

111. N. J. Emery et al., "Cognitive adaptations to bonding in birds", *Philos Trans R Soc Lond B* 362 (2007), pp. 489-505.

112. J. M. Plotnik e F. B. de Waal, "Asian elephants (*Elephas maximus*) reassure others in distress", *Peer J* 2 (2014), e278.

113. O. Fraser e T. Bugnyar, "Do ravens show consolation? Responses to distressed others", *PLoS ONE* 5, n. 5 (2010), e10605.

114. Como controle do experimento, os pesquisadores observaram as vítimas por dez minutos no dia seguinte ao conflito para ver se outros corvos se aproximavam delas.

115. O. Fraser e T. Bugnyar, "Do ravens show consolation? Responses to distressed others", *PLoS ONE* 5, n. 5 (2010), e10605.

116. T. Iglesias et al., "Western scrub-jay funerals: cacophonous aggregations in response to dead conspecifics", *Anim Behav* 84, n. 5 (2012), pp. 1103-11.

117. B. King, "Do birds hold funerals?", *13.7 Cosmos & Culture* (blog), NPR, 6 de setembro de 2012, http://www.npr.org/blogs/13.7/2012/09/06/160535236/do-birds-hold-funerals.

118. L. Erickson, "Scrub-jay funerals and blue jay Irish wakes", *Laura's Birding Blog*, 6 de setembro de 2012, http://webcache.googleusercontent.com/search?q=cache:http://lauraerickson.blogspot.com/2012/09/scrub-jay-funerals-and-blue-jay-irish.html.

119. T. L. Iglesias et al., "Dead heterospecifics as cues of risk in the environment: does size affect response?", *Behaviour* 151 (2014), pp. 1-22.

120. T. L. Iglesias, *comunicação pessoal*, 7 de fevereiro de 2015.

121. M. L. Hoffman, "Is altruism part of human nature?", *J Personal Soc Psychol* 40 (1981), pp. 121-37.

122. N. J. Emery e N. S. Clayton, "Do birds have the capacity for fun?", *Curr Biol* 25, n. 1 (2015), R16-9.

123. K. Lorenz, citado por Marc Bekoff, "Grief in animals: it's arrogant to think we're the only animals who mourn" (blog), *Psychology Today*, 29 de outubro de 2009, http://www.psychologytoday.com/blog/animal-emotions/200910/grief-in-animals-its-arrogant-think-were-the-only-animals-who-mourn.

124. Id. Ibid.

125. *Gifts of the crow*. Nova York: Free Press, 2013, pp. 138-9.

126. D. J. Cross et al., "Distinct neural circuits underlie assessment of a diversity of natural dangers by American crows", *Proc R Soc B* 280 (2013), 20131046.

5. QUATROCENTAS LÍNGUAS: VIRTUOSISMO VOCAL [PP. 159-93]

1. E. M. Halliday, *Understanding Thomas Jefferson*. Nova York: HarperCollins, 2001, p. 184. Aparentemente, escreve Halliday, Jefferson era capaz tanto de "deleite infantil" em relação a uma cotovia de estimação quanto de "crueldade gelada" com cães de estimação pertencentes a seus escravos. Mais ou menos na mesma época, Jefferson chamou a cotovia de "um ser superior". Ao ouvir de seu capataz de Monticello, Edmund Bacon, que os cães pertencentes aos escravos estavam matando algumas de suas ovelhas, o presidente lhe disse: "Para garantir lã suficiente, os cães dos negros devem ser todos mortos. Não poupe nenhum".

2. Escrevendo de Monticello em maio de 1793, Thomas Mann Randolph informou Jefferson, na Filadélfia, sobre a chegada da primeira cotovia residente, e Jefferson respondeu com a sua conhecida homenagem ao *Mimus polyglottos*, http://www.monticello.org/site/research-and-collections/mockingbirds#_note-1.

3. J. Lembke, *Dangerous Birds*. Nova York: Lyons & Burford, 1992, p. 66.

4. T. Jefferson em uma carta para Abigail Adams, 21 de junho de 1785.

5. Conferência da Sociedade de Neurociência sobre "Birdsong: rhythms and clues from neurons to behavior", 14-15 de novembro de 2014, Georgetown University (nas próximas menções SFN).

6. C. I. Petkov et al., "Birds, primates, and spoken language origins: behavioral phenotypes and neurobiological substrates", *Front Evol Neurosci* 4 (2012), p. 12; E. D. Jarvis, "Evolution of brain pathways for vocal learning in birds and humans". In: J. J. Bolhuis e M. Everaert (Orgs.), *Birdsong, speech, and language*. Cambridge: MIT Press, 2013, pp. 63-107; D. Kroodsma et al., "Behavioral evidence for song learning in the suboscine bellbirds (*Procnias* spp.; *Cotingidae*)", *Wilson J Ornithol* 125, n. 1 (2013), pp. 1-14.

7. S. J. Shettleworth, *Cognition, evolution, and behavior*. Nova York: Oxford University Press, 2010, p. 23.

8. A. R. Pfenning et al., "Convergent transcriptional specializations in the brains of humans and song-learning birds", *Science* 346, n. 6215 (2014), 13333.

9. L. Kubikova et al., "Basal ganglia function, stuttering, sequencing, and repair in adult songbirds", *Sci Rep* 13, n. 4 (2014), 6590.

10. J. Bolhuis, "Birdsong, speech and language". Apresentação na conferência da SFN, 14-15 de novembro de 2014.

11. C. Darwin, *Voyage of the Beagle*, 1839. Nova York: Penguin Classics, 1989.

12. L. Riters, "Why birds sing: the neural regulation of the motivation to communicate". Apresentação na conferência da SFN, 14-15 de novembro de 2014.

13. Citações de Erich Jarvis vêm da entrevista com o pesquisador em 23 de março de 2012; E. Jarvis, "Identifying analogous vocal communication regions between songbird and human brains". Apresentação na conferência da SFN, 14-15 de novembro de 2014.

14. E. Nemeth et al., "Differential degradation of antbird songs in a neotropical rainforest: adaptation to perch height?", *Jour Acoust Soc Am* 110 (2001), 3263-74.

15. H. Slabbekoorn, "Singing in the wild: the ecology of birdsong". In: P. Marler e H. Slabbekoorn (Orgs.), *Nature's music: the science of birdsong*. Amsterdã: Elsevier Academic Press, 2004.

16. M. J. Ryan et al., "Cognitive mate choice". In: R. Dukas e J. Ratcliffe (Orgs.), *Cognitive ecology II*. Chicago: University of Chicago Press, 2009, pp. 137-55.

17. D. Gil et al., "Birds living near airports advance their dawn chorus and reduce overlap with aircraft noise", *Behav Ecol* 26, n. 2 (2014), pp. 435-43.

18. R. A. Suthers e S. A. Zollinger, "Producing song: the vocal apparatus". In: H. P. Zeigler e P. Marler (Orgs.), *Behavioral neurobiology of bird song*. Nova York: Annals of the New York Academy of Sciences, 2014, pp. 109-29.

19. D. N. Düring et al., "The songbird syrinx morphome: a three-dimensional, high--resolution, interactive morphological map of the zebra finch vocal organ", *BMC Biol* 11 (2013), p. 1.

20. S. A. Zollinger et al., "Two-voice complexity from a single side of the syrinx in northern mockingbird *Mimus polyglottos* vocalizations", *J Exp Biol* 211 (2008), pp. 1978-91.

21. C. P. H. Elemans et al., "Superfast vocal muscles control song production in songbirds", *PLoS ONE* 3, n. 7 (2008), e2581.

22. http://bna.birds.cornell.edu/bna/species/720doi:10.2173.

23. No entanto, papagaios e pássaros-lira, ambos famosos por sua versatilidade vocal, parecem se virar com apenas alguns deles.

24. T. Gentner, "Mechanisms of auditory attention". Apresentação na conferência da SFN, 14-15 de novembro de 2014.

25. D. Kroodsma, *The singing life of birds*. Boston: Houghton Mifflin, 2007, pp. 76-7.

26. S. A. Zollinger e R. A. Suthers, "Motor mechanisms of a vocal mimic: implications for birdsong production", *Proc R Soc B* 271 (2004), pp. 483-91.

27. L. A. Kelley et al., "Vocal mimicry in songbirds", *Anim Behav* 76 (2008), pp. 521-8.

28. D. E. Kroodsma e L. D. Parker, "Vocal virtuosity in the brown thrasher", *Auk* 94 (1977), pp. 783-5.

29. H. Hultsch e D. Todt, "Memorization and reproduction of songs in nightingales (*Luscinia megarhynchos*): evidence for package formation", *J Comp Phys A* 165 (1989), pp. 197-203.

30. F. Dowsett-Lemaire, "The imitative range of the song of the marsh warbler *Acrocepalus palustris*, with special reference to imitations of African birds", *Ibis* 121 (2008), pp. 453-68.

31. H. J. Pollock, "Living with the lyrebirds", *Proc Zool Soc* (July 23, 1965), pp. 20-4.

32. T. P. Flower, "Deceptive vocal mimicry by drongos", *Proc R Soc B* (2010), doi: 10.1098/rspb.2010.1932.

33. P. Marler e H. Slabbekoorn, *Nature's music: the science of birdsong*. Amsterdã: Elsevier Academic Press, 2004, p. 35.

34. W. C. Fitzgibbon, "Talk of the town", *The New Yorker*, 14 de agosto de 1954.

35. V. R. Ohms et al., "Vocal tract articulation revisited: the case of the monk parakeet", *J Exp Biol* 215 (2012), pp. 85-92; G. J. L. Beckers et al., "Vocal-tract filtering by lingual articulation in a parrot", *Curr Biol* 14, n. 7 (2004), pp. 1592-7.

36. I. M. Pepperberg, *The Alex studies*. Cambridge: Harvard University Press, 1999, pp. 13-52.

37. Id., *comunicação pessoal*, 8 de maio de 2015.

38. A história do naturalista Martyn Robinson foi relatada em H. Price, "Birds of a feather talk together", *Aust Geogr*, 15 de setembro de 2011, langeographic.com.au/news/2011/09/birds-of-a-feather-talk-together/.

39. D. Kroodsma, *The singing life of birds*, p. 70.

40. C. H. Early, "The mockingbird of the Arnold Arboretum", *Auk* 38 (1921), pp. 179-81.

41. R. D. Howard, "The influence of sexual selection and interspecific competition on mockingbird song", *Evolution* 28, n. 3 (1974), pp. 428-38; J. L. Wildenthal, "Structure in primary song of mockingbird", *Auk* 82 (1965), pp. 161-89; J. J. Hatch, "Diversity of the song of mockingbirds reared in different auditory environments", *tese de PhD*, Duke University, 1967.

42. K. C. Derrickson, "Yearly and situational changes in the estimate of repertoire size in northern mockingbirds (*Mimus polyglottos*)", *Auk* 104 (1987), pp. 198-207.

43. J. R. Krebs, "The significance of song repertoires: the Beau Geste hypothesis", *Anim Behav* 25, n. 2 (1977), pp. 475-8.

44. J. P. Visscher, "Notes on the nesting habits and songs of the mockingbird", *Wilson Bulletin* 40 (1928), pp. 209-16.

45. A. Laskey, "A mockingbird acquires his song repertory", *Auk* 61 (1944), pp. 211-9.

46. Disponível em: http://naturalhistorynetwork.org/journal/articles/8-donald-culross-peatties-an-almanac-for-moderns/.

47. E. Kandel citando o especialista em comportamento de mosca-das-frutas Chip Quinn in: *Search of memory*. Nova York: W. W. Norton, 2006, p. 148.

48. R. Zann, *The zebra finch: a synthesis of field and laboratory studies*. Nova York: Oxford University Press, 1996.

49. R. Mooney, "Translating birdsong research". Apresentação na conferência da SFN, 14-15 de novembro de 2014.

50. A discussão sobre o processo de aprendizagem do canto dos pássaros vem de S. Nowicki e W. A. Searcy, "Song function and the evolution of female preferences: why birds sing and why brains matter", *Ann N Y Acad Sci* 1016 (junho de 2004), pp. 704-23.

51. R. Dooling, "Audition: can birds hear everything they sing?". In: P. Marler e H. Slabbekoorn (Orgs.), *Nature's music: the science of birdsong*. Amsterdã: Elsevier Academic Press, 2004, pp. 206-25.

52. J. S. Stone e D. A. Cotanche, "Hair cell regeneration in the avian auditory epithelium", *Int J Deve Biol* 51, n. 607 (2007), pp. 633-47.

53. J. F. Prather et al., "Neural correlates of categorical perception in learned vocal communication", *Nat Neurosci* 12, n. 2 (2009), pp. 221-8.

54. P. Ardet et al., "Song tutoring in pre-singing zebra finch juveniles biases a small population of higher-order song selective neurons towards the tutor song", *J Neurophysiol* 108, n. 7 (2012), pp. 1977-87.

55. J. J. Bolhuis et al., "Twitter evolution: converging mechanisms in birdsong and human speech", *Nat Rev Neurosci* 11 (2010), pp. 747-59.

56. Id. Ibid.

57. S. London, "Mechanisms for sensory song learning". Apresentação na conferência da SFN, 14-15 de novembro de 2014.

58. P. K. Kuhl, "Learning and representation in speech and language", *Curr Opin Neurobiol* 4, n. 6 (1994), pp. 812-22.

59. J. J. Bolhuis et al., "Twitter evolution: converging mechanisms in birdsong and human speech", *Nat Rev Neurosci* 11 (2010), pp. 747-8.

60. D. Aronov et al., "A specialized forebrain circuit for vocal babbling in the juvenile songbird", *Science* 320 (2008), pp. 34-63.

61. K. Simonyan et al., "Dopamine regulation of human speech and bird song: a critical review", *Brain Lang* 122, n. 3 (2012), pp. 142-50.

62. S. Derégnaucourt et al., "How sleep affects the developmental learning of bird song", *Nature* 433 (2005), pp. 710-6; S. S. Shank e D. Margoliash, "Sleep and sensorimotor integration during early vocal learning in a songbird", *Nature* 458 (2009), pp. 73-7.

63. S. C. Woolley e A. Doupe, "Social context-induced song variation affects female behavior and gene expression", *PLoS Biol* 6, n. 3 (2008), e62.

64. R. Mooney, "Translating birdsong research". Apresentação na conferência da SFN, 14-15 de novembro de 2014.

65. E. D. Jarvis et al., "For whom the bird sings: context-dependent gene expression", *Neuron* 21 (1998), pp. 775-88.

66. Disponível em: http://babylab.psych.cornell.edu/wp-content/uploads/2012/12/newsletter_fall_2012.pdf.

67. M. H. Goldstein, "Social interaction shapes babbling: testing parallels between birdsong and speech", *PNAS* 100, n. 13 (2003), pp. 8030-5.

68. F. Nottebohm, "The neural basis of birdsong", *PLoS Biol* 3, n. 5 (2005), e164.

69. A. J. Doupe e P. K. Kuhl, "Birdsong and human speech: common themes and mechanisms", *Annu Rev Neurosci* 22 (1999), pp. 567-631; J. J. Bolhuis et al., "Twitter evolution: converging mechanisms in birdsong and human speech", *Nat Rev Neurosci* 11 (2010), pp. 747-8; P. Marler, "A comparative approach to vocal learning: song development in white-crowned sparrows", *J Comp Physiol Psych* 7, n. 2, pt. 2 (1970), pp. 1-25; F. Nottebohm, "The origins of vocal learning", *Amer Natur* 106 (1972), pp. 116-40.

70. S. Miyagawa et al., "The integration hypothesis of human language evolution and the nature of contemporary languages", *Front Psychol* 5 (2014), p. 564.

71. Id., "The emergence of hierarchical structure in human language", *Front Psychol* 4 (2013), p. 71.

72. E. D. Jarvis, *entrevista*, 23 de março de 2012.

73. A equipe descobriu que essa expressão gênica semelhante era mais pronunciada em duas partes paralelas do cérebro do pássaro canoro e do cérebro humano: na Área X do cérebro do pássaro canoro, uma região 'estriatal' necessária para o aprendizado vocal, e no estriado humano, ativado durante a produção da fala; bem como em uma parte do cérebro das aves chamada de RA (núcleo robusto do arcopálio) analógico, necessária para a produção de canções, e nas regiões do córtex motor da laringe em humanos que controlam a produção da fala. Ver A. R. Pfenning et al., "Convergent transcriptional specializations in the brains of humans and song-learning birds", *Science* 346, n. 6215 (2014), p. 13333.

74. *Entrevista* com E. D. Jarvis; G. Feenders et al., "Molecular mapping of movement-

-associated areas in the avian brain: a motor theory for vocal learning origin", *PLoS ONE* 3, n. 3 (2008), e1768.

75. J. Bolhuis, "Birdsong, speech and language". Apresentação na conferência da SFN, 14-15 de novembro de 2014.

76. G. Zhang et al., "Comparative genomics reveals insights into avian genome evolution and adaptation", *Science* 346, n. 6215 (2014), pp. 1311-9.

77. Uma análise recente de DNA sugere que os papagaios podem estar mais intimamente relacionados aos pássaros canoros do que se pensava. Ver S. J. Hackett et al., "A phylogenomic study of birds reveals their evolutionary history", *Science* 320, n. 5884 (2008), pp. 1763-8; E. D. Jarvis et al., "Whole genome analyses resolve early branches in the tree of life of modern birds", *Science* 346, n. 6215 (2014), pp. 1320-1; H. Horita et al., "Specialized motor-driven dusp1 expression in the song systems of multiple lineages of vocal learning birds", *PLoS ONE* 7, n. 8 (2012), e42173. "Essas descobertas levaram à nova proposta de que o aprendizado vocal evoluiu duas vezes nas aves (uma vez nos beija-flores e novamente no ancestral comum dos pássaros canoros e papagaios) e foi subsequentemente perdido nos pássaros canoros suboscinos", escrevem os cientistas.

78. M. Chakraborty et al., "Core and shell song systems unique to the parrot brain", *PLoS ONE*, 2015.

79. E. D. Jarvis, *entrevista*; E. D. Jarvis, "Selection for and against vocal learning in birds and mammals", *Ornith Sci* 5 (edição especial sobre a neuroecologia do canto dos pássaros, 2006), pp. 5-14.

80. G. Arriago e E. D. Jarvis, "Mouse vocal communication system: are ultrasounds learned or innate?", *Brain Lang* 124 (2013), pp. 96-116.

81. E. D. Jarvis, *entrevista*; H. Kagawa et al., "Domestication changes innate constraints for birdsong learning", *Behav Proc* 106 (2014), pp. 91-7; K. Okanoya, "The Bengalese finch: a window on the behavioral neurobiology of birdsong syntax study", *Ann N Y Acad Sci* 1016 (2006), pp. 724-35; K. Suzuki et al., "Behavioral and neural trade-offs between song complexity and stress reaction in a wild and domesticated finch strain", *Neurosci Biobehav Rev* 46, pt. 4 (2014), pp. 547-56.

82. Id. Ibid., *entrevista*; ver também L. Z. Garamszegi et al., "Sexually size dimorphic brains and song complexity in passerine birds", *Behav Ecol* 16, n. 2 (2004), pp. 335-45.

83. Existem algumas evidências disso. Um estudo com pardais-americanos, feito em uma ilha rochosa da Colúmbia Britânica, descobriu que os machos com repertórios maiores eram mais propensos a acasalar durante o primeiro ano e que as fêmeas que se acasalavam com machos com repertórios maiores se reproduziam mais cedo. J. M. Reid et al., "Song repertoire size predicts initial mating success in male song sparrows, *Melospiza melodia*", *Anim Behav* 68, n. 5 (2004), pp. 1055-63.

84. J. Podos, "Sexual selection and the evolution of vocal mating signals: lessons from neotropical birds". In: R. H. Macedo e G. Machado (Orgs.), *Sexual selection: perspectives and models from the Neotropics*. Amsterdã: Elsevier Academic Press, 2013, pp. 341-63.

85. J. Podos e P. S. Warren, "The evolution of geographic variation in birdsong", *Adv Stud Behav* 37 (2007), pp. 403-58. Nas primeiras semanas de vida, um jovem pardal

consegue aprender um novo dialeto. Mas, depois que ele chega a três meses ou mais, o treinamento deixa de surtir efeito. Sua música está definida.

86. Uscher, "The language of song: an interview with Donald Kroodsma", *Scientific American*, 10 de julho de 2002, https://www.scientificamerican.com/article/the-language-of-song-an-l.

87. P. Marler e M. Tamura, "Song 'dialects' in three populations of white-crowned sparrows", *Condor* 64 (1962), pp. 368-77.

88. R. B. Payne et al., "Biological and cultural success of song memes in indigo buntings", *Ecology* 69 (1988), pp. 104-17.

89. J. M. Lapierre, "Spatial and age-related variation in use of locally common song elements in dawn singing of song sparrows *Melospiza melodia*: old males sing the hits", *Behav Ecol Sociobiol* 65 (2011), pp. 2149-60.

90. R. Mooney, "Translating birdsong research".

91. S. C. Woolley e A. J. Doupe, "Social context-induced song variation affects female behavior and gene expression", *PLoS Biol* 6 (2008), e62.

92. E. Wegrzyn et al., "Whistle duration and consistency reflect philopatry and harem size in great reed warblers", *Anim Behav* 79 (2010), pp. 1363-92.

93. E. R. A. Cramer et al., "Infrequent extra-pair paternity in banded wrens", *Condor* 112 (2011), pp. 637-45; B. E. Byers, "Extrapair paternity in chestnut-sided warblers is correlated with consistent vocal performance", *Behav Ecol* 18 (2007), pp. 130-6.

94. C. A. Botero et al., "Syllable type consistency is related to age, social status, and reproductive success in the tropical mockingbird", *Anim Behav* 77, n. 3 (2009), pp. 701-6.

95. A discussão a seguir sobre a sinalização da música baseia-se na *comunicação pessoal* com N. Boogert, abril de 2015.

96. R. A. Suthers et al., "Bilateral coordination and the motor basis of female preference for sexual signals in canary song", *J Exp Biol* 215 (2015), pp. 2950-9.

97. Id. Ibid.

98. S. Nowicki e W. A. Searcy, "Song function and the evolution of female preferences: why birds sing, why brains matter", *Ann N Y Acad Sci* 1016 (2004), pp. 704-23.

99. S. Nowicki et al., "Brain development, song learning and mate choice in birds: a review and experimental test of the 'nutritional stress hypothesis'", *J Comp Physiol A* 188 (2002), pp. 1003-14; S. Nowicki et al., "Quality of song learning affects female response to male bird song", *Proc R Soc B* 269 (2002), pp. 1949-54.

100. H. Brumm et al., "Developmental stress affects song learning but not song complexity and vocal amplitude in zebra finches", *Behav Ecol Sociobiol* 63, n. 9 (2009), pp. 1387-95.

101. N. J. Boogert et al., "Song complexity correlates with learning ability in zebra finch males", *Anim Behav* 76 (2008), pp. 1735-41; C. N. Templeton et al., "Does song complexity correlate with problem-solving performance in flocks of zebra finches?", *Anim Behav* 92 (2014), pp. 63-71.

102. Id. ibid.; N. J. Boogert et al., "Mate choice for cognitive traits: a review of the evidence in nonhuman vertebrates", *Behav Ecol* 22 (2011), pp. 447-59.

103. Id., "Song repertoire size in male song sparrows correlates with detour reaching, but not with other cognitive measures", *Anim Behav* 81 (2011), pp. 1209-16.

104. C. N. Templeton et al., "Does song complexity correlate with problem-solving performance in flocks of zebra finches?", *Anim Behav* 92 (2014), pp. 63-71.

105. N. Boogert, *comunicação pessoal*, abril de 2015.

106. C. A. Botero et al., "Climatic patterns predict the elaboration of song displays in mockingbirds", *Curr Biol* 19, n. 13 (2009), pp. 1151-5.

107. C. A. Botero e S. R. de Kort, "Learned signals and consistency of delivery: a case against receiver manipulation in animal communication". In: U. Stegmann (Org.), *Animal communication theory: information and influence*. Nova York: Cambridge University Press, 2013, pp. 281-96; C. A. Botero et al., "Syllable type consistency is related to age, social status and reproductive success in the tropical mockingbird", *Anim Behav* 77, n. 3 (2009), pp. 701-6.

108. D. Kroodsma, *The singing life of birds*, 201; Donald Kroodsma, *entrevista com Birding*, www.aba.org/birding/v41n3p18w1.pdf.

109. G. F. Miller, *The Mating Mind: how sexual choice shaped the evolution of human nature*. Nova York: Doubleday, 2000; T. W. Fawcett et al., "Female assessment: cheap tricks or costly calculations", *Behav Ecol* 22, n. 3 (2011), pp. 462-3.

110. T. D. Sasaki et al., "Social context-dependent singing-regulated dopamine", *J Neurosci* 26 (2006), pp. 9010-4.

111. L. Riters, "Why birds sing: the neural regulation of the motivation to communicate". Apresentação na conferência da SFN, 14-15 de novembro de 2014.

6. A AVE ARTISTA: APTIDÃO ESTÉTICA [PP. 195-221]

1. A discussão sobre o comportamento e as exibições do pássaro-caramancheiro baseiam-se na pesquisa de Gerald Borgia e Jason Keagy; minha entrevista com Gerald Borgia em 6 de julho de 2012; e *comunicação pessoal* com Borgia em 13 de fevereiro de 2015; *comunicação pessoal* com Jason Keagy, 16 de março de 2015; G. Borgia, "Why do bowerbirds build bowers?", *American Scientist* 83 (1995), 542e547.

2. R. E. Hicks et al., "Bower paint removal leads to reduced female visits, suggesting bower paint functions as a chemical signal", *Anim Behav* 85 (2013), pp. 1209-15.

3. P. Goodfellow, *Avian architecture*. Princeton: Princeton University Press, 2011, p. 102.

4. J. Michelet, *The birds*, 1869, pp. 248-50, www.gutenberg.org/ebooks/43341.

5. *New Zealand birds*. Disponível em: http://www.nzbirds.com/birds/fantailnest. html#sthash.

6. M. Hansell, *Animal architecture*. Oxford: Oxford University Press, 2005, pp. 36, 71.

7. C. Dixon, *Birds' nests: an introduction to the science of caliology*. Londres: Grant Richards, 1902, v.

8. W. H. Thorpe, *Learning and instinct in animals*. Londres: Methuen, 1956, p. 36.

9. M. Hansell, *Animal architecture*. Oxford: Oxford University Press, 2005, p. 71.

10. A. McGowan et al., "The structure and function of nests of long-tailed tits *Aegithalos caudatus*", *Func Ecol* 18, n. 4 (2004), pp. 578-83.

11. Z. J. Hall et al., "Neural correlates of nesting behavior in zebra finches *(Taeniopygia guttata)*", *Behav Brain Res* 264 (2014), pp. 26-33.

12. I. E. Bailey et al., "Physical cognition: birds learn the structural efficacy of nest material", *Proc R Soc B* 281, n. 1784 (2014), 20133225.

13. R. Zann, *The zebra finch: a synthesis of field and laboratory studies*. Nova York: Oxford University Press, 1996.

14. I. E. Bailey et al., "Birds build camouflaged nests", *Auk* 132 (2015), pp. 11-5.

15. E. C. Collias e N. E. Collias, "The development of nest-building behavior in a weaverbird", *Auk* 81 (1964), pp. 42-52.

16. E. T. Gilliard, *Birds of paradise and bower birds*. Boston: D. R. Godine, 1979.

17. A descrição da dança do pássaro-caramancheiro e da exibição vocal baseia-se na pesquisa de Gerald Borgia e Jason Keagy; minha entrevista com Gerald Borgia em 6 de julho de 2012 e *comunicação pessoal* com Borgia em 13 de fevereiro de 2015; *comunicação pessoal* com Jason Keagy, 16 de março de 2015.

18. G. Borgia, *entrevista*, 6 de julho de 2012.

19. Id. Ibid.

20. A. F. Larned et al., "Male satin bowerbirds use sunlight to illuminate decorations to enhance mating success". Resumo da conferência Front Behav Neurosci: décimo congresso internacional de Neuroetologia (2012), doi: 10.3389/conf. fnbeh.2012.27.00372.

21. G. Borgia, *entrevista*; J. Keagy et al., "Cognitive ability and the evolution of multiple behavioral display traits", *Behav Ecol* 23 (2011), pp. 448-56.

22. Keagy et al., "Complex relationship between multiple measures of cognitive ability and male mating satin bowerbirds, *Ptilonorhynchus violaceus*", *Anim Behav* 81 (2011), pp. 1063-70.

23. P. Rowland, *Bowerbirds*. Melbourne: CSIRO Publishing, 2008.

24. J. A. Endler et al., "Visual effects in great bowerbird sexual displays and their implications for signal design", *Proc R Soc B* 281 (2014), 20140235.

25. J. Endler, *comunicação pessoal*, 18 de janeiro e 3 de fevereiro de 2015; J. A. Endler et al., "Great bowerbirds create theaters with forced perspective when seen by their audience", *Curr Biol* 20, n. 18 (2010), pp. 1679-84.

26. Id., *comunicação pessoal*, 18 de janeiro e 3 de fevereiro de 2015.

27. Endler é citado no endereço http://www.deakin.edu.au/research/stories/2012/01/23/males-up-to-their-old-tricks.

28. L. A. Kelley e J. A. Endler, "Male great bowerbirds create forced perspective illusions with consistently different individual quality", *PNAS* 109, n. 51 (2012), pp. 20980-5.

29. S. E. Palmer e K. B. Schloss, "An ecological valence theory of human color preference", *PNAS* 107, n. 19 (2010), pp. 8877-82.

30. J. T. Bagnara et al., "On the blue coloration of vertebrates", *Pigment Cell Res* 20, n. 1 (2007), pp. 14-26.

31. Ver vídeo "Destruction and stealing" em http://www.life.umd.edu/biology/borgialab/#Videos.

32. A. J. Marshall, "Bower-birds", *Biol Rev* 29, n. 1 (1954), pp. 1-45.

33. J. Keagy et al., "Male satin bowerbird problem-solving ability predicts mating success", *Anim Behav* 78 (2009), pp. 809-17; J. Keagy et al., "Complex relationship between multiple measures of cognitive ability and male mating success in satin bowerbirds, *Ptilonorhynchus violaceus*", *Anim Behav* 81 (2011), pp. 1063-70; J. Keagy et al., "Cognitive ability and the evolution of multiple behavioral display traits", *Behav Ecol* 23 (2012), pp. 448-56.

34. Ver vídeo de Jason Keagy, https://www.youtube.com/watch?v=knoVsIdD1AA.

35. J. Endler, "Bowerbirds, art and aesthetics", *Commun Integr Biol* 5, n. 3 (2012), pp. 281-3.

36. R. O. Prum, "Coevolutionary aesthetics in human and biotic artworlds", *Biol Phil* 28, n. 5 (2014), pp. 811-32.

37. K. von Frisch, *Animal architecture*. Nova York: Harcourt Brace, 1974, pp. 243-4.

38. G. Borgia e J. Keagy, "Cognitively driven co-option and the evolution of complex sexual display in bowerbirds". In: D. Irschick et al. (Orgs.), *Animal signaling and function: an integrative approach*. Nova York: John Wiley and Sons, 2015, pp. 75-101; Jason Keagy, *comunicação pessoal*, 16 de março de 2015.

39. G. L. Patricelli, *comunicação pessoal*, 8 de março de 2015.

40. G. L. Patricelli et al., "Male satin bowerbirds, *Ptilonorhynchus violaceus*, adjust their display intensity in response to female startling: an experiment with robotic females", *Anim Behav* 71 (2006), pp. 49-59; G. Patricelli et al., "Male displays adjusted to female's response: macho courtship by the satin bowerbird is tempered to avoid frightening the female", *Nature* 415 (2002), pp. 279-80.

41. S. Nowicki et al., "Brain development, song learning and mate choice in birds: a review and experimental test of the 'nutritional stress hypothesis'", *J Comp Physiol* A 188 (2002), pp. 1003-14; S. Nowicki et al., "Quality of song learning affects female response to male bird song", *Proc R Soc B* 269 (2002), pp. 1949-54.

42. G. Borgia, *entrevista*, 6 de julho de 2012.

43. J. Keagy, *comunicação pessoal*, 16 de março de 2015.

44. R. E. Hicks, "Bower paint removal leads to reduced female visits, suggesting bower paint functions as a chemical signal", *Anim Behav* 85 (2013), pp. 1209-15.

45. J. Keagy et al., "Male satin bowerbird problem solving ability predicts mating success", *Anim Behav* 78 (2009), pp. 809-17; J. Keagy et al., "Complex relationship between multiple measures of cognitive ability and male mating success in satin bowerbirds, *Ptilonorhynchus violaceus*", *Anim Behav* 81 (2011), pp. 1063-70.

46. J. Keagy, *comunicação pessoal*, 16 de março de 2015; C. Rowe e S. D. Healy, "Measuring variation in cognition", *Behav Ecol* (2014), doi: 10.1093/beheco/aru090.

47. As fêmeas do pássaro-caramancheiro relembram informações sobre companheiros de anos anteriores. Ver J. A. C. Uy et al., "Dynamic mate-searching tactic allows female satin bowerbirds *Ptilonorhynchus violaceus* to reduce searching", *Proc R Soc B* 267 (2000), pp. 251-6.

48. G. L. Patricelli, *comunicação pessoal*, 8 de março de 2015.

49. J. Keagy et al., "Cognitive ability and the evolution of multiple behavioral display traits", *Behav Ecol* 23 (2012), pp. 448-56; G. Borgia, "Bower quality, number of decorations and mating success of male satin bowerbirds (*Ptilonorhynchus violaceus*): an experimental analysis", *Anim Behav* 33 (1985), pp. 266-71; C. A. Loffredo e G. Borgia, "Male courtship vocalizations as cues for mate choice in the satin bowerbird (*Ptilonorhynchus violaceus*)", *Auk* 103 (1986), pp. 189-95.

50. M. D. Prokosch, "Intelligence and mate choice: intelligent men are always appealing", *Evol Hum Behav* 30 (2009), pp. 11-20.

51. R. O. Prum, "Aesthetic evolution by mate choice: Darwin's really dangerous idea", *Philos Trans R Soc Lond B* 367 (2012), pp. 2253-65.

52. Este é o chamado modelo de seleção sexual descontrolada, ou modelo do "filho sexy", porque o principal benefício que as fêmeas ganham com sua escolha são os filhos mais sexy que se acasalam com mais frequência, transmitindo os genes para traços sexy em machos e preferências por esses traços em fêmeas. Gail Patricelli, *comunicação pessoal*, 8 de março de 2015.

53. C. Darwin, *The descent of man*. Londres: John Murray, 1871, p. 793.

54. S. Watanabe, "Animal aesthetics from the perspective of comparative cognition". In: S. Watanabe e S. Kuczaj (Eds.), *Emotions of animals and humans*. Tóquio: Springer, 2012, p. 129; S. Watanabe et al., "Discrimination of paintings by Monet and Picasso in pigeons", *J Exp Anal Behav* 63 (1995), pp. 165-74; S. Watanabe, "Van Gogh, Chagall and pigeons", *Anim Cogn* 4 (2001), pp. 147-51.

55. S. Watanabe, "Pigeons can discriminate 'good' and 'bad' paintings by children", *Anim Cogn* 13, n. 1 (2010), pp. 75-85.

56. Y. Ikkatai e S. Watanabe, "Discriminative and reinforcing properties of paintings in Java sparrows (*Padda oryzivora*)", *Anim Cogn* 14, n. 2 (2011), pp. 227-34.

57. S. Watanabe, "Discrimination of painting style and beauty: pigeons use different strategies for different tasks", *Anim Cogn* 14, n. 6 (2011), pp. 797-808.

58. R. E. Lubow, "High-order concept formation in the pigeon", *J Exp Anal Behav* 21 (1973), pp. 475-83.

59. C. Stephan et al., "Have we met before? Pigeons recognize familiar human face", *Avian Biol Res* 5, n. 2 (2012), p. 75.

60. J. Barske et al., "Female choice for male motor skills", *Proc R Soc B* 278, n. 1724 (2011), pp. 3523-8.

61. L. B. Day et al., "Sexually dimorphic neural phenotypes in golden-collared manakins", *Brain Behav Evol* 77 (2011), pp. 206-18.

62. W. R. Lindsay et al., "Acrobatic courtship display coevolves with brain size in manakins *(Pipridae)*", *Brain Behav Evol* (2015), doi: 10.1159/000369244.

63. G. Borgia, *comunicação pessoal*; B. J. Coyle et al., "Limited variation in visual sensitivity among bowerbird species suggests that there is no link between spectral tuning and variation in display colouration", *J Exp Biol* 215 (2012), pp. 1090-105.

64. Por exemplo, animais de todos os tipos preferem parceiros com um equilíbrio, uma imagem espelhada, entre os dois lados do corpo. Isso faz muito sentido. A simetria na natureza quase sempre sinaliza informações importantes. Em plantas e animais, muitas vezes é um sinal de saúde, pois sugere ausência de mutações, doenças e estresses ambientais que prejudicam a saúde, como temperaturas extremas ou restrição alimentar.

65. B. Rensch, "Die Wirksamkeit ästhetischer Faktoren bei Wirbeltieren", *Z Tierpsychol* 15 (1958), pp. 447-61.

66. K. von Frisch, *Animal architecture.* Nova York: Harcourt Brace, 1974, p. 244.

7. MENTE CARTOGRÁFICA: ENGENHOSIDADE ESPACIAL (E TEMPORAL) [PP. 223-69]

1. K. Thorup et al., "Evidence for a navigational map stretching across the continental U.S. in a migratory songbird", *PNAS* 104, n. 46 (2008), pp. 18115-9.

2. J. Frankenstein, "Is GPS all in our heads?", *The New York Times*, Sunday Review, 2 de fevereiro de 2012.

3. As informações sobre corridas de pombos vêm de W. M. Levi, *The pigeon.* Sumter: Levi Publishing Co., 1941/1998.

4. "Racing pigeon returns: five years late", *Manchester Evening News*, 7 de maio de 2005.

5. J. T. Hagstrum, "Infrasound and the avian navigational map", *J Exp Biol* 203 (2000), pp. 1103-11; J. T. Hagstrum, "Infrasound and the avian navigational map", *J Nav* 54 (2001), pp. 377-91; J. T. Hagstrum, "Atmospheric propagation modeling indicates homing pigeons use loft-specific infrasonic 'map' cues", *J Exp Biol* 216 (2013), pp. 687-99.

6. "The longest flight on record", *The New York Times*, 3 de agosto de 1885.

7. G. Ensley, "Case of the 3,600 disappearing homing pigeons has experts baffled", *Chicago Tribune*, 18 de outubro de 1998.

8. C. Walcott, citado por G. Ensley, ibid.

9. J. Lathrop, "Tiny songbird discovered to migrate nonstop, 1,500 miles over the Atlantic", reportagem da Universidade de Massachusetts, Amherst, 1 de abril de 2015.

10. L. N. Voronov et al., "A comparative study of the morphology of forebrain in corvidae in view of their trophic specialization", *Zool Z* 73 (1994), pp. 82-96.

11. W. M. Levi, *The pigeon*. Sumter: Levi Publishing Co., 1941/1998, p. 374.

12. Id. Ibid, p. 374.

13. "Mas essa não é uma crítica justa, porque o ninho do pombo é muitas vezes muito limpo, enquanto o pardal constrói um abrigo notoriamente desarrumado." Id. Ibid.

14. D. Scarf et al., "Pigeons on par with primates in numerical competence", *Science* 334 (2011), p. 1664.

15. W. T. Herbranson e J. Schroeder, "Are birds smarter than mathematicians? Pigeons (*Columba livia*) perform optimally on a version of the Monty Hall Dilemma", *J Comp Psychol* 124 (2010), pp. 1-13.

16. M. vos Savant, "Ask Marilyn", *Parade*, 9 de setembro de 1990; 2 de dezembro de 1990; 17 de fevereiro de 1991; 7 de julho de 1991.

17. W. Herbranson, *comunicação pessoal*, 4 de junho de 2015.

18. Pode-se resolver o problema usando a probabilidade clássica ou a probabilidade empírica. No Dilema de Monty Hall, os humanos tendem a usar a probabilidade clássica. O problema é que não a usamos corretamente. Os pombos, por outro lado, devem estar usando a probabilidade empírica.

19. W. James, *Principles of psychology*, v. 1. Nova York: Holt, 1890, pp. 459-60.

20. I. M. Pepperberg, "Acquisition of the same/different concept by an African grey parrot (*Psittacus erithacus*): learning with respect to categories of color, shape, and material", *Anim Learn Behav* 15 (1987), pp. 423-32; Irene Pepperberg, *comunicação pessoal*, 8 de maio de 2015.

21. M. J. Morgan et al., "Pigeons learn the concept of an 'A'", *Perception* 5 (1976), pp. 57-66; S. Watanabe, "Discrimination of painting style and beauty: pigeons use different strategies for different tasks", *Anim Cogn* 14, n. 6 (2011), pp. 797-808; S. Watanabe e S. Masuda, "Integration of auditory and visual information in human face discrimination in pigeons", *Behav Brain Res* 207, n. 1 (2010), pp. 61-9.

22. R. J. Herrnstein e D. H. Loveland, "Complex visual concept in the pigeon", *Science* 146, n. 3643 (1964), pp. 549-51.

23. F. A. Soto e W. A. Wasserman, "Asymmetrical interactions in the perception of face identity and emotional expression are not unique to the primate visual system", *J Vision* 11, n. 3 (2011), p. 24.

24. J. Fagot e R. G. Cook, "Evidence for large long-term memory capacities in baboons and pigeons and its implications for learning and the evolution of cognition", *PNAS* 103 (2006), pp. 17564-7.

25. W. M. Levi, *The pigeon*, p. 37.

26. Id. Ibid., p. 1.

27. Id. Ibid.

28. Id. Ibid, p. 11.

29. Id. Ibid., 10ff.

30. Id. Ibid., p. 8.

31. Sargento Técnico Clifford Poutre, citado em *Amarillo Globe Times*, abril de 1941, http://www.newspapers.com/newspage/29783097/.

32. W. M. Levi, *The pigeon*, p. 26.

33. http://www.cadenagramonte.cu/english/index.php/show/ articles/1901:carrier-pigeons-an-alternative-communication-means-at-cuban-elections; M. Moore, "China trains army of messenger pigeons", *The Telegraph*, 2 de março de 2011.

34. C. Dickens, "Winged telegraphs", *London Household Word*, fevereiro de 1850, pp. 454-6.

35. H. G. Wallraff, "Does pigeon homing depend on stimuli perceived during displacement?", *J Comp Physiol* 139 (1980), pp. 193-201.

36. O material a seguir sobre navegação verdadeira é retirado da excelente sinopse de Richard Holland sobre o estado atual do campo: R. A. Holland, "True navigation in birds: from quantum physics to global migration", *J Zool* 293 (2014), pp. 1-15.

37. C. Walcott, "Pigeon homing: observations, experiments and confusions", *J Exp Biol* 199 (1996), pp. 21-7; Citação de Charles Walcott em reportagem sobre palestra para o Lafayette Racing Pigeon Club, http://www.siegelpigeons.com/news/news-walcott.html.

38. W. T. Keeton, "Magnets interfere with pigeon homing", *PNAS* 8, n. 1 (1971), pp. 102-6.

39. Primeiro estudo de campo magnético com pintarroxos: W. Wiltschko e R. Wiltschko, "Magnetic compass of European robins", *Science* 176, n. 4030 (1972), pp. 62-4.

40. H. Mouritsen, *Neurosciences: from molecule to behavior*. Berlim: Springer Spektrum, 2013), http://link.springer.com/chapter/10.1007/978-3-642-10769-6_20.

41. M. Zapka et al., "Visual but not trigeminal mediation of magnetic compass information in a migratory bird", *Nature* 461 (2009), pp. 1274-7.

42. Id. Ibid.; M. Liedvogel et al., "Lateralized activation of cluster N in the brains of migratory songbirds", *Eur J Neurosci* 25, n. 4 (2007), pp. 1166-73.

43. W. Wiltschko e R. Wiltschko, "Magnetic orientation and magnetoreception in birds and other animals", *J Comp Physiol A* 191 (2005), pp. 675-93; R. Wiltschko e W. Wiltschko, "Magnetoreception", *BioEssays* 28, n. 2 (2006), pp. 157-68; R. Wiltschko et al., "Magnetoreception in birds: different physical processes for two types of directional responses", *HFSP J* 1, n. 1 (2007), pp. 41-8.

44. C. D. Treiber et al., "Clusters of iron-rich cells in the upper beaks of pigeons are macrophages not magnetosensitive neurons", *Nature* 484, n. 7394 (2012), pp. 367-70.

45. R. Wiltschko e W. Wiltschko, "The magnetite-based receptors in the beak of birds and their role in avian navigation", *J Comp Physiol A Neuroethol Sens Neural Behav Physiol* 199 (2013), pp. 89-99; D. Kishkinev et al., "Migratory reed warblers need intact trigeminal nerves to correct for a 1,000 km eastward displacement", *PLoS ONE* 8 (2013), e65847.

46. D. Kishkinev et al., "Migratory reed warblers need intact trigeminal nerves to correct for a 1,000 km eastward displacement", *PLoS ONE* 8 (2013), e65847.

47. M. Lauwers et al., "An iron-rich organelle in the cuticular plate of avian hair cells", *Curr Biol* 23, n. 10 (2013), pp. 924-9. Toda ave, de pombos a avestruzes, tem células ciliadas, cada uma delas abrigando uma dessas minúsculas bolas de ferro. Os cientistas descobriram recentemente um grupo de células, no tronco cerebral de pombos, que registram informações sobre a direção e a força do campo magnético; a informação parecia emanar do ouvido interno do pássaro. Talvez os neurônios individuais no ouvido interno detectem a direção, intensidade e polaridade dos campos magnéticos e transmitam essas informações, fornecendo aos pombos o que equivale a uma espécie de GPS interno.

48. H. G. Wallraff, "Homing of pigeons after extirpation of their cochleae and lagenae", *Nat New Biol* 236 (1972), pp. 223-4.

49. S. Engels et al., "Anthropogenic electromagnetic noise disrupts magnetic compass orientation in a migratory bird", *Nature* 509 (2014), pp. 353-6.

50. R. Wiltschko e W. Wiltschko, "Avian navigation: from historical to modern concepts", *Anim Behav* 65, n. 2 (2003), pp. 257-72.

51. E. C. Tolman, "Cognitive maps in rats and men", publicado primeiro em *Psychological Review* 55, n. 4 (1948), pp. 189-208.

52. T. Lombrozo, "Of rats and men: Edward C. Tolman", *13.7 Cosmos & Culture* (blog), NPR, 11 de fevereiro de 2013, http://www.npr.org/blogs/13.7/2013/02/11/171578224/of-rats-and-men-edward-c-tolman.

53. E. C. Tolman, "Cognitive maps in rats and men", publicado primeiro em *Psychological Review* 55, n. 4 (1948), pp. 189-208.

54. R. H. I. Dale, "Spatial memory in pigeons on a four-arm radial maze", *Can J Psychology* 42, n. 1 (1988), pp. 78-83; M. L. Spetch e W. K. Honig, "Characteristics of pigeons' spatial working memory in an open-field task", *Anim Learn Behav* 16 (1988), pp. 123-31.

55. K. L. Gould et al., "What scatter-hoarding animals have taught us about small-scale navigation", *Philos Trans R Soc Lond B* 365 (2010), pp. 901-14.

56. B. M. Gibson e A. C. Kamil, "The fine-grained spatial abilities of three seed-caching corvids", *Learn Behav* 33, n. 1 (2005), pp. 59-66; A. C. Kamil e K. Cheng, "Way-finding and landmarks: the multiple-bearings hypothesis", *J Exp Biol* 204 (2001), pp. 103-13.

57. Id. Ibid.; D. F. Tomback, "How nutcrackers find their seed stores", *Condor* 82 (1980), pp. 10-9.

58. A. C. Kamil e J. E. Jones, "The seed-storing corvid Clark's nutcracker learns geometric relationships among landmarks", *Nature* 390 (1997), pp. 276-9; A. C. Kamil e J. E. Jones, "Geometric rule learning by Clark's nutcrackers (*Nucifraga columbiana*)", *J Exp Psychol Anim Behav Process* 26 (2000), pp. 439-53; P. A. Bednekoff e R. P. Balda, "Clark's nutcracker spatial memory: the importance of large, structural cues", *Behav Proc* 102 (2014), pp. 12-7.

59. N. S. Clayton e A. Dickinson, "Episodic-like memory during cache recovery by scrub

jays", *Nature* 395 (1998), pp. 272-4; J. M. Dally et al., "The behaviour and evolution of cache protection and pilferage", *Anim Behav* 72 (2006), pp. 13-23.

60. Id. Ibid.

61. C. R. Raby et al., "Planning for the future by western scrub-jays", *Nature* 445, n. 7130 (2007), pp. 919-21.

62. L. G. Cheke e N. S. Clayton, "Eurasian jays *(Garrulus glandarius)* overcome their current desires to anticipate two distinct future needs and plan for them appropriately", *Biol Lett* 8 (2012), pp. 171-5.

63. S. Watanabe e N. S. Clayton, "Observational visuospatial encoding of the cache locations of others by western scrub-jays *(Aphelocoma californica)*", *J Ethol* 25 (2007), pp. 271-9; J. M. Thom e N. S. Clayton, "Re-caching by western scrub-jays *(Aphelocoma californica)* cannot be attributed to stress", *PLoS ONE* 8, n. 1 (2013), e52936.

64. S. D. Healy e T. A. Hurly, "Spatial memory in rufous hummingbirds *(Selaphorus rufus)*: a field test", *Anim Learn Behav* 23 (1995), pp. 63-8.

65. Site do Cornell Lab de Ornitologia: http://www.allaboutbirds.org/guide/rufous_ hummingbird/id.

66. I. N. Flores-Abreu et al., "One-trial spatial learning: wild hummingbirds relocate a reward after a single visit", *Anim Cogn* 15, n. 4 (2012), pp. 631-7.

67. M. Bateson et al., "Context-dependent foraging decisions in rufous hummingbirds", *Proc R Soc B* 270 (2003), pp. 1271-6.

68. S. D. Healy, "What hummingbirds can tell us about cognition in the wild", *Comp Cogn Behav* 8 (2013), pp. 13-28.

69. Novos estudos sugerem que os beija-flores não usam geometria, mas tiram partido de todos os tipos de indicações visuais sutis, incluindo pontos de referência: T. A. Hurly et al., "Wild hummingbirds rely on landmarks not geometry when learning an array of flowers", *Anim Cogn* 17, n. 5 (2014), pp. 1157-65.

70. N. Blaser et al., "Testing cognitive navigation in unknown territories: homing pigeons choose different targets", *J Exp Biol* 216, pt. 16 (2013), pp. 3213-31.

71. J. O'Keefe e L. Nadel, *The hippocampus as a cognitive map.* Oxford: Oxford University Press, 1978.

72. J. F. Miller, "Neural activity in human hippocampal formation reveals the spatial context of retrieved memories", *Science* 342 (2013), pp. 1111-4.

73. T. C. Roth et al., "Is bigger always better? A critical appraisal of the use of volumetric analysis in the study of the hippocampus", *Philos Trans R Soc Lond B* 365 (2010), pp. 915-31.

74. B. J. Ward et al., "Hummingbirds have a greatly enlarged hippocampal formation", *Biol Lett* 8 (2012), pp. 657-9. Ward sugere que outros fatores podem contribuir para o aumento do hipocampo em beija-flores — seu voo pairando, por exemplo, que contribui para uma "morfologia cerebral única". Também é possível que o "tamanho relativo do hipocampo em beija-flores seja resultado de uma redução no tamanho de outras regiões telencefálicas" (p. 658).

75. J. R. Corfield et al., "Brain size and morphology of the brood-parasitic and cerophagous honeyguides (Aves: Piciformes)", *Brain Behav Evol* 81, n. 3 (2013), pp. 170-86.

76. L. Lefebvre, *entrevista*, fevereiro de 2012.

77. M. F. Guigueno et al., "Female cowbirds have more accurate spatial memory than males", *Biol Lett* 10, n. 2 (2014), 20140026.

78. G. Rehkämper et al., "Allometric comparison of brain weight and brain structure volumes in different breeds of the domestic pigeon, *Columba livia* f.d. (fantails, homing pigeons, strassers)", *Brain Behav Evol* 31, n. 3 (1988), pp. 141-9.

79. J. Cnotka et al., "Navigational experience affects hippocampus size in homing pigeons", *Brain Behav Evol* 72 (2008), pp. 233-8.

80. Por outro lado, a pesquisa de Vladimir Pravosudov e sua equipe sobre o hipocampo em aves que armazenam comida "sugere que muitos atributos do cérebro (por exemplo, o número de neurônios adultos) não são realmente muito plásticos e não mudam em condições diferentes", diz ele. "Em outras palavras, é provável que muitos desses atributos sejam hereditários e as diferenças entre as populações provavelmente tenham sido produzidas pela seleção natural agindo na memória, e não por indivíduos se ajustando às mudanças nas condições." V. Pravosudov, *comunicação pessoal*, janeiro de 2015.

81. K. Woollett e E. A. Maguire, "Acquiring 'the knowledge' of London's layout drives structural brain changes", *Curr Biol* 21 (2011), pp. 2109-14.

82. M. Harris, "Nokia says London is most confusing city", *TechRadar*, 27 de novembro de 2008, http://www.techradar.com/us/news/world-of-tech/phone-and-communications/mobile-phones/car-tech/satnav/nokia-says-london-is-most-confusing-city-489141.

83. Mas obter o conhecimento pode ter custos. Os talentosos taxistas se saíram mal em testes de outros tipos de memória espacial, que envolviam a aquisição ou recuperação de novas informações visuoespaciais. E eles tinham menos volume de matéria cinzenta em seus hipocampos anteriores.

84. K. Konishi e V. Bohbot, "Spatial navigational strategies correlated with gray matter in the hippocampus of healthy older adults tested in a virtual maze", *Front Aging Neurosci* 5 (2013), p. 1.

85. J. Huth, "Losing our way in the world", *The New York Times*, Sunday Review, 20 de julho de 2013.

86. L. Boroditsky, "Lost in translation", *Wall Street Journal*, 23 de julho de 2010; Id., "How language shapes thought", *Scientific American*, fevereiro de 2011.

87. A. Michalik et al., "Star compass learning: how long does it take?", *J Ornithol* 155 (2014), pp. 225-34.

88. M. Dacke, "Dung beetles use the Milky Way for orientation", *Curr Biol* 23, n. 4 (2013), pp. 298-300.

89. K. Thorup et al., "Evidence for a navigational map stretching across the continental U.S. in a migratory songbird", *PNAS* 104, n. 46 (2007), pp. 18115-9.

90. K. Thorup e R. A. Holland, "The bird GPS: long-range navigation in migrants", *J Exp Biol* 212 (2009), pp. 3597-604. Esses resultados confirmaram o que os cientistas sabiam a partir de um experimento impressionante realizado com estorninhos na década de 1950, em que mais de 11 mil estorninhos capturados durante sua migração na Holanda foram transportados para a Suíça. As aves adultas foram resgatadas a caminho de seus territórios de inverno no Sul da Inglaterra, quando ainda estavam no Noroeste da França. Os juvenis foram recuperados em uma direção mais a Sudoeste, dizem Thorup e Holland, "correspondendo ao traçado normal da migração passando pela Holanda".

91. T. Mueller et al., "Social learning of migratory performance", *Science* 341, n. 6149 (2013), pp. 999-1002. Esse estudo descobriu que as aves jovens que seguiram os mais velhos tendem a se desviar do curso quase 40% menos do que aquelas que partiram por conta própria. A habilidade de um grou de se manter em uma trajetória de voo direta aumentava constantemente a cada ano até os cinco anos de idade.

92. K. Thorup e R. A. Holland, "Understanding the migratory orientation program of birds: extending laboratory studies to study free-flying migrants in a natural setting", *Integ Comp Biol* 50, n. 3 (2010), pp. 315-22.

93. Os padrões de luz polarizada também parecem desempenhar um papel fundamental na navegação. Muitos dos migrantes noturnos iniciam seus voos ao pôr do sol ou um pouco depois. As aves aparentemente usam os padrões de luz polarizada para obter informações sobre as direções iniciais do voo migratório.

94. R. Mazzeo, "Homing of the Manx shearwater", *Auk* 70 (1953), pp. 200-1.

95. R. A. Holland, "True navigation in birds: from quantum physics to global migration", *J Zool* 293 (2014), pp. 1-15.

96. R. A. Holland e B. Helm, "A strong magnetic pulse affects the precision of departure direction of naturally migrating adult but not juvenile birds", *J R Soc Interface* (2013), doi: 10.1098/rsif.2012.1047.

97. D. Kishkinev et al., "Migratory reed warblers need intact trigeminal nerves to correct for a 1,000 km eastward displacement", *PLoS ONE* 8, n. 6 (2013), e65847.

98. J. T. Hagstrum, "Infrasound and the avian navigational map", *J Exp Biol* 203 (2000), pp. 1103-11; J. T. Hagstrum, "Infrasound and the avian navigational map", *J Nav* 54 (2001), pp. 377-91; J. T. Hagstrum, "Atmospheric propagation modeling indicates homing pigeons use loft-specific infrasonic 'map' cues", *J Exp Biol* 216 (2013), pp. 687-99.

99. H. M. Streby et al., "Tornadic storm avoidance behavior in breeding songbirds", *Curr Biol* (2014), doi: 10.1016/j.cub.2014.10.079.

100. J. T. Hagstrum, *comunicação pessoal*, 13 de janeiro de 2014.

101. H. Mouritsen, *comunicação pessoal*, 5 de março de 2015.

102. J. T. Hagstrum, "Atmospheric propagation modeling indicates homing pigeons use loft-specific infrasonic 'map' cues", *J Exp Biol* 216 (2013), pp. 687-99.

103. R. A. Holland, "True navigation in birds: from quantum physics to global migration", *J Zool* 293 (2014), pp. 1-15; Richard Holland, *comunicação pessoal*, 23 de março de 2015.

104. F. Papi et al., "The influence of olfactory nerve section on the homing capacity of carrier pigeons", *Monit Zool Ital* 5 (1971), pp. 265-7.

105. H. G. Wallraff, "Weitere volierenversuche mit brieftauben: wahrscheinlicher einfluss dynamischer faktorender atmosphare auf die orientierung", *Z Vgl Physiol* 68 (1970), pp. 182-201.

106. B. L. Finlay e R. B. Darlington, "Linked regularities in the development and evolution of mammalian brains", *Science* 268 (1995), p. 1578.

107. K. E. Yopak et al., "A conserved pattern of brain scaling from sharks to primates", *PNAS* 107, n. 29 (2010), pp. 12946-51.

108. S. Healy e T. Guilford, "Olfactory bulb size and nocturnality in birds", *Evolution* 44, n. 2 (1990), p. 339.

109. C. H. Turner, "A few characteristics of the avian brain", *Science* XIX, n. 466 (1892), pp. 16-7.

110. M. H. Sieck e B. M. Wenzel, "Electrical activity of the olfactory bulb of the pigeon", *Electroenceph Clin Neurophysiol* 26 (1969), pp. 62-9.

111. F. Bonadonna, "Evidence that blue petrel, *Halobaena caerulea*, fledglings can detect and orient to dimethyl sulfide", *J Exp Biol* 209 (2006), pp. 2165-9.

112. Id., "Could osmotaxis explain the ability of blue petrels to return to their burrows at night?", *J Exp Biol* 204 (2001), pp. 1485-9.

113. L. Amo et al., "Predator odour recognition and avoidance in a songbird", *Funct Ecol* 22 (2008), pp. 289-93.

114. A. Mennarat, "Aromatic plants in nests of the blue tit *Cyanistes caeruleus* protect chicks from bacteria", *Oecologia* 161, n. 4 (2009), pp. 849-55.

115. S. P. Caro e J. Balthazart, "Pheromones in birds: myth or reality?", *J Comp Physiol A Neuroethol Sens Neural Behav Physiol* 196, n. 10 (2010), pp. 751-66.

116. E. T. Krause et al., "Olfactory kin recognition in a songbird", *Biol Lett* 8, n. 3 (2012), pp. 327-9.

117. L. F. Jacobs, "From chemotaxis to the cognitive map: the function of olfaction", *Proc Natl Acad Sci* 109 (2012), pp. 10693-700.

118. A. Gagliardo et al., "Oceanic navigation in Cory's shearwaters: evidence for a crucial role of olfactory cues for homing after displacement", *J Exp Biol* 216 (2013), pp. 2798-805.

119. Id. Ibid.

120. F. Papi, *Animal homing*. Londres: Chapman & Hall, 1992; H. G. Wallraff, *Avian Navigation: pigeon homing as a paradigm*. Berlim: Springer, 2005.

121. L. F. Jacobs, "From chemotaxis to the cognitive map: the function of olfaction", *Proc Natl Acad Sci* 109 (2012), pp. 10693-700.

122. H. G. Wallraff e M. O. Andreae, "Spatial gradients in ratios of atmospheric trace gases: a study stimulated by experiments on bird navigation", *Tellus B Chem Phys Meteorol* 52 (2000), pp. 1138-57; H. G. Wallraff, "Ratios among atmospheric trace gases together with winds imply exploitable information for bird navigation: a model elucidating experimental results", *Biogeosciences* 10 (2013), pp. 6929-43.

123. P. E. Jorge et al., "Activation rather than navigational effects of odours on homing of young pigeons", *Curr Biol* 19 (2009), pp. 1-5.

124. R. A. Holland, "True navigation in birds: from quantum physics to global migration", *J Zool* 293 (2014), pp. 1-15.

125. R. A. Holland et al., "Testing the role of sensory systems in the migratory heading of a songbird", *J Exp Biol* 212 (2009), pp. 4065-71.

126. A. Rastogi et al., "Phase inversion of neural activity in the olfactory and visual systems of a night-migratory bird during migration", *Eur J Neurosci* 34 (2011), pp. 99-109.

127. N. Blaser et al., "Testing cognitive navigation in unknown territories: homing pigeons choose different targets", *J Exp Biol* 216, pt. 16 (2013), pp. 3213-31.

128. C. Walcott, "Multi-modal orientation in homing pigeons", *Integr Comp Bio* 45 (2005), pp. 574-81.

129. Id. Ibid.

130. M. Shanahan, "The brain's connective core and its role in animal cognition", *Philos Trans R Soc Lond B* 367, n. 1603 (2012), pp. 2704-14.

131. M. Shanahan et al., "Large-scale network organisation in the avian forebrain: a connectivity matrix and theoretical analysis", *Front Comput Neurosci* 7, n. 89 (2013), doi: 10.3389/fncom.2013.00089.

8. PARDALÂNDIA: GENIALIDADE ADAPTATIVA
[PP. 271-303]

1. T. R. Anderson, *Biology of the ubiquitous house sparrow.* Oxford: Oxford University Press, 2006, p. 9.

2. S. Steingraber, "The fall of a sparrow", *Magazine*, 2008.

3. A. D. Barnosky et al., "Has the earth's sixth mass extinction already arrived?", *Nature* 471 (2011), pp. 51-7.

4. R. E. Green, "Farming and the fate of wild nature", *Science* 307 (2005), p. 550. "A agricultura é agora uma das ameaças mais graves enfrentadas pelas aves do mundo", diz Green. Quase metade da superfície do planeta foi convertida em pastagens ou plantações. Mais da metade das florestas foram perdidas nessa conversão do uso do solo. A agricultura é a principal ameaça atual, e provavelmente também no futuro, para as espécies de aves, especialmente nos países em desenvolvimento.

5. P. Dunn, *Essential field guide companion.* Boston: Houghton Mifflin, 2006, p. 679.

6. A história da expansão da distribuição geográfica dos pardais vem de T. R. Anderson, *Biology of the ubiquitous house sparrow.* Oxford: Oxford University Press, 2006, pp. 21-30.

7. C. Lever, *Naturalized birds of the world.* Nova York: John Wiley, 1987.

8. E. A. Zimmerman, "House Sparrow History", *Sialis*, http://www.sialis.org/hosphistory.htm.

9. Partners in Flight Science Committee 2012 [Parceiros no Comitê de Ciência de Voo de 2012]. Base de dados de avaliação de espécies, versão de 2012, disponível em: http://rmbo.org/pifassessment.

10. T. R. Anderson, *Biology of the ubiquitous house sparrow*. Oxford: Oxford University Press, 2006, pp. 283-4.

11. P. A Gowaty, "House sparrows kill eastern bluebirds", *J Field Ornithol* (verão de 1984), pp. 378-80.

12. D. Sol et al., "Behavioural flexibility and invasion success in birds", *Anim Behav* 63 (2002), pp. 495-502.

13. Id., "The paradox of invasion in birds: competitive superiority or ecological opportunism?", *Oecologia* 169, n. 2 (2012), pp. 553-64.

14. D. Sol e L. Lefebvre, "Behavioural flexibility predicts invasion success in birds introduced to New Zealand", *Oikos* 90 (2000), pp. 599-605

15. D. Sol et al., "Unraveling the life history of successful invaders", *Science* 337 (2012), p. 580.

16. Anfíbios e répteis: J. J. Amiel et al., "Smart moves: effects of relative brain size on establishment success of invasive amphibians and reptiles", *PLoS ONE* 6 (2011), e18277. Mamíferos: D. Sol et al., "Brain size predicts the success of mammal species introduced into novel environments", *Am Nat* 172 (2008), pp. S63-71.

17. D. Sol et al., "Exploring or avoiding novel food resources? The novelty conflict in an invasive bird", *PLoS ONE* 6, n. 5 (2011), 219535. De acordo com Sol e seus colegas, uma população de pássaros "que prontamente experimenta novos alimentos ou adota novas estratégias de forrageamento está mais pré-adaptada para sobreviver e se reproduzir em um novo ambiente".

18. J. E. C. Flux e C. F. Thompson, "House sparrows taking insects from car radiators", *Notornis* 33, n. 3 (1986), pp. 190-1.

19. R. K. Brooke, "House sparrows feeding at night in New York", *Auk* 88 (1971), p. 924.

20. J. L. Tatschl, "Unusual nesting site for house sparrows", *Auk* 85 (1968), p. 514.

21. B. D. Bell, "House sparrows collecting feathers from live feral pigeons", *Notornis* 41 (1994), pp. 144-5.

22. M. Suárez-Rodriguez et al., "Incorporation of cigarette butts into nests reduces nest ectoparasite load in urban birds; new ingredients for an old recipe?", *Biol Lett* 9, n. 1 (2012), 201220921.

23. T. Anderson, *Biology of the ubiquitous house sparrow*. Oxford: Oxford University Press, 2006, pp. 246-82.

24. K. Rossetti, "House sparrows taking insects from spiders' webs", *British Birds* 76 (1983), p. 412.

25. H. Kalmus, "Wall clinging: energy saving the house sparrow *Passer domesticus*", *Ibis* 126 (1982), pp. 72-4.

26. R. Breitwisch e M. Breitwisch, "House sparrows open an automatic door", *Wilson Bulletin* 103 (1991), p. 4.

27. R. E. Brockie e B. O'Brien, "House sparrows (*Passer domesticus*) opening outdoors", *Notornis* 51 (2004), p. 52.

28. P. Matthiessen, *The wind birds*. Nova York: Viking Press, 1973, p. 20.

29. L. B. Martin e L. Fitzgerald, "A taste for novelty in invading house sparrows, *Passer domesticus*", *Behav Ecol* 16, n. 4 (2005), pp. 702-7.

30. A. Liker e V. Bokony, "Larger groups are more successful in innovative problem solving in house sparrows", *PNAS* 106, n. 19 (2009), pp. 7893-8.

31. Amanda Ridley, *comunicação pessoal*, 7 de abril de 2015.

32. P. R. Laughlin et al., "Groups perform better than the best individuals on letters--to-numbers problems: effects of group size", *J Pers and Soc Psych* 90, n. 4 (2006), pp. 644-51.

33. S. Pinker, "The cognitive niche: coevolution of intelligence, sociality, and language", *PNAS* 107, supl. 3 (2010), pp. 8993-9.

34. Morand-Ferron e J. L. Quinn, "Larger groups of passerines are more efficient problem-solvers in the wild", *PNAS* 108, n. 38 (2011), 15898903; L. Aplin et al., "Social networks predict patch discovery in a wild population of songbirds", *Proc R Soc B* 279 (2012), 4199205.

35. E. Selous, *Bird life glimpses*. Londres: George Allen, 1905, p. 79.

36. Citado em M. M. Nice, "Edmund Selous: an appreciation", *Bird-Banding* 6 (1935), pp. 90-6. Nice se baseia em E. Selous, *Realities of bird life*. Londres: Constable & Co., 1927, p. 152; E. Selous, *The bird watcher in the Shetlands*. Londres: J. M. Dent & Co., 1905, p. 232.

37. A. M. Kelly e J. L. Goodson, "Personality is tightly coupled to vasopressin-oxytocin neuron activity in a gregarious finch", *Front Behav Neurosci* 8, n. 55 (2014), doi: 10.3389/fnbeh.2014.0005.

38. J. F. Cockrem, "Corticosterone responses and personality in birds: individual variation and the ability to cope with environmental changes due to climate change", *Gen Comp Endocrinol* 190 (2013), pp. 156-63.

39. A. W. Schrey et al., "Range expansion of house sparrows (*Passer domesticus*) in Kenya: evidence of genetic admixture and human-mediated dispersal", *J Heredity* 105 (2014), pp. 60-9.

40. L. Martin, *comunicação pessoal*, 6 de março de 2015.

41. J. D. Parker et al., "Are invasive species performing better in their new ranges?", *Ecology* 94 (2013), pp. 985-94.

42. L. B. Martin et al., "Surveillance for microbes and range expansion in house sparrows", *Proc R Soc B* 281, n. 1774 (2014), 20132690.

43. A. L. Liebl e L. B. Martin, "Exploratory behavior and stressor hyper-responsiveness facilitate range expansion of an introduced songbird", *Proc R Soc B* (2012), doi: 10.1098/rspb.2012.1606.

44. A. L. Liebl e L. B. Martin, "Living on the edge: range edge birds consume novel foods sooner than established ones", *Behav Ecol* 25, n. 5 (2014), pp. 1089-96.

45. Isso coincidiu com o que Martin descobriu em um estudo anterior comparando dois grupos de pardais do Novo Mundo. O primeiro grupo, da cidade de Colón, no Panamá, era formado por recém-chegados. Eles haviam sido introduzidos no país apenas trinta anos antes e estavam se espalhando ativamente por ele. A outra população era um grupo de "veteranos" sóbrios que viviam como residentes de Princeton, Nova Jersey, por mais de 150 anos. Martin manteve os dois grupos em cativeiro em condições semelhantes e depois testou suas reações a novos alimentos, como fatias de kiwi e docinhos industrializados bem triturados. Os pássaros do Panamá consumiram alegremente os novos alimentos, enquanto os animais de Nova Jersey os rejeitaram. Ver L. B. Martin e L. Fitzgerald, "A taste for novelty in invading house sparrows", *Behav Ecol* 16 (2005), pp. 702-7.

46. M. J. Afemian et al., "First evidence of elasmobranch predation by a waterbird: stingray attack and consumption by the great blue heron", *Waterbirds* 34, n. 1 (2011), pp. 117-20.

47. D. L. Bostic e R. C. Banks, "A record of stingray predation by the brown pelican", *Condor* 68, n. 5 (1966), pp. 515-6.

48. B. D. Gartell e C. Reid, "Death by chocolate: a fatal problem for an inquisitive wild parrot", *New Zealand Vet J* 55, n. 3 (2007), pp. 149-51.

49. L. Martin, *comunicação pessoal*, 5 de março de 2015.

50. De acordo com Martin e seus colegas, "a seleção deve reduzir a flexibilidade em indivíduos que residem em áreas ambientalmente estáveis, mas favorecê-la em ambientes novos e/ou variáveis... Como a flexibilidade pode incorrer em custos, pode não ser uma estratégia viável para todos os indivíduos, especialmente aqueles que persistem em locais distantes das bordas da distribuição geográfica, e, portanto, a seleção deve começar a aprimorar os fenótipos para que correspondam às condições locais". L. B. Martin e L. Fitzgerald, "A taste for novelty in invading house sparrows", *Behav Ecol* 16 (2005), pp. 702-7.

51. Deve-se notar, no entanto, que não há evidência empírica que apoie a sugestão de que a sociabilidade é uma característica importante dos invasores bem-sucedidos, como Daniel Sol aponta. "A razão é que quase todas as espécies introduzidas são sociais, talvez porque sejam mais fáceis de capturar ou porque sejam mais frequentes perto de assentamentos humanos. Portanto, a previsão não pode ser testada adequadamente." D. Sol, *comunicação pessoal*, janeiro de 2015.

52. D. Sol, *comunicação pessoal*, abril de 2015.

53. R. Johns, "Building owners in new lawsuit over bird collision deaths". Comunicado à mídia da American Bird Conservancy, 2012, http://www.abcbirds .org/newsandreports/releases/120413.html.

54. D. Sol, *comunicação pessoal*, abril de 2015; D. Sol et al., "Urbanisation tolerance and the loss of avian diversity", *Ecol Lett* 17, n. 8 (2014), pp. 942-50.

55. D. S. Proppe et al., "Flexibility in animal signals facilitates adaptation to rapidly changing environments", *PLoS ONE* (2011), doi: 10.1371/journal.pone.0025413.

56. S. Shultz, "Brain size and resource specialization predict long-term population trends in British birds", *Proc R Soc B* 272, n. 1578 (2005), pp. 2305-11.

57. L. O. Frishkoff, "Loss of avian phylogenetic diversity in neotropical agricultural systems", *Science* 345, n. 6202 (2014), pp. 1343-6.

58. D. Sol et al., "Behavioral drive or behavioral inhibition in evolution: subspecific diversification in Holarctic passterines", *Evolution* 59, n. 12 (2005), pp. 2669-77; D. Sol e T. D. Price, "Brain size and the diversification of body size in birds", *Am Nat* 172, n. 2 (2008), pp. 170-7.

59. B. G. Freeman e A. M. Class Freeman, "Rapid upslope shifts in New Guinean birds illustrate strong distributional responses of tropical montane species to global warming", *PNAS* 111 (2014), pp. 4490-4.

60. B. Freeman, *comunicação pessoal*, 5 de fevereiro de 2015.

61. P. Kareiva et al., "Conservation in the Anthropocene", *The breakthrough*. Inverno de 2012, http://thebreakthrough.org/index.php/journal/past-issues/issue-2/conservation-in-the-anthropocene.

62. S. Nash, *Virginia climate fever.* Charlottesville: University of Virginia Press, 2014, p. 24.

63. O. Vedder et al., "Quantitative assessment of the importance of phenotypic plasticity in adaptation to climate change in wild bird populations", *PLoS Biol* (2013), doi: 10.1371/journal.pbio.1001605.

64. No entanto, como aponta Daniel Sol, "outros estudos mostram o contrário: um tempo de geração mais longo aumenta a resposta às mudanças climáticas". Ver B.-E. Saether, "Climate driven dynamics of bird populations: processes and patterns", *BOU Proceedings: climate change and birds* (2010).

65. S. Shultz, "Brain size and resource specialization predict long term population trends in British birds", *Proc R Soc B* 272, n. 1578 (2005), pp. 2305-11; D. Sol et al., "Big brains, enhanced cognition and response of birds to novel environments", *PNAS* 102 (2005), pp. 5460-5.

66. A. J. Baker, "Rapid population decline in red knots: fitness consequences of decreased refuelling rates and late arrival in Delaware Bay", *Proc Roy Soc B* 271 (2004), pp. 875-82.

67. H. Galbraith et al., "Predicting vulnerabilities of North American shorebirds to climate change", *PLoS ONE* (2014), doi: 10.1371/journal.pone.0108899.

68. http://climate.audubon.org/birds/mouchi/mountain-chickadee.

69. C. A. Freas et al., "Elevation-related differences in memory and the hippocampus in mountain chickadees, *Poecile gambeli*", *Anim Behav* 84 (2012), pp. 121-7.

70. V. Pravosudov, *comunicação pessoal*, 29 de janeiro de 2015.

71. B. Freeman, *comunicação pessoal*, 26 de fevereiro de 2015.

72. G. De Coster et al., "Citizen science in action: evidence for long-term, region-wide house sparrow declines in Flanders, Belgium", *Landscape Urban Plan* 134 (2015),

pp. 139-46; L. M. Shaw et al., "The house sparrow *Passer domesticus* in urban areas: reviewing a possible link between post-decline distribution and human socioeconomic status", *J Ornithol* 149, n. 3 (2008), pp. 293-9.

73. http://www.rspb.org.uk/discoverandenjoynature/discoverandlearn/birdguide/redliststory.aspx.

74. W. J. Peach et al., "Reproductive success of house sparrows along an urban gradient", *Anim Conserv* 11, n. 6 (2008), pp. 493-503; http://www.rspb.org.uk/news/details.aspx?id=tcm:9-203663; D. Adam, "Leylandii may be to blame for house sparrow decline, say scientists", *Guardian*, 2008, http://www.theguardian.com/environment/2008/nov/20/wildlife-endangeredspecies.

75. G. Seress, "Urbanization, nestling growth and reproductive success in a moderately declining house sparrow population", *J Avian Biol* 43 (2012), pp. 403-14.

76. Y. Yom-Tov, "Global warming and body mass decline in Israeli passerine birds", *Proc R Soc B* 268 (2001), pp. 947-52.

77. L. Martin, *comunicação pessoal*, 5 de março de 2015.

78. T. R. Anderson, *The biology of the ubiquitous house sparrow*. Oxford: Oxford University Press, 2006, p. 437.

79. P. C. Rasmussen et al., "Vocal divergence and new species in the Philippine hawk owl *Ninox philippensis* complex", *Forktail* 28 (2012), pp. 1-20; J. B. C. Harris, "New species of *Muscicapa flycatcher* from Sulawesi, Indonesia", *PLoS ONE* 9, n. 11 (2014), e112657; P. Alström et al., "Integrative taxonomy of the russet bush warbler *Locustella mandelli* complex reveals a new species from central China", *Avian Res* 6, n. 1 (2015), doi: 10.1186/s40657-015-0016-z.

80. A. Smirnova et al., "Crows spontaneously exhibit analogical reasoning", *Curr Biol* (2014), doi: http://dx.doi.org/10.1016/j.cub.2014.11.063.

81. R. O. Prum, "Coevolutionary aesthetics in human and biotic artworlds", *Biol Philos* 28, n. 5 (2013), pp. 811-32.

82. R. F. Johnston, citado por T. R. Anderson, *The biology of the ubiquitous house sparrow*. Oxford: Oxford University Press, 2006, p. 31.

83. G. Hunt, *comunicação pessoal*, janeiro de 2015.

84. L. O. Frishkoff, "Loss of avian phylogenetic diversity in neotropical agricultural systems", *Science* 345, n. 6202 (2014), pp. 1343-6.

85. M. N. Romanov et al., "Reconstruction of gross avian genome structure, organization and evolution suggests that the chicken lineage most closely resembles the dinosaur avian ancestor", *BMC Genomics* 15, n. 1 (2014), p. 1060.

86. A. C. Bent, *Life histories of North American gallinaceous birds*. Washington: U.S. Government Printing Office, 1932, p. 335.

87. A. Leopold, *A sand county almanac*. Londres: Oxford University Press, 1966, p. 137.

88. E. D. Jarvis et al., "Whole-genome analyses resolve early branches in the tree of life of modern birds", *Science* 346, n. 6215 (2014), pp. 1321-31.

89. A. Einstein em uma carta à rainha Elizabeth, da Bélgica, 19 de setembro de 1932.

90. S. D. Healy, "Animal cognition: the tradeoff to being smart", *Curr Biol* 22, n. 19 (2012), R840-1.

91. D. Sol, *comunicação pessoal*, janeiro de 2015.

92. L. Cauchard et al., "Problem-solving performance is correlated with reproductive success in a wild bird population", *Anim Behav* 85 (2013), pp. 19-26. Cauchard e seus colegas apresentaram a casais reprodutores de chapins uma tarefa complicada de resolução de problemas e, em seguida, correlacionaram o desempenho dos pais com seu sucesso reprodutivo. A equipe construiu caixas de nidificação com uma espécie de alçapão que só poderia ser aberto puxando uma corda. Ninhos em que pelo menos um dos pais resolveu a tarefa tiveram maior sobrevivência dos filhotes do que ninhos onde ambos os pais não conseguiram resolvê-la.

93. E. Cole et al., "Cognitive ability influences reproductive life history variation in the wild", *Curr Biol* 22 (2012), pp. 1808-12.

94. D. Y. Kozlovsky et al., "Elevation-related differences in parental risk-taking behavior are associated with cognitive variation in mountain chickadees", *Ethology* 121, n. 4 (2015), pp. 383-94; Vladimir Pravosudov, *comunicação pessoal*, 25 de janeiro de 2015.

95. N. Boogert, *comunicação pessoal*, abril de 2015.

96. S. Ducatez, *entrevista*, fevereiro de 2012; S. Ducatez, "Problem-solving and learning in Carib grackles: individuals show a consistent speed-accuracy tradeoff", *Anim Cogn* 18, n. 2 (2015), pp. 485-96.

97. D. Sol, *comunicação pessoal*, janeiro de 2015.

Índice remissivo

Abzhanov, Arkhat, 61

adaptação: para ambientes urbanos, 271-4, 277-9, 282, 286-7; aprendizagem em grupo, 280-1; atração pela novidade, 279, 283, 285; para estressores ambientais, 282; evolução de novas espécies, 288-9, 295, 299; formato do bico, 84, 97, 300; hipótese de escudo cognitivo, 276; incapacidade de se adaptar, 24, 287-8; má adaptação versus estupidez, 297; para mudanças climáticas, 273, 289-94; paradoxo da invasão, 275; para a sobrevivência das espécies, 271; tamanho do cérebro e comportamento flexível, 275-6; *ver também* evolução

alcas-de-crista, 262

alterações climáticas: aumento previsto na temperatura global, 291; impacto nos cronogramas de reprodução, 291-2; impacto teórico na cognição e estrutura do cérebro, 293; mudança nas altitudes das populações de pássaros, 272, 289-90; suscetibilidade de migrantes de longa distância, 292

ambientes urbanos: adaptação dos pardais domésticos, 271-4, 277-9; estratégia de contenção de risco na reprodução, 285; incapacidade de se adaptar a, 287; como oportunidade de aprendizagem, 287; perturbação de habitats de pássaros, 272, 281, 284, 290; traços e comportamentos sinantrópicos, 273-4, 286

Anderson, Ted, 272, 274, 295

Angell, Tony, 123, 157

Animal tool behavior (Shumaker), 82

Antropoceno, época do, 272-3; *ver também* influência humana no comportamento das aves

Aplin, Lucy, 129-32

aprendizagem: no ambiente urbano, 287; aprendizagem reversa, 42, 302; comportamentos alimentares e capacidade de aprender, 40; durante a brincadeira, 112; por experiência, 42, 198-9; em grupos, 280-1; hipótese de aprendizagem precoce, 93-6; observação e cópia de outros, 20, 131-3, 170, 281; prática, 15, 163, 167, 171, 178, 212; sono e, 178; tentativa e erro, 85, 95, 180; tutela e orientação, 62, 94-5, 134-8, 174, 176, 212; *ver também* aprendizagem vocal

aprendizagem vocal: atração de predadores, 184-5; canção direcionada versus não direcionada, 179; cantando por prazer, 163, 178, 193; chamados versus músicas, 164; correlação entre a complexidade da música e habilidade cognitiva, 191-2; dialetos e tradições locais, 15, 187; função auditiva, 174; hipótese da mente reprodutiva, 192-3; hipótese de capacidade cognitiva, 190; imitação de sons humanos e fala, 10, 168, 170; janelas de oportunidade de aprendizagem, 176-7, 180; mimetismo, 10, 166-72; modelagem e tutoria de adultos, 161, 174, 176, 180;

órgão e músculos da siringe, 165-6; paralelos entre o canto dos pássaros e a fala humana, 13, 161, 181-3; prática e melhoria, 15, 177, 179, 180; precisão e consistência da música, 167-8, 171, 188-9; processos cerebrais envolvidos, 166-7, 175, 179-80; seleção sexual para a complexidade da música, 185-93; sílabas sexy, 186, 190; sono e, 178; como tarefa cognitiva, 160-1, 163; teoria motora da evolução das vias cerebrais, 182-3; como tradição cultural duradoura, 296; vocalizações de subcanção, 178

aquecimento global *ver* mudança climática

Aristóteles, 33, 172

arte *ver* estética

atribuição de estado, 127-8

Auersperg, Alice, 86, 111-2, 124

aves altriciais: brincadeiras, 108; crescimento do cérebro durante o longo período juvenil, 62, 63-6; monogamia social, 140

aves migratórias: período *Zugunruhe* de inquietação, 237, 255, 265; suscetibilidade ao aquecimento global, 293; tamanho do cérebro, 66-7; *ver também* navegação e mapeamento mental

aves precoces, 61-2

Balda, Russell, 83

beija-flores, 243-5, 248

beija-flores-de-pescoço-rubi, 244

beija-flores-ruivos, 245

Bent, Arthur Cleveland, 298

Bieker, Dan, 171

Biology of the ubiquitous house sparrow (Anderson), 272

Blaser, Nicole, 245-7, 266

Bokony, Veronika, 280-1

Bolhuis, Johan, 161, 183

Bond, Alan, 109

Boogert, Neeltje, 43, 132, 191, 301-2

Borgia, Gerald, sobre pássaros-caramancheiros: aprendizagem e desenvolvimento juvenil, 211-2; construção e disposição do caramanchão, 202-3, 210; mapa mental das localizações do caramanchão, 207; percepção de cores, 219; preferências de cor, 206; seleção sexual por capacidade cognitiva, 202, 214-5; senso estético, 220

Botero, Carlos, 191

Brazil, Mark, 110

brincadeiras, 107-12

Brusatte, Stephen, 58

Bugnyar, Thomas, 125, 153-4

Burley, Nancy, 141, 147

cacatuas/cacatuas-de-goffin: aprendizagem aberta, 177; brincar e brinquedos preferidos, 111; fabricação e uso de ferramentas, 83, 86; gratificação adiada, 124; imitação da fala humana, 168, 170

cagus, 29, 296-7

calafates, 217; reconhecimento dos conceitos estéticos humanos, 217

calhandras, 146, 148

canto dos pássaros *ver* aprendizagem vocal

carriças-de-inverno, 166

carriças-de-cauda-lisa, 140

Carter, Sue, 142

caudas-de-leque-de-garganta-branca, 197

chapins: abandono do ninho, 301; chamados, 52; inteligência, 52-3; tamanho do cérebro, 54, 67; uso de ferramentas, 83; variações de personalidade, 130; *ver também* chapins-azuis; chapins-da-montanha; chapins-de-bico-preto; chapins-de-cauda-longa; chapins-reais

chapins-azuis, 20, 262; aprendizagem social, 20, 129-32; construção de ninho colaborativo, 198; juveniis altriciais, 62; olfato, 262

chapins-da-montanha: abandono do ninho, 301; neurogênese, 67-8; risco representado pela mudança climática, 293; sucesso reprodutivo e resolução de problemas, 301; tamanho do hipocampo, 67, 68, 248

chapins-de-bico-preto: complexidade da música, 164; flexibilidade vocal e adaptação ao ambiente urbano, 286; frequência cardíaca, 56; habilidades de comunicação, 52; inteligência e natureza inquisitiva, 51-4; memória, 54; tamanho e estruturas do cérebro, 54, 66, 68; tradições musicais locais, 187

chapins-de-cauda-longa, 198

chapins-reais: adaptação às mudanças climáticas, 291; comportamento inovador e aprendizagem social, 20; dialetos regionais, 187; estrutura de rede social, 120; sucesso reprodutivo e resolução de problemas, 301-2

Cheke, Lucy, 243

Cheney, Dorothy, 129

Chernetsov, Nikita, 257

chupins, 248

Clayton, Nicola, 108, 150-1, 242-3

Cockrem, John, 282

cognição e inteligência: abordagens para estudar, 24, 36, 48-9; antropomorfismo em estudo de, 33-4; aprendizado reverso, 42, 302; características valorizadas por humanos, 295-7; definições e formas de, 16, 19-20, 34-6, 160; ensino, 134-8; habilidades diversas dentro da população, 281-5, 302; hipótese da inteligência social, 120-1, 138-9; hipótese da inteligência técnica, 78, 113-4; inovação como medida de, 37-40, 44-6; raciocínio causal, 104-7; teoria da mente, 19, 128-9, 151; variedade de comportamentos demonstrando, 10, 14, 18-20, 30; ver também estrutura e função do cérebro

Cole, Ella, 301

comportamento de aglomeração ver comportamentos sociais

comportamentos sociais: aprendizagem por observação, 20, 131-3, 281; aprendizagem por tutela, 94-5, 134-8, 174, 176, 212; atribuição de estado na partilha de alimentos, 127-8, 142; autoconsciência, 12, 122; benefícios das redes sociais, 129, 280-1; construção de ninho colaborativo, 198; cópula extrapar, 145-8; criação cooperativa, 135; empatia e tristeza, 151-7; gratificação adiada, 124; hipótese da inteligência social, 120-1, 138-9; inferência transitiva em relações hierárquicas, 126; inteligência de relacionamento, 140; lembrança de relacionamentos de longo prazo, 125; ligações de pares, 140-5; neurotransmissores associados a preferências de tamanhos de grupos e ligações de pares, 142-5; oferta de presentes, 123, 127-8; reciprocidade, 122-3; resolução de problemas em grupo, 280-1; revoadas, 40-1; roubo de comida e proteção de armazenamento, 148-51, 243; senso de justiça, 123; sistema sentinela e exploração de chamadas de alarme, 135; sociedades de fusão-fissão, 124; teoria da mente, 19, 128-9, 151; tipos de organizações sociais, 119-20; variações de personalidade, 129-30

construção de ninho: arte em, 208; complexidade de construções, 196-7; funções cognitivas envolvidas, 198; melhoria com a experiência, 198-9

cópula extrapar, 145-8, 189

corvídeos: evolução de novas espécies, 288-9, 299; número e localizações de neurônios cerebrais, 68-9; sucesso de invasão, 276; ver também tipos específicos

corvos: brincadeiras, 110-2; chamados, 164; classificação de inovação em relação ao tamanho do cérebro, 46-7; comportamentos de luto, 156-7; consolo a membros do rebanho em perigo, 153-4; gratificação adiada, 124; memória de trabalho, 73-4; memória social de longo prazo, 125; período de desenvolvimento estendido, 108; predisposição genética para o uso de ferramentas, 93; preferência por padrões simétricos, 220; raciocínio analógico, 295-6; reciprocidade na oferta de presentes, 123; reconhecimento de rostos humanos, 125, 133; reunião em torno dos próprios mortos, 156-7; senso de justiça, 123; tutoria de adultos para jovens na fabricação de ferramentas, 94; uso de objetos encontrados como armas, 82-3; ver também corvos--americanos; corvos-da-nova-caledônia

corvos-americanos: classificação de inovação em relação ao tamanho do cérebro, 46; comportamentos inovadores, 14, 82; reconhecimento de rostos humanos, 125, 133; tamanho do bulbo olfatório, 261; uso de ferramentas, 82; uso de objetos encontrados como armas, 82-3

corvos-da-nova-caledônia: adaptações físicas para uso de ferramentas, 98; ambiente da ilha, 90, 93, 115-6; aprendizagem juvenil e experimentação na fabricação de ferramentas, 93-6; aviário de pesquisa para estudo de, 100, 102; brincadeiras, 107, 111-2; complexidade e sofisticação das ferramentas, 11, 28, 77-80, 87-9, 113; compreensão dos princípios físicos, 103-4; contra outras espécies de corvos, 90, 98, 114; destreza, 86-7, 97-8; escolhas alimentares, 81; estilos e tradições locais de design de ferramentas, 11, 88, 94; história evolutiva, 92; liberdade de concorrentes e predadores, 93; memória de trabalho, 28, 73; mudança tecnológica cumulativa na complexidade da ferramenta, 88-9; período juvenil prolongado com os pais, 95-6, 98; predisposição genética para uso de ferramentas, 93, 98; raciocínio causal, 104-7; resolução de problemas, 11, 27-8, 99-100, 102-3; reutilização de ferramentas, 78, 89; tamanho e estruturas do cérebro, 55, 98; técnica de quebra de nozes, 81; variações genéticas entre as populações e espécies relacionadas, 114

cotovias, 161-3

cotovias-do-norte: em ambientes imprevisíveis, 192; como animais de estimação, 159-60; aquisição de repertório, 172-3, 177; atração de predadores, 184; estrutura e músculos da siringe, 165-6; fidelidade em imitação de música, 167, 170-1; motivação para imitar outras aves, 171-2; processos cerebrais na produção e imitação da música, 166; seleção sexual para música, 186, 189, 192; variedade e complexidade da música, 161-3, 170-1, 192

Darwin, Charles: sobre a apreciação da beleza dos pássaros, 215-6; elogios aos tordos, 162; sobre o canto dos pássaros como linguagem, 22, 180, 181; sobre dialetos regionais no canto dos pássaros, 172; sobre a navegação de pombos por pontos de referência, 234; sobre o prazer dos pássaros em cantar, 193; sobre a seleção sexual, 75, 215; sobre a semelhança entre a cognição animal e humana, 33, 129

de Waal, Frans, 34

descent of man, The (Darwin), 33

Diamond, Judy, 109

dinossauro ancestral das aves, 57-61

Dixon, Charles, 198

Ducatez, Simon, 302

Dunbar, Robin, 138-9

Dunn, Pete, 273

DVR (crista ventricular dorsal), 71

Edinger, Ludwig, 69

Einstein, Albert, 299

Emery, Nathan, 108, 140, 151

Endler, John, 21, 204-5, 209

eremitas-de-cauda-longa, 248

Erickson, Laura, 155

estética: definições de arte, 208; perspectiva forçada, 205; preferências de cor, 196, 203-4, 209-10, 219; princípios universais de beleza, 220; reconhecimento pelo pássaro dos conceitos da estética humana, 216; seleção sexual para beleza, 215; valor intrínseco da beleza, 215-6

estratégia de navegação de mapa e bússola, 235-6

estrutura e função do cérebro: ancestralidade dos pássaros a partir dos dinossauros, 60-1; aquecimento global e, 293; bulbo olfativo, 261-3, 266; características do cérebro e habilidades cognitivas, 10-3, 18-20; centro vocal superior (HVC), 175, 180; densidade de neurônios, localização e conexões, 12, 48, 68-9, 267-8; desenvolvimento do cérebro durante o período juvenil, 62-6, 95-6, 190-1; estrutura semelhante ao córtex em pássaros, 69, 71-4; hipocampo, 67-8, 247-50, 266; influências evolutivas na inteligência das aves, 74-5; integração cognitiva, 268-9; mecanismos cognitivos modulares versus gerais, 34-6; necessidade de sono, 64-6; neurogênese, 67-8, 180; nomes de estruturas cerebrais, 70, 72; paralelos entre os cérebros aviário e humano, 21-3, 73-4, 143-5, 181-3; de parasitas de ninhos, 62, 248-9; pedomorfose evolutiva, 60-1; preconceito cultural contra o cérebro aviário, 9, 11, 69-70; princípio de escala de "massa adequada", 261; produção de dopamina e opiáceos, 178, 193; produção de hormônio do estresse, 282; produção de neuro-hormônio semelhante à oxitocina, 143-5, 282; proporção do tamanho do cérebro em relação ao tamanho do corpo, 48, 54, 61; tamanho do cérebro correlacionado com comportamento inovador e inteligência, 46-8; ver também comportamentos específicos; funções cognitivas específicas

estruturas do ouvido, 174, 238

evolução: adaptação à mudança, 24, 271-2; adaptações para o voo, 56-7; ancestralidade dos pássaros oriunda dos dinossauros, 57-61, 297; convergência entre evolução humana e aviária, 21,

64-6, 71, 183; cooptação de estruturas cerebrais para novas funções, 183; equações de custo-benefício entre inteligência e aptidão, 300-2; estratégia de contenção de risco na reprodução, 285; forças moldando a inteligência das aves, 74-5; hipótese da inteligência social, 120-1, 138-9; hipótese da inteligência técnica, 78, 113-4; impacto potencial da mudança climática, 292-4; miniaturização sustentada, 55-6, 59; mudança tecnológica cumulativa, 88-9; de novas espécies, 288-9, 295, 299; pedomorfose, 60-1; em populações de ilhas, 91; seleção sexual, 75, 186-93, 202, 214-6; sucesso dos pássaros, 17; tamanho e escala das estruturas cerebrais, 261-2, 266; teoria do impulso comportamental, 288-9; teoria motora da evolução das vias cerebrais, 182-3
evolução convergente, 21, 65, 71, 183
extinção devida a causas induzidas pelo homem, 24, 272, 295, 299

Feldman, Ruth, 144
felosa-do-mato, 295
felosa-dos-juncos, 164
felosas-palustres: mimetismo de canções, 167-8
Ficken, Millicent, 108
Fisher, Ronald, 215-6
Forbush, Edward Howe, 51-2, 171, 209
formato do bico, 84, 97, 300
Frankenstein, Julia, 224
Fraser, Orlaith, 153-4
Frech, Bill, 15
Freeman, Alexandra, 289
Freeman, Ben, 289, 294

Gagliardo, Anna, 263, 264
gaios-azuis, 82, 126, 154
gaios-comuns: partilha de alimentos e atribuição de estado, 127-8, 142; premeditação e planejamento, 243; teoria da mente, 128
gaios-da-califórnia: furto de alimentos e táticas de proteção de esconderijo, 148-51, 243; memória espacial e mapeamento mental, 240, 243; memória tipo episódica, 13, 151, 242; premeditação e planejamento, 241-3; reação a membro morto da própria espécie, 154-6; teoria da mente, 151

gaios-da-flórida *ver* gaios-da-califórnia
gaios pinyon, 125
galinhas, 120, 188
gansos-bravos, 152, 156
garças: classificação de inovação em relação ao tamanho do cérebro, 46; estratégias de forrageamento e alimentação aventureira, 45, 83, 283
garças-azuis-grandes: alimentação aventureira, 283; ancestralidade derivada dos dinossauros, 58; crescimento do cérebro durante o longo período juvenil, 63, 66
garças-verdes, 45, 83
Gardner, Howard, 35-6
genomas de pássaros, 57
Gentner, Tim, 166
Gifts of the crow (Marzluff e Angell), 123, 157
Gilliard, Thomas, 199
Goodall, Jane, 44-5, 79
Goodson, James, 141, 143
Gorham, Bill, 14-5
Gowaty, Patricia, 274
gralhas, 120, 152-3
gralhas-cinzentas, 295-6
Gray, Russell: sobre estilos locais de design de ferramenta de corvos, 88, 94-5; sobre a estrutura do cérebro do corvo-da--nova-caledônia, 99; sobre a fabricação de ferramentas humanas, 79; sobre o processo de fabricação de ferramentas dos corvos, 94, 100; sobre o raciocínio causal, 103
Guigueno, Melanie, 248
Güntürkün, Onur, 74

habilidades matemáticas, 10, 13, 229-30
habilidades técnicas *ver* uso de ferramentas
Hagel, Vincent, 156
Hagstrum, Jon, 257, 258-9
Healy, Sue, 198, 245, 300
Heinrich, Bernd, 125
Herculano-Houzel, Suzana, 68-9
hipótese da inteligência técnica, 78, 114
hipótese do escudo cognitivo, 276
Holland, Richard, 256, 260, 265
Holzhaider, Jenny, 94
Humphrey, Nicholas, 121
Hunt, Gavin, 88-9, 94, 98, 113, 297
Huth, John, 251-2
Huxley, Thomas, 57-8

Iglesias, Teresa, 154-5, 157
influência humana no comportamento das aves: alteração de habitats de pássaros, 272, 281, 284, 290, 293; na época do Antropoceno, 272; extinções de pássaros, 24, 272, 294, 299; fator de perturbação do experimentador em resultados de pesquisa, 301; mudanças climáticas e, 272, 289-94
inovação *ver* resolução de problemas e inovação
integração cognitiva, 268-9
inteligência *ver* cognição e inteligência
invasão *ver* adaptação
iraúnas-do-norte: comportamentos alimentares, 32-3, 38, 40; resolução de problemas, 41, 302

Jacobs, Lucia, 261, 263, 264-6
Jarvis, Erich: sobre aprendizagem vocal versus vocalização instintiva, 164; sobre atividade cerebral em canções direcionadas versus não direcionadas, 179; sobre atração do sexo oposto por vocalizações, 185, 188; Consórcio da Nomenclatura do Cérebro Aviano, 72; sobre paralelos entre os cérebros aviário e humano, 72, 182-3; sobre raridade da aprendizagem vocal, 184-5
Jehol (China), campos fossilíferos, 58-9
Jelbert, Sarah, 103
Johnston, Richard F., 296

Kacelnik, Alex, 11, 97
Kandel, Eric, 48
Karten, Harvey, 69, 71
Kayello, Lima, 39, 42
Keagy, Jason, 207-8, 210, 212-5
Keeton, William, 236
Kingsbury, Marcy, 143, 144-5
Klatt, James, 144
Kroodsma, Donald, 187, 192
Kummer, Hans, 44-5

Laskey, Amelia, 172-3
Lefebvre, Louis: abordagens para o estudo da cognição, 49; sobre antropomorfismo em estudos animais, 33; sobre aprendizagem reversa, 42; sobre cérebro do parasita de ninho e tamanho do hipocampo, 62, 248-9; sobre cognição em nível neuronal, 48; sobre cognição geral, 35; contagem de comportamentos

inventivos de pássaros, 277; correlação do tamanho do cérebro e inovação com o sucesso da invasão, 275; estudo e medição da cognição das aves, 30-5, 36-40, 43-7; sobre evolução de novas espécies, 299
Leopold, Aldo, 298
Levi, Wendell Mitchell, 232-3
Liebl, Andrea, 283
ligação de pares , 140-5
Liker, András, 280-1
Loissel, Elsa, 101
London, Sarah, 176
Lorenz, Konrad, 152, 156

maçaricos-de-papo-vermelho, 14, 292
mandarins: aprendizagem social sobre a escolha do companheiro, 132; atividade cerebral durante a construção do ninho, 198; correlação da complexidade da música com habilidade cognitiva, 191; desenvolvimento do cérebro durante a aprendizagem da música, 174-5, 178; dicas visuais no aprendizado da música, 179; janela de oportunidade de aprendizagem, 176; melhoria da construção do ninho com experiência, 198; neuro-hormônios influenciando comportamentos sociais, 143-5; olfato, 263; papel do sono no aprendizado da música, 178; precisão da música, 188-9, 191; predisposição para aprender o canto da própria espécie, 175; tutoria de adultos no aprendizado da música, 174, 176
manons-de-peito-branco, 184; pressão de predação, variedade de canções, 185
mapeamento mental *ver* navegação e mapeamento mental
mariquitas: distância de migração, 227; sensibilidade a tempestades iminentes, 258, 259
mariquitas-de-colar, 15
mariquitas-de-mascarilha, 15
mariquitas-de-rabo-vermelho, 248
mariquitas-de-asa-dourada, 258
mariquitas-de-asa-amarela, 15, 251
mariquitas-de-barrete-castanho, 251
mariquitas-de-perna-clara, 227, 251
Martin, Lynn, 279, 282, 285, 294
Marzluff, John, 123, 125, 133, 157
Matthiessen, Peter, 56, 279
Megginson, Leon, 271

melros-fadas-soberbos, 133
memória: sobre armazenamento em
  esconderijo de alimentos, 12, 54, 241-3;
  episódica, 12, 151, 242; inteligência social e,
  35; papel do hipocampo na, 67, 247, 250;
  de trabalho, 28, 73-4
Michelet, Jules, 197
miniaturização sustentada, 59
Miyagawa, Shigeru, 181
Montaigne, Michel de, 119
Mooney, Richard, 174, 179, 188
Mouritsen, Henrik, 237-8, 257, 259
mudança feita pelo homem ver influência
  humana no comportamento das aves

Nadel, Lynn, 247
navegação e mapeamento mental: estratégia
  de mapa e bússola, 235-6; estratégias de
  navegação humana, 224, 235, 250, 252;
  como função do hipocampo, 247-9;
  funções cognitivas envolvidas, 224, 268-9;
  indicações olfativas, 260-6; indicações de
  infrassom, 257-60; indicações estelares,
  252-3; indicações geomagnéticas, 236-9,
  256-7; marcos visuais, 235, 240, 252;
  navegação em pequena escala, 207,
  213, 240-5; navegação por vários locais,
  245, 247; por meio de aprendizagem e
  experiência, 225, 254-5; reorientação
  após o deslocamento, 223-4, 234, 236,
  253-6, 269; sinais solares, 235, 255; sistema
  inato de relógio e bússola, 255, 257;
  tamanho do mapa mental, 225, 253, 254
navegação em pequena escala, 240-5
Nieder, Andreas, 73
Nottebohm, Fernando, 180
Nowicki, Steve, 190

O'Keefe, John, 247
Okanoya, Kazuo, 184
olfato, 260-6
orientação do campo magnético, 236-9, 256-7
orientação espacial ver navegação e
  mapeamento mental
Ostojić, Ljerka, 127-8
Overington, Sarah, 40

papagaios: aprendizagem vocal, 160, 163,
  183; brincadeiras, 108-12; estruturas e
  funções cerebrais, 68-9, 72, 183;
  evolução de novas espécies, 288-9;
  fabricação e uso de ferramentas, 82-3,
  113; imitação de fala e sons, 141; período

de desenvolvimento estendido, 108;
  ver também papagaios-cinzentos;
  papagaios-da-nova-zelândia
papagaios-cinzentos: brinquedos, 108;
  categorização de objetos, 10, 230;
  colaboração e reciprocidade, 122;
  compreensão de conceitos abstratos,
  10; discernimento de distinções sutis,
  230; enumeração, 10, 71; imitação da
  fala e sons humanos, 10, 168-9; uso de
  ferramentas, 82-3
papagaios-da-nova-zelândia (keas), 107-12,
  284
papa-moscas: aprendizagem social, 131;
  evolução no ambiente da ilha, 91;
  natureza solitária e territorial, 119;
  novas espécies de, 295
papa-moscas-do-paraíso-asiático, 91
Papi, Floriano, 260
parasitas de ninhos, 62, 248-9
pardais: complexidade da canção, 185, 191;
  ver também pardais domésticos
pardais domésticos: adaptabilidade a novos
  ambientes, 272-4, 282, 286; agressão,
  274; atração pela novidade, 279, 283;
  comportamentos sociais, 280-1; declínio
  populacional, 294; estratégias de
  forrageamento, 277, 278-9, 283, 285;
  inovação, 277; locais de nidificação e
  materiais, 271, 275, 277; personalidades
  individuais, 281-3, 285; resposta ao
  estresse, 283; várias ninhadas em uma
  única estação de reprodução, 285
pardais-americanos, 185, 191
pardelas, 256, 261, 263
pardelas-sombrias, 256
pássaros-azuis-orientais, 206, 291
pássaros-caramancheiros: aquisição juvenil
  de habilidades e comportamentos, 211-2;
  arte, 208, 220; avaliação feminina do
  caramanchão e exibição de corte, 200-1,
  211, 213-4; consideração masculina da
  perspectiva e preferências femininas,
  202-6, 210; cores específicas da espécie e
  preferências de design, 203-8; correlação
  de engenhosidade com sucesso de
  acasalamento, 208; dança e música de
  namoro, 201-2, 204, 210-1; mapas mentais
  de localizações de caramanchões,
  207, 213; marcas da inteligência, 199;
  processamento sensorial visual, 219;
  processo de construção do caramanchão,
  195-6, 202-3, 210; seleção sexual feminina,

214-6; uso de ilusão de ótica, 205; uso de objetos para atrair companheiros, 200; valor intrínseco da beleza para, 215; vandalismo de caramanchões rivais, 206-7

pássaros-caramancheiros-cetim: aquisição de habilidades e comportamentos, 211-3; arte, 210; avaliação feminina do caramanchão e exibição de corte, 200-1, 211, 213-4; consideração masculina das preferências e perspectivas femininas, 202-3, 206, 210; correlação de engenhosidade com sucesso de acasalamento, 208; dança e música de corte, 201-2, 210-1; mapas mentais de localizações de caramanchões, 207, 213; preferências de cor, 196, 206-8; processo de construção do caramanchão, 195-6, 206; seleção sexual feminina, 214-6; vandalismo de caramanchões rivais, 206-7

pássaros-caramancheiros-de-peito-amarelo, 209

pássaros-caramancheiros-de-vogelkop, 203

pássaros-caramancheiros-grandes, 204

pássaros indicadores, 62, 248

pássaros-tecelões, 196, 199

Patricelli, Gail, 210-1, 213

Payne, Robert, 187

pedomorfose, 60-1

pegas, 12, 122

pegas-australianas, 171

Pepperberg, Irene, 10, 72, 169

percepção visual: atenção ao feedback visual para autocorreção, 42; discernimento de distinções sutis, 71, 216-9, 230-1; perspectiva forçada, 205; preferências de cor, 196, 203-4, 209-10, 219; princípios universais de beleza, 220; processamento sensorial, 219; reconhecimento de conceitos estéticos humanos por parte das aves, 216; reconhecimento de imagem refletida, 12, 122; reconhecimento de pontos de referência na navegação, 235, 240, 252; reconhecimento de referência em armazenamento de alimentos e forrageamento, 241, 245; reconhecimento de rostos humanos, 125, 133; seleção sexual para beleza, 215-6; visão binocular, 97

periquitos-australianos, 141

perus selvagens, 297

pigeon, The (Levi), 232-3

Pinker, Steven, 281

pintarroxos, 236, 239, 256, 286; no ambiente urbano, 286; navegação geomagnética, 239, 256

pintassilgos *ver* tentilhões; tentilhões-pica-pau; mandarins

pisco-de-asa-branca, mudança na altitude, 290

pombos: ancestralidade e reprodução, 231-2; corrida de pombos, 225-8, 259; discernimento de distinções sutis, 71, 216, 230; estratégias e estilos de orientação, 236, 266-7; exploração humana de, 232-4; função de integração cognitiva, 268; habilidades matemáticas, 229-30; mapeamento mental, 245, 247; navegação infrassônica, 259; navegação olfativa, 260, 264-5; reconhecimento de ponto de referência, 235, 240; tamanho do hipocampo, 249

pombos-correio: corrida de pombos, 225-8, 259; estratégias e estilos de orientação, 266-7; introdução na América, 231; mapeamento mental, 245, 247; tamanho do hipocampo, 249

Pravosudov, Vladimir, 66-8, 293

Prum, Richard, 209, 215, 296

quebra-nozes-de-clark, 240-1

Quinn, Chip, 173

raciocínio causal, 104-7

Raihani, Nichola, 136

Rattenborg, Niels, 65

reação ao estresse, 282

reciprocidade, 122-3

Reiner, Anton, 72

relacionamentos *ver* comportamentos sociais

rendeiras/rendeiras-de-colarinho-dourado, 218-9

resolução de problemas e inovação: entre as aves migratórias, 66; em grupos, 280-1; hipótese da inteligência técnica, 78; mecanismos cognitivos envolvidos, 100; como medida de inteligência, 37-40, 42-7; por meio da atenção e autocorreção, 42; no nível neuronal, 48; sucesso de invasão e, 275-6; sucesso reprodutivo e, 301-2; tamanho do cérebro e, 46-8; *ver também* uso de ferramentas

revoadas, 40-1; *ver também* comportamentos sociais

Ridley, Amanda, 135-8

Riters, Lauren, 163, 193

Roden, Tom, 225-6

Rodrigues, Aída, 204
rouxinóis, precisão em canções de namoro, 189
rouxinóis-pequenos-do-caniço, indicações geomagnéticas na navegação, 257, 269
rouxinol, 167
rouxinol-grande-do-caniço, 189
rouxinol-castanho, 189
Rutz, Christian, 86-7, 89, 92, 96

sabiá-do-campo, 20
sabiás-da-carolina, 168
Schjelderup-Ebbe, Thorleif, 120
Selous, Edmund, 41, 281
sentido temporal: discernimento das diferenças na velocidade da dança, 218; economia de ferramentas para uso futuro, 78; na navegação por sinais solares, 235; na recuperação de alimentos perecíveis armazenados, 241-3; sistema de navegação inato de relógio e bússola, 255
Seyfarth, Robert, 129
Shanahan, Murray, 268
Shumaker, Robert, 82
Sielmann, Heinz, 209
sinais infrassônicos, 257-60
siringe, 164-5
sociedades de fissão-fusão, 124
socós-mirins, 83
Sol, Daniel: sobre comportamentos inatos de aves migratórias, 66-7; correlação do sucesso da invasão com o tamanho do cérebro e a inteligência, 275-6; sobre equações de custo-benefício entre inteligência e sobrevivência, 300, 302; sobre pássaros em ambientes urbanos, 285-6; sobre a rápida evolução de pássaros inteligentes e adaptáveis, 288
sono, 64-6, 178
St Clair, James J. H., 89
Stamps, Judy, 146
suiriris-cinzentos, 44-5

Taylor, Alex: sobre comportamento de alimentação de corvos, 80; sobre comportamento de brincar dos corvos, 107, 112; sobre a fabricação de ferramentas humanas, 79; sobre os mecanismos cognitivos na resolução de problemas de corvos, 99; pesquisa genômica em populações de corvos, 114-5; pesquisa sobre cognição de corvos, 28-9,

101-7; sobre a sofisticação da fabricação de ferramentas de corvos, 87, 113
Tebbich, Sabine, 84, 86
Templeton, Chris, 52-3
tentilhões/tentilhões-de-barbados: aprendizagem reversa, 42, 302; comportamentos alimentares, 36-40; correlação do uso de ferramentas com a previsibilidade do habitat, 84; história evolutiva, 37-8; imitação da fala humana, 168; resolução de problemas e aprendizagem, 42; respostas cerebrais a comportamentos sociais, 144-5
tentilhões-pica-pau: fabricação e uso de ferramentas, 84-6, 92; habitat da ilha, 92, 113, otimização da forma do bico para o ambiente, 84, 300
tentilhões-de-cara-preta, 37-40, 42
teoria da mente, 19, 128-9, 151
teoria do impulso comportamental, 288-9
tico-ticos/tico-ticos-de-coroa-branca: aquisição de música, 15; dialetos regionais, 15, 187; habilidade de navegação, 223-4, 254
Tinbergen, Niko, 188, 198
Tolman, Edward, 239-40
tordos-da-arábia, 281
toutinegras, declínio populacional, 287

uso de ferramentas: em ambientes imprevisíveis, 84; aquisição e domínio das habilidades de, 85-6; correlação com comportamentos lúdicos, 111-2; hipótese da inteligência técnica, 114; por humanos e outros primatas, 78-9; técnicas de quebra de nozes, 82; uso de objetos encontrados, 82-4; *ver também* corvos-da-nova-caledônia; tentilhões-pica-pau

vira-pedras, 279
Visscher, J. Paul, 172
von Frisch, Karl, 220

Walcott, Charles, 227, 236, 266-7
Wallraff, Hans, 260, 264
Watanabe, Shigeru, 216
West, Rhiannon, 145, 147
Wheaton, J. M., 298
White, David, 244, 269, 271-2
wind birds, The (Matthiessen), 279

zaragateiros, 135-8

Copyright © 2016 Jennifer Ackerman
Copyright da tradução © 2022 Editora Fósforo

Direitos de tradução em português brasileiro adquiridos com Melanie Jackson Agency, LLC.

Todos os direitos reservados. Nenhuma parte desta obra pode ser reproduzida, arquivada ou transmitida de nenhuma forma ou por nenhum meio sem a permissão expressa e por escrito da Editora Fósforo.

Título original: *The Genius of Birds*

EDITORA Fernanda Diamant
ASSISTENTE EDITORIAL Mariana Correia Santos
PREPARAÇÃO Franciane Batagin
REVISÃO TÉCNICA Sandra C. Diamant
REVISÃO Luicy Caetano, Andrea Souzedo e Paula B. P. Mendes
ÍNDICE REMISSIVO Marco Mariutti
DIRETORA DE ARTE Julia Monteiro
CAPA Cristina Gu
ILUSTRAÇÕES DE CAPA E MIOLO Noris Lima
PROJETO GRÁFICO Alles Blau
EDITORAÇÃO ELETRÔNICA Página Viva

Dados Internacionais de Catalogação na Publicação (CIP)
(Câmara Brasileira do Livro, SP, Brasil)

Ackerman, Jennifer
    A inteligência das aves / Jennifer Ackerman ; tradução Reinaldo José Lopes e Tania Lopes. — São Paulo : Fósforo, 2022.

    Título original: The genius of birds
    ISBN: 978-65-89733-60-7

    1. Inteligência animal 2. Pássaros 3. Pássaros — Comportamento 4. Pássaros — Psicologia I. Título.

22-106599   CDD — 598

Índice para catálogo sistemático:
1. Pássaros : Zoologia   598

Cibele Maria Dias — Bibliotecária — CRB/8-9427

Editora Fósforo
Rua 24 de Maio, 270/276
10º andar, salas 1 e 2 — República
01041-001 — São Paulo, SP, Brasil
Tel: (11) 3224.2055
contato@fosforoeditora.com.br
www.fosforoeditora.com.br

Este livro foi composto em GT Alpina
e GT Flexa e impresso pela Ipsis em papel
Pólen Soft 80 g/m² da Suzano para
a Editora Fósforo em maio de 2022.

A marca FSC® é a garantia de que a madeira utilizada na fabricação do papel deste livro provém de florestas gerenciadas de maneira ambientalmente correta, socialmente justa e economicamente viável e de outras fontes de origem controlada.